本书受教育部人文社会科学重点研究基地山西大学科学技术哲学研究中心基金资助

认知哲学译丛

魏屹东／主编

认知科学中的当代争论

〔加〕罗伯特·J. 斯坦顿 ／主编

杨小爱 ／译

魏屹东 ／审校

科 学 出 版 社

北 京

图字：01-2015-5613 号

图书在版编目（CIP）数据

认知科学中的当代争论/（加）斯坦顿（Stainton，R. J.）主编；杨小爱译．—北京：科学出版社，2015. 9
（认知哲学译丛／魏屹东主编）
书名原文：Contemporary Debates in Cognitive Science
ISBN 978-7-03-045713-4

Ⅰ. ①认…　Ⅱ. ①斯…②杨…　Ⅲ. ①认知科学-研究　Ⅳ. ①B842. 1

中国版本图书馆 CIP 数据核字（2015）第 219259 号

丛书策划：郭勇斌
责任编辑：朱萍萍　高丽丽／责任校对：李　影
责任印制：赵　博／封面设计：黄华斌　陈　敬

科学出版社出版
北京东黄城根北街 16 号
邮政编码：100717
http://www.sciencep.com
北京凌奇印刷有限责任公司印刷
科学出版社发行　各地新华书店经销
*
2015 年 10 月第　一　版　开本：720 × 1000　1/16
2025 年 7 月第七次印刷　印张：21 1/4
字数：401 000

定价：168. 00 元

（如有印装质量问题，我社负责调换）

致　谢

本书的筹备和出版有赖于诸多学者的意见与帮助，尤其是有关选题与作者选用方面的建议十分有效，值此向这些署名或未署名的同仁们表示感谢。受篇幅所限，无法一一提及，实为憾事。当然，更要感谢本书中所涉及论文的作者们，正是他们的佳作与耐心才使得本书成型。同时，还需向布莱克威尔出版社的相关工作人员致以最衷心的感谢。此外，还要感谢卡尔顿大学认知科学博士项目，如果没有这个项目，本书也无法问世。本书所探讨的有关认知科学知识以及对所论及问题的理解，离不开 10 多年来我所在学校同事与学生的帮助，至此一并表示感谢。

谨以本书献给认知科学的创始者安迪·布鲁克（Andy Brook）。

丛书序

与传统哲学相比，认知哲学（philosophy of cognition）是一个全新的哲学研究领域，它的兴起与认知科学的迅速发展密切相关。认知科学是20世纪70年代中期兴起的一门前沿性、交叉性和综合性学科。它是在心理科学、计算机科学、神经科学、语言学、文化人类学、哲学以及社会科学的交界面上涌现出来的，旨在研究人类认知和智力本质及规律，具体包括知觉、注意、记忆、动作、语言、推理、思维、意识乃至情感动机在内的各个层次的认知和智力活动。十几年以来，这一领域的研究异常活跃，成果异常丰富，自产生之日起就向世人展示了强大的生命力，也为认知哲学的兴起提供了新的研究领域和契机。

认知科学的迅速发展使得科学哲学发生了“认知转向”，它试图从认知心理学和人工智能角度出发研究科学的发展，使得心灵哲学从形而上学的思辨演变为具体科学或认识论的研究，使得分析哲学从纯粹的语言和逻辑分析转向认知语言和认知逻辑的结构分析、符号操作及模型推理，极大促进了心理学哲学中实证主义和物理主义的流行。各种实证主义和物理主义理论的背后都能找到认知科学的支持。例如，认知心理学支持行为主义，人工智能支持功能主义，神经科学支持心脑同一论和取消论。心灵哲学的重大问题，如心身问题、感受性、附随性、意识现象、思想语言和心理表征、意向性与心理内容的研究，无一例外都受到来自认知科学的巨大影响与挑战。这些研究取向已经蕴涵认知哲学的端倪，因为众多认知科学家、哲学家、心理学家、语言学家和人工智能专家的论著论及认知的哲学内容。

尽管迄今国内外的相关文献极少单独出现认知哲学这个概念，精确的界定和深入系统的研究也极少，但研究趋向已经非常明显。鉴于此，这里有必要对认知哲学的几个问题做出澄清。这些问题是：什么是认知？什么是认知哲学？认知哲学与相关学科是什么关系？认知哲学研究哪些问题？

第一个问题需要从词源学谈起。认知这个词最初来自拉丁文“*cognoscere*”，意思是“与……相识”“对……了解”。它由 *co + gnoscere* 构成，意思是“开始知道”。从信息论的观点看，“认知”本质上是通过提供缺失的信息获得新信息和新知识的过程，那些缺失的信息对于减少不确定性是必需的。

然而，认知在不同学科中意义相近，但不尽相同。

在心理学中，认知是指个体的心理功能的信息加工观点，即它被用于指个体的心理过程，与“心智有内在心理状态”观点相关。有的心理学家认为，认知是思维的显现或结果，它是以问题解决为导向的思维过程，直接与思维、问题解决相关。在认知心理学中，认知被看做心灵的表征和过程，它不仅包括思维，而且包括语言运用、符号操作和行为控制。

在认知科学中，认知是在更一般意义上使用的，目的是确定独立于执行认知任务的主体（人、动物或机器）的认知过程的主要特征。或者说，认知是指信息的规范提取、知识的获得与改进、环境的建构与模型的改进。从熵的观点看来，认知就是减少不确定性的能力，它通过改进环境的模型，通过提取新信息、产生新信息和改进知识并反映自身的活动和能力，来支持主体对环境的适应性。逻辑、心理学、哲学、语言学、人工智能、脑科学是研究认知的重要手段。《MIT 认知科学百科全书》将认知与老化（aging）并列，旨在说明认知是老化过程中的现象。在这个意义上，认知被分为两类：动态认知和具化认知。前者指包括各种推理（归纳、演绎、因果等）、记忆、空间表现的测度能力，在评估时被用于反映处理的效果；后者指对词的意义、信息和知识的测度的评价能力，它倾向于反映过去执行过程中积累的结果。这两种认知能力在老化过程中表现不同。这是认知发展意义上的定义。

在哲学中，认知与认识论密切相关。认识论把认知看做产生新信息和改进知识的能力来研究。其核心论题是：在环境中信息发现如何影响知识的发展。在科学哲学中就是科学发现问题。科学发现过程就是一个复杂的认知过程，它旨在阐明未知事物，具体表现在三方面：①揭示以前存在但未被发现的客体或事件；②发现已知事物的新性质；③发现与创造理想客体。尼古拉斯·布宁和余纪元编著的《西方哲学英汉对照辞典》（2001 年）对认知的解释是：认知源于拉丁文“*cognition*”，意指知道或形成某物的观念，通常译作“知识”，也作为“*scientia*”（知识）。笛卡儿将认知与知识区分开来，认为认知是过程，知识是认知的结果。斯宾诺莎将认知分为三个等级：第一等的认知是由第二手的意见、想象和从变幻不定的经验中得来的认知构成，这种认知承认虚假；第二等的认知是理性，它寻找现象的根本理由或原因，发现必然真理；第三等即最高等的认知，是直觉认识，它是从有关属性本质的恰当观念发展而来的，达到对事物本质的恰当认识。按照一般的哲学用法，认知包括通往知识的那些状态和过程，与感觉、感情、意志相区别。

在人工智能研究中，认知与发展智能系统相关。具有认知能力的智能系统就是认知系统。它理解认知的方式主要有认知主义、涌现和混合三种。认知主义试图创造一个包括学习、问题解决和决策等认知问题的统一理论，涉及心理学、认知科学、脑科学、语言学等学科。涌现方式是一个非常不同的认知观，主张认知是一个自组织过程。其中，认知系统在真实时间中不断地重新建构自己，通过多系统-环境相互作用的自我控制保持其操作的同一性。这是系统科学的研究进路。混合方式是将认知主义和涌现相结合。这些方式提出了认知过程模拟的不同观点，研究认知过程的工具主要是计算建模，计算模型提供了详细的、基于加工的表征、机制和过程的理解，并通过计算机算法和程序表征认知，从而揭示认知的本质和功能。

概言之，这些对认知的不同理解体现在三方面：①提取新信息及其关系；

②对所提取信息的可能来源实验、系统观察和对实验、观察结果的理论化；③通过对初始数据的分析、假设提出、假设检验以及对假设的接受或拒绝来实现认知。从哲学角度对这三方面进行反思，将是认知哲学的重大任务。

针对认知的研究，根据我的梳理主要有11个方面：

（1）认知的科学研究，包括认知科学、认知神经科学、动物认知、感知控制论、认知协同学等，文献相当丰富。其中，与哲学最密切的是认知科学。

（2）认知的技术研究，包括计算机科学、人工智能、认知工程学（运用涉及技术、组织和学习环境研究工作场所中的认知）、机器人技术，文献相当丰富。其中，模拟人类大脑功能的人工智能与哲学最密切。

（3）认知的心理学研究，包括认知心理学、认知理论、认知发展、行为科学、认知性格学（研究动物在其自然环境中的心理体验）等，文献异常丰富，与哲学密切的是认知心理学和认知理论。

（4）认知的语言学研究，包括认知语言学、认知语用学、认知语义学、认知词典学、认知隐喻学等，这些研究领域与语言哲学密切相关。

（5）认知的逻辑学研究，主要是认知逻辑、认知推理和认知模型。

（6）认知的人类学研究，包括文化人类学、认知人类学和认知考古学（研究过去社会中人们的思想和符号行为）。

（7）认知的宗教学研究，典型的是宗教认知科学（cognitive science of religion），它寻求解释人们心灵如何借助日常认知能力的途径习得、产生和传播宗教文化基因。

（8）认知的历史研究，包括认知历史思想、认知科学的历史。一般的认知科学导论性著作都涉及历史，但不系统。

（9）认知的生态学研究，主要是认知生态学和认知进化的研究。

（10）认知的社会学研究，主要是社会表征、社会认知和社会认识论的研究。

（11）认知的哲学研究，包括认知科学哲学、人工智能哲学、心灵哲学、心理学哲学、现象学、存在主义、语境论、科学哲学等。

以上各个方面虽然蕴涵认知哲学的内容，但还不是认知哲学本身。这就涉及第二个问题。

第二个问题需要从哲学立场谈起。

在我看来，认知哲学是一门旨在对认知这种极其复杂现象进行多学科、多视角、多维度整合研究的新兴哲学研究领域，其研究对象包括认知科学（认知心理学、计算机科学、脑科学）、人工智能、心灵哲学、认知逻辑、认知语言学、认知现象学、认知神经心理学、进化心理学、认知动力学、认知生态学等涉及认知现象的各个学科中的哲学问题，它涵盖和融合了自然科学和人文科学的不同分支学科。说它具有整合性，名副其实。对认知现象进行哲学探讨，将是当代哲学研究者的重任。科学哲学、科学社会学与科学知识社会学的“认知转向”充分说明了这一点。

尽管认知哲学具有交叉性、融合性、整合性、综合性，但它既不是认知科学，也不是认知科学哲学、心理学哲学、心灵哲学和人工智能哲学的简单叠加，它是在梳理、分析和整合各种以认知为研究对象的学科的基础上，立足于哲学反思、审视和探究认知的各种哲学问题的研究领域。它不是直接与认知现象发生联系，而是通过研究认知现象的各个学科与之发生联系，也即它以认知本身为研究对象，如同科学哲学是以科学为对象而不是以自然为对象，因此它是一种“元研究”。在这种意义上，认知哲学既要吸收各个相关学科的优点，又要克服它们的缺点，既要分析与整合，也要解构与建构。一句话，认知哲学是一个具有自己的研究对象和方法、基于综合创新的原始性创新研究领域。

认知哲学的核心主张是：本体论上，主张认知是物理现象和精神现象的统一体，二者通过中介如语言、文化等相互作用产生客观知识；认识论上，主张认知是积极、持续、变化的客观实在，语境是事件或行动整合的基底，理解是人际认知互动；方法论上，主张对研究对象进行层次分析、语境分析、行为分析、任务分析、逻辑分析、概念分析和文化网络分析，通过纲领计划、启示法和洞见提高研究的创造性；价值论上，主张认知是负载意义和判断的，负载文化和价值的。

认知哲学研究的目的：一是在哲学层次建立一个整合性范式，揭示认知现象的本质及运作机制；二是把哲学探究与认知科学研究相结合，使得认知研究将抽象概括与具体操作衔接，一方面避免陷入纯粹思辨的窠臼，另一方面避免陷入琐碎细节的陷阱；三是澄清先前理论中的错误，为以后的研究提供经验、教训；四是提炼认知研究的思想和方法，为认知科学提供科学的、可行的认识论和方法论。

认知哲学的研究意义在于：①提出认知哲学的概念并给出定义及研究的范围，在认知哲学框架下，整合不同学科、不同认知科学家的观点，试图建立统一的研究范式。②运用认知-历史分析、语境分析等方法挖掘著名认知科学家的认知思想及哲学意蕴，并进行客观、合理的评析，澄清存在的问题。③从认知科学及其哲学的核心主题——认知发展、认知模型和认知表征三个相互关联和渗透的方面，深入研究信念形成、概念获得、知识产生、心理表征、模型表征、心身问题、智能机的意识化等重要问题，得出合理可靠的结论。④选取的认知科学家具有典型性和代表性，对这些人物的思想和方法的研究将会对认知科学、人工智能、心灵哲学、科学哲学等学科的研究者具有重要的启示与借鉴作用。⑤认知哲学研究是对迄今为止认知研究领域内的主要研究成果的梳理与概括，在一定程度上总结并整合了其中的主要思想与方法。

第三个问题是，认知哲学与相关学科或领域究竟是什么关系？

我通过“超循环结构”来给予说明。所谓“超循环结构”，就是小循环环环相套，构成一个大循环。认知科学哲学、心理学哲学、心灵哲学、人工智能哲学、认知语言学是小循环，它们环环相套，构成认知哲学这个大循环。也就是说，这些相关学科相互交叉、重叠，形成了整合性的认知哲学。同时，认知哲学这个大循环有自己独特的研究域，它不包括其他小循环的内容，如认知的本原、认知的预设、认知的分类、认知的形而上学问题等。

第四个问题是，认知哲学研究哪些问题？如果说认知就是研究人们如何思维，那么认知哲学就是研究人们思维过程中产生的各种哲学问题，具体要研究10个基本问题：

(1) 什么是认知，其预设是什么？认知的本原是什么？认知的分类有哪些？认知的认识论和方法论是什么？认知的统一基底是什么？是否有无生命的认知？

(2) 认知科学产生之前，哲学家是如何看待认知现象和思维的？他们的看法是合理的吗？认知科学的基本理论与当代心灵哲学范式是冲突，还是融合？能否建立一个囊括不同学科的统一的认知理论？

(3) 认知是纯粹心理表征，还是心智与外部世界相互作用的结果？无身的认知能否实现？或者说，离身的认知是否可能？

(4) 认知表征是如何形成的？其本质是什么？是否有无表征的认知？

(5) 意识是如何产生的？其本质和形成机制是什么？它是实在的还是非实在的？是否有无意识的表征？

(6) 人工智能机器是否能够像人一样思维？判断的标准是什么？如何在计算理论层次、脑的知识表征层次和计算机层次上联合实现？

(7) 认知概念如思维、注意、记忆、意象的形成的机制和本质是什么？其哲学预设是什么？它们之间是否存在相互作用？心身之间、心脑之间、心物之间、心语之间、心世之间是否存在相互作用？它们相互作用的机制是什么？

(8) 语言的形成与认知能力的发展是什么关系？是否有无语言的认知？

(9) 知识获得与智能发展是什么关系？知识是否能够促进智能的发展？

(10) 人机交互的界面是什么？脑机交互实现的机制是什么？仿生脑能否实现？

以上问题形成了认知哲学的问题域，也就是它的研究对象和研究范围。

“认知哲学译丛”所选的著作，内容基本涵盖了认知哲学的以上10个基本问题。这是一个庞大的翻译工程，希望“认知哲学译丛”的出版能够为认知哲学的发展提供一个坚实的学科基础，希望它的逐步面世能够为我国认知哲学的研究提供知识源和思想库。

“认知哲学译丛”从2008年开始策划至今，我们为之付出了不懈的努力和艰辛。在它即将付梓之际，作为“认知哲学译丛”的组织者和实施者，我有许多肺腑之言，溢于言表。一要感谢每本书的原作者，在翻译过程中，他们中的不少人提供了许多帮助；二要感谢每位译者，在翻译过程中，他们对遇到的核心概念和一些难以理解的句子都要反复讨论和斟酌，他们的认真负责和严谨的态度令我感动；三要感谢科学出版社编辑郭勇斌，他作为总策划者，为“认知哲学译丛”

的编辑和出版付出了大量心血；四要感谢每本译著的责任编辑，正是他们的无私工作，才使得每本书最大限度地减少了翻译中的错误；五要特别感谢山西大学科学技术哲学研究中心、哲学社会学学院的大力支持，没有它们作后盾，实施和完成“认知哲学译丛”是不可想象的。

魏屹东

2013 年 5 月 30 日

前　言

本书着重探讨的是：一个争论如何既属于哲学又属于认知科学？

首先，我们需要了解何谓认知科学。它是一门试图理解心智特别是人类心智的跨学科概念。需要特别强调的是，认知科学包含四个方面：第一，行为和脑科学，如心理语言学（psycholinguistics）、神经科学（neuroscience）和认知心理学（cognitive psychology）；第二，社会科学中或多或少与心智有关的知识，如人类学（anthropology）和社会语言学；第三，严密的规范，如逻辑、计算科学，特别是人工智能；第四，哲学的一部分，如心灵哲学和语言哲学。简而言之，认知的标记被刻在所有这些认知科学的分支中，试图给予心智一种全方位的理解。

我们需要预先考虑到这种情况，有些哲学很明显没有被包含在认知科学之内。举两个例子，哲学的历史和政治哲学很明显不属于认知科学。更有甚者，有些学者认为心智哲学也并不完全属于认知科学，如对个体本身和死后生命的探索。而这些情况和认知科学的交叉点便位于哲学的亚-区域（sub-areas of philosophy）和其余三个认知科学分支之间。

从这种独立的界说中，我们能够立即看出，为什么一个争论既可能是认知科学的一部分，又可能是哲学的一部分——这是因为在这两个重要领域之间是有交叉的。而本书涉及的文章就是关于这些交叉部分的争论。格特勒和利康讨论的是意识的实质和本源。卡鲁瑟斯、普林茨和塞缪尔斯就人类心智中模块性的多样性和宽广性进行了争论。普勒姆、肖尔茨、马修斯、麦克杰沃瑞、麦吉尔弗雷针对语言在心智中如何发展和天赋所扮演的角色进行了争论。这些问题不仅是传统语言哲学和心智哲学的核心部分，同样也是当代认知科学的核心部分。因此，哲学和认知科学间是有交叉的。

然而，一个既属于哲学也属于认知科学的争论，也可能有另外的表现方式。许多学者都认同这样一种观点，即虽然哲学和经验科学不是同一样事物，但是两者是具有延续性的。基于“自然主义”（naturalism）的观点，其实在哲学和经验科学之间并没有严格的分界线。这并不仅仅是一个论断，更可能是属于两个领域的共同难题（比如，对空间和时间本质这样的最古老的哲学议题，同样是使用经验的方法进行探究的），它们可能有更深层的含义，直觉经验可能会涉及长期存在的“恰当的哲学”（properly philosophical）问题，哲学亦然。本书还列举了经验主义对哲学产生影响的其他争论，如路德维希和瓦伊格对感知本质和功能认识的争论。人类这种热感应器是如何工作的是学者们近期研究的课题。此课题曾指出，说人类是热感应器并不是说他是一个能给出精确的温度标示的温度计，而是说他们可以掠过精确的温度直接表现出身体对这一温度的反应，如快速抽出置于高温中的手。这似乎是在说，以哲学方式思考感知会产生误解，这种现象从一开始就存在，且已经有漫长的历史了（路德维希十分反对这种推论）。再者，对理性的研究是一个已知的长期议题。吉仁泽和马西森通过对经验的研究认为，哲学传统对于理性的本质有很深的误解。继续来看从哲学到经验科学的其他方面，威廉姆森认为，知识应该作为科学心智理解的中心，这是相对于哲学认识论而言的。在他看来，知识是一种基本的精神状态，它是对不同行为的概括而不是一种确定的信念。因此，对心智-认知科学的跨学科理解不可能脱离知识单独地完成。反过来说，这也意味着认知科学不可能忽视心智以外的事物，因为被视为知识的状态只能在“心智之外”的范围内才会存在。在另一例证中，杰克道夫和雷伊对语言科学/形而上学心智的理解有很大的差异，且都被独立于心智的“真实存在”所深深困扰着。上述四个方面都是哲学与认知科学的交叉点。

所以，一个争论如何既属于哲学部分，又属于认知科学部分呢？在许多方面它确实如此，二者的交叉部分多种多样，不胜枚举。之所以说“不胜枚举”，是因为当对 x 进行研究时，会产生出相关于 y 的事实，而这种事实并不是可以通过一个前提事先预知的：它依赖的一些奇特的事实可能会引出同这个问题相关的更多内容。在我看来，这就是认知科学与哲学的交叉点——永远不会知道下一刻会出现什么，正是它使得这一领域的内容更富挑战性。

祝好！

罗伯特 · J. 斯坦顿

文章作者

阿代尔·亚伯拉罕森（Adele Abrahamsen）　加利福尼亚大学圣迭戈分校语言研究中心的助理项目科学家。他的研究主要集中于象征手势和词语的起源及早期发展上，而认知科学的基础与理论同样是他研究的主题。他是《儿童语言：理论与研究的跨学科导引》（*Child Language*：*An Interdisciplinary Guide to Theory and Research*，1977）一书的作者，同时与柏克德（William Bechtel）合著了《联结主义与心智》（*Connectionism and the Mind*，Black Well，2002）①。

威廉·柏克德（William Bechtel）　加利福尼亚大学圣迭戈分校哲学系、认知科学与科学研究交叉项目的教授。他最近的研究大多针对的是他们在生物和认知科学领域所做的研究，尤其侧重于对机制主义和机制解释方面的探讨。他是《发现细胞机制》（*Discovering Cell Mechanisms*）②的作者（即将出版），且与罗伯特·理查德森（Robert Richardson）合著了《发现复杂性》（*Discovering Complexity*，1993），还与亚伯拉罕森合著了《联结主义与心智》。此外，他还是《认知科学指南》（*A Companion to Cognitive Science*，Blackwell，1998）③、《哲学与神经科学》（*Philosophy and the Neurosciences*，Blackwell，2001）和《哲学心理学》（*Philosophical Psychology*）杂志的编辑。

彼得·卡鲁瑟斯（Peter Carrithers）　马里兰大学哲学系教授。在过去的12年中，他的主要研究兴趣点一直是心灵哲学，尤其关注意识理论和人类认知的自然语言地位这些问题，但是他同样也在以下方面发表了一些关于认知的文章：民族心理学的本质和地位、先天论和模块性、进化心理学和认知结构、意向内容理论、心理学和对心理学解释窄内容概念的辩护。在这之前，他是一名维特根斯坦学者，翻译了维特根斯坦的《逻辑哲学论》（*Tractatus*）。

布里·格特勒（Brie Gertler）　弗吉尼亚大学哲学系副教授。他主要研究心灵哲学的相关问题，包括自觉问题、物理主义的地位和精神内容的范围等。他的文章发表在《分析》（*Analysis*）、《我们》（*Noûs*）、《哲学研究》（*Philosophical*

---

① 孙之荣在《系统生物学哲学基础》（科学出版社，2008 年）一书中，将其译作《联系论与大脑》。——译者注

② 孙之荣在《系统生物学哲学基础》（科学出版社，2008 年）一书中，将其译作《细胞机制发现》。——译者注

③ 孙之荣在《系统生物学哲学基础》（科学出版社，2008 年）一书中，将其译作《认知科学伴读》。——译者注

Studies)、《哲学与现象学研究》(*Philosophy and Phenomenological Research*)和其他期刊上，并编著了《优先获知：自我的哲学解释》(*Privileged Access: Philosophical Accounts of Self-Knowledge*, 2003)。

格尔德·吉仁泽(Gerd Gigerenzer)　柏林普朗克人类发展研究所的主任，之前是芝加哥大学的心理学教授，也是弗吉尼亚大学法学院的名誉客座教授。他的书包括《简捷启示法让我们更精明》[*Simple Heuristics that Make Us Smart*，与托德(Peter Todd)合著，ABC研究组，1999][1]、《适应性思维：真实世界中的理性》(*Adaptive Thinking: Rationality in the Real World*, 2000)[2]，《受限理性：适应工具箱》[*Bounded Rationality: The Adaptive Toolbox*，与泽尔腾(Reinhard Selten)合著，2001]，《风险测算》(*Reckoning with Risk*)[作为《计量风险》(*Calculated Risks*)的内容，出版于美国，2002]。在《社会与行为科学》(*Social and Behavioral Sciences*)上出版的这本书使他获得了美国出版协会奖，还因对行为科学的研究而获得了美国科学促进会(American Association for the Advancement of Science, AAAS)奖，他还获得过2002年德国年度科学书籍奖。

特伦斯·霍根(Terence Horgan)　亚利桑那大学哲学系教授。他经常与他人合作进行有关心智哲学、认知科学哲学、认识论、决定论、形而上学、后伦理学和语言哲学的研究。他与迪逊合著了《联结主义与心理学哲学》(*Connectionism and the Philosophy of Psychology*, 1996)，他最近发表的文章包括《现象意向性与缸中之脑》(*Phenomenal intentionality and the brain in a vat*，与迪逊和格雷姆合著)，见于尚茨编著的《外在主义挑战》(*The Externalist Challenge*, 2004)一书中，《内部世界怀疑论与现象意识的自我表征特性》(*Intemal-world skepticism and the self-presentational character of phenomenal consciousness*)见于克里格尔(U. Kriegel)和威利福德(K. Williford)合编的书籍《意识与自我指称》(*Consciousness and Self-Reference*，即将出版)，与亨德森(D. Henderson)合写的《泛可靠主义的兴衰》(*Some ins and outs of transglobal reliabilism*)见于戈德堡(S. Goldberg)的书籍《语义学与认识论的外在主义与内在主义争论》(*The Externalism/lnternalism Debate in Semantics and Epistemology*，即将出版)。

雷·杰克道夫(Ray Jackendoff)　哲学教授，塔夫茨大学认知研究中心的副主任。他之前在布兰迪斯大学任教。他的研究主要集中在自然语言语义学及其与

① 吉仁泽.《简捷启发式：让我们更精明》，刘永芳译，上海：华东师范大学出版社，2002年。——译者注

② 吉仁泽.《适应性思维：现实世界中的理性》，刘永芳译，上海：上海教育出版社，2006年。——译者注

人类概念化的关系上，其他兴趣主要在句法学、社会认知、意识和音乐认知上。他是美国艺术科学学院的会员，美国科学进步协会的会员，2003 年任美国语言学协会主席，1991 年任哲学与心理学协会主席。他最近出版的书有《语言基础》(*Foundations of Language*, 2002)，与库里卡弗（Peter Culicover）合著了《更简句法》(*Simpler Syntax*, 2005)①。

柯克·路德维希（Kirk Ludwig） 佛罗里达大学的哲学教授，他在语言哲学、思想行为和认识论方面发表过文章，他是《唐纳德·戴维森》(*Donald Davidson*, 2003）一书的编者，与莱波雷（Ernie Lepore）一起合著了《唐纳德·戴维森：意义、真理、语言与现实》(*Donald Davidson*: *Meaning*, *Truth*, *Language and Reality*, 2005)，以及即将出版的《唐纳德·戴维森：真值理论语义学》(*Donald Davidson*: *Truth-theoretic Semantics*)。

威廉·G. 利康（William G. Lycan） 又名威廉·兰德·凯南（William Rand Kenan)，是北卡罗来纳大学哲学系教授，他出版的著作包括《自然语言的逻辑形式》(*Logical Form in Natural Language*, 1984)、《认识谁》[*Knowing Who*, 与布尔（Steven Boer）合著，1985]、《意识》(*Consciousness*, 1987)、《判断与辩护》(*Judgement and Justification*, 1988)、《模态与意义》(*Modality and Meaning*, 1994)、《意识与经验》(*Consciousness and Experience*, 1996)、《当代语言哲学导论》(*Philosophy of Language*: *A Contemporary Introduction*, 2000)②、《真值条件句》(*Real Conditionals*, 2001)。他还编辑了一本选集：《心灵与认知》(*Mind and Cognition*, Blackwell, 1990, 1999)。

大卫·马西森（David Matheson） 于 2003 年在布朗大学哲学系获得了博士学位，在著名的认识论学家索萨（Ernest Sosa）的指导下，对日常知识与认识论理论间的关系进行过研究。目前，任职于卡尔顿大学（渥太华，加拿大）哲学系，是加拿大认识论协会执行委员。

罗伯特·J. 马修斯（Robert J. Matthews） 罗格斯大学的哲学教授，是罗格斯认知科学中心的成员。他的研究主要集中在心灵哲学、认知哲学的基础方面，尤其是计算心理语言学上。需要提及的是，他对命题态度、命题态度归因，以及它们在认知科学理论的地位，在第一语言习得和语言学本土主义的地位等内

---

① 库里卡弗，杰克道夫.《更简句法》，胡建华导读，北京：世界图书出版公司，2010 年。——译者注

② 已有译著：《当代语言哲学导论》，陈波，冯艳译，北京：中国人民大学出版社，2011 年。——译者注

容方面都很感兴趣。他刚刚完成了一本书的手稿《心智测量》（*The Measure of Mind*），该书讨论的是态度的测量理论解释。

詹姆斯·麦吉尔弗雷（James McGilvray）　在蒙特利尔麦基尔大学讲授心灵哲学与语言哲学，他也是该大学的认知科学项目合作者。他近几年的工作受到了乔姆斯基"构建语言自然性的科学"理论的影响，出版了《乔姆斯基：语言、心智和政治》（*Chomsky*：*Language*，*Mind*，*and Politics*，1999）和《乔姆斯基剑桥指南》（*The Cambridge Companion to Chomsky*，编者与作者，2005）。

杰西·J. 普林茨（Jesse J. Prinz）　北卡罗来纳大学哲学系的副教授，之前他在圣路易斯华盛顿大学讲授哲学、神经科学、心理学课程。他著有《心灵装饰：概念及其感知基础》（*Furnishing the Mind*：*Concepts and their Perceptual Basis*，2002）、《本质反应：情绪的感知理论》（*Gut Reactions*：*A Perceptual Theory of Emotion*，2004），还有两本相关书籍也即将出版。同时，他也是即将出版的《心理哲学手册》（*Handbook to the Philosophy of Psychology*）的编者。他的研究领域包括概念、感情、道德心理学、自然/教育论辩和意识的神经基础等。

杰弗里·K. 普勒姆（Geoffrey K. Pullum）　语言学教授，加利福尼亚大学圣克鲁兹分校教授。除了撰写理论语言学上的一些书和文章外，他还出版了一些语言类词典，譬如《爱斯基摩词汇迷局》（*The Great Eskimo Vocabulary Hoax*，1991）、《剑桥英语语法》[*The Cambridge Grammar of the English Language*，与赫德尔斯顿（Rodney Huddleston）等人合著，2002]。他于2004获得了美国语言协会莱纳德布鲁菲尔德图书奖。2005～2006年，他对哈佛大学进行了学术访问，师从拉德克利夫研究所的史密斯（Constance E. Smith）教授。也正是那时，他与肖尔茨合力完成了这篇文章。

乔治斯·雷伊（Georges Rey）　于1978年在哈佛大学取得了哲学博士学位，他主要研究认知科学基础，发表的文章大都与意识及感受、概念与意向和语言哲学相关。他是《当代心灵哲学》（*Contemporary Philosophy of Mind*，Blackwell，1997）的作者，是《心灵的意义：福多及其评论》（*Meaning in Mind*：*Fodor and His Critics*，Blackwell，1991）的编者[与劳威尔（Barry Loewer）合著]，且担任罗特里奇哲学百科认知科学部的编辑。他曾在纽约州立大学和科罗拉多大学任教，而且曾在麻省理工学院、CREA、斯普利特大学、伦敦大学、澳大利亚国立大学和斯坦福大学访学，目前是马里兰大学帕克学院的哲学教授。

理查德·塞缪尔斯（Richard Samuels）　伦敦大学国王学院的哲学讲师。他的研究主要集中在心理哲学和认知基础等方面。他的论文涉及本土主义、认知结构、进化心理学及经验心理学等内容。他目前完成了一本有关认知结构的书籍。

巴巴拉·C. 肖尔茨（Barbara C. Scholz） 居住在加利福尼亚的圣克鲁斯。他 2005 ~2006 年在哈佛大学进行访学期间师从拉德克利夫研究所的米勒（Froeda L. Miller）教授。在那时，她与普勒姆合作完成了这卷中的合章。她在哲学、心理学、语言学和心理语言学等刊物上都发表过文章，尤其对形式理论句法和语言学、科学哲学感兴趣。

约翰·迪逊（John Tienson） 孟菲斯大学哲学教授。他在认知科学基础方面的论著广泛，包括《联结主义与心理哲学》（与霍根合著，1996）。目前，与特伦斯和乔治合力编写了一本有关心灵哲学方面的书籍《现象意向性》（*Phenomenal Intentionality*）。他最近发表了 12 篇与心灵哲学有关的论文，其中一些是与霍根和格雷姆合著的。

克里斯托弗·瓦伊格（Christopher Viger） 从 2002 年开始就是西安大略大学的助理教授。1999 年获麦吉尔大学哲学博士学位，而且在不同大学、不同学者的指导下进行了博士后研究：在塔夫茨大学师从丹尼特（Daniel Dennett）教授，在美国州立大学研究生中心师从罗森塔尔（David Rosenthal）教授，在罗格斯大学做过博士后研究。他的研究领域是心灵哲学、语言哲学和认知科学，尤其是在探寻思维假设语言替代者这一问题中，对语言与思维二者的关系感兴趣。他已在《心灵与语言》（*Mind and Language*）、《综合》（*Synthese*）和《哲学心理学》（*Philosophical Psychology*）上发表过文章。

拉尔夫·韦奇伍德（Ralph Wedgwood） 牛津大学莫顿学院哲学讲师。他的论文主要是有关元道德和知识论方面的内容，有时也会牵涉到形而上学、心灵哲学和语言哲学。他目前刚完成了一本书，该书为规范思维和话语提供了一个一般性理论（即关于什么应该成为这个案例中的一般性思维和话语）；这个理论是基于“意向是规范化的”观点。也就是说，有“意向内容”（intentional content）的精神状态本质上只能用规范性词语来解释的。

蒂莫西·威廉姆森（Timothy Williamson） 牛津大学逻辑学教授，也在爱丁堡大学和都柏林三一学院任教，且即将赴麻省理工学院、普林斯顿大学、澳大利亚国立大学和坎特伯雷大学访学。他是《同一和分辨》（*Identity and Discrimination*, Blackwell, 1990）、《模糊性》（*Vagueness*, 1994）和《知识及其限度》（*Knowledge and its Limits*, 2000）的作者。而且，在《心灵》（*Mind*）、《哲学杂志》(*Journal of Philosophy*)、《哲学评论》(*Philosophical Review*)、《哲学与现象学研究》(*Philosophy and Phenomenological Research*)、《心灵与语言》(*Mind and Language*)、《理论与决策》(*Theory and Decision*)、《符号逻辑杂志》(*Journal of Symbolic Logic*)、《哲学逻辑杂志》(*Journal of Philosophical Logic*)、《逻辑研究》(*Studia Logica*)和《诺特丹形式逻辑杂志》(*Notre Dame Journal of Formal Logic*)上发表过文章。他是英国科学院、爱丁堡皇家协会和挪威科学与文学科学院会员。

目　录

第六部分 认知科学到底需不需要外在内容?

第七部分 感知旨在提供准确的表征吗?

第八部分 心理行为和特殊知识可以被分为窄成分和宽成分吗?

第一部分

模块究竟是如何成为心智的？

第一章　心智的集群模块模型案例

彼得·卡鲁瑟斯（Peter Carruthers）

本章笔者主要陈述一些积极案例，用以支持人类心智的集群模块模型[1]。但不幸的是对于什么是心智集群模块模型，还没有一个普遍可接受的理解。因此，我们的讨论可能或不得不做一些术语化处理。在被“模块性”（modularity）浸润的范围内，笔者使用了一些术语化策略，即使它有可能和集群模块性的论点远远沾不上边。一方面，我们将把“模块性”无法准确涵盖的东西划分出来；另一方面，针对一些支持集群模块性的论证，我们会对它们所认可的“模块”概念进行探讨。结果证明：心智的集群模块模型对“模块”有着自然合理的理解，本文正是运用了一个说服力很强的案例来支持这种观点。但是关键的问题是：我们不是要论述哪些组成部分是可以被称作“模块”的，而是要讨论，一个什么样的结构才足以解释人类心智的组织和运行这样一个实质性问题。因此，我们现在最需要做的、最有意思的议题是要支持集群模块性论证，因为无论我们如何称呼它，这个论证都可以成功地向我们展示我们所希望了解的结构。

一、模块性导论

从最浅显的意义上说，模块可以被解释为类似这样的事物：可分离的功能组件。举例而言，在我们的日常生活中，有人说他想买一个以模块为基础的高保真（hi-fi）系统。如果他可以购买到独立于磁带卡座的扬声器，或者用一套扬声器代替另一套而使用相同的磁带卡座，高保真系统就是模块的。更进一步来说，如果他完全没有必要买磁带卡座，只买个CD播放器和其他的设备，或者磁带卡座坏了而系统的其他部分照常运转，那么这就是系统的模块性。

在浅显的意义上，可以这样来理解集群心智模块性的观点：心智包含完全不同的组件，其中各个组件又各司其职。可以预测的是，很多这些组件的功能不会因其他组件功能的影响而发生变化［这就和“专门化智能”（special intelligences）的假设相一致——加德纳（Gardner，1983）］。这一理论预测：即使这个系统中的某些功能受损或消失，也不会影响余下的功能组件的完整性。

这种集群心智模块性的观点究竟是富有趣味的还是满含争议的呢？这一问题的答案，一方面取决于我们所讨论的观点：心智是否仅仅（或几近）由模块组件构成；另一方面取决于心智是否是一种大量模块的集合体。从第一个方面来看，几乎每个人都是集群模块学家，这就是"模块"的表层含义。因为每个人都知道心智是由不同的成分构成的，即使有些功能遭到破坏，也不会影响整体功能的发挥。瞎和聋这样简单的事实足以支持这些浅显的观点。

从第二个方面来看，集群模块性起到的绝不仅仅是安慰的功效，它承认了心智的域组件构成，但要探寻心智奥秘还要取决于心智包含的组件到底有多少。当然也不是每个人都相信心智是由很多不同功能的组件构成的，他们（比如，Fodor, 1983）把心智想象成具有多用途的计算机，并且认为这台计算机拥有一定数量的与外界联系的（视觉，听觉等）不同输入链接和输出链接。

很显然，即便我们从"模块"最表层的意义上分析，集群（这里指"大量"）模块性也是具有争议的。进化心理学家对"心智是大量模块的集合体"观点（Tooby and Cosmides, 1992；Sperber, 1996；Pinker, 1997）加以支持仅是出于自身的兴趣，即便"模块"仅仅意味着"组件"，他们还是会继续支持这一观点的。

而就另一种模块性概念而言，从最强的意义上说，模块应当具有被称作"福多模块"的所有特性（Fodor, 1983）。也就是说，它是一个专业领域里先天特殊的处理系统，用自己专有的传感器，传递"浅层"（非概念性的）的输出（例如，视觉系统会传递 2½-D 图像；Marr, 1983）。除此之外，这种意义上的模块在操作上也具有强制性、处理迅捷性、与其他认知组件相分离性、难以接近性、与特殊的神经结构相联系性、易于在特定和典型的模式中分解、按照有节奏且不同安排的序列增长并发展等特性。

在此，笔者将会就这一解释的不同理解加以简单评述。据福多（Fodor, 1983）所说，模块是心智的域专门化处理系统。就像很多写过关于模块性文章的人那样，他们认为模块会被限定在各种不同的物质中，而这些物质又可以被当作输入内容[2]。被限定的这些物质确实构成了它的区域，因此视觉系统受限于视觉输入，听觉系统受限于听力输入，等等。而且，福多认为每一模块都应该有自己的传感器：视觉系统的视网膜杆和视锥；听觉系统的鼓膜等。

在福多看来（Fodor, 1983），就非概念性意义而言，模块输出是浅显的，因此由模块产生的各种不同的信息是可以不被强加于心智和观念上的。相反，福多争辩说，信念的确立是非模块性（或整体）过程的原型。也就是说，视觉模块会传递有关椅子这一感知画面的表面和边缘图像，但并不会传递有关椅子这个实物的认知，也不会传递椅子所呈现的观念。这需要其他（非模块）系统或多个系统的合作。

从某种意义上来说，福多模块是固有的，它们位于心智的局部特定区域中（尽管这些结构本身可能并不集中在一起，但是它们分布在一系列分散的神经系统中）。它们在特殊的基因控制下生长和发展，因此易于在不同的模式中分解，不论是基因模式还是正在发展的模式。根据基因引导发展时间表，我们希望看到它们的增长，这一时间表有利于减少环境和个人学习机会的异常情况。

福多模块在操作时也是强制且迅捷的。因此它们不是位于自发控制（我们不能关掉它）下的操作，而是通过和其他（非模块）系统作比较并产生出的极其迅速的输出。当我们睁开眼睛，便会立即看到眼前的事物，这不能说明我们的判断［例如，缪勒-莱尔（Müller-Lyer）① 想象中的两条等长线］就凌驾于视觉系统的操作之上。此外，我们还可以将视觉处理速度和（比较慢的）意识决定速度作一个比较。

最后，福多模块是与认知的其他部分相隔离的（也就是封闭的），而且它的内部操作也是难以接近的（inaccessible）。这些特性通常相互（在特定的区域）一起运作，但又互相区别。说一个处理系统是封闭的，就是说它的内部操作系统无法从系统之外获取任何信息（当然这不是说系统完全无法获得储存的信息，因为它在处理过程中可以查询自己专用的数据库）。相对而言，说系统是难以接近的，就是说其他系统不得干预它的内部处理过程，只可获得它的输出或者处理结果。

请注意，这些概念不可与域专门化概念相混淆，后者是有关系统输入的限制。说一个系统是域专门化的，就是说它仅可以处理特殊种类的输入，且这些输入又是与特定种类的主题相关的信息。而说系统处理是封闭的，一则是说它是难以接近的，二则是指该系统的内部操作和其他系统的内部操作具有某种互通性。因此，我们可以很容易想象出缺乏域专门化的系统，比如，它可以接受任何的输入内容，尽管它们的内部操作系统也是封闭且难以接近的（Carruthers, 2002a; Sperber, 2002）。

二、集群模块性不是什么

如果我们所说的“模块”和集群心智模块毫不相关的话，那么很显然，这里的“模块”就不只包括“福多模块”了。但是，当我们认可中枢系统模块性这一概念时，福多列表中的某些术语便是我们需要了解的了，而集群模块性则就一定是其中的术语之一了[3]。最近几十年，认知科学家举出了几个例子，希望验证概念性模块是否存在——处理常识物理、常识生物或谎言检测的模块——然而，很明显，模块没有自己专有的传感器，也不具备浅层输出的能力。相反，它们的输出是全-概念性观念。

就集群模块性的情境而言，域专门化需要从功能而非物质领域被重新定义。

① 缪勒-莱尔错觉是一种视错觉，即一条水平线段两端加上向外的箭头（fins-out），看起来要比加上向内箭头（fins-in）的线段长些。——译者注

尽管有很多模块都是域专门化的案例，但是不可能所有的案例都是这样的。如果心智完全建立于或几近完全建立于模块之外，那么这种观点也是可信的[4]，比如，实际推理。这是一个貌似合理的特殊思想系统，它由先天众多组件构成，这使它的内部操作系统呈封闭状态，或者说它难以接近认知的其他部分（Carruthers, 2004a）。这个系统的基本框架可能确实历史悠久，甚至对昆虫、我们自身和其他哺乳动物来说都很常见（Carruthers, 2004b）。但是不能简单地说它是域专门化的，因为它还必须接受信念和欲望作为输入条件。

快速处理（swiftness of processing）同样也需要在集群模块性的情境下进行，但它无法同意识思维处理速度相比。卡鲁瑟斯（Carruthers, 2002a）认为，后者是在模块活动循环中实现的。正因为心智是集群模块的，我们就会缺少一些有意义的比较。福多模块以中央处理关系迅捷为特征，但是集群模块学家坚持认为后者也是模块的。尽管如此，强制性处理的观念似乎还是大有市场。心智的每一个组成系统都可以自动处理其接受的任何输入，当然，似乎一些所谓的“中央模块”多少也有这样的性能。正如西格尔（Segal, 1998）所指出的，我们无需强制就能感到演员在舞台上所表现出来的愤怒、嫉妒或其他的行为，那时候，我们只知道他正在思考和感知他所遭遇的一切。因此，我们的读心能力（mind-reading faculty）是强制性的。

何谓天赋？何谓神经专门化？当然，你可以坚持认为，心智几乎全是由天赋所引导的处理系统构成的，并会在特定的神经结构中得以实现。这是有争议的，但并不荒谬。发展和维护集群模块性观点的最好方式是否是假设案例呢？进化心理学家已经强调过天赋，在他们看来，正是自然选择引发的多样天赋促进了认知系统的发展（Tooby and Cosmides, 1992）。但是，针对“模块性是学习和发展的产物”这一观点还存在着争议（Karmiloff-Smith, 1992）。尽管如此，对于“模块是在特定神经结构中实现的（人与人之间没有必要完全相同）”这一观点，双方都持赞同态度，而且都认为，这一观点的发展是以一系列的先天注意力差异和多种类的先天结构学习机制为开端的。

在这一争论中，笔者更倾向于先天论范畴。笔者怀疑人类心智的很多结构和物质是先天的或有先天渠道的。但是在集群模块性的发展情境下，最明智的做法还是从模块的定义中去除天赋的约束。因为你可能会认可这种观点：成熟语言能力的某些方面是模块性的，如英语，它的内部也包含了很多从一种特定自然语言中获得的词汇信息。而且你也可能认为模块可以通过过度学习来建构，在这种情况下，我们把某人的阅读能力描述成模块性的也是合理的。

最后，我们将讨论的重点转向某些封闭的、难以接近的处理属性。很多学者包括福多（2000），都认为这是模块系统的核心特征。我们无从了解“心智为何仅包含着这些系统及其循环操作”，它似乎不存在一个先验的原因。至少这样的观点会博得很多自认为是集群模块专家（Sperber, 1996, 2002, 2005; Carruthers,

2002a, 2003, 2004a）的拥护。相应地，他们不会因为一时的得失而放弃自己的观点，而是会更进一步地深入研究这些观点，并用以支持集群模块性。

然而，如果我们目前拥有的东西和集群心智模块性完全不相关的话，那么这里的“模块”就不能说是“福多模块”了，尤其是当专有传感器、浅层输出、域专门化、相对迅捷处理过程和非凡天赋这些特性都被剔除时。这使我们产生了这样的想法：模块是分离的，是功能特定的强制操作处理系统和其他特定神经结构的连接，它的内部操作对认知的其他部分而言是封闭的，并且是难以接近的。是否所有的这些特征都会被集群心智模块性继续加以维护，这将是本章后面部分将要讨论的内容。

三、关于集群模块心智的争论

在这一部分中，笔者将提供三个主要论据用以支持集群模块的心智组织观点。同时，在探寻这些争论优势的同时，笔者也将会对他们认可的“模块”概念加以分析。

1. 生物学论证

第一个论证来自西蒙（Simon, 1962），它是一个有关复杂功能的系统，尤其是生物学系统。根据这一心智主线，我们期望这些系统是由可分离的子系统分级建构的，这样的话，整个系统就可以逐渐聚合起来，子系统叠加子系统。以这种方式，整个系统的功能在某种程度上会减缓对其他部分的损害。

西蒙（Simon, 1962）运用著名的两个钟表匠的故事来解释这一点。第一个钟表匠一次组装一块手表，每次把一个微构件安装到另一个上。这使他很容易就忘记部件的合理安装顺序，如果他被打断的话，就必须从头开始。第二个钟表匠先从给定的微构件中建立子零件模块，然后把这些组合起来构成更大的子零件模块，直到组成一块完整的钟表。这使得他的整个过程得以组织和排序，从而不容易被打断。

与这一解释相一致，在生物学里也有很多不同层次的证据可以证明这一点，复杂的功能系统是由子组件聚集起来的。这些子组件又是由更小的子组件构成的，每一组件都在整个系统中扮演着不同的功能角色，它们中的很多都会受损或缺失，但是不会影响系统剩余部分功能的完整性。像蜜蜂群体一样，细胞、细胞群、整个器官、多元有机体单位的运行都是这样的（Seeley, 1995）。扩展来说，我们期望认知也是如此，假设把认知系统想象成生物系统，这也是可以的，这就成了自然选择的课题。因此，现在我们会花一些时间来研究这一问题。

生物体的哪些特征会更倾向于适应性影响呢？答案多种多样，从最初的解剖特征，比如大小、身材、皮毛颜色或肤色，到特定身体系统的详细功能器官，比如眼睛或者肝脏，再到行为趋势，比如杜鹃幼鸟喜欢把别的幼鸟赶出巢。对于既不是副现象论者（epiphenomenalist），也不是取消主义论者（eliminativist）的人来说，认知表示人类心智是位于人类有机体功能之中的，而人类有机体可能具有适应性影响，通过心智几乎能引起所有的适者强化行为，比如，远离捕食者、与竞争者夺取资源、向配偶求爱等。

广义的实在论者对心智及其状态的解释是，至少心智是自然选择首要的塑造对象。这种可能性为什么没能够实现呢？若不是自然选择的产物，心智怎么能成为适应性增强行为的主因呢？一种方法是激进的经验主义，它认为不仅心智的大部分物质，而且它的结构和组织也都来源于环境。或许自然选择仅有的直接产物就是一些极其强大的学习方法，这使其在不同的现实和非现实环境中都有广泛的运作范围。我们从成年人心智观察到的适应增强性不是（除了非常间接的）自然选择的产物，而是环境学习的结果，这些适应性行为需要在环境中得到证明。

这一提议显然不是首例，但需要说明的是，正如经验主义者认为的那样，心智的所有内容都是通过运用普遍学习原则而从环境中习得的（这本身让人难以置信）。还有一点需要说明的是，心智的结构和组织同样需要学习。那么从经验中习得的信念、欲望、情感等这些显性因果角色和意图又有怎样的差异呢？[5] 因为世界上没有什么和它们相一致，而在任何情况下，任何学习过程都必须有一个假定，即基础的心智模型已然存在了。此外，从环境中获得的个人（或情境）记忆、事实（或语义）记忆，这两者和短期记忆有着怎样的差别呢？这些想法是一致的。确实，没有经验主义者会愚蠢到去提这种问题。

我们没有别的选择，只能把心智的结构和组织看成是人类基因型的产物，从确切相同的意义和程度上来说，人类身体的结构和组织是我们基因型的产物。但仍有人坚持认为，心智不是自然选择过程的结果。然而，有人可能会说，心智的结构是单一宏观突变的产物，这种宏观突变的概率在人群中是普遍的，自此之后，这种情形继续保持。或者可能是这样的：有问题的组织通过随机的基因变异而改变——也就是说，在一系列细小基因突变的随机漫游中，碰巧每一次在人群中都很普遍——这些序列以碰巧产生的心智结构作为终点。

这种可能性极其渺茫，这样的观点可直接被驳斥。自然选择进化依旧是我们的组织功能复杂性的唯一解释（Dawkins，1986）。任何复杂的表型结构，比如人类的眼睛或心智，都需要成千上万基因的合作去构建。而成千上万次的微小基因突变可能会偶然发生，或者在序列中被建立起来（再一次偶然），这种可能性不是完全没有的。事物改变的概率是微乎其微的（用公平的骰子掷成千上万次“6”，它们成一排的概率也是有的）。我们可以自信地认为，每一次所需的微小变化首先都是在偶然突变中发生的，至少给予突变者微小的适应益处，让其在人群中足以稳定下来，进而为下一次的微小变化提供平台。

对于任何给定的生物系统，这一论点的优势在于它和组织功能复杂性的程度直接成比例——系统的结构越复杂，就越不可能引起偶然的宏观突变和随机基因变异。现在即使从常识心理学来看，心智也是庞大复杂的体系，与它的组织方式很一致[6]。我们从科学的角度学习关于心智的知识越多，就会发现它比我们原先想象得更复杂。比如视觉系统，从常识心理学来看，它很“小儿科”，但它也有庞大而复杂的内部结构。

对这一推理的预测是，认知是由可分离的系统构建的，每一系统都拥有不同的功能或执行着不同的功能[7]。这给出了“认知”模块的定义，这和我们日常生活中谈论的把高保真音响设备当作“模块”很相似，假设能买到录音座，就可以不用CD播放机也能播放，等等。粗略地说，模块只是一个可分离的组件。

与以上的预测相一致，现在有很多神经心理学方面的证据，证明人类的心智的确是集群模块性的（通常的“模块”意义）。有的人语言系统受损，但认知的很多剩余部分都完好无损（失语症）；很多人对心智的状态缺乏推理能力，却能对很多其他事物进行推理（自闭症）；有的人失去辨识人脸的能力；有的人失去社交中推理欺骗的能力，而对风险和危险却有相当的推理能力，等等（Sachs, 1985；Shallice, 1988；Tager-Flusberg, 1999；Stone et al., 2002；Varley, 2002）。

但是这一论证暗示心智要包含多少组件呢？西蒙（Simon, 1962）的论证支持分级结构，最高层是讨论中的目标系统（一个细胞、一个身体器官、人类心智），最底层是系统中最微小的构成要件。当它们达到最低点后，就会在神经系统趋向认知系统的过程中趋于平稳（以心智为例）。但这似乎是完全开放的：这个金字塔有多高或多低（例如，等级包含多少层），它底层有多宽，或是否“金字塔”有凹面或凸面边缘。如果金字塔在凹面边很低，心智可能分解成为第一层分析上的几个组件，比如感知、信念、欲望、意志，这很像传统的“官能心理学”一直假定的东西，而且这些能很快在神经过程中得以执行。除非金字塔很高，底层和凸面很宽，我们才期望心智分解成为很多组件，每一组件反过来又包含很多组件，等等。

尽管从西蒙的观点还可以得到很多帮助，但是因为整个系统需要执行的功能的复杂性和范围肯定会对行为有一个直接的指令，所以“金字塔”会在行为中倾斜（复杂性越高，系统就需要分解成更多的子系统）。因为分层结构首先要保证功能的强大性，在不影响其他功能的条件下，进化就是调整某种功能以便回应选择压力[8]（学习也是如此，因为你一旦学会了一种技能，当你学习其他技能时，你就需要隔离和保护这种技能）（Manoel et al., 2002）。

简要地说，我们应该期望有一个独特的子系统，它拥有一种可信赖的再生能力，这种能力可以命令心智去执行任务。正如进化心理学家已经强调的，这些是不计其数的（Tooby and Cosmides, 1992；Pinker, 1997）。例如，我们只从社会领域就可看出，人类需要识别亲属的远近关系；照顾和帮助亲属；避免乱伦和近亲结婚；识别和照顾后代；结交朋友建立关系网；订立契约，识别和惩罚那些在契约中欺诈的人；认定和获取一个人周围文化的准则；识别其他行动者的信念和目标，预测他们的行为，等等——即使在这一领域，这些也只不过是冰山一角。生物学的观点让我们得出了这样的结论：心智包含着非常多不同的组件，这只是集群模块性观点的一种（表面）形式。

2. 任务专门化论证

第二个支持集群模块性的推理来源于反映论，不同的任务需要通过不同的习得挑战来完成，这种挑战是人和其他动物必须面对的。在这个过程中，恰当的、强化适应性的本质欲望的产生是必要的（Gallistel，1990，2000；Tooby and Cosmides，1992，2005）。一类任务是学习太阳的方位（任何给定的一天或一年中太阳在天空中的高度）以提供方向参考；另一类任务是执行运算，这类运算需要极限推理，需要结合旅行距离与每转一次的角度，目的是提供从某人现有位置到家的方向和距离；还有一类任务是在星体观测学习中获取夜空旋转的中心，从中找到北极。这些都是动物可以解决的学习问题，但这需要运用不同的学习机制去取得成功（Gallistel，2000）。

当我们把关注的航海问题扩展到其他学习问题中时，这一论证又得到了进一步巩固。很多这样的问题都面临着计算机的挑战——从所提供的数据中提取所需信息——这有别于其他学习。从视觉到语言识别、读心能力、谎言检测、复杂技能习得，与这些所面临的挑战完全不同。因此，对于每一个这样的问题，我们都应该假定存在一个不同的学习机制，这一机制的内部过程需要专门用计算机去解决这一任务。令人惊讶的是，普遍学习机制可扮演所有这些不同的角色。

有人可能会认为，条件反射实验明显地违背了这些观点。但是概述性-目的条件最好还是少一些为好。加里斯特（Gallistel，2000；Gallistel and Gibbon，2001）曾说过，根本没有通用学习机制一类的东西。他特别强调的是，条件反射实验的结论可以在一种特定比率评估模块的计算进程中得到最好的解释，在通用管理进程中是无法取得这种效果的。例如，只要实验间的间隔是以同一比例增加的，强化延期对获取率就没有影响。强化数量对于习得一种新行为有着重要的意义，它不受非强化间隔数量的影响。因为延迟和非强化实验肯定会削弱这些联系，所以如果动物要建立（强化数量与行为间的）联系，那么这些事实将很难解释。但是如果动物也能够建构一种相关回路比率的话，那么它们的行为也是可以被预测的。因为每一次刺激呈现的强化比率和相关背景条件下的强化比率是相同的，例如，是否受到刺激将会直接影响数量的增长与否。

这些概念为我们呈现的结果是：心智确实包含着大量特定的学习系统（还有能产生适应性增强的内在欲望系统）。这很像集群模块性观点。不可否认，这和心智仅由这些系统组成的这样的论点不相吻合。但结合以上论点和前文的概述，我们会得到一个比较实际的结论。

尽管没有理由相信每一个处理系统都会使用唯一的处理运算法则。相反，对进化是何以完成这样的思考暗示着我们，相同或相似的运算法则在人脑中可能被复制过很多次（我们可以这样描述，人类心智在每一种情况下，都存在着不同的输入和输出链接，因此也是不同的功能角色，代表不止一次的相同模块类型）。马库斯（Marcus，2004）解释说，进化通过先结合和复制，后适应的方式来运行。首先，基因导致已知的微结构（特殊的神经元存储体有一套已知的处理特性）被复制，产生两个或更多的此类结构。其次，一些复制体会适应新的任务。有时候会涉及在执行一个或多个复制过程中，出现运算法则偏差的情况。但新系统的新输入链接和/或者新输出链接会被确定下来。

塞缪尔斯（Samuels，1998）对上述的集群处理模块观点进行了质疑。在他看来，能够一次处理很多有机体先天信息的系统并不是一整套的专门学习系统，可能仅是一个单一的普遍学习/普遍推理机制（和我们更熟悉的计算机模块性形式相比较，他把这个叫作"信息模块性"）。但是，这肯定会形成严重的处理障碍。如果真的只有一个（或者甚至几个）推理系统——产生有关环境机械客体的可能运动信念；环境动因的可能信念、目标、行动；在社会交往中谁欠谁什么东西，等等——接下来似乎是一些看起来容易处理的一类问题。在真实时间（秒和微秒）中的这些不同种类的事件，但凡使用了一种有限集推理资源，它就将变成一个新的形式化信念问题。确实（和塞缪尔斯的建议相比）现在每个人都认为心智在结构上是集群平行的。在这些情况下，我们应该期望有不同的系统，而且这些系统能同时处理每一种不同的信息。

塞缪尔斯试图解释：这里可能存在一套针对不同区域的普遍处理系统，其中的每一部分都以相同的普遍学习/普遍推理法则运行，且每一个系统又和不同的先天信息域专门化相联系，并从中获取资源。这会让他获得某种并行处理计算优势，但是这种优势并非适用于每一个模块处理。实际上，这仅仅是集群计算模块假设的一种变体。因为就如我们所见，模块性的本质不需要模块去运行有别于其他模块运行的运算法则。重要的是，它们应该是可分离的系统，执行特殊功能，并且它们的内部处理应该是运算合理的（可以参考下文）。因此，集群模块性实现的一种方式是拥有整套的处理器，每一个都在心智整体结构中执行特定功能，每一个都提取和功能相关的不同体的先天信息，但处理器使用的这些运算法则是共享的，在很多不同的处理系统中会被复制很多次。

尽管在理论上是可行的，但这不是集群模块性假设的一个可能形式，因为随之而来的是严重的计算代价。这是因为"信息模块"假设和经典"计算模块"假设的不同在于，它们是否能清楚地代表天赋信息。假如以读心能力为例，经典观点认为，从系统中直接取出运算法则，"x 明白 P 说的"，也就是"x 可能相信 P 说的"。人们相信他们看到的信息被模糊地表示在运算法则里。相比之下，塞缪尔斯的观点则会有一个中间步骤的存在。为了调节从开始到结论的推理，区域普遍推理机制会运用一种眼见为实的观念。在人类心智理论领域，即使所有种类的推理演变确实都在不停地增加着，但如果他的提议是以严苛的计算为代价而得出的，那么这种提议也是苍白无力的。但是很明显，即使信息模块是人类祖先心智的起始状态，但随着进化时间的推移，信息模块也终将被计算模块所取代。

结合前文的观点，我们可以预测心智完全是由或几乎完全是由模块组成的（通常意义上的“模块”），其中很多模块组成是先天的或有先天渠道的。所有这些组成系统，尽管其中一些在为不同任务服务时，可能复制一些相同类别的运算法则，但是所有的系统都和其他系统有不同的输入和/或输出链接，都运行特定的任务处理运算法则。这看起来像集群模块性的观点，因为即使没有根据，也可以说被质疑的模块内部处理过程一方面是封闭的，另一方面又是难以接近的。

3. 计算易处理性论证

或者说集群模块性最有名的观点是源于福多（Fodor，1983，2000）的计算易处理性论证[9]，至少在哲学家之间是这样认为的。如果这个观点得以普遍赞同的话，那么我们就要承认心智是由封闭的处理系统组成的，比起目前我们维护的这一章的观点来说，集群模块性假设的另一种形式反而会获得更多的支持（Carruthers，2002a；Speaker，2002）。

这一论证的第一个前提是：心智是在计算性质的过程中得以实现的。尽管它指导了很多认知科学的方法论假设，但它绝不是没有争议的。事实上，它被某些分布式联结主义者所否定。据笔者所知，近些年一些反对声已经出现了（Gallistel，2000；Marcus，2001）。不变的是，计算心理学轻易表达出了我们最想要的——或者也是我们唯一想要的——观点，即心智过程是如何在身体过程中得以实现的（Rey，1997）。在任何情况下，笔者都认为假定第一个前提的目的，是更好地进行讨论。

这一论证的第二个前提是如果认知过程是通过计算实现的，那么那些计算肯定是容易处理的。这相当于什么呢？这意味着这些计算在原则上能在有限的时间内被完成。但是当然不足以假定发生在人脑中的计算在原则上是易于处理的。在实际情况下，人在有限的时间范围内，用人脑的特性执行（或在一个平行）系统中的运算也是合理的。从计算机科学角度来看，如果以它为标准，许多计算从严格意义上来说都应该被看作是认知科学的目的。

计算机科学的一个分支研究了这些或多或少有些棘手的问题，这就是“复杂性理论”（complexity theory）。我们也不需要去深入研究这个问题，以及去发现对认知科学有重要意义的答案。例如，传统上哲学家们都假定任何候选人的新信念在被接受之前，都要先检测其同现有信念的一致性，但实际上要做一个详尽的一致性检测很难。设想一下，一个人怎么通过真值表检测一套信念的一致性。即使每一条线在光子产生的光穿越质子直径时都被检测到，然而直到200 亿年后，一套 138 信念（2^{138}条线）的真值表还是没能完成（Cherniak，1986）。

从前述两个假设我们可以总结出，人类心智肯定是在一套合适的简易计算过程中得以实现的。这也就是说不论是在正常处理所需的信息数量上，还是在处理信息时所运用的运算法则复杂性上，那些处理过程都是很简易的。

这一论点的第三个前提要求是：为了便于处理，计算需要封闭；因为所需的信息和计算资源，只有在封闭的处理过程中才能简单化。正如福多（Fodor，2000）所解释的，这里的限制可以说成是一种位置。计算简单处理过程必须要有定位，也就是说，仅查询和这些计算相关的有限信息数据库，忽略其他储存在心智中的信息。因为如果他们要查询所有（或者甚至有意义的子系统内）可查询的信息，就会受制于连接组合，因此最终不可能实现简易处理。

和前两个前提相结合，通过第三个前提可以得出这样（如果可接受）的结论：心智必须在一套封闭的计算过程中得以实现。与前文的结论相结合，我们可以说，心智是由一套封闭的强制计算操作系统组成的，每一系统都执行自己的功能，很多系统执行的运算处理法则不能在心智的其他地方找到（尽管一些重复使用的运算法则也可以在其他系统的新功能中找到）。因此，第三个前提被认可对我们的目标至关重要，如果没有它的话，哪一个将会取而代之呢？这是我们下文要讨论的内容。

四、便捷计算真正需要的是什么？

笔者需要说明的是，前文福多提出的前两个假设是可以接受的。因此，我们应该相信，认知必须是由简易的计算处理系统组成的。关于简易是否需要封闭的问题，正如论证的第三个前提所陈述的一样，这个观点显然很具有吸引力。一种可以确保一套计算系统简易性的方法就是，把这些系统组织成封闭的处理器网络，每一系统执行任务时都在有限的数据库中查找信息。进化利用这样的策略与组成人类心智的系统相联系，这样的可能性很大。尽管如此，这是否是唯一确保简易性的方法，还是会令人质疑的。

封闭的假设（至少普遍意义上是这样理解的——参考以下）来自认知科学和人工智能（artificial intelligence，AI）的老传统。在这一学科里，信息搜索一定要很详尽，设定的运算法则是优化可靠的，但是现在这种心智已经在大范围里不被接受了。现在绝大多数的认知科学家都认为，虽然人类心智使用的处理规则已经被设计得足够好了，但却不是最佳的。考虑到处理速度对有机体来说总是一个限制，因此有机体需要敏捷的思维和迅速的行动去生存，而进化则会导致可靠性的妥协。实际上心智的确会选择满意的策略，而非最佳的策略。同理，对信息搜索来说，进化会选择很多足够好的但不需要详尽的搜索启示法。

近几年，吉仁泽和他的同事（Gigerenzer et al.，2000）一直追寻的研究项目可以很好地解释这些观点。他们研究了很多信息搜索和做决策时使用规则的相对可靠性和简易性，并有了惊人的发现。结果证明，即使非常简单的启示法也很成功——比如，类似于以下这样二选一的选择问题，即问两座城市哪座更大，或预测两个公司哪个在股票市场上做得更好。在某些情况下，这些简易启示法的作用甚至超过了较为复杂的信息需求运算法则，如多元回归。很多简易运算法则在更大的数据库里搜索信息，如果在特定的有限时间内搜索不成功，就会与停止原则相结合，可依旧运行良好——例如，利用上次最后使用过的信息，或者利用部分由语境激活（因此很显著）的信息[10]。

举一个不同类别的例子，我们来思考一下卡鲁瑟斯（Carruthers，2002a）描述的简单实用推理系统。无论现在最强的欲望是什么，它都把最初的输入当作 P[11]。进而对长时记忆产生目标搜寻，在寻求信念形式是 $Q \supset P$ 的同时，对很多信念产生模块发起质疑。如果简单实用的推理系统接受 P 作为输入，或在自己的记忆搜索中找到 P，它会查询行动图解数据库，看是否此处的 Q 现在是可行的。如果可行，它会继续操作；如果不可行，它会发起对信念形式是 $R \supset Q$ 的进一步搜索，等等。如果它深入 n 次没有成功，或假设在特定的时间 t 内，没有找到正确的条件信念，那么它会停下来，转到下一个最强欲望。

这样的系统，在使用的信息和运算法则复杂性上应该都是简易的。但它真的是封闭的吗？正如概念上所理解的那样，它不是封闭的，它需要有限的模块特定数据库，而这个数据库是通过正在谈及的计算过程检索的。相反，虽然在此实用推理系统能搜索整套有机体的信念，并使用结构敏感搜索规则，但还有一点值得注意：只有系统是封闭的，所有这些才有意义。

中立地讲，我们可以说封闭系统的概念就是内部操作系统不受心智储存的绝大部分信息或所有信息影响的系统，但是这里存在范围模糊性[12]。关于数量词，我们有缩小范围的模型算子，或者我们也可以扩大范围。以缩小范围的形式来看，封闭系统是这样的：考虑到大部分信息储存在心智的情况，如果系统在处理过程中不受这些信息的影响，这被称为“窄范围封闭”（narrow-scope encapsulation）。另一方面，从扩大范围的形式来看，封闭系统是这样的：系统不被心智处理过程中的绝大部分信息所影响，这被称为“宽范围封闭”（wide-scope encapsulation）。

窄范围封闭在哲学文献中理所当然地被当成模块性。我们容易认为封闭需要一些确定的（并且是大的）信息体，因此那些信息不能穿透模块。但是，模块操作不受心智内绝大部分信息的影响，这是真的。在心智内部对影响系统的信息和不影响系统的信息没有明确的分别。因为正如我们所见，系统的运算法则是设定好的，在任务完成或中止之前，仅能查询有限数量的信息。可以这样说：模块是一个系统，而这个系统必须仅考虑小部分可获得的信息。对于它是否通过传统理解的封闭（窄范围变化）还是简易搜索启示法和停止规则（宽范围封闭）来处理，这些都不重要。重要的是系统的简易性，这种简易性不仅要体现在它使用的信息上，而且还要体现在它处理该信息所需的资源上。

计算的简易处理论证认同这一观点：心智完全建构于简易系统之外，但不认可传统所理解（窄范围变化）的封闭观点。但是，它赞同一种非标准封闭（宽范围）观点。此外，它还支持“心智处理系统中应该存在难以完成的内部操作”的观点。或者，我现在应该通过反证法或人工智能中的实践归纳法来进行辨析。

设想如果每一系统的内部操作都可接近其他系统，又会如何（这可能是完全接近？当然接近和不接近的概念，在认可程度上就像封闭和缺少封闭的概念一样）。为了利用信息，其他系统需要包含哪些操作模型，或能够模拟或复制哪些模型？为了能够运用这些信息，其他的系统可能需要一种包含这些操作的模型，或者它们需要对自身进行再模拟或再复制。这会让不同子系统为了不同目的而使用不同运算法则分开处理的目的难以实现，而且可能会导致一些种类的联合分崩离析，因此，至少我们应该希望绝大部分的处理系统应该有不受其他系统干预的内部操作，所有组成心智的处理系统应该有不受绝大部分系统干预的内部操作[13]。

人工智能的当下实践归纳也支持这一结论。在人工智能的目前实践中，研究人员按惯例假设，不同系统中的处理活动需要被分开进行，这样就会使这些系统为了专门完成特殊的任务而使用不同的运算法则。这些系统可以相互交流、相互查询，但无法完成其他系统的内部操作。但是它们可能会对相同的记忆数据库实行指导和搜索（个人交流：Mike Anderson, John Horty, Aaron Sloman）。试图建立工作认知系统的研究人员正在收集一些这样的结构，人类心智在结构上的相似性就是证明。因为它提供了一种不同的论证方针来支持目前我们正在考虑的这个意义上的集群模块性观点。所以还有最后一点值得强调，负责研究的人员试图建立明智的系统，他们慢慢集中整个系统内的处理结构，这些处理过程在特定的任务处理机制中被分开，它们可以相互查询、相互提供输入、相互分享很多共同的数据库。但很多系统运用了不被其他系统共享的处理运算法则，并且很多系统都不知道也不关心其他系统的进展如何。

事实上，这里的集合是很广泛的，不仅包括人工智能还包括普遍计算机科学。尽管模块语言不为计算机科学家所惯常使用，但是在“目标导向程序”（object-oriented programs）的引领下，相同的观念在争论中仍然会得到发展。目前，一些编程语言能够达到这种效果：让整个纲领系统来检索或查询其间的一部分内容，这部分内容是系统地被作用于“对象”，而且这个过程在别处是无法完成的。它能使在别处无法改变的、带有“对象”的代码出现，但风险也随之而来：一旦这个复杂系统中的某一特定入口被突破，这种结构也就会随之被突破（注意将这里的内容和上文讨论过的西蒙的复杂性论点进行对比）。

五、结　　论

一个很有力的案例说明：心智极有可能是由很多不同的处理系统组成的，这些处理系统在某些程度上独立于其他系统而存在并进行操作。这些系统中的每一个系统都将有一种不同的功能或一套不同的功能，每一个系统将由不同的神经实现，并且很多系统将是由先天或基因引导的。这些系统中的很多系统将会运用独一无二的处理运算法则。所有这些系统的操作都要求是简易的，因为不论是在缩小范围还是在扩大范围的意义上，它们都是封闭的。而且，每一个系统的处理过程一般在其他地方都是难以接近的[14]，仅有处理的结果和输出可供其他系统使用。

我们是否可以将本章的题目命名为“集群模块性”呢？这种集群模块与我们日常意义上的集群模块形式肯定是不一样的，它保留了许多福多模块的重要特性。而且，我们似乎有这样的观念：模块的概念即使在哲学和心理学中不常使用（McDermott，2001），在人工智能中也会被经常提及。但是，尽管它是可以被描述的，关于人类心智的基本构造问题我们仍有大量可争议性的命题，而且每一派都会佐以强有力的论证来支持自己的观点。

在任何维护心智集群模块模型的观点中，我们当然都会想到所有反对这一模型的论证，尤其是那些人类思维的整个创造性特征。笔者在这里无法担负起解决这个问题的重任，但是笔者可以在别处尝试（Carruthers，2002a，2002b，2003，2004a）。如果那些反驳的尝试被证明是成功的，那么我们可以总结人类心智确实是集群模块的（从术语“模块”积极的意义上讲）。

致　　谢

笔者要衷心感谢 Mike Anderson，Clark Barrett，John Horty，Edouard Machery，Richard Samuels，Aaron Sloman，Robert Stainton，Stephen Stich 和 Peter Todd，他们的讨论和/或批判性评论帮助笔者更加深入地理解了本章的主题。尤其是 Stich 和 Samuels 从笔者先前出版的观点中引发了至少心智的一种巨大改变：在笔者早期出版物的观点中，笔者要维护的是心智必须是封闭的（正如传统理解意义）。参见卡鲁瑟斯的著作（Carruthers，2002a，2003）。

注　　释

[1] 至于消极案例，用于保护这些模型免受反方攻击（参阅 Carruthers，2002a，2002b，2003，2004a）。

[2] 进化心理学家可能会对这一领域有不同的见解。他们倾向于理解模块的功能领域。以这种解释来说，模块区域是生而就有的，而非通过接受不同类别的其他物质输入形成的。在本章，笔者应该遵循最常见的说法来解读“域”(domain)。更进一步的讨论可以参阅卡鲁瑟斯即将出版的著作。

[3] 这并非偶然，因为福多的分析旨在对模块输入和输出系统加以运用，比如，颜色感知和人脸识别。福多坚持认为信任和推理的中枢认知过程和模块无关（参见 Fodor, 1983, 2000）。

[4] 这种进程方式是问题规避（question-begging）式的吗？相反，如果一个人坚持认为模块是域专门化的系统，我们就能因此一眼看出心智在结构上不是集群模块的吗？如果在模块本应该是什么上已经预先达成了共识，这样也好，但事实并非如此。正如上文所强调的，“模块”的不同意义有一个范围。因此，好的解释原则令我们必须选择最能合理解释集群模块学家话语意义的那种方法。

[5] 注意我们不问别人如何从信念、欲望和其他心智状态中学到经验，而是询问如何学习这些状态，二者之间是有差异的。这一点和心智自身习得有关，与心智理论习得无关。

[6] 至于最后一点的证据，我们可以通过见证我们整个物种的成功演变而获得，在近 10 万年的历程中，不计其数的物种不断萌生，进而遍布整个地球。

[7] 我们应该有这样的期待，多数认知系统都有一组功能，而不是单一的一种功能，因为多功能性在生物界很普遍。一旦一种组件被选择了为其他任务服务，它就会在执行中呈合作性状态，一部分保持原有状态不变，一部分被重塑。

[8] 人类软件工程师和人工智能研究人员也遇到了相同的问题，采取了相同的解决方法，有时候它是以“目标导向程序”名义进行的。为了不犯错误，现在工程师通常会模块化他们的程序，以提高和更新一部分项目。参考第四部分末尾的讨论。

[9] 当然，福多自己并没有论证过集群模块性这一观点。但是，自从他说我们知道确立信念和制定决策的中枢过程不是模块的，他就把集群模块性观点转变成为计算心理学所认可的观点。参见卡鲁瑟斯（Carruthers, 2002a, 2002b, 2003, 2004a），他认为在悲观情绪下的知识宣称是不被认可的。

[10] 参考卡鲁瑟斯（即将出版的）对集群模块假设和简单启示法运动关系的进一步讨论，还有这一部分很多观点的详细解释和争论。

[11] 注意，对资源的竞争是另一个被我们认知系统广泛使用的启示法，参见施佩贝尔（Sperber, 2005）。在目前这个例子中，有人可能会认为，所有为了激活欲望而进行的相互竞争，最终都是为了进入实用推理系统而存在的。

[12] 模态术语如“可以”和“不可以”，如果它们支配整个句子，则范围很广；如果它们支配句子的一部分，则范围很窄。比较：“我不能杀了每个人”（范围广，相当于“笔者杀了每个人是不可能的”）和“谁都如此，我不可以杀

他们”（范围窄），后者相当于“笔者杀不了任何人”。

[13] 也有人不赞同这一被普遍认可的观点，其中重要的是，我们应该希望很多模块是其他模块组成之外的一部分，这些组件中的一些直接为其他系统提供输出（因为这样的组件由两个或更多的大模块共享）。或者可能有被其他系统独立查询这样的情况。也可能有这样的例子，处理大模块的一些中间阶段在别处是可见的，但是中间处理自身却不可获得。

[14] 正如我们上述留意过的，“封闭”和“难以接近”只是认可程度的不同而已。给定系统的处理过程对其他系统来说或多或少都是封闭或难以接近的。

参考文献

Carruthers, P.（2002a）. The cognitive functions of language. And author's response: modularity, language and the flexibility of thought. *Behavioral and Brain Sciences*, 25/6, 657-719.

Carruthers, P.（2002b）. Human creativity: its evolution, its cognitive basis, and its connections with childhood pretence. *British Journal for the Philosophy of Science*, 53, 1-25.

Carruthers, P.（2003）. On Fodor's problem. *Mind and Language*, 18, 502-523.

Carruthers, P.（2004a）. Practical reasoning in a modular mind. *Mind and Language*, 19, 259-278.

Carruthers, P.（2004b）. On being simple minded. *American Philosophical Quarterly*, 41, 205-220.

Carruthers, P.（forthcoming）. Simple heuristics meet massive modularity. In P. Carruthers, S. Laurence, S. Stich (eds.), *The Innate Mind: Culture and Cognition*. New York: Oxford University Press.

Cherniak, C.（1986）. *Minimal Rationality*. Cambridge, MA: MIT Press.

Dawkins, R.（1986）. *The Blind Watchmaker*. New York: Norton.

Fodor, J.（1983）. *The Modularity of Mind*. Cambridge, MA: MIT Press.

Fodor, J.（2000）. *The Mind doesn't Work that Way*. Cambridge, MA: MIT Press.

Gallistel, R.（1990）. *The Organization of Learning*. Cambridge, MA: MIT Press.

Gallistel, R.（2000）. The replacement of general-purpose learning models with adaptively specialized learning modules. In M. Gazzaniga (ed.), *The New Cognitive Neurosciences* (2nd edn.), Cambridge, MA: MIT Press.

Gallistel, R., Gibbon, J.（2001）. Time, rate and conditioning. *Psychological Review*, 108, 289-344.

Gardner, H.（1983）. *Frames of Mind: the Theory of Multiple Intelligences*. London: Heinemann.

Gigerenzer, G., Todd, P., and the ABC Research Group（1999）. *Simple Heuristics that Make Us Smart*. New York: Oxford University Press.

Karmiloff-Smith, A.（1992）. *Beyond Modularity*. Cambridge, MA: MIT Press.

Manoel, E., Basso, L., Correa, U., and Tani, G.（2002）. Modularity and hierarchical organization of action programs in human acquisition of graphic skills. *Neuroscience Letters*, 335/2, 83-86.

Marcus, G.（2001）*The Algebraic Mind*. Cambridge, MA: MIT Press.

Marcus, G. (2004). *The Birth of the Mind: How a Tiny Number of Genes Creates the Complexities of Human Thought.* New York: Basic Books.

Marr, D. (1983). *Vision.* San Francisco, CA: Walter Freeman.

McDermott, D. (2001). *Mind and Mechanism.* Cambridge, MA: MIT Press.

Pinker, S. (1997). *How the Mind Works.* London: Penguin Books.

Rey, G. (1997). *Contemporary Philosophy of Mind.* Oxford: Blackwell.

Sachs, O. (1985). *The Man who Mistook His Wife for a Hat.* London: Picador.

Samuels, R. (1998). Evolutionary psychology and the massive modularity hypothesis. *British Journal for the Philosophy of Science*, 49, 575-602.

Seeley, T. (1995). *The Wisdom of the Hive: the Social Physiology of Honey Bee Colonies.* Cambridge, MA: Harvard University Press.

Segal, G. (1998). Representing representations. In P. Carruthers and J. Boucher (eds.), *Language and Thought*, New York: Cambridge University Press.

Shallice, T. (1988). *From Neuropsychology to Mental Structure.* New York: Cambridge University Press.

Simon, H. (1962). The architecture of complexity. *Proceedings of the American Philosophical Society*, 106, 467-482.

Sperber, D. (1996). *Explaining Culture: a Naturalistic Approach.* Oxford: Blackwell.

Sperber, D. (2002). In defense of massive modularity. In I. Dupoux (ed.), *Language, Brain and Cognitive Development.* Cambridge, MA: MIT Press.

Sperber, D. (2005). Massive modularity and the first principle of relevance. In P. Carruthers, S. Laurence, and S. Stich (eds.), *The Innate Mind: Structure and Contents.* New York: Oxford University Press.

Stone, V., Cosmides, L., Tooby, J., Kroll, N., and Knight, R. T. (2002). Selective impairment of reasoning about social exchange in a patient with bilateral limbic system damage. *Proceedings of the National Academy of Science*, 99, 11531-11536.

Tager-Flusberg, H. (ed.) (1999). *Neurodevelopmental Disorders.* Cambridge, MA: MIT Press.

Tooby, J. and Cosmides, L. (1992). The psychological foundations of culture. In J. Barkow, L. Cosmides, and J. Tooby (eds.), *The Adapted Mind*, New York: Oxford University Press.

Tooby, J., Cosmides, L., and Barrett, C. (2005). Resolving the debate on innate ideas: learnability constraints and the evolved interpenetration of motivational and conceptual functions. In P. Carruthers, S. Laurence, and S. Stich (eds.), *The Innate Mind: Structure and Contents.* New York: Oxford University Press.

Varley, R. (2002) Science without grammar: scientific reasoning in severe agrammatic aphasia. In P. Carruthers, S. Stich, and M. Siegal (eds.), *The Cognitive Basis of Science.* New York: Cambridge University Press.

第二章　心智真的是模块的吗？

杰西 · J. 普林茨（Jesse J. Prinz）

福多在 1983 年出版的著作《心灵模块性》（*Modularity of Mind*）中，曾反复陈述他的观点，认为心智可以分成不同的两部分：一部分是模块性的，而另一部分则是非模块性的。基于以上原因，笔者认为，为了避免争议，将他的这本书更名为《低阶外围神经系统的模块性》（*The Modularity of Low-Level Peripheral Systems*）似乎更加合适，因为据福多所述，高级神经系统的感知是非模块性的。然而，近年来模块性理论又出现了众多的拥护者，他们认为心智是由各个高度专业化的模块构成的，此观点尤其受到了进化论心理学家的拥护。这些心理学家认为心智是集群模块性的（Cosmides and Tooby，1994；Sperber，1994；Pinker，1997；Samuel，1998），犹如瑞士军刀的构造一样，心智也是由有特定功能的"工具"组成的统一体，每个部分都各司其职。而笔者此文的目的是针对上述两种观点（"集群模块性"和"非集群模块性"）提出质疑。为此，笔者依据福多理论中划分模块的标准，去证明输入系统和中枢系统都是非模块性的。

一些模块性理论的拥护者曾舍弃了福多模块的一部分定义，将模块性进行了更狭义的定义，比如，卡鲁瑟斯（见第一章）就做过这样的研究。在本章中，笔者在对模块性进行讨论的同时，也对此类研究提出了质疑。笔者的依据在于，福多的标准不仅不能满足于心智子系统的多模块宏观研究，也不能满足单个心智子系统的微观研究。如果我们依据福多的任一模块标准把心智分为单个子系统时，我们就会发现，各个子系统像分散的荒岛一样，只是一个孤立的分支。即使模块存在，它们的作用也是微乎其微的。所以这些互不相干的子系统被集群模块性和集群模块说的护卫者贴上模块的标签是不合适的。因此，在制作神经图形时，模块不是一种很有效的构想。

一、福多的标准

首先，模块应该与已被公认的"功能分解"（functional decomposition）进行对比，所谓功能分解，就是指意识包括很多由功能不同而划分出来的系统。而模块假说则声称还存在一些除此之外的其他系统，它们潜伏在人类机能之下。福多根据意识的九种特殊性质，把意识分成了九种模块系统。这九种模块系统分别是：

（1）局限性：模块是经过精密的神经结构的作用而实现的。

（2）特质易损性（subject to characteristic breakdowns）：模块的损伤是有选择性的。

（3）强制性：模块在无意识状态下工作。

（4）迅捷性：模块可以迅捷地输出信息。

（5）浅显性：模块产生相对简单的输出（非判断性成果）。

（6）个体发生性：不同模块的发展有各自不同的路径和程序。

（7）域特异性：不同模块只能处理特定的信息输入。

（8）难以接近性：更高层次的信息加工很难与相应的模块系统进行对接。

（9）所辖信息封闭性：在信息加工过程中，较低层次的模块无法被较高层次的模块所辖。

对于福多的这些标准，可以从不同的角度加以理解，似乎一个系统是否具有模块性取决于它所体现以上特征的多少。换一种说法，要想具有模块性，一些性质是必备的，而一些性质仅仅是具有参考诊断价值的。在福多近年来的一些著作中，他指出“所辖信息的封闭性”是心智多模块的一项必不可少的条件。而集群模块性的护卫者则主要针对个体发生性的域特异性进行研究（如 Cosmides and Tooby, 1994；Sperber, 1994）。基于上述所列特征，笔者将对各个派别的论点进行重点研究。虽然某些特征不是必不可少的，但福多仍表示它们和那些必要特征组成了一个不可分割的整体。对于这一点，笔者表示怀疑。笔者认为福多列举出的那些特征既不能当作整体来鉴定心智的模块性，也不能单独用来鉴定心智的模块性。

二、局限性和特质易损性

福多所述的前两个特征——局限性和特质易损性是有密切关系的。神经功能具有局限性，这一论断是以“主要的大脑损伤会造成选择性的神经问题”这一事实为依据的。关于“局限性”的进一步论据，来源于神经损伤领域的研究，这些研究意在指出，只有当大脑处于活跃状态时，健康的个体才能完成精神层次的任务。

起初，结构局限性的论据确实为世人所认可，但一经推敲就会发现问题。乌塔尔（Uttal, 2001）指出：实验与理论研究有着很大的不一致性。例如，负责语言生成的布洛卡区（Broca's area）① 在大脑中的准确位置，业界就很难达成一致

① 也译为布罗卡区，是大脑中的动性语言中枢（说话中枢），它主管语言信息的处理、话语的产生。它与韦尼克氏区（Wernicke area）共同形成语言系统。——译者注

(Poeppel, 1996)。事实上，大脑中的每个脑叶体都对语言的生成有着重要的影响(Pulvermüller, 1999)。另一个例子是关于视觉的，对于负责大脑中处理事物颜色和形状的区域，业界也存在激烈的争论。乌塔尔又指出，神经损伤性的研究要基于大量复杂系统的研究，而不仅仅是对局部区域的研究，这也表明大量脑皮层区域对诸多神经的基本活动都起到了促进作用。然而，这一复杂体在脑皮层中的重要性常常被低估。研究者们在研究特定任务的实施时，常常会忽略大脑中适度活跃的区域，而把注意力集中在热点区域。

大脑机能障碍的研究也遇到了同样的问题。常见的疾病，如视觉忽视症就与大脑的不同部位损伤有关系（如额叶前区和顶下叶皮质）。有时，大脑同一区域的机能障碍在不同人身上表现出的结果也不相同。关于这一点，许多神经心理学家已经从大量案例中作出了概括性总结。上述所提到的这些研究并没有为“局限性”提供证据，反而使人们对它产生了质疑。联结主义模型曾被用来证明这一观点：即使大脑的局限性不发挥作用，它的损伤也会导致特定的部位损伤。此模型显示：当人工神经系统的一个神经节点遭到破坏时，即使负责特定行为的神经不在这个神经节点上，与该神经节无关的行为也会出现紊乱的情形（Plaut, 1995）。简而言之，当神经损伤导致器官性能不足时，我们也无从得知受损伤部位究竟是与它直接相关的部位还是从属相关的部位。

笔者在这里不想夸大这些观点的隐含意义，可能在大脑中确实存在一定程度的局限性。没有人试图驳斥拉什利（Lashley, 1950）的“等位性”（equipotentiality）假设，根据这一理论，大脑是一个由没有区分度的组件构成的整体。即使是真正反驳“等位性”假设，也不可能支持“模块性”这一理论。模块性的拥护者把“局限性”与“域特异性”联系在一起：他们假设大脑的特定区域负责着特定的功能，并把这种情况称为“强区域性”（strong localization）。然而，在现实中，神经各个功能的负责区是处于一种大规模重叠的网络系统中的，所以将解剖学所指的区域当作模块就会产生误解。

关于“强区域性”的论据是不成立的，其原因在于：在进行多个机能任务时，同一大脑的区域都会变得活跃；而特定的大脑损伤也会引起多种机能缺陷。例如，失语症患者的大脑中通常会有无关语言部位受到损伤（见 Bates, 1994; Bates et al. , 2000），甚至先天性语言紊乱（如一些特定的语言障碍）都是由非语言的大脑神经出现问题所致的，如听力加工障碍和语言控制障碍等（见 Tallal et al. , 1996; Vargha-Khadem et al. , 1995; Bishop, 1992）。

再举一例，斯通等人曾在 2002 年对一位患者进行过研究，这位患者在日常的谈话交际中，不仅对其中的一部分内容无法推理，而且在辨别真假和心理状态术语上也存在着困难；但是，这位患者即使拥有上述语言障碍，仍然不影响他进行其他的社交活动，所以这一案例既不能对社会交流模块的存在予以支持，也无法证明普遍社会意识模块的存在。

如上所述，要找到大脑特定区域负责特定机能的例子是很困难的。我们也许可以通过把模块定义为各种能力（例如，句法 + 面部运动障碍控制，社会交流 + 辨别真假）的混合体，从而避免现在的局限性标准，但是这种做法就会使“模块化”的假设变得复杂繁冗。对于模块假说的拥护者所假设的模块性的各种机能，几乎找不到论据来证明。

三、强制性、迅捷性和浅显性

福多模块的这三个特征旨在说明信息加工过程中的特定方式。如他所言，模块具有强制性、迅捷性和浅显性，但笔者本人并不认为根据这几个特征就能对意识进行分类。对于这三个特征之间是密切相关的这一想法，笔者认为其是没有依据的。因为如果一个系统的信息加工过程是强制式的（如自动化），它就不需要迅捷。例如，一个受昼夜节律控制的系统，它就是一种睡眠-清醒的周期性运作。而且，我们也不能认为这个强制性加工过程就是浅显的。比如，语义启动是强制性的，但这个过程又会涉及概念化知识。所以，上述的三个特征是各不相关的，并不是一个统一的整体。

然而，若要孤立地对这三个特征进行讨论，那就更不可行了。例如，自动化，众所周知，一些神经加工过程是自动化的，但是绝大多数的神经机能似乎都把自动化过程与受控过程联系在一起，例如，我们自动形成了句法结构，但句子的生成仍然要靠意识来控制。同样，我们看到颜色是一个自动化的过程，但我们在想象一种颜色时则需要我们的意识。所以，用自动化和受控化来区别不同的系统就变得不可行了。

现在我们来考虑速度问题。如上所述，一些看似具有模块性的机能运行得会比较缓慢（如那些调整生物钟的机能）。此外，任何一个系统运行的速度也存在很多变量，如视觉系统和语言系统。以语言系统中动词的变形为例，这个过程主要取决于该动词是规则性变化还是不规则性变化，是常见词还是不常见词。但如果说一个动词变形越快它就越具有模块性，这种想法是不正确的。相对来说，一些不具模块性的系统反而比某些具有模块性的系统更具迅捷性：当它们同时被触发时，不具模块性的系统可以将身体里不同部分的要素连接起来（比如，说起咖啡的味道甚至可以激起人们在罗马度假时的回忆）。

最后，让我们考虑一下模块的简易输出性，简显输出性是不需要大量加工过程的输出。正如福多举的一个例子，他说视觉系统不需要太多的信息加工过程就能辨别出所看到事物的类别（如苹果、椅子和小汽车）。然而多少加工过程才算多呢？视网膜受刺激与视觉认知都涉及大量的处理过程，与之相比，更高层次认知的处理过程则要简单很多，而恰恰对于这一过程，福多认为是不具有模块性的（如仅需要一个简单过程就可以区别财政保守党和财政共和党）。为了避开这一难题，“浅显性的输出”就被限定为非概念化的输出。卡鲁瑟斯就抱怨说：它可能有悖于集群模块性拥护者的理念，即概念性任务也是模块性的。所以，“浅显性”的定义在有些例子中显得太大，而在另一些例子中又显得太小，因此，它不是划分心智的标志性特征。

四、个体发生性

福多暗示模块具有个体发生性，在健康的个体中，模块是朝着预定的方向发展的。模块性特征的出现是机体成熟的结果，而不是通过学习和经验获得的。总而言之，模块具有先天性。对于福多的这种看法，笔者持怀疑态度。笔者认为，福多声称的很多模块系统都是通过学习习得的，至少可以说学习是它具有模块性的一个原因。

在大量所谓的模块中，感觉被认为是最具先天性的，但实际上经验也对它们起到了必不可少的决定性作用。在新生儿的大脑皮层中，负责味觉的神经与成年人并没有什么大的区别。大脑皮层的信息传输是通过信息在周围环境中的连接和整合的强化而凸显出来的。一些低阶感觉机制有可能具有先天性（包括感觉器官、皮下感觉中枢和主要感觉皮质的细胞个体结构），而高阶感觉机制是通过与外界进行信息交流而获得的（Quartzand and Sejnowski，1997）。这一设想是根据感觉的可塑性而得出的（Chen et al.，2002）。例如，将截肢者的肢体感受器重新和周围细胞相连接时，截肢者就会感觉到自己的幻肢，还有盲人会通过使用与视觉有关的大脑神经去读取盲文。诸如此类的例子都说明，感觉神经的连接是靠输入驱动的，因此，不能严格地把感觉归为是先天的或后天获得的。

当我们谈论感觉以外的神经系统时，激进先天主义的论断更加难以捍卫这种观点。例如，民俗物理学，考虑到此学科的核心内容是关于中阶生理表现的知识，所以有时候民俗物理学也被认为是一种先天性模块。例如，在一些发展心理学家看来，婴儿生来就可以把正在移动的物体看成一个有机的整体，也就是说，运动着的物体不能互相从对方内部穿过，若被人放下，只能落在地上。针对此种观点，普林茨（Prinz，2002）曾说道：“我并不认为这些假设具有合理性。”斯莱特（Slater et al.，1990）等人也曾指出过，当违反有机性的现象出现时，新生儿并不会感到惊讶。而且尼达姆和巴亚尔荣（Needham and Baillargeon，1993）也曾说过，5 个月大的婴儿不会对违反固体性和地球引力的现象感到惊讶。而且，有些涉及地球引力和固体性的问题甚至会难住一个两岁的孩子（Hood et al.，2000）。对比肖勒和莱斯利（Scholl and Leslie，1999）的观点，我们发现，观察物体在空间移动的先天洞察力和后天经验是民俗物理学的基本原则。如果如上述所言，民俗物理学就是普通回溯机制的习得性副产品。

我们再来看下面的例子：集群模块说的捍卫者（如 Leslie，1994；Baron-Cohen, 1995）宣称：我们生来就具有“读心”能力，即表现出来的心理状态。此论断是以两个事实为基础的：①读心能力是通过一个固定程序被激发的；②在自闭症群体中，由于遗传性紊乱，此功能会出现损坏。依次分析这两个事实，我们会发现，上面提到的所谓“固定程序”，是根据对健康的西方儿童的研究而得出的。一般情况下，西方儿童在正常发育情况下，3～4 岁的时候就能够掌握读心技能。然而当我们进行跨文化研究时，此结论就不再成立了（Lillard, 1998；Vinden, 1999）。例如，使用盖丘亚语的秘鲁人直到 8 岁才能具备信念认知能力（Vinden, 1996）。此外，个体在信念认知上的差异还与个体的语言能力和参与社交的频率有关系（Garfield et al. , 2001）。这说明读心能力是通过社会经验和语言培训过程习得的。

那么，就自闭症患者而言，情况又如何呢？笔者不认为在自闭症群体中，读心能力缺陷是模块先天性的证据。另一种假设认为，读心能力依赖于更普遍的生理机能，而自闭症患者却不具备这种机能，这一假设表现为自闭症患者之所以会具有读心困难，是负责催产素传输的基因发生异常而导致的结果。催产素传输的基因异常阻碍了人类产生社会关联，进而破坏了习得性社会技能（Insel et al. , 1999）。

最后一个例子，笔者想要谈一下语言问题。笔者会尽量长话短说，因为笔者已经在其他地方批判过一些语言功能先天性论证了（Prinz, 2002；Pullum, Scholz, 见第四章“非理性先天论的萌发”）。所以，在此，笔者仅就“语言的先天预设性”发表一些简短的评论。儿童似乎在 8～10 个月的时候，开始习得单词，而在大约 18 个月的时候，开始试图把单词连成句子。但这些数字并不能支持语言模块的“天赋性”，因为这些数字是根据一般情况而言的，所以潜藏着很大的变化因素。贝茨（Bates, 1995）等早在 1995 年就发现：在儿童早期的词语理解过程中，年龄在所有的变化因素中只占到 36%，而且个体性差异巨大。在 10 个月大的婴儿的实验样本中，检测出儿童习得的单词数量从 0 个到 144 个不等。同样在 18 个月大的婴儿样本中，贝茨等人发现只有 46% 的儿童会组词成句，而且在这些群体中，只有 11% 的人会经常性地组词成句。所以学习的效率还与另一些因素有关，如普通认知发展过程和记忆广度（如 Seung and Chapman, 2000）。可想而知，如果语言习得的速度会依据个体的差异而发生变化，而且还与一些非语言性因素有关，那么语言的天赋性就不攻自破了。

通过上述案例，笔者主要是为了证明语言的天赋性其实是在夸大其词。许多神经机能的发展轨迹都是一个学习的过程，笔者并不是说我们缺少一些特殊的机能，而是说有些特殊机能也是可以通过学习获得的，这一观点也被最近进行计算模型研究的学者所证明（Jacobs, 1999）。比如，关联性模型团队对“输入信息可以通过大量系统加工而避免错误”的原则进行了研究，基于这一模型，托马斯和卡米洛夫-史密斯（Thomas and Karmiloff-Smith , 2002）证明：如果一个人拥有了将动词由现在式变为过去式的系统能力，那么他就会自发地拥有在这个过程中处理规则动词和不规则动词变化的次能力。他们提到的复杂网络系统包括两条进路，其中一条包括三层结构，另一条则包括两层结构。其中三层结构更适合于规则性动词的变化，两层结构则更适合于不规则动词的变化，因为不规则动词的词尾并不是直接可分的。所以，在具体的语言训练过程之前，这两条进路并不是任务指向性的，但在后面的加工过程中，渐渐地趋向于任务指向。上面所举的这些简单例子说明，我们能够很容易地通过学习而获得特定的语言亚系统。这也就意味着，在先天性与特殊性之间应该探求一种紧密联系，因为一旦这个联系断了，天赋性在证明模块说的作用时，就会受到人们的质疑。

五、域特异性

域特异性与天赋性有着紧密的联系。机能先天性，是指我们为拥有某种特定机能而做的生理上的准备，先天性包含着域特异性；但是，正如我们所看到的，域特异性并不包括先天性。因此，在反驳模块说的先天性标准时，我们并不是要驳斥域特异性。域特异性被一些人认为是模块说的精华，所以对于这一特点我们需要认真对待。

当没有明确“领域”和“特异性”各部分的定义时，我们是很难对“神经系统具有域特异性”这一论断作出评估的。那么什么是“领域”？什么是“特异性”呢？根据某些理解，域特异性是一个微观的特征。“领域”可以被理解为“主体对象”的近义词。所以，上述内容从严格意义上讲是指我们常说每个认知系统都关系到一个领域，其实是指每一个系统都有一个主体对象，这些主体对象可能是大千世界里的一类事物，也可能是一类相关联的行为，也可能是一项技能，或者是其他的相关范畴。如果泛泛地讲，其实每个事物都可以被看作是一个领域，比如，“骆驼”这样的个体概念，心理学上的表征就常常将骆驼分类，进而指向某一特定领域，因为“骆驼”这一概念本身就是一个连贯的主体对象，所以这种论断对于每一个概念都成立。

对于“特异性”这一概念也可以进行比较泛义的解读，当我们说心理资源具有域特异性时，我们也就是承认了心理资源是根据领域的不同而进行信息加工的。换言之，域特异性不是在一个不受干扰的封闭环境下实现的。在这里我们再打个比方，当我们把废纸扔进纸篓的时候，我们负责这一机能的神经系统与负责把篮球投入篮筐和把金属罐投入回收桶的神经系统重合。所以依据这一思路，我们可以在不顾神经系统负责的能力是否具有独特性的前提下认为，只因为某一神经系统有把废纸扔进垃圾桶的能力，我们就认为该相应能力在神经系统中是具有域特异性的。

显然，域特异性的支持者想要更有力地证明该理论。从严格意义上讲，“领域”并不是指某一个主体对象，而是指一个概念涵盖下的所有个体，他们认为“骆驼”的例子太特指化了。如果将一类动物看作一个领域，那是也因为这类动物、这个领域是具有涵盖性的。心理学家在探讨“基础范畴域”（basic ontological domains）的时候，用的就是这类范畴。但是，这种更严格意义下的定义反而更加含糊了，当我们说领域具有涵盖性的时候，那又意味着什么呢？又与什么有关系呢？当“骆驼”这一概念具有下面的定义时，是具有涵盖性的：它是一种劳伦斯在穿过阿拉伯沙漠时乘坐的雄性动物。此外，在认知科学中，人们常常把语言、读心和社交看作是领域，既然如此，那具有同一程度内涵的动物也就具备涵盖性了吗？为了解释这一难题，一些研究者把领域定义为符合一定原则的一个系统，但这样的努力也是无济于事的，我们拥有对“骆驼”这一概念的一系列潜在意识标准，同时也毫无例外地拥有对“动物”的认知标准。所以，即便是放弃了领域的泛指意义（即领域 = 主体对象），我们仍然会觉得这种严格定义也是模糊的和缺乏约束性的。

当我们对“特异性”进行定义时，情况似乎略微好一些。从严格意义上讲，“特异性”意味着“完全排他性”，当我们说模块具有域特异性时，也就是在说模块具有对主题事物的专门排他控制性。这是一个有用的阐释性结构，同时也可能适用于其他特定的神经系统，如大脑皮层的视觉中枢里的一系列识别物体边界的细胞，它只会限定于某种机能而与其他作用机能没有任何关系，或许模块就应该是这样的。

但这样仍然避免不了此观点的烦琐性。我们可以看到，任何大脑中的规则和心灵表征都包含大量与该规则和表征毫无关联的事物，为了避免烦琐，当一个系统的领域在本能的连贯性条件下是特定的时，我们才说这个系统具有域特异性。为了便于讨论，我们需要更加精确地设定这个必要条件，然而问题是，上面所举的例子中的模块很可能不具有域特异性。

我们再回忆一下那个有关视觉的例子，判断物体边缘的视觉探测器很可能是具有域特异性的，而其他处理视觉信息的系统可能只具有一般性。视觉系统可以参与到问题解决的过程中，如一个人可以利用视觉系统里的图像来估量一盒牛奶可以放到冰箱的哪个部位，人类的一些概念化知识都是以视觉的形象储存在大脑里的。我们也知道大脑中一些视觉区域的损伤会干扰概念知识的形成（Martin and Chao，2001）。同时，我们也注意到，当人类失去视觉时，曾经负责视觉的大脑区域会慢慢变成触觉区域，视觉性刺激物同时也会使细胞生成两种行为因子。如果我们把视觉系统的作用仅仅看作是在光照下判断事物的信息，而将一些规则和表征排除在外，那么这会使得视觉系统的涵盖量大大减少。从神经系统中独立出来的细胞体可以单独存在，但这种分割心灵的方法似乎很奇怪，人类意识的重要作用就是给人以启迪，帮助人类摆脱困境，并且要在人类认知中起核心作用。所以，当视觉系统被看作一个统一体时，它虽然也会包含一些规则和表征，但从严格意义上说，它是不具备域特异性的。

相似的结论在语言系统方面也可以得出。我们在前面已经提到，语言系统可以和具有不同作用的其他系统进行资源共享，比如，类型识别、肌肉控制等。布洛卡区似乎包含了一些镜像神经元，这些镜像神经元起到识别人类活动的作用，如拧、握（Heiser et al.，2003）；韦尼克氏区包含一些负责对非语言声音归类的细胞（Saygin et al.，2003）。当然，语言系统中肯定存在着一些只与语言相关的规则和表征，比如，负责动词词组“to be”变形的神经元就可能与语言方面的信息有关。但是，域特异性的相关案例太少了，所以它们并没有为模块说的拥护者提供足够的安慰。这些例子对模块说理论而言太具特异性了，因为我们不能轻易妄言，称人类大脑中一定存在一个专门负责不规则动词的词形变化的模块。

所以，域特异性也不存在广泛的例证。若要找到专门负责某个作用的系统是很困难的。从上面的例子我们也可以看出，视觉系统和语言系统在严格意义上不具备域特异性，对其他模块的研究得出的结论也是一样的。比如，对读心的研究就是一个证明领域不具备特异性的有力论据。从上面的叙述我们已经注意到，读心与某些语言技能密切相关，黑尔和塔格-弗卢斯伯格（Hale and Tager-Flusberg，2003）曾发现，针对判断错误信念的任务而言，一些起初没有及格的学龄前儿童，在进行过补语从句的专门训练后，重新进行错误信念练习就会成功地完成任务，训练前后他们的准确率也由20%提高到75%。而当我们为健康的个体准备一些不相关的记忆任务时，错误信念的判断就会受到阻碍（McKinnon and Moscovitch，未出版）。我们发现，在神经构像的相关研究中，负责读心的神经集中分布在左前叶脑皮层的语言中枢，而负责视觉空间的神经可能分布在右颞骨、颅顶骨区域，也可能分布在扁桃腺部位（主要对情感反应进行思考），也可能分布在大脑的楔前叶（主要涉及意识形象观察和任务转化）。简言之，读心似乎占据了大量的结构网，而这些结构网同时也会促进其他生理机能的发展。

这是我们所说模块的一般类型，大脑结构中负责数学认知的区域块同时也会涉及语言能力、空间加工能力及注意力集中能力（Dehaene and 1997；Simon，1997）；常识物理学依赖对多种事物关注的能力这种机制（Scholl and Leslie，1999）；道德判断能力则分布在负责正常情绪的集中区域。

正如笔者在前面所讨论的，所谓的模块都含有域特异性的成分，或许这些系统使用专有的规则和表征，但在整个作用过程中，它们并不仅仅是完成一个独立的任务。因此，域特异性并不像模块学家所说的，是区分不同模块系统的一个重要特征。

六、难以接近性和封闭性

在福多所列的模块特征中，最后两个特征是有着密切联系的。福多认为模块具有难以接近性和封闭性。也就是说，一些信息很难从模块中出来，也很难进入到模块中，并且福多认为后一项特征尤为重要，卡鲁瑟斯认为两种性质都很重要。而笔者认为在切分心理结构的过程中，上述两种特征都不是很重要。

让我们首先讨论一下难以接近性。福多命题：一个模块以外的信息很难进入到当前模块的内部系统中，这个观点看似很有说服力。因为针对某些现象，笔者无法找到其中的内省进路，比如，视觉系统对颜色的稳定性是如何识别的，句法系统对句子是如何进行语法分析的。尼斯贝和威尔森（Nisbett and Wilson，1977）指出，人类的判断能力常常被下意识的心理过程驱使着，难道此观点就能证明模块的难以接近性吗？不是的，它仅仅说明我们缺乏通往意识的渠道，并没有告诉我们，在无意识的心理系统操作下的机能是否能够与其他无意识的系统相联系。众所周知，具有意识的系统之间是存在广泛的信息交流的。

卡鲁瑟斯为，“神经系统大体上都具有难以接近性”这一结论提供了理论论证。他的论证过程是这样的：为了使信息从一个系统传递到另一个系统，第一个系统应该能够将其他系统如何工作呈现给另一个系统。但是如果真的是这样的话，那就意味着这一系统需要呈现另一个系统的所有规则和表征，这样反而会有悖于把人类心智分为若干独立系统的意图，从而导致观点间的相互矛盾。因此，绝大多数的系统一定与其他系统是难以接近的。

这种论证并没有说服笔者，尽管它驳斥了“所有系统都是完全相通”的观点，但它并不能反驳一些系统有和另一些系统相通可能性的观点。例如，概念系统可能与句法框架相通，但不代表它会与形成这些框架的微妙复杂的转换生成规则相通。有限的接近性不仅会避免连接性的信息爆炸，而且对一些系统了解其他系统的工作状态也是很有用的。这里我们用一个类比来加以说明，总统不可能去参加每次内阁会议，但这也不妨碍他能有时间和精力来了解每场内阁会里议员作出的一些重要决定。

让我再把注意力从难以接近性转移到封闭性——福多所列性质的最后一条，在福多看来，它也是最重要的一条。福多曾经试图通过感官错觉证明感官系统的模块性，关于错觉，有意思的现象是即使我们意识到已经被骗了，我们的错觉仍然会继续进行，有关缪勒-莱尔错觉中的两条线段，尽管我们已经知道它们的长度是相同的，但看起来的感觉还是不相同。所以，如果模块不具有封闭性，当正确判断形成时，上述的错觉就会马上消失，信念修正了经验。

然而，福多对模块封闭性的论证不是牢不可破的。针对错觉的持续性，有两种不相上下的可能性解释：第一种是当感觉和真理发生冲突时，感觉往往会战胜信念，这种战胜机制是有益的，因为如果不是这样，我们在日常生活中就不可能用经验修正信念了，同时这种战胜机制又符合“感觉不具有封闭性”的假设。第二种是当两者出现冲突的时候，信念可以影响感觉。为了验证这两种解释孰对孰错，我们需要考虑以下的例子。首先，考虑一下带有歧义性的图像，一些描述性语言线索会改变我们对这些图像的最初印象。同样，当我们观察内克尔立方体（Necker-cube）或宝石时，也会因为观察角度的差异而看到不同的形象。在观看立体图像时，我们可以把那些和我们距离很近的人像看成是离我们很远的图像，也可以把它们看成是微小物体在画面中的前景化浮现。

其他能产生“自上而下”（top-down）效果的例子也比比皆是。比方说，对一个事物的期待会让我们看到或听到根本不存在于眼前的事物。如果我们正在期待一位客人的来访，那么在这个阶段内，每个微小的声音都有可能被我们误听为客人的敲门声；再比方说，在视觉搜索的过程中，当我们期待看到用柯达胶片拍成的卡通电影时，在我们的视觉域就会自动出现微小的黄色物体。对于“自上而下”影响最显著的例子是心智成像，科斯林等（Kosslyn et al.，1995）学者曾提到过，可以利用认知状态来积极地构建大脑内的知觉表征，这些发现也正好和神经解剖学的观察相吻合，即从大脑中的高级作用中枢到知觉中枢分布着密集的神经通路。

在语言加工过程中，也有“自上而下”作用的例子。模块说的拥护者努力让我们相信，语言系统可分为具有模块性的若干子系统，这些子系统包括句法系统、语义系统和语音系统，这些子系统相互之间没有任何影响。但具体实验告诉我们，也存在与此观点不一致的情况：如在音位复原现象中，当一个单词部分语音缺失的句子呈现在我们面前时，我们常会下意识地根据对整体句子的理解，将缺失的语音在大脑中补全，而不是只听到语音空位（Warren and Warren，1970）。如果被试听到句子“The _ eel is on the axel.”时，他们会根据句义，在语音空挡中补出一个“w”，而当他们听到句子“The _ eel is on the orange.”时，就会自动地补出一个“p”。

同时，也有充足的证据证明概念知识可以影响句法的形成。马斯伦-威尔森和泰勒（Marslen-Wilson and Tyler，1987）指出，有关概念的因素在句子构成过程中起到了非常重要的作用，甚至可以将其与词汇因素等同。在一个实验中，实验者向被试者讲述了下面的故事：“当菲利普从商店返回家时，他看见一个老婆婆重重地摔倒在街上，看起来站不起来了。”这时这则小故事分别为两组被试提供了不同的句子片段，即“他跑向……”和“于是朝着……跑去”，这两个句子的省略部分都应补出代词“她”，但得出这个结论的原因是不相同的。第一个句子片段的结论是根据词汇得出的，因为句中出现了代词“他”；而第二个句子片段的结论是根据概念化认知得出的，因为我们知道在一个人摔倒在地的情况下，不可能马上开始跑，而且值得注意的是，两组被试是在相同的思考时间后得出正确答案“她”的。该实验速度相同的结果引起了笔者的注意，笔者认为如果把根据词汇而进行的加工过程和根据概念而进行的加工过程相分离，那么前者的推导过程应该更加迅速。所以，这个实验表明：语言的形成直接并经常受到我们的系统知识的影响。

到目前为止，笔者讨论了“自上而下”模式对输出系统的影响。在这里还需指出：有证据表明输出系统之间也是可以相互影响的，这个发现也与模块封闭性的观点不相容。因为真正被隔离的系统是不受任何外界影响的。让我们看几个案例，第一个例子是当我们通过听觉听到的声音和通过视觉观察到的说话者的嘴形不一致时，视觉系统的输入结果就会占上风（McGurk and McDonald，1976）。第二个例证是有关马拉钱德兰为患肢疼痛的患者开发的新疗法。在这个疗法中，医生为截肢者提供了一面镜子，让患者对着镜子假想出他们的幻肢，然后想象自己处理自己患肢的疼痛部位（如抓、挠），这样患者的疼痛感就会有所缓解（Ramachandran et al.，1995）。第三个例子是听觉会引起触觉上的错觉，当我们听到不同的音调时，即使实际上只有一个节拍（Hötting and Röder，2004），我们也会感觉到有多个节拍。最后一个例子是有关人类通感的，一些人常常会由一个模式激发而进入到另一个模式中。例如，对于一些人而言，当他听到一种声音时，就会在潜意识中看到一种颜色；还有一些人当他们品尝一种味道时，潜意识里也会出现一种物体的形状。上面所有的例子都说明：不同的感觉系统之间都存在直接、特定的交流。

各种经验和实验结果都向我们证明：心智的各个系统之间并不是隔离的。但相关论证到这里并没有大功告成。因为还存在一些论证封闭性并具有理论基础的例子，比如，卡鲁瑟斯的观点。他是这样论证的：各种心智过程极可能像计算机程序那样易于处理，如果把心智看成一台计算机，那么意识加工过程就会在一定的时间内成功地被操纵；如果每种意识的加工过程和心智中存储的所有信息都相通（也就是说，它们不具有封闭性），那么意识的加工过程不可能易于处理（这样仅仅判断几百条信念之间的联系也要花费人类几十亿年的时间）。因此，我们就可以认为意识的加工过程是相互隔离的。

卡鲁瑟斯在上述论证过程中存在一个大问题。根据第二个假设，心灵的加工过程如果和存储在大脑中的所有信息都相通，那么人的心灵过程就是难以控制的。这个想法其实是错误的，计算机系统能够以飞快的速度对数量惊人的数据进行分类加工，我们所想的那种情况只适用于简易的搜索规则。所谓的“简易规则”，其实是那些为了减轻加工过程而进行的繁重工作，是通过选择数据库中的相关信息进而开发出最简单程序的做法。所以，这些相关数据一旦被选定，对相应对象的彻底加工过程也就开始了，心理学家把这些简单的规则称作“启示法”（heuristics）（Kahneman et al.，1982）。也有大量的证据能够证明，当我们行使认知任务时，会经常用到它们的启示法功能。比如，假设你想猜一下汉堡和美因茨这两个城市哪个更大，你可能会努力地去搜集许多关于这两个地方人口的数据（也许会花费很多的时间）；或许只是随便挑选一个自己很熟悉的城市，这种“选择最优策略”的确相当简易而且十分有效，这种策略甚至还可以用到股票投资上（Gigerenzer et al.，1999）。即便你对现有的数据库了如指掌，但数据库搜索工作仍然很繁重，运用启示法，我们就能够避开这种繁重的搜索。而且还有很多方法可以帮助我们用最少的力量来对一个巨大的数据库进行搜索，互联网搜索引擎就是一个很好的例证（Clark，2002）。设想一下我们平时经常使用的谷歌搜索引擎，在谷歌引擎中输入“heuristics”这个词，按下回车键，在 0.18 秒的时间内就会出现 10 亿个页面的相关结果，而且那些最具相关性的内容都分布在前几页。我们知道，那些寻找相关词和相关网页的引擎之间都是信息相连的。试想，如果我们大脑的心智加工过程也像计算机搜索引擎那样工作，我们就可以在短时间内回忆起相关信息。所以讲到这里，我们就可以得出这样的结论：计算机式的易处理性并不一定是只在封闭情况下才能运行。

针对卡鲁瑟斯的观点，也许有人会想，他的论证主要是为了抛弃“心智是封闭的”这种假说。恰恰相反，通过上面的陈述，我们发现卡鲁瑟斯的主要目的是区分两种不同类型的封闭性。当我们认为心智里储存的所有信息在加工的过程中都不受其他信息影响时，那么我们就可以说“窄范围封闭”正在发生作用。这种理解意义上的封闭性也是福多用封闭性为模块下定义的原因，同时也是卡鲁瑟斯借助“启示法”反驳模块性的原因。每个信息系统都不受其他信息干扰的假设很可能是真实的，但是卡鲁瑟斯在论证过程中使用了“宽范围封闭”的概念，即心智的子系统在信息加工过程中，其他系统的大多数信息都不会在这个时间内对其产生干扰。这个定义听起来似乎足够合理，因为如果任意一条信息都可以在不同信息加工系统中被加工，那么当所有的信息在同一时间内都涌向同一种信息加工系统时，这个加工系统一定会崩溃。所以，笔者同意“宽范围封闭”，但是所谓的“宽范围封闭”并不是真正意义上的隔离，真正的隔离意味着一个系统完全不受另一个系统的干扰，而“宽范围隔离”是允许所有系统有相通性的，但是这种意义上的信息交流需要一个过程。但卡鲁瑟斯在措辞上的变通，并不能用来证明心智系统具有封闭性这一假设，在谈到启示法搜索的力量后，他本人也默认有关心智具有封闭性的论证是不合理的。

笔者讨论这些也并不是为了宣称心智不具有封闭性，一些子系统在信息加工过程中与其他外界信息输入的沟通的确是不可能的。笔者想要强调的是，在心智系统之间也是存在信息交流的。如果我们试着用线条标出那些完全隔离的子系统时，我们就会发现那些分界线对我们的信息加工并没有起到特殊作用。所以，封闭性并不能作为心智的一个特征而被人们广泛认可。

七、结语：解构模块性

通过上述讨论，我们发现福多的模块标准并不能很好地把心智划分为不同的部分。那些所谓的模块也并不符合福多所列的模块的标准特征。我们最多只能说这些系统的一部分能满足福多的个别模块标准，没有论据说每个系统都会同时满足那些标准。而当我们单独思考每一个标准时，会发现某些标准只会符合特定的子系统，所以认为心智具有模块性的观点带有误导性。我们只能这样说，心智中某个单独的系统略微具有模块特征。

但这也并不意味着心智是一个杂乱无章的体系。起初，笔者就强调心智的模块性并不等同于对功能的分解。人类的心智可以被描述成由相互联系的系统和子系统构成的复杂体。我们可以通过一个复杂的流程图来呈现心智系统的工作过程，在这个流程图中，每个单位都代表了在神经中枢管理下的各个独立作用的子系统的工作路线和特征。笔者的目的是要批判这样一种特定观点：心智的功能单元都是相似的。相反，笔者认为有特定作用的子系统的工作过程并不需要具有迅捷性、自动性、先天性、浅显性和封闭性。心智系统的一些部分可能只负责完成一种神经机能，但有些部分则可能负责不同的神经机能。因此，似乎在心智系统中找不到一个结构符合福多所列出的那些主体特征。

一些模块说的支持者只是一心想要拆分心智的功能系统，也反对福多所列出的模块特征，但他只是简单地认为，心智就像机器一样可以根据功能分成不同的部件，然而这种观点虽然简单却不会惹来很多争议。总之，集群模块说听起来似乎是一个非同凡响的理论，但当模块这一概念被否定时，集群模块说也就变成了陈词滥调。当然，我们也不能否认中枢认知系统拥有不同的规则和表征；我们会搜集不同的知识和技能对现实世界进行推理，而不是把现实世界看作一个固有的具体事物；我们也有可能出现失去了一种认知功能，但其他认知功能保持完好的状况。然而，当某个特定的功能被认为具备了福多所列模块的所有特征时，就会立即引来争议。

因此，笔者认为在讨论心智时，“模块性”这一术语应该被放弃。因为在福多看来，很多心智系统都具有模块性，然而他的这种理论缺乏论据支撑。认知学家应该继续努力给人类的功能系统分类，但我们要避免猜想模块存在的可能性。

参考文献和延伸阅读

Baillargeon, R. Kotovsky, L. , and Needham A. (1995) . The acquisition of physical knowledge in infancy. In D. Sperber, D. Premack, and A. J. Premack, (eds.), *Causal Cognition: A Multidisciplinary Debate*. New York: Oxford University Press.

Baron-Cohen, S. (1996) . *Mindblindness: An Essay On Autism And Theory Of Mind*. Cambridge, MA: MIT Press.

Bates, E. (1994) . Modularity, domain specificity and the development of language. In D. C. Gajdusek, G. M. McKhann, and C. L. Bolis, (eds.), *Evolution and Neurology of Language. Discussions in Neuroscience*, 10, 136-149.

Bates, E. , Dale, P. , and Thal, D. (1995) . Individual differences and their implications for theories of language development. In P. Fletcher and B. MacWhinney (eds.), *Handbook of Child Lan-*

guage. Oxford: Blackwell.

Bates, E. , Marangolo, P. , Pizzamiglio, L. , Devescovi, A. , Ciurli, P. , and Dick, F. (2000) . Linguistic and nonlinguistic priming in aphasia. *Brain and Language*, 76, 62-69.

Bishop, D. V. (1992) . The underlying nature of specific language impairment. *Journal of Child Psychology and Psychiatry*, 33, 3-66.

Caramazza, A. and Mahon, B. Z. (2003) . The organization of conceptual knowledge: the evidence from category-specific semantic deficits. *Trends in Cognitive Science*, 7, 354-361.

Chen, R. , Cohen, L. G. , and Hallett, M. (2002) . Nervous system reorganization following injury. *Neuroscience*, 111, 761-773.

Clark, A. (2002) . Local associations and global reason: Fodor's frame problem and second-order search. *Cognitive Science Quarterly*, 2, 115-140.

Cosmides, L. and Tooby J. (1994) . Origins of domain specificity: the evolution of functional organization. In L. A. Hirschfeld and S. A. Gelman (eds.), *Mapping the Mind: Domain Specificity in Cognition and Culture.* New York: Cambridge University Press, 85-116.

Dehaene, S. (1997) . *The Number Sense.* New York: Oxford University Press.

Fodor, J. (1983) . *The Modularity of Mind.* Cambridge, MA: MIT Press.

Fodor, J. (2000) . *The Mind Doesn't Work That Way: The Scope and Limits of Computational Psychology.* Cambridge, MA: MIT Press.

Garfield, J. L. , Peterson, C. C. , and Perry, T. (2001) . Social cognition, language acquisition and the development of the theory of mind. *Mind and Language*, 16, 494-541.

Gigerenzer, G. , Todd, P. M. , and the ABC Research Group. (1999) . *Simple Heuristics that Make Us Smart.* New York: Oxford University Press.

Greene, J. and Haidt, J. (2002) . How (and where) does moral judgment work? *Trends in Cognitive Science*, 6, 517-523.

Hale C. M. and Tager-Flusberg H. (2003) . The influence of language on theory of mind: a training study. *Developmental Science*, 6, 346-359.

Heiser, M. , Iacoboni, M. , Maeda, F. , Marcus, J. , and Mazziotta, J. C. (2003) . The essential role of Broca's area in imitation. *European Journal of Neuroscience*, 17, 1123-1128.

Hood, B. , Carey, S. , and Prasada, S. (2000) . Predicting the outcomes of physical events: two-year-olds fail to reveal knowledge of solidity and support. *Child Development*, 71, 1540-1554.

Hötting, K. and Röder, B. (2004) . Hearing cheats touch, but Less in congenitally clind than in sighted individuals. *Psychological Science*, 15, 60-64.

Insel, T. R. , O'Brien, D. J. , and Leckman, J. F. (1999) . Oxytocin, vasopressin, and autism: is there a connection? *Biological Psychiatry*, 45, 145-157.

Jacobs, R. A. (1999) . Computational studies of the development of functionally specialized neural modules. *Trends in Cognitive Science*, 3, 31-38.

Kahneman, D. , Slovic, P. , and Tversky, A. (eds.) . (1982) . *Judgment Under Uncertainty: Heuristics and Biases.* New York: Cambridge University Press.

Kosslyn, S. M. , Thompson, W. L. , Kim, I. J. , and Alpert, N. M. (1995) . Topographical representations of mental images in primary visual cortex. *Nature*, 378, 496-498.

Lashley, K. (1950). In search of the engram. *Symposia of the Society for Experimental Biology*, 4, 454-482.

Leslie, A. M. (1994). Tomm, ToBy, and agency: core architecture and domain specificity. In L. Hirschfeld and S. Gelman (eds.), *Mapping the Mind: Domain Specificity in Cognition and Culture*. New York: Cambridge University Press.

Lillard, A. (1998). Ethnopsychologies: cultural variations in theories of mind. *Psychological Bulletin*, 123, 3-32.

Marslen-Wilson, W. and Tyler, L. (1987). Against modularity. In J. L. Garfield (ed.), *Modularity in Knowledge Representation and Natural-Language Understanding*. Cambridge, MA: MIT Press.

Martin, A. and Chao, L. (2001). Semantic memory and the brain: structure and processes. *Current Opinion In Neurobiology*, 11, 194-201.

McGurk, H. and MacDonald, J. (1976). Hearing lips and seeing voices. *Nature*, 264, 746-748.

McKinnon, M. and Moscovitch, M. (unpublished). Domain-general contributions to social reasoning: perspectives from aging and the dual-task method. Manuscript, University of Toronto.

Needham, A. and Baillargeon, R. (1993). Intuitions about support in 4.5-month-old infants. *Cognition*, 47, 121-148.

Nisbett, R. and Wilson, T. (1977). Telling more than we can know: verbal reports on mental processes. *Psychological Review*, 84, 231-259.

Pinker, S. (1997). *How the Mind Works*. New York: Norton.

Plaut, D. C. (1995). Double dissociation without modularity: evidence from connectionist neuropsychology. *Journal of Clinical and Experimental Neuropsychology*, 17, 291-321.

Poeppel, D. (1996). A critical review of PET studies of phonological processing. *Brain and Language*, 55, 317-351.

Prinz, J. J. (2002). *Furnishing the Mind: Concepts and Their Perceptual Basis. Cambridge*, MA: MIT Press.

Pulvermüller, F. (1999). Words in the brain's language. *Behavioral and Brain Sciences*, 22, 253-336.

Quartz, S. R. and Sejnowski, T. J. (1997). The neural basis of cognitive development: a constructivist manifesto. *Behavioural and Brain Sciences*, 20, 537-596.

Ramachandran, V. S., Rogers-Ramachandran, D., and Cobb, S. (1995). Touching the phantom limb. *Nature*, 377, 489-490.

Samuels, R. (1998). Evolutionary psychology and the massive modularity hypothesis. *British Journal for the Philosophy of Science*, 49, 575-602.

Saygin, A. P., Dick, F., Wilson, S. M., Dronkers, N. F., and Bates, E. (2003) Neural resources for processing language and environmental sounds: evidence from aphasia. *Brain*, 126/4, 928-945.

Scholl, B. J., and Leslie, A. M. (1999). Explaining the infant's object concept: beyond the perception/cognition dichotomy. In E. Lepore and Z. Pylyshyn (eds.), *What is Cognitive Science*? Oxford: Blackwell.

Seung, H.-K. and Chapman, R. S. (2000). Digit span in individuals with Down's syndrome and typically developing children: temporal aspects. *Journal of Speech, Language, and Hearing Re-*

search, 43, 609-620.

Simon, T. J. (1997) . Reconceptualizing the origins of number knowledge: a non-numerical account. *Cognitive Development*, 12, 349-372.

Slater, A., Morison, V., Somers, M., Mattock, A., Brown, E., and Taylor, D. (1990) . Newborn and older infants' perception of partly occluded objects. *Infant Behavior and Development*, 13, 33-49.

Sperber, D. (1994) . The modularity of thought and the epidemiology of representations. In L. A. Hirschfeld and S. A. Gelman (eds.), *Mapping the Mind: Domain Specificity in Cognition and Culture.* New York: Cambridge University Press.

Stone, V. E., Cosmides, L., Tooby, J., Kroll, N., and Knight, R. T. (2002) . Selective impairment of reasoning about social exchange in a patient with bilateral limbic system damage. *Proceedings of the National Academy of Sciences*, 99, 11531-11536.

Tallal, P., Miller, S. L., Bedi, G., et al. (1996) . Language comprehension in language-learning impaired children improved with acoustically modified speech. *Science*, 271, 81-84.

Thomas, M. S. C. and Karmiloff-Smith, A. (2002) . Are developmental disorders like cases of adult brain damage? Implications from connectionist modelling. *Behavioural and Brain Sciences*, 25/26, 727-788.

Uttal, W. R. (2001) . *The New Phrenology: The Limits of Localizing Cognitive Processes in the Brain.* Cambridge, MA: MIT Press.

Van Giffen, K. and Haith, M. M. (1984) . Infant response to Gestalt geometric forms. *Infant Behavioral Development*, 7, 335-346 .

Vargha-Khadem, F., Watkins, K., Alcock, K., Fletcher, P., and Passingham, R. (1995) . Praxic and nonverbal cognitive deficits in a large family with a genetically transmitted speech and language disorder. *Proceedings of the National Academy of Science*, 92, 930-933.

Vinden, P. G. (1996) . Junin Quechua children's understanding of mind. *Child Development*, 67, 1701-1716.

Vinden, P. G. (1999) . Children's understanding of mind and emotion: a multi-culture study. *Cognition and Emotion*, 13, 19-48.

Warren, R. M. and Warren, R. P. (1970) . Auditory illusions and confusions. *Scientific American*, 223, 30-36.

第三章　人类心智是集群模块吗?

理查德·塞缪尔斯（Richard Samuels)

一、引言：作为机制的心智

认知科学中最普遍和最基本的假设就是将人类心智（或心智-大脑）看作某种机制：它是由具有明确功能的子系统组成的身体机制。就这个意义而言，功能分解——将整个系统各部分功能加以分解的剖析——就成了心智科学的重点研究项目，由此产生的认知架构（cognitive architecture）理论对我们理解人类心理学是很有必要的。

当然，这些研究中没有什么能比集群模块性更具特色了。相应地，自从这一学科成立以来，这种观点已经获得了大部分认知科学家的认可，并将其付诸实践。但是，如果说集群模块性是有价值的，那么这就意味着，它不仅要提倡心智机制观念，而且必须是一种独特、有趣、合理的心智架构假设。

从这一层面来看，本章的首要目的就是要驳斥这种观点：集群模块性倡导者已经成功地建构了这种假设。在一些书中，集群模块性假设比较合理，但很老套；而在另一些书中，它虽激进却缺乏合理性。进一步来说（这种解释更加温和，但依然富有趣味），现有的大部分论证都不支持这一观点，因为我们无法假设出一种具备模块特征的中枢系统，如一些推理和决策系统。与卡鲁瑟斯等人的理论相悖，集群模块性的论据并不是很具有说服力。但是如果完全否定它，我们就可能得出另一个错误的结论，就如普林茨等人所得出的结论：在任何意义上，心智都不是模块的（普林茨，第二章“心智真的是模块的吗?”）。而只有这个观点才是合理的：与认知相关的次要领域——尤其是低层次的感知——是具有模块特征的。所以，在那些完全赞同集群模块性和反对模块性的观念之间，笔者提倡的是一种中庸态度。

本章内容简述如下：第一部分，阐明集群模块性的主要观点和相应的模块概念。第二部分，描述集群模块性的一些相关理论，并就其缺点和不足进行了讨论。第三部分，简要讨论了集群模块性的一些经验性案例。第四部分，从根源上概述了集群模块性的不合理之处。最后在第五部分，对那些完全不赞同集群模块性并且还从根本上否认心智是模块的人，笔者是持反对意见的。

二、争论的焦点是什么？

首先，让我们来做这样一个推测：集群模块性观点假设人类心智绝大部分或完全是由大量模块组成的。更准确地说，集群模块性被当作是三种命题的集合：

（1）构成命题：人类心智绝大部分或完全由模块组成。

（2）多元化命题：人类心智包含着大量模块。

（3）中央模块性：模块性不仅在心智边缘区域有所体现，而且在负责推理和决策的中央区域也有所体现。

在下列论述中，笔者还是将集群模块性假设为这些命题的集合体。不论是从态度还是从合理性来看，每一个命题都是经得起考验的。论证焦点越清楚，论证过程便会越明晰。

1. 构成命题

集群模块性观点成立与否，在很大程度上与心智的构成相关——心智是否绝大部分甚至全部由模块构成的[1]。如笔者所言，这个命题至少有两个方面是模糊的：

第一，准确来说，“心智由模块构成”本身就是模糊的。尤其是这一命题可以延伸出两个不同方向的议题，笔者将其称为强集群模块性（strong modularity）和弱集群模块性（weak modularity）。根据强集群模块性，所有的认知机制都是模块的，所以，如果我们只要发现有一个认知机制不具有模块性质，那么这种观点就会被削弱。相比而言，弱集群模块性仅认为，人类心智（包括那些负责中央处理的部分）在结构上绝大部分是模块的；和强集群模块性相比，这种观点显然与人类心智里包含一些非模块机制思想不谋而合。因此，弱集群模块性的支持者可以假定存在一些非模块组织，比如推理和学习模块。

第二“什么是模块的”这一问题的不确定性是本命题的模糊第二个方面。从本章的目的出发，要使这个命题兼具趣味性和合理性，我们就应将讨论的重点转向“人把模块当作了什么”上[2]。

（1）微处理模块（minimal processing modules）。在某种极端情况下，模块仅是具有不同功能特征的认知机制，它相当于认知哲学家流程图里的框格（Fodor, 2002）。这里所说的微模块观念是某些集群模块性倡导者十分赞同并经常采用的一种观点，例如，图比和考斯麦茨（Tooby and Cosmides, 1992）便把模块特征化为“具有复杂功能的信息处理组织结构”（Tooby and Comsides, 1992；又见 Pinker, 2005）。对于构成命题来说，这种观点是无关紧要的，因为几乎所有的认知科学家都赞同心智是机制的集合体这种观点。但是依据这个观点，我们会得出一个与集群模块性观点不同的版本，而这个版本不会是毫无争议的（Fodor, 2005；

Prinz，本书第二章）。特别需要指出的是，一些人认为，用这种观念阐明的集群模块性之所以有趣，不是因为它宣称心智是微模块的集合体，而是因为它认为心智中存在着大量这样的机制（Carruthers，第一章“心智的集群模块模型案例”）。笔者将在后文中对这个提议进行探讨。

（2）强力模块（robust modules）。要形成一个有趣的构成命题，单有命题的微模块理念还远远不够。因此认知科学家们就会经常假设一些更加有力的模块观念，其中最著名的当属福多模块（Fodor，1983）了。从该观点来看，模块是功能特征化的认知机制，而这些认知机制（至少在例证上）具有以下特征：域特异性、信息封闭性、先天性、强制性、与中央处理连接的快捷性、浅显性、神经局限性、表现特质损伤的模式性、难以接近性和具有特定个体发展时间表特性（Fodor，1983）[3]。

尽管福多成熟的概念在认知科学的很多领域都产生了很大的影响（Garfield，1987），但是有关集群模块性的争论却使其没有发挥到应有的作用[4]。这是因为福多认为心智的绝大部分或全部是由模块组成的，这一观点显然不合理。实际上，福多列表上一些诸如相对快捷性和简易性的特征，运用到中枢系统中是毫无意义的（Carruthers，第一章；Sperber，即将出版）。即使福多模块的属性能够很容易地被描述——就如先天性例证一样，但是它们也无法担负起为自身辩护的重任（Baron-Cohen，1995；Sperber，1996）。

福多原有列表上的所有特性并非都具有相同的理论意义。然而域特异性和信息封闭性无论如何都被当作了其中最核心的部分。这两种特性都涉及了认知机制自己承载[5]的结构信息的限制——它们能够获取的表征范围，只是限制的种类有所差别罢了。

域特异性就是认知机制把表征当作输入——“启动它”或“打开它”——的一种限制。粗略地来讲，机制在某种程度上是域特异性的（和域普遍性相反），它仅把详细限定过的表征范围当作输入[6]。标准的备选项包括低水平的视觉感知、人脸识别和算法机制。

信息封闭性是指对信息种类的限制，这种限制一旦被激活，机制就会把这类信息当作资源来使用。从规范意义上说，这种激活并非是必要的，因为信息仍旧储存在记忆中。更准确地说，认知机制在某种程度上是被封闭在它可干预的范围之内的，在计算处理过程中，这一机制比整个有机体获得的信息要少（Fodor，1983）。标准备选项包括一些机制，比如那些低水平的视觉感知和语音体系，它们不利用有机体全部的信念和目标。

当然，除了域特异性和封闭性之外，模块还具有很多其他特性。但是如果使用的“模块”概念超出了其术语范畴——不再使用“认知机制”这种说法——并且否认这些特性中的任何一种，那么我们就可以用上述理由来质疑这种主体的变化。考虑到这一点，笔者认为当我们要谈论更加强有力的模块假说时，这里的模块就必须是域特异性和/或封闭的。这样做有很多优点：首先，这些属性将会清楚地说明与集群模块性有关的争论；其次，和前面谈论的构成命题中的微模块类型相比，心智绝大部分或完全由域特异性和封闭机制构成的观点似乎更加有趣。这不仅是因为它超越了一般我们所说的心智是由功能特征认知机制组成的观点，还因为集群模块性的反对者总是否认这样的观点。在后文中，笔者会考虑这一观点的合理性，但首先笔者想讨论的是与集群模块性有关的其他两个观点。

2. 多元化命题

集群模块性支持者有时会宣称，他们的论点是与众不同且有趣的，部分原因是因为它支持大量的认知机制。图比和考斯麦茨的观点有助于我们更加清楚地了解集群模块性支持者的论点："我们的认知架构类似于成千上万功能专用的计算机（通常被称作模块）组合。"（Tooby and Cosmides，1995：xiv）

这和笔者前面所述的多元化命题不谋而合，即人类心智包含很多模块。

这一观点究竟有多么有趣和与众不同呢？如果形成的是强力模块概念，那么这就显得很激进了。毕竟，也有很多人否认域特异性和/或封闭结构在认知机制中所起的重大作用。但是，如果这个多元化命题是基于模块微概念形成的呢？这是一个有趣、特别的观点吗？当然，集群模块性倡导者有时也会作出这样的提议，比如卡鲁瑟斯就说："赞同心智是由很多模块组成观点的进化心理学家（Tooby and Cosmides，1992；Sperber，1996；Pinker，1997）也认为这是个很有趣的观点，即使这里的模块仅仅意味着'组件'。"（Carruthers，第一章）

几乎所有的认知科学家都认为心智是由分离的、功能特征化的组件构成的，但是也有许多人认为，这种组件并没有想象中那么多。按照卡鲁瑟斯的说法，那些"把心智错误地认为成与世界相连的具有有限数量的不同输入或输出的大型计算机"的人就反对这一观点（Carruthers，第一章，第4页）。在这种情况下，即使集群模块性是由模块的微概念形成的，它似乎也是一个很有趣的观点。

然而，经过深思熟虑之后，我们仍旧很难看出这一观点的正确性：仅通过一种功能性指明机制的多元化分析，如何就能使集群模块性观点变得有趣且与众不同呢？这是因为甚至就连在集群模块性最激烈的反对者们中，也有人赞同这种观点：心智包含很多这样的组件。例如，就像把心智错误地认为成一台普通用途的"经典"计算机这样的观点——粗略地说，一类根据指定运算法则处理符号的通用装置——也会经常（并正确）性地出现与集群模块性观点不一致的特征。但是大型通用计算机不是简单的实体，相反，它们几乎总被分成很多功能特征化的机制[7]，例如，标准冯·诺依曼型架构被分成计算单位、控制单位、快捷影响记忆、慢速影响记忆等，而这些单位又被进一步地分解成更小的功能单位，这些功能单位自身又分解成子机制等。结果一个标准的冯·诺依曼机器通常会有成百成千个子部件[8]。如果你喜欢的话，可以把这称作集群模块性，但这肯定不是有趣或与众不同的。

3. 中央模块性

目前，我们已经讨论了构成命题和多元化命题，并且发现，它们都集中在强力模块的构建上，对微概念并没有多少兴趣，也未加以区别。因此，在这里我们必须注意另一个观点：中央模块性观点。它认为模块不仅现于心智边缘地区，也现于推理和决策的中央区域。

当然，如果有人完全否认任何推理或决策的中枢系统的存在，那么我们就不能遵循现在的观点来讨论了，但是这并不是集群模块性倡导者所维护的观点。的确，集群模块性同福多和其他人维护的早期著名模块性假设是有区别的，后者主要支持的是：心智的模块结构不限于输入系统（负责感知系统，包括语言感知）和输出系统（负责行为产生的系统）。集群模块性倡导者并不否认福多的观点，他们也认为边缘系统是模块的。但他们的观点比福多的更加超前，在他们看来，负责推理和决策的中枢系统也绝大部分或完全是模块的（Jackendoff, 1992），例如，进行诸如社会推理（Cosmides and Tooby, 1992）、生物分类（Pinker, 1994）、概率推断（Gigerenzer, 1994, 1996）这样的中央处理过程就是模块的。以下笔者假设集群模块性就属于某类中央模块性观点。

那么，这一观点究竟有多有趣呢？如果我们宣称，中央模块性是由微概念形成的，那么我们很难发现这一观点是如何有趣或与众不同。毕竟，有些认同中央认知的规范化非模块观点的人也欣然接受这种观念。例如，中枢系统是“大型计算机”观点的倡导者也接受中央认知完全是由很多微模块推进的，因为大型计算机本身就是由很多这样的实体组成的。当然，所有这些调整都是为使它成为一种有趣的中央模块性而努力的。但是这里笔者想坚持的一点是，如果某人的论点成功地支持了这一类观点，那么他就不会支持有特色、有趣的集群模块性观点了。

但是，如果强力模块概念被采用了的话，情况就会大不相同了。这里中央模块性的有趣程度取决于：①域特异性和/或封闭机制对中央认知的推动程度；②有多少这样的模块。这些问题可以从很多不同方面去回答。在一种极端情况下，有人可能会采用以下的观点：

> 强中央模块性：所有中枢系统都是域特异性和/或封闭的，并且存在很多这样的系统。

这可能真的是一个很激进的观点，因为它暗示了域普遍性的、信息不封闭的中枢系统是不存在的。因此，强中央模块性的观点很不合理。在后面的章节里，我们将会发现我们没有理由接受这一观点，甚至还可以证明它是错误的。在另一种极端的情况下，有人可能坚持认为：

弱中央模块性：域特异性和/或封闭的中枢系统有很多，但也有非模块的、域普遍性的、非封闭的中枢系统存在。

这样的提议也不是没有意义。但它并不是区别的根源，因为它没有偏离福多所提倡的老式边缘模块性。它似乎并不像强中央模块性那样不合理，但正如我们所见，目前我们尚没有接受它的理由。集群模块性的普遍论证都不接受这一观点。令人吃惊的是，中央模块性的经验案例对此也无能为力。

三、集群模块性的魅力

尽管集群模块性是经验性假设，但也有人会说，从进化、认知和计算本质的一般性的理论论据来看，它似乎也是合理的。然而，即使是那些最著名、最合理的论证也并不能令人满意，因为它们没有突出有趣的集群模块性观点——比如，那些暗含强或弱中央模块性观点——同其他普遍观点之间的差异[9]。

1. 进化性

西蒙（Simon，1962）有关进化稳定性的讨论有时候会被当作集群模块性的一个论证（Carston，1996；Carruthers，第一章）。根据西蒙的观点，在进化过程中会产生复杂的功能系统，尤其是生物系统，所有系统都需要是半分解式（semi-decomposable）的：来源于组件的分层组织彼此之间是相互关联的，但是这种关联是有限的。西蒙用两个钟表匠的案例对这一观点加以诠释：两个钟表匠 Hora 和 Tempus，由于手表质量好，都受到高度关注；但是 Hora 的店生意兴隆，而 Tempus 越来越穷，最终关了自己的店。原因在于：

> 他们组装的手表包含 1000 个组件。Tempus 在组装手表时，如果他已安装了一部分组件，但这时必须放下手头的活去回电话，那么顷刻间这些组件都将散落，必须重新组装。而 Hora 安装手表并没有这么复杂。他设计了手表，因此可以一次把十个次组件放在一起。每十个次组件又放在一起组成更大的次组件，进而十个系统，后者构成了整个手表。因此，当 Hora 放下部分安装好的手表去回电话时，他只丢失了工作的很小一部分，他安装手表的工时只是 Tempus 安装手表工时的一部分。

西蒙要我们接受的一个很直接的推断是，进化稳定性要求复杂系统从可分离的子系统中以层级组建的方式进行，根据卡鲁瑟斯和卡斯顿（Carston，1996：75）的观点，这对于集群模块性观点起到了支持作用。

回应：尽管进化稳定性可能起初对集群模块性起到了支持作用，但事实上，它仅是我们所熟悉的机械论中的一个论证，复杂机器是由很多子部件层级组建（并拆分）的。但是这显然未达到所有（或甚至任何）域特异性或封闭性的要求。但是，它在很大程度上支持了我们前面谈论的普遍多元化命题，这完全与中央处理大型计算机的观点相一致。所有这些都暗示着，如果有这样复杂的中枢系统，那么它们需要从可分离子系统中依照层级构建，这恰好是西蒙和他的合作者一直赞同的观点。

2. 与其他生物系统的类比

在生物界，从细胞到细胞群，再到整个器官等，你可以找到无数由半分解式组件构成的分级组织。我们期望认知也是如此（Chomsky，1980；Carruthers，第一章）。

回应：和前面讨论的问题相同。就算这些都正确，但它最多只能论证这个观点：我们的心智是半分解式系统，并由可分离的子系统构成。这一结论与最激进的中枢系统非模块观点仍然有着很大的差别。

3. 任务特异性

绝大多数认知任务都是依据不同需求达成的，例如，视觉需求与语言识别、读心、欺骗检测、概率推断、语法归纳等认知需求都不相同。而且，我们很难相信，所有这些都有一个独立的普遍推理机制，因为针对每一个任务我们都应该假设存在一个不同的机制，它主要进行专门计算和处理不同种类信息的内部处理操作，这个过程就是为了解决任务（Carruthers，第一章；Cosmides and Tooby，1992，1994）。

两点回应：第一，如果只有以下两个选项，要么是集群模块性由独立通用认知组件构成，要么是心智由独立通用认知组件构成，那么笔者会选择集群模块性。但显然，这并不是一道单选题。相反，你可以完全否定中枢系统是模块的，而坚持很多其他系统如感知、运动神经控制、选择注意等的模块性。换句话说，问题不仅在于认知任务是否需要特定模块，而且在于任务种类是否与中央认知——比如推理和决策操作——有关，从规范意义上看，它们需要这类机制的一种增值服务。第二，增加功能专用机制不是让复杂系统解决多种任务的唯一方法，这一点是很重要的。一种解决方法是提供一些相关功能的特定机制，用必要信息体去解决所面临的任务。对那些提倡中央处理非模块解释的人来说，这一解决方法再熟悉不过了。确实，非模块推理结构倡导者假设，推理机制可干预很多与主题相关的巨大数量的特定信息，这其中很多信息都是可以被习得的，但通常也有一些信息是先天特定的（Newell，1990；Anderson，1990）。而且，它似乎向我们展示了一种人类与生俱来的能力，比如我们通常有这种推理能力：将历史问题同政治、基因链接、旅店等相区分的能力。可以肯定地说，每一个任务都可能需要一个不同的机制，但这一结论并不仅仅源自于一般论证。因为我们都知道，中央认知案例是不受任务特异性论证影响的，它是近乎完全公开的。

4. 瓶颈论证

如果中央处理过程仅是由少量通用机制而非大量模块推动的，那么它可能会产生一类易处理问题：在现实中，禁止不同主题的信念将有可能产生一个严重的处理瓶颈（processing bottleneck）问题（Carruthers，第一章）。

回应：我们若要对“我们仅拥有少量中枢系统”观点进行驳斥，就要求中央认知不受制于这样的瓶颈。但是，这样的瓶颈是否真的存在，我们尚未可知。另外，即使我们为了论证这一观点而作了这样的假设：这样的瓶颈问题几乎是不存在的。那么我们也不能肯定集群模块性就是解决这些问题的唯一办法。集群模块性允许多元化机制的平行操作，但它并非确立这一优势的唯一方式，因为平行主义至少有两种方式，它们可以互不排斥地加快进程速度：一是就认知结构层面而言，它能够使模块认知架构机制和给定的非模块认知架构机制同时进行；二是就执行层面而言，它也可能（并肯定）具备平行主义，因此在大脑的循环通路中，单个非模块认知机制可以（同模块认知机制）平行执行。

5. 计算易处理性

在通常情况下，集群模块性论证的基底是：选择是计算难以处理的。简言之，论证如下：人类的认知进程是通过计算机制实现的。

但在这种情况下，我们的认知机制就需要计算易处理了，它会反过来要求认知机制信息具有封闭性——它们获得信息的方式，这比将心智作为一个整体从而获得信息要容易一些。因此，心智是由信息封闭的认知机制组成的。

回应：如果有人不愿意接受认知处理的计算解释，那么它可能就不是一个人们需要严肃对待的论证。但即使有人赞同心智的计算解释，这一论证依旧不起作用。这里有一个很长的论述能够证明这个论证的错误性（参考 Samuels，2005）。它的简版是：在一些标准意义表述中，计算易处理不需要信息封闭，并且如果要求其他种类的“封闭”就等于重贴标签。正如普通架构所示，仅在由于结构限制而存在着一些难以接近的、被明确分类的信息状态下，机制才是封闭的（例如，封闭机制的范式案例——低阶认知机制——在计算过程中不能干预行动者的信念或欲望）。这样的结构限制可能是一种易处理的方法，但很明显它不是唯一的方法。更确切地说，它需要的是机制在使用信息时要简易：这不涉及详尽搜索，只是使用有限数量的可获得信息。而且它可能有很多实现方式，最主要的方式有：我们所熟悉的计算机科学和人工智能这类启示法和近似技术（heuristic and approximation techniques）方法。

因此，易处理的论证讲不通：它需要的是简易性而非封闭性。尽管卡鲁瑟斯以封闭的两个区别性概念来回应这一点：标准的概念，他称作“窄范围封闭”；另一类概念是“宽范围封闭”，指的是“模块操作不受心智绝大部分信息的影响，在那里对于可影响系统的信息和不可影响系统的信息没有明确的分类”（Carruthers，第一章，第16页）。但这确实不算封闭性的一个有趣概念，因为它不仅不同于绝大多数理论家所说的“封闭性”，而且它仅是基于否认“详尽搜索”而得的。然而几乎没有人认为详尽搜索是人类认知的一个特征，所以这种“封闭性”既无特色也无趣味。

四、集群模块性的经验案例

目前，笔者关注的是集群模块性的理论论证，并找到了一些相关的论证。但经验证据的情况又如何呢？根据获得的实验数据，很多人认为集群模块性是合理的（Sperber，1996；Pinker，1997，2005），但笔者不确信。因为尽管有很多低阶模块机制证据显示好似如此，但回到第五部分，中央模块性的实验案例就没有说服力了（Samuels，1998；Fodor，2000）。然而在某种程度上，笔者的质疑是因为这些数据的解释在很大程度上也要靠先前接受的集群模块性普遍理论的论证来推动，然而诚如我们所见，并没有什么理由能够证明这些论证的正确性[10]。

在某些案例中尽管我们还缺乏令人信服的数据，但是普遍理论所表现出的可靠性也是很差的［笔者目前最喜欢的例子是巴斯和他的合作者们提出的“杀人模块（homicide module）”假说；参考 Buss and Duntley，2005］。但是即使在考虑因素影响并不明显的案例中，中央模块性的数据还是不具有说服力。问题通常在于，特定模块的假定证据在不特定的过程中可以得到更好的解释。这点可通过假设推理模块的旗舰案例——专用社会契约推理机制——去解释（Comsides and Tooby，1992；Gigerenzer and Hug，1992）。这一假设的倡导者，有时会将它看作是模块学家对“人类推理”方式的一种抨击，他们将“人类推理”看作是通用目的过程的“教条‘堡垒’”（Cosmides and Tooby，1992）。但是这一假设获得了沃森选择任务（Wason's Selection Task）① 实验的支持，它能够合理地解释语言理解的一般特征，但是它完全不支持专用社会契约推理机制（dedicated social contract reasoning mechanism）（Sperber et al.，1995；Fodor，2000；Sperber and Girotto，2003）。

中央模块性的另一个问题可以通过经验案例来加以阐明，通过这些数据，我们可以对一个给定领域中的特定认知结构进行剖析，但是我们无法借由它来评判专有机制和特定知识体是否存在，比如，判定一种心智表征理论的存在。相对而

① 沃森选择任务最早由P·沃森于1966年提出，现已成为心理学中研究推理能力问题最经典的案例之一，它的结果使人们开始质疑自身的推理能力：我们是按逻辑规则还是按其他规则进行推理的呢？（详见本书第七章）——译者注

言，前者是模块性观点，后者与中央处理过程中的非模块解释完全一致（Newell，1990；Gopnik and Meltzoff，1997；Fodor，2000）。这一点可以从民俗生物学的相关争论中得到证明。很多人已经提出了存在民俗生物学的特定认知结构。但是一些人坚持认为它是由专用模块实现的（Pinker，1994；Atran，1998，2001），另一些人则认为，我们只拥有信息体——一个理论——它是由相关非特定推理机制发展而成的（Carey，1995）。问题是，民俗生物学中的主要可获得证据，例如，普遍跨文化证据、早熟发展证据、快速文化传递的人类学证据等，都没有能够帮助我们在上述两个选项中作出选择。他们认为，民俗生物学涉及一些专用的且可能是先天的一些认知结构。但是一旦集群模块性的普通论证被拒斥，我们也就没有什么原因能够解释民俗生物学的模块描述了。

最后，甚至以前很有说服力的不可识别模块证据也不能清楚地说明它是中央模块性的了，例如，可以参考由加里斯特等人提出的“几何模块假设”（Gallistel，1990；Hermer-Vazquez et al.，1999）。尽管它很有争议，但它是支持这一机制非常有说服力的论据。但是它并不支持中央处理模块的观点，因为从最合理的意义上来讲，几何模块是被看作视觉或视动系统控制的一部分（Pylyshyn，1999）。或许令人吃惊的是，相似的一点如果被运用到了中央模块最强备选项——由阿兰·莱斯利和他的合作者们假设的心智模块性理论（指向集群模块性）（Leslie et al.，2004）——中去时，心智模块性理论假说也并不是没有问题的（参阅Nicholls and Stich，2002）。但即使我们把这些放在一边，心智模块性（指向集群模块性）的存在对支持中央模块性案例也不起什么作用，因为在最近提出的貌似合理的典型案例中，心智模块性（指向集群模块性）被当作是选择注意的相对低层次机制，而它为了执行特有功能非常依赖非模块执行系统，在非模块执行系统中最有名的则是“选择处理器”（Leslie et al.，2004）。尽管被视作中央模块性的强有力备选论证，它却明显不能成为中枢系统的案例，因为它也预先假设了非模块系统的存在。

五、质疑集群模块性的理由

因此，如果集群模块性是真的，那么中央模块性的实验证据就会比我们错觉中的要无力一些。我们都很熟悉人类的思维特点，综合这些也可以看出其中隐含着范式非模块中枢系统的存在。尤其是：

概念整合：我们可以自由组合不同主题或物质领域的概念（Carruthers，2003）。因此，我们不但可以想到颜色、数字、形状、事物等，笔者还可以想到和这些事物相关的东西，例如，笔者的午餐准备了两块圆的红牛排。

思维能力的普遍性：我们不仅可以自由组合概念，也可以在理论和实际思考中运用结果去评价它们的真值和合理性，也可以评价它对我们计划和项目的影响。

推理整体论：在给定周围条件——尤其是背景信念——的情况下，你参与的理论或实践任务的相关表征就可能发生巨大的改变[11]。确实，当给定恰当的背景假设时，你所参与任务中的几乎所有信念都可能变得与此任务相关（Copeland，1993）。

任务范围：我们能够执行实践和理论属性上极其广阔甚至无限范围内的认知任务（Newell，1990）。

任务之间的关联：大量经验证据显示，执行情况会随着许多中枢认知任务的变化而变化。因此，心智测量研究表明，任何单一任务的执行情况（如算法）相对于其他广泛意义上的认知任务的执行情况（如空间推理、演绎推理、拼写、阅读等）而言，都是一种可信赖的预示（Anderson，1992）。

普遍心智延迟的存在：有可能存在很多器官的机能失调，最有名的是唐氏综合征（Down's syndrome），它是在执行密切相关的智力任务中因联合缺陷而产生的（Anderson，1998）。

单个来看，这些现象中任何一个都不能证明非模块中枢系统的存在，也不能联合起来排除中央模块系统的存在。也就是说，上述内容同笔者所称的弱中央模块性非常一致。但是，从整体来看，它们的确暗示了区域普遍和非封闭的思维非模块机制的存在，因此强中央模块是错误的。因为这类机制假设在某种程度上的确解释了上述事实。

相比而言，如果我们反对所有的非模块机制，这些现象的前景就不容乐观了。而且就目前来看，我们所做的努力并不尽如人意。一些强模块结构，比如，收录在Brook动画里的模块结构，这种主张是精确的、特定计算的，但却不足以解释上述种种现象（Kirsh，1991；Bryson，2000）。相比之下，其他模块的提议太过模糊，几乎都缺乏内涵，例如，集群模块性的倡导者普遍认为，上述种种现象可通过“心智包含大量模块”观点去解释“子系统网络相互交叉，但却不混乱”（Pinker，2005；也可参考Pinker，1994；Buss，2000），但这并不能成为这个问题与集群模块性妥协的原因。它的最大挑战就是，如何概述正确种类的多元化和机制间的相互交叉，这一问题合理解决了，我们就可以对上述现象有一个交代了。而且，那些空洞的或有明显不足之处的提议在某种程度上也包含了上述各种现象，它们也是具有非模块机制的，比如，卡鲁瑟斯就概述了包含以上各类现象的实践和理论推理机制的集群模块性各个要点（Carruthers，2003，2004）。但是这一提议未能获得通过，因为它包含了很多机制——确切地说，它是包含了“关联模块”（relevance module）和实践理性系统——除了卡鲁瑟斯的反对观点外，其他域普遍机制都是未封闭的[12]。然而，上述不支持非模块机制的现象的前景似乎也不容乐观；而且，考虑到缺少集群模块性论证或证据，笔者更加坚定：在任何情况下，所有的努力都是徒劳的。

六、模块性的目的何在?

本章的主要问题是论证不太有说服力的、有趣的、不同说法的集群模块性案例，因为没有什么理由可以假设中央处理过程是模块的。在这一部分，笔者总结了一些更加激进的评论观点：很少或没有认知在本质上是模块的，包括低层次感知的周边系统也是非模块的。在笔者看来，这一观点偏离了主题，因为假定大范围的非中央模块是很有说服力的经验性论证，然而对模块性非关联的总结论让笔者很吃惊：从好的方面来看，可以说它不成熟；从坏的方面来看，这是对我们认知心智理解的一种严重曲解。

1. 模块性的证据

在几乎所有的科学假设中，边缘模块性的经验案例虽然不是很有说服力，但却足以排除其他案例。但如何来证明这些相互矛盾的假设的合理性呢？总的来说，笔者更倾向于证明——比如，来自神经解剖学、心理物理学、计算模型学、发展心理学等学科的证据——其中很多都对非中央认知过程模块性的存在予以支持。

看似最合理的案例是低阶（或“早期”）视觉过程，例如，那些涉及颜色感知、形状移动、深度差异的过程。我们发现，在这些案例中存在着一种强烈暗示：信念是孤立于机制的（Fodor，1983；Pylyshyn，1999）。而且同中央过程相比，对于这些过程我们拥有相当详尽和合理的感知过程计算模型：涉及特定种类输入的特定种类计算和利用非常有限种类信息的模型（Palmer，1999），例如，计算差异的深度和计算光的亮度就完全不同，并且一类的相关信息和另一类也完全无关。最后，再和中央过程作比较，可以发现这一过程有大量的神经基础，这样我们就会认为模块图景是合理的了（Zeki and Bartels，1998）。

模块性对低阶感知机制来说是合理的，尽管前述的案例可能不太具有说服力，但依旧存在有说服力的案例，其中包括人脸识别（McKone and Kanwisher，2005）、特定地方视觉处理（Epstein et al.，1999）、近似值算法（Butterworth，1999；Feigenson et al.，2004）和语法特定处理（Van der Lely et al.，2004）。在每一个案例中，我们都会发现有一种结论模式强烈地暗示了模块性的存在：分离证据，处理异质类型或显著表征形式的证据，以及 ERP 与暗示着显著神经反应存在的表象研究。笔者将这些都假设为是模块性的有力证据，虽然不能说毫无疑义，但一定是很有说服力的。

为什么我们要花如此多的精力去反对进程模块性呢？这是因为关于这一问题虽然有大量的经验文献，但是它无法解决我们这里所提到的问题。幸运的是，普林茨（第二章）提供了反对边缘模块性的极好（且简洁的）案例：它不仅聚集了很多我们熟悉的论证，同时还提出了许多其他评论文章中存在的问题。下面，笔者将着重谈论普林茨的论证，尽管笔者的很多评论所涉及的范围更广。

2. 反对域特异性的论证

据普林茨所言："所谓的模块可能包含域特异性成分"，例如，专用规则和表征，但它们"不全都是专有的"。普林茨从两方面对这一结论进行了论证：第一，他区分了"特异性"和"区域"的不同含义，并且指出，一个机制是一种有趣的域特异性，它应该专门处理相关主题的问题。第二，普林茨讨论了所谓的模块案例：视觉、语言、数学、民俗物理学等，它们在这些意义上都是域特异性。这些论证并没有说服笔者。

（1）域特异性的描述。对于有趣的域特异性机制来说，笔者认为没有理由假定它的区域必须是广泛的，例如，像语言、视觉或心智理论一样广泛。首先，这种假设和认知科学中如何使用域特异性的概念不相一致。著名的模块性倡导者，如福多和斯波伯，明确否认区域必须是广泛的（Fodor，1983；Sperber，1994）。其次，域特异性机制最翔实的研究案例也并非就能够涵盖所有的情况，如深度差异。

再次，和普林茨的意见相左，高密度域观点对域特异性持赞成态度。比如，没有什么东西是无用的，我们拥有的机制可以专用于边缘检测、图像几何或近似值算法。当然，如果有人坚持认为任何主体事件中的实体都应当被看作是一种真实的域特异性机制，那么这种重要性就会受到质疑。比如，探讨伦敦星期二的骆驼问题，或者计划 2005 年的无面食野餐等事件的关键渠道就是这种机制。但是，不论它是琐碎的域特异性概念还是实质性的域特异性概念，其都不成为一个问题。然而，它所引发的问题是：某些学者要对认知机制个性化采取一种愚蠢的态度。比如，我们用一个不同的机制去谈论伦敦星期二的骆驼问题，并不是说我们对这个问题的限定太过繁复，而是就根本没有这样的机制。可以肯定地说，真正的问题是：辨别认知机制的标准应该是什么。但目前要讨论的是，如果有人要划分区域，那么这种愚蠢的想法将会继续下去。笔者的建议是：我们不要那样去做。

（2）反对域特异性的证据。即使撇开以上的观点，普林茨的论证也还是讲不通，因为他引用的主要证据与认知机制域特异性无关。普林茨反对很多域特异性认定的案例，理由是它们涉及这样的观念：一种类型的任务的过程和其他种类的过程共享认知/神经资源，例如，语言处理与非语言模式认知共享资源；读心与语言处理共享资源，并且也使用工作记忆；算法与语言和空间处理共享资源等。基于这样的考虑，普林茨总结出：模块学家假定的那类域特异性机制是不可能存在的。

我们如何理解这一论证呢？逻辑上相当难懂，尤其是如何从资源共享的观点得到域特异性机制缺失的结论，这一点非常模糊。也就是说，一般认为域特异性机制专用处理给定区域的信息，不可能有依赖很多不同区域资源过程的域特异性策略。然而经过考虑后，这一论证在域特异性专用的两个不同意义上会有所区别：

- 机制仅仅处理给定区域 *D* 的信息；
- 机制仅仅处理区域 *D* 的信息，并且是唯一处理区域 *D* 信息的机制。

前者是域特异性模块倡导者认可的，因为有证据反对域特异性，所以不能把资源共享算入其内。从这种意义上讲，专用机制与我们所熟悉的、被很多模块学家所赞同的这一观点完全一致：认知过程取决于域特异性和区域普遍机制，例如，莱斯利和他的合作者们认为读心取决于心智模块域特异性理论和区域普遍执行系统（Leslie，2003）。相比之下，专门提出的第二个观念确实认可从资源共享到一种域特异性失败的推理，因此可以明确排除这样的案例。但是普林茨的问题在于，域特异性机制的倡导者不支持这一专门提出的机制。

3. 反对信息封闭的证据

现在我们来探讨一下反对封闭机制的案例。普林茨的策略是想削弱普遍认可的、最合理的封闭案例：模块学家宣称，感知错觉是借由低阶感知机制操作而获得的。但是同福多、派利夏恩和其他学者一样，普林茨也坚持认为，错觉不是封闭性的有力证据，因为存在着一种可与其竞争的假设，他称其为“王牌假说”（trumping hypothesis）。这一假设解释了错觉的存在，并且包含了对感知产生影响的所有证据。当然笔者还是不确信。

首先，“王牌假说”这一名称很难理解。这一难懂的观点其实也很简单：当信念与感知二者存在分歧时，信念超过感知；当二者没有分歧时，信念影响感知。但这到底是如何发生的呢？最自然的解释是我们需要信念（例如，在缪勒·莱尔错觉中的线是等长的）和某一感知过程（错误地认为线长度不等）表征之间的连续检测。如果“王牌假说”是正确的，那么这样的感知过程就会预先假设存在封闭的感知机制。毕竟，只有在检测过程中与信念产生分歧的感知表征，即感知机制输出，才能完全产生连续检测。因为根据王牌假说，当二者没有分歧时，信念仅影响感知过程，而不可能在这一感知机制产生输出的过程中影响信念。

在任何案例中，普林茨引用的数据都没能够反对封闭低阶感知机制。长久以来，普林茨都认为，感知的影响是自上而下的，这与封闭性是不兼容的。但是这一论证依赖于“真正的封闭系统不受任何外界影响”这样的假设，然而这是错误的。相反，封闭性的倡导者同意反方存在感知综合影响这样的观点，而争论的焦点在于这一影响的特性和程度。准确地说，早期封闭感知倡导者最主要的是要驳斥：与布鲁纳心理学视角相关的一种观点，即早期感知机制在处理过程中几乎可以无限制地影响人的信念和欲望（Fodor，1983：60；Pylyshyn，1999）。这种反对观点同感知的外部认知影响观点完全一致，它包括：

- 由暗示、指引或目标喜好引发的关注点转移；
- 感知模块性内部的自上而下处理；
- 感知系统之间的沟通交流；
- 一个人的信念和目标的历时性和发展性会影响感知系统的发展，如可以通过训练加以影响；
- 信念和欲望影响后期的感知过程，如感知分类[13]。

就笔者目前所知，普林茨引用的所有对封闭性的推理驳斥不外乎这几种范畴。比如，口头暗示和建立在模糊经验数据上的决策的影响导致了焦点注意中心转移的产生，它们是看似合理的（Peterson and Gibson，1991；Pylyshyn，1999）。同样，期望似乎理所当然地被认为会对后期感知过程产生影响，例如，产生错觉经历。这样的例子不胜枚举，因此没有什么理由可以否认早期感知模块性。

七、结　论

我们以集群模块性倡导者试图维护的观点为引导，然后发现，这一观点并没有比其他观点更有竞争力。比如，认知在很大程度上取决于非模块机制并可干预特定信息体等论证。接下来，因为支持模块中枢系统存在的证据不足，所以集群模块性现存的实验案例不具有充足。而且我们有理由反对所有中枢系统都是域特异性或封闭的强集群模块性观点。最后，由于支持集群模块性的论证和证据不足，一些人便导向了它的反面：彻底认为心智在任何有意义程度上都不是模块的。这一观点我们也不赞成，因为存在充足的理由可以假设心智确实存在许多边缘区域模块，尤其是低阶感知，它在本质上是模块的。这让我们想到了什么呢？如果我们对这些证据的评价是正确的，那么最合理的方法就是站在如卡鲁瑟斯那样完全赞同集群模块性的人们和如普林茨那样完全反对模块性的人们的中间。换句话说，现在的情形和福多20年前的提议并无多大变化（Fodor，1983）。

致　谢

笔者衷心感谢 Guy Longworth、David Papineau、Gabe Segal、Rob Stainton 和 Mark Textor 对本章前期草稿的评论，也十分感谢 Brian Scholl 对第五部分的建设性意见。

注　释

[1] 这里有一个和模块性相似的概念，它被称为乔姆斯基模块（Chomskian

modules)，这个模块体现的不是机制而是心智表征系统——心智能够表现类似语法和理论化的知识或信息（Segal，1996；Samuels，2000；Fodor，2000）。从规范意义上来说，如果这些结构在表征上有真假的话，那么它们就可以进行真值评估。而且，它们经常被假定为先天的和/或易受信息限制的（如意识的难以接近性）。尽管乔姆斯基模块是一类重要的认知结构，但它们并不是集群模块性学者所倡导的那一类。这是因为集群模块性所倡导的假设认为模块是认知机制中的一种。之所以这样说，有两方面的原因：第一，基于“模块是什么”的翔实评论来看，它是合理的。例如，斯波伯认为模块有“自发心智机制”的特征（Sperber，2002；Sperber and Hirschfeld，2004），而考斯麦茨和图比认为它们有“功能专用计算机”的特征。所有这些都表明模块观念是认知机制的。而且，如果用建构乔姆斯基模块那种方式来建构模块的话，我们就很难弄清楚集群模块性的姿态及其对其他观点的态度了，例如，集群模块性通常（和正确）地对中央认知是依赖于通用计算机活动的观点持反对态度（Cosmides and Tooby，1992；Carruthers，第一章）。但如果模块被构建成心智表征系统，那么我们就不清楚为什么会有对立面的存在了。毕竟，中央认知依赖于机制所采用的信息体。也就是说，一台单独全功能的图灵机和很多乔姆斯基模块可以完全共存。尽管如此，这肯定不是集群模块性试图维护的那一类观点。的确，卡鲁瑟斯在第一部分中对“信息模块性”和他所试图维护的“计算模块性”的比较谈得较多。

[2] 以下的讨论肯定不是完全详尽的。有关模块性不同概念的讨论可参考Segal（1996）和Samuels（2000）。

[3] 这一列表有时被看作是由模块概念建构的（Karmiloff-Smith，1992）。福多虽不赞同这种观点，但在某种程度上却承认模块性和认知机制是模块性的，这很有趣。这些机制拥有这张列表上所有的或绝大部分的特征（Fodor，1983：37；Coltheart，1999）。

[4] 顺便提一下，福多甚至在他最近对集群模块性的讨论中也没有采用这种观点（Fodor，2000，2005）。

[5] 宣称认知机制的一种特性是结构强制性的，这句话至少包含以下几种意义：第一，它们具有机制相对持久的特性；第二，它们不只是一种执行能力因素的产物，比如，注意力疲乏或注意力不集中；第三，它们被认为是认知费解的(cognitively impenetrable)（Pylyshyn，1984）。也就是说，它们不是会因为信念、目标和其他有机体表征状态的改变而改变的机制特性。

[6] 这是不言而喻的——不管我说了什么——我们都拥有这样一些机制：它们对于某些有趣的内容而言是域特异性的，同时对这种理念的认可度（admits of degree）和研究者对这个理念的使用也让人十分感兴趣。这一点同样适用于信息封闭概念。

[7]“大型”系统功能分解肯定会产生许多不同层次的集合体，这种普遍假

设或多或少地为大家所认可（Simon，1962），在后文笔者会回归到这一观点上。

[8] 类似的观点也适用于激进联结主义，它把心智描述为一个巨大的无明显特征的神经网络。这通常被认为是一种反集群模块性的观点（Pinker，1997）；它被认为是一种机制的巨型多元化。毕竟，神经网络中的每一个节点都是一个机制；在联结主义的每一类描述中都会有许多这样的节点。

[9] 对于集群模块性还有其他不太合理的论证，因为篇幅有限，笔者在这里就不一一列举了（对集群模块性其他观点的讨论参见 Tooby and Cosmides，1992；Sperber，1994；Samuels，2000）。

[10] 参见普林茨（第二章，心智真的是模块的吗?）对集群模块性实验案例的补充批评。

[11] 很多认知特性的表现也是如此，例如，简易性和保护主义。

[12] 它们指“宽范围封闭”。但正如已经强调的，这并非我们日常理解上的封闭。

[13] 确实，在封闭许可的范围内，输入系统在某种意义上是封闭的，但在实际操作过程中，它们仍是由信念、目标导向的。

参考文献和延伸阅读

Anderson，J. R.（1990）. *The Adaptive Character of Thought.* Hillsdale，NJ：Erlbaum.

Anderson，M.（1992）. *Intelligence and Development：A Cognitive Theory.* Oxford：Blackwell.

Anderson，M.（1998）. Mental retardation，general intelligence and modularity. *Learning and Individual Differences*，10/3，159-178.

Atran，S.（1998）. Folk biology and the anthropology of science：Cognitive universals and cultural particulars. *Behavioral and Brain Sciences*，21，547-609.

Atran，S.（2001）. The case for modularity：Sin or salvation? *Evolution and Cognition*，7，46-55.

Baron-Cohen，S.（1995）. *Mindblindness：An Essay on Autism and Theory of Mind.* Cambridge，MA：MIT Press.

Bryson，J. J.（2000）. Cross-paradigm analysis of autonomous agent architecture. *Journal of Experimental and Theoretical Artificial Intelligence*，12/2，165-90.

Buss，D.（2000）. *Evolutionary Psychology.* New York：Allyn and Bacon.

Buss，D. and Duntley，J.（2005）. On the plausibility of adaptations for homicide. In P. Carruthers，S. Laurence，and S. Stich（eds.），*The Innate Mind：Structure and Contents.* New York：Oxford University Press.

Butterworth，B.（1999）. *The Mathematical Brain.* London：Macmillan.

Carey，S.（1995）. On the origins of causal understanding. In S. Sperber，D. Premack，and A. Premack（eds.），*Causal Cognition.* Oxford：Clarendon Press.

Carruthers，P.（2003）. On Fodor's problem. *Mind and Language*，18，502-523.

Carruthers，P.（2004）. Practical reasoning in a modular mind. *Mind and Language*，19，259-278.

Carston, R. (1996). The architecture of the mind: modularity and modularization. In D. Green (ed.), *Cognitive Science*. Oxford: Blackwell.

Chomsky, N. (1980). *Rules and Representations*. New York: Columbia University Press.

Coltheart, M. (1999). Modularity and cognition. *Trends in Cognitive Sciences*, 3/3, 115-120.

Copeland, J. (1993). *Artificial Intelligence: A Philosophical Introduction*. Oxford: Blackwell.

Cosmides, L. (1989). The logic of social exchange: Has natural selection shaped how humans reason? Studies with Wason Selection Task. *Cognition*, 31, 187-276.

Cosmides, L. and Tooby, J. (1992). Cognitive adaptations for social exchange. In J. Barkow, L. Cosmides, and J. Tooby (eds.), *The Adapted Mind*. New York: Oxford University Press.

Cosmides, L. and Tooby, J. (1994). Origins of domain specificity: the evolution of functional organization. In L. Hirschfeld and S. Gelman (eds.), *Mapping the Mind*. Cambridge: Cambridge University Press.

Epstein, R., Harris, A., Stanley, D., and Kanwisher, N. (1999). The parahippocampal place area: recognition, navigation, or encoding? *Neuron*, 23, 115-125.

Feigenson, L., Dehaene, S., and Spelke, E. (2004). Core systems of number. *Trends in Cognitive Sciences*, 8/7, 307-314.

Fodor, J. (1983). *The Modularity of Mind*. Cambridge, MA: MIT Press.

Fodor, J. (2000). *The Mind doesn't Work that Way*. Cambridge, MA: MIT Press.

Fodor, J. (2005). Reply to Steven Pinker: "So how does the mind work?" *Mind and Language*, 20/1, 25-32.

Gallistel, R. (1990). *The Organization of Learning*. Cambridge, MA: MIT Press.

Gallistel, R. (2000). The replacement of general-purpose learning models with adaptively specialized learning modules. In M. Gazzaniga (ed.), *The New Cognitive Neurosciences* (2nd edn.). Cambridge, MA: MIT Press.

Garfield, J. (ed.) (1987). *Modularity in Knowledge Representation and Natural-Language Understanding*. Cambridge, MA: MIT Press.

Gigerenzer, G. (1994). Why the distinction between single-event probabilities and frequencies is important for psychology (and vice versa). In G. Wright and P. Ayton (eds.), *Subjective Probability*. New York: Wiley.

Gigerenzer, G. and Hug, K. (1992). Reasoning about social contracts: cheating and perspective change. *Cognition*, 43, 127-171.

Gopnik, A. and Meltzoff, A. (1997). *Words, Thoughts and Theories*. Cambridge, MA: MIT Press.

Hermer-Vazquez, L., Spelke, E., and Katsnelson, A. (1999). Sources of flexibility in human cognition: Dual-task studies of space and language. *Cognitive Psychology*, 39, 3-36.

Jackendoff, R. (1992). Is there a faculty of social cognition? In R. Jackendoff, *Languages of the Mind*. Cambridge, MA: MIT Press.

Karmiloff-Smith, A. (1992). *Beyond Modularity*. Cambridge, MA: MIT Press.

Kirsh, D. (1991). Today the earwig, tomorrow man. *Artificial Intelligence*, 47, 161-184.

Leslie, A. M., Friedman, O., and German, T. P. (2004). Core mechanisms in "theory of mind."

Trends in Cognitive Sciences, 8, 528-533.

McKone, E. and Kanwisher, N. (2005). Does the human brain process objects of expertise like faces? A review of the evidence. In S. Dehaene, J. R. Duhamel, M. Hauser, and G. Rizzolatti (eds.), *From Monkey Brain to Human Brain.* Cambridge, MA: MIT Press.

Newell, A. (1990). *Unified Theories of Cognition.* Cambridge, MA: Harvard University Press.

Nicholls, S. and Stich, S. (2002). *Mindreading.* New York: Oxford University Press.

Palmer, S. (1999). *Vision Science: Photons to Phenomenology.* Cambridge, MA: MIT Press.

Peterson, M. A. and Gibson, B. S. (1991). Directing spatial attention within an object: Altering the functional equivalence of shape descriptions. *Journal of Experimental Psychology: Human Perception and Performance*, 17, 170-182.

Pinker, S. (1994). *The Language Instinct.* New York: William Morrow.

Pinker, S. (1997). *How the Mind Works.* New York: Norton.

Pinker, S. (2005). So how does the mind work? *Mind and Language*, 20/1, 1-24.

Pylyshyn, Z. (1984). *Computation and Cognition.* Cambridge, MA: MIT Press.

Pylyshyn, Z. (1999). Is vision continuous with cognition? The case for cognitive impenetrability of visual perception. *Behavioral and Brain Sciences*, 22, 341-423.

Samuels, R. (1998). Evolutionary psychology and the massive modularity hypothesis. *British Journal for the Philosophy of Science*, 49, 575-602.

Samuels, R. (2000). Massively modular minds: Evolutionary psychology and cognitive architecture. In P. Carruthers and A. Chamberlain (eds.), *Evolution and the Human Mind: Modularity, Language and Meta-Cognition.* Cambridge: Cambridge University Press.

Samuels, R. (2005). The complexity of cognition: Tractability arguments for massive modularity. In P. Carruthers, S. Laurence, and S. Stich (eds.), *The Innate Mind: Structure and Contents.* New York: Oxford University Press.

Segal, G. (1996). The modularity of theory of mind. In P. Carruthers and P. Smith (eds.), *Theories of Theory of Mind.* Cambridge: Cambridge University Press.

Simon, H. (1962). The architecture of complexity. *Proceedings of the American Philosophical Society*, 106, 467-482.

Sperber, D. (1994). The modularity of thought and the epidemiology of representations. In L. Hirschfeld, and S. Gelman (eds.), *Mapping the Mind.* Cambridge: Cambridge University Press.

Sperber, D. (1996). *Explaining Culture: A Naturalistic Approach.* Oxford: Blackwell.

Sperber, D. (2002). In defense of massive modularity. In I. Dupoux (ed.), *Language, Brain and Cognitive Development.* Cambridge, MA: MIT Press.

Sperber, D. (2005). Massive modularity and the first principle of relevance. In P. Carruthers, S. Laurence, and S. Stich (eds.), *The Innate Mind: Structure and Contents.* Oxford: Oxford University Press.

Sperber, D. and Girotto, V. (2003). Does the selection task detect cheater detection? In K. Sterelny and J. Fitness (eds.), *From Mating to Mentality: Evaluating Evolutionary Psychology.* New York: Psychology Press.

Sperber, D. and Hirschfeld, L. (2004) . The cognitive foundations of cultural stability and diversity. *Trends in Cognitive Science*, 8/1, 40-46.

Sperber, D. , Cara, F. , and Girotto, V. (1995) . Relevance theory explains the selection task. *Cognition*, 52, 3-39.

Tooby, J. and Cosmides, L. (1992) . The psychological foundations of culture. In J. Barkow, L. Cosmides, and J. Tooby (eds.), *The Adapted Mind*. New York: Oxford University Press.

Van der Lely, H. K. J. , Rosen, S. , and Adlard, A. (2004) . Grammatical language impairment and the specificity of cognitive domains: Relations between auditory and language abilities. *Cognition*, 94, 167-183.

Varley, R. (2002) . Science without grammar: Scientific reasoning in severe agrammatic aphasia. In P. Carruthers, S. Stich, and M. Siegal (eds.), *The Cognitive Basis of Science*. Cambridge: Cambridge University Press.

Varley, R. A. , Siegal, M. , and Want, S. (2001) . Severe impairment in grammar does not preclude theory of mind. *Neurocase*, 7, 489-493.

Zeki, S. and Bartels, A. (1998) . The autonomy of the visual systems and the modularity of conscious vision, *Philosophical Transactions of the Royal Society London*, 353, 1911-1914.

第二部分
有多少语言知识是天赋的？

第四章　非理性先天论的萌发

巴巴拉·C. 肖尔茨（Barbara C. Scholz），
杰弗里·K. 普勒姆（Geoffrey K. Pullum）

人们对语言习得是否独立于感官经验这个观点长久以来的争论，如今已经演化为一些毫无根据的宣言、夸大的言论和对其反面观点的荒唐戏谑。[1]在本文中，笔者试图对这一观点的盲目辩论和科学研究进行区分。试想，如果在探讨句法习得的激烈论战中的任何一方都和对手一样愚蠢，那么这种形式的自由辩论也就不足以引起我们的注意了。但是，在笔者看来，有关句法习得的争论其实包含着两种重要的互补性研究纲领。

对于坚决赞同语言先天论的人的言论，笔者是持怀疑态度的，也许笔者的这种态度会引起某些“经验论”[2]拥护者的误解。但对经验的过分夸大并非笔者的风格，相反，抑制非理性先天论的过度萌发才是我们的首要任务。在笔者看来，现在就庆祝先天论的胜利还为时尚早（正如劳伦斯和马戈利斯 2001 年一直在做的事）。[3]之所以这样说，是出于以下两个方面的原因：第一，那些偏执的争论有着太多的错误描述，以至于最终双方都不能达成一致。究其原因，主要是因为有些学者坚持要将非先天论和弱化的经验论合并，还有就是根植于“天赋”这个多义词的一些猜想（见第二部分）。第二，关于语言先天论的研究也需要一些理论基础，准确地来说，是要探究非先天论的研究是怎样立足和发展的（见第三部分）。

虽然我们在整篇文章里都用“语言先天论”（linguistic nativism）这个词语来揭示句法习得的现阶段状态，但读者可能会注意到我们很少会使用“天赋的”（innate）这个词语。这是因为笔者想要强调的是“天赋的”这个词，并不会对我们的认识有所启发，这种认识是指：句法习得究竟在多大程度上是独立于感官的，而又在多大程度上是依赖于人类认知功能的。传统的“经验论”认为，语言的句法结构（和其他结构一样）是通过感觉器官的输入习得的。

这一观点是不正确的，具体表现在两个方面：首先，我们学到的语言句法知识并不是当时习得的，而是先前就已经获得的；其次，我们通常不会将输入感官的内容称为“学习”。当我们要探讨“触发式”产物是否具有天赋性时，下面的区分将起到重要作用。

语言先天论者将那些决定语言习得的限定因素假设为“语言知识”或“普遍语法”（universal grammar，UG）。我们可以作这样的设想，先天论者十分重视下面两个观点的关联性：①语言的习得过程不是要受普遍语法规则的限制，就是要受语言-特定性（language-specialized）认知机制的限制；②这里只存在非习得者或习得者，不存在学习者。相反，非先天论者否定①和②之间的关联性。

值得注意的是，非先天论者对非习得性语言认知机制能够限制语言习得的否定，并不意味着他们也否定非习得性非认知机制（如人的感觉）对语言习得的限制。当然，我们并不否认非先天论观点与一般性的、在一定时间内能够获得语言作用的认知机制也是可以相容的。当代语言先天论者及其反对者之间关于句法习得的争论主要在于：什么因素限制或促进语言的习得，而不是语言习得是否被限制或促进。毫无疑问，语言习得一定会受到某些资源匮乏的束缚和感官渠道有限的限制。

一、当代非先天论和历史经验论

经典经验论的理念是，“智力中的所有信息都是通过以往的感知而获得的”［阿奎那，《神学大全》（*Summa Theologica*），Ia］。先天论常常被认为是对经验论的否定。该理论认为，在智力中至少有一样事物是不能通过感官获得的。但是，在当代先天论观念中，这个看法显得很无力。如果语言先天论仅被看作是对孤立的、不可习得或学习的自足性语言规则有效，而其他信息都是通过学习而获得的话[4]，那么该理论即使最终占了上风也将是一个得不偿失的胜利。而且也会使人们产生这样的质疑：既然那些规则先天存在于我们的大脑中，那为什么先天论语言学家还要试图为我们呈现大量的规则，而且还一再强调它们的必要性呢？[5] 基于本章的意图，我们把语言的先天性理解为下面（1）的观点：

（1）人类的绝大部分自然语言都是通过非习得的（或习得但非学习得到的）语言知识或专属的语言认知机能而获得的。

这是一种心理学角度的概括，是通过非习得的（或习得而非学习得到的）语言知识或专属的语言认知机能对语言先天定性的一种总结。[6] 我们研究语言先天性的主要目的是为了表明：观点是通过观点学习的，机能是通过机能学习的，仅有小部分的句法结构知识是通过感觉刺激得到的。因此，即便我们发现了一种（或多种）语言认知机能，也无法解决先天论者和非先天论者之间的争论。甚至即使是发现了先天性非习得语言规则以后，先天论研究和非先天论研究这两条路径也将会继续背道而驰。

我们把语言的非先天性理解为下面（2）的观点：

（2）人类几乎没有什么自然语言是通过非习得（或习得而不是学习得到的）语言知识或专属语言认知机能而获得的。

这同样是关于特定语言是如何获得的一个心理学方面的总结，但与观点

(1) 相反，观点 (2) 的倡导者在对语言习得进行研究时，得出了几个独特的见解，其中包括对随机的、建构论的和联结主义的学习理论研究。

语言先天性和非先天性中有哪些问题确实亟待解决，这主要取决于有多少内容可以被鉴别为是“天赋的”(具体内容见第二部分)，而又有多少特定的语言习得问题是通过非习得语言特定性机制解决的 (这个问题将在第三部分解决)。但是有一件事很清楚：当代非先天论并不会被某些含义模糊的教条所束缚，这些教条被 17 世纪的洛克和 20 世纪的斯金纳所推崇。所以某些非先天论者开展的以拥护洛克和斯金纳为目的的关于语言习得的大量研究是完全没有必要的 (这一问题见 Trout, 1998)。不管是洛克的还原经验论还是斯金纳的行为论，都无法撼动语言先天论存在的可能性。对于非先天论者而言，非习得感觉机能 (比如特定的语言感觉机能) 和一般程序化机能同属于可以通过学习获得的机能。然而，简单地把所有的语言非先天论都看作是可还原经验论的一种形式，那就错了。

一些先天论者同样也犯这样的错误。福多 (Fodor, 1981) 就为我们提供了这样一个例子。在历史经验论者和当代非先天论者对词语的概念习得争论不休的情况下，福多这样写道：

> 经验论模型认为当我们进行概念习得时，有两种因果过程在其中起到了关键作用：当我们学习原始性概念时，是我们的显性因果过程在起作用，这种过程的传感也是通过当前概念而引发的；而帕克特认为当我们学习复杂的概念时，存在一种理性的因果加工过程，即当心理机制对当前概念获得了一种归纳逻辑认知时，有机体的经验就会立足于剖析它们的原因。(Fodor, 1981：273)

福多所说的“原始性概念” (primitive concepts) 与英国经验论中所说的简单的、不具有结构性的思想可以对应起来。虽然这些思想也是通过感觉到的经验激活和促进得到的，然而这种类型的习得不能被任何心理学角度下的学习理论所解释。福多同时也声称，关于概念习得的所有经验论理论都具有还原性，即所有已经学到的复杂概念都可以被还原为被触发式的原始性概念，对于那些复杂概念而言，“学习的过程涉及对一些信念 (复杂概念) 的归纳性固化，而且概念学习机制是通过不同的归纳性逻辑而实现的” (Fodor, 1981：267)。

鉴于可还原性的特征，福多努力详细地为我们阐述了先天论者和历史经验论者，以及当代非先天论者在观点上的不同 (Fodor, 1981：279-283)。这些不同派别能就“什么样的概念具有原始性”达成一致吗？难道先天论者否定“原始性概念包含源人类学的有趣装置吗？”难道当代的经验论者接受“原始性概念的实现不能借助概念的学习机制作用而获得吗？”并没有出乎大家的意料，他对两个派别不同点的鉴定并没有完成。关于通过语言习得而获得的信息的争论，被错误地发展成了关于非结构化概念和对可还原性经验论的错误争论。所有的这些讨论都是通过判断式经验论理论获得的，而不是在概念习得理论下进行的。

当代非先天论心理学并不需要具有原子性或可还原性。比如，博伊德和科恩布利斯（Boyd, 1981, 1991; Kornblith, 1993）基于意识的自然概念习得的不可还原性猜想正是我们理解科学现实论的关键。博伊德发现，某些（非官方的）洛克思想表明，自然状态下的语言是一些原始的、复杂的、结构单一的稳定结构体。比方说，基于感觉的概念就是一个复杂的、具有单一稳定性的集合概念。博伊德似乎对下面两种观点都持反对态度。一种是原始概念是非复杂性的；另一种是非复杂概念在认识论上是有趣的。我们不想现在就把讨论对象扩展到语言习得性上，但是我们发现克里斯蒂安森和柯廷（Christiansen and Curtin, 1999）试图把它们运用于单词的拆分上。

然而，福多至少在两件事上是正确的：首先，任何语言习得的研究过程必须接受这样一种观点，即某些习得机制不是后天能够获得的。各个派别如果要承认这一观点，就必须是以获得性习得机制的恶性退化为代价（见 Block, 1981: 280）。但是乔姆斯基还是最大限度地强调了这个观点的正确性：

> 我们说“语言不具有天赋性”，其实也就是在说“孙女”、“石头”和“兔子”之间不存在差异。换句话说，如果你将一块石头、一只兔子和你的孙女放在一个专说英语的社区里，你就认为他们都能够学习英语，如果你相信这些，那么你就是相信语言是不具有天赋性的。而如果你承认这三者在语言学习方面确实存在一些差异的话，那么你就是相信语言是天赋的。(Chomsky, 2000: 50)

进行非先天论研究纲领如果只为了推翻“人类具有和石头相同的语言习得机制”（没有人相信这个观点）观点的话，那么就会显得太琐碎了。而且如果所有证明先天论途径的最终目的，都是为了把语言习得机制描述为某种先天迟钝，那么先天论即使最终能够战胜非先天论，这种胜利也是肤浅的。

其次，福多的第二个正确的观点是：能够通过假设和测试就获得某些符号性表征或概念的生物体，一定先前就具有一些概念，并且能够用这些概念建构假设。但是，这个命题是一种特殊的先前学习理论，而不是当代非先天论研究纲领所观察到的、具有干扰性表征和随机性的学习理论。

同时，把非先天论理解为语言仅仅是一种依据刺激物就能随机学习到或习得的信息，似乎我们习得的仅仅是刺激物数据分布的精确复制体，那么这种观点也是错误的。语言的先天论者经常会犯这样的错误，例如，利兹等人（Lidz et al., 2003）曾写道：“如果有人认为学习过程是对输入频率的唯一反映，那么这样的观点是令人无奈的，因为儿童习得的第一个英语词汇不是 the。”正如埃尔曼在 2003 年注意到的那样，用随机学习理论我们会得出这样的假设：儿童的学习主要是在学习数据，也就是说，他们仅仅是在复制和记忆刺激物的频率类型。相反，随机学习理论并不仅仅是不同类型的频度列表，它是以语言学习在感觉经验和随机模式中的复杂的、高阶的属性为依据的。把儿童和成年人以感觉为基础的随机习得能力限定在频率的观测和列表方面，就会极大地降低习得能力的作用。在数据性语言习得的研究中，一个主导问题就是婴儿是如何获得不同的随机类型的（Saffran et al.，1996）。

先天论者有时也错误地认为，某些语言数据中主要单独分支的存在或缺席，是决定语言习得的唯一语言刺激物。因为随机学习理论中由某些稀有甚至缺失的字符串所产生的假设就会不存在，这样就会把这些相关数据的分布特征（在没有做深入观察的情况下）简单化（Lewis and Elman，2001；Elman，2003）。雷亚利和克里斯蒂安森（Reali and Christiansen，即将出版的著作中）又为下面的理论提供了证据：以数据为基础的语言习得模型刺激物的相关特征，主要是有关整体输入的随机特征，而不是那些特定信息链的存在或缺失的特征。在萨弗兰等（Saffran et al.，1996）、阿斯林等（Aslin et al.，1998）、戈麦斯（Gomez，2002）和萨弗兰及威尔森（Saffran and Wilson，2003）合著的文献中，也证明了儿童是有效的数据性学习者。

语言习得机制是否能够自由地接受或反对历史经验论的观点，是非先天论者研究的主要内容，因为当代语言学非先天论不是弱化经验论的一种形式，而只是对观点（1）的一种驳斥。

二、什么是天赋性

自然语言的一些特征是通过激发而获得的，这种假设是“准则和参数”（principles and parameters）理论[7]的一大特点。参数的目的是为了“减弱学习中遇到困难的难度”（Gibson and Wexler，1994：407）。参数化的通用规则被设想为，可以通过弱化那些必须靠感官经验来学习的、自然语言中的系统区域性[8]参数而获得。一种参数不会仅仅被局限在所有自然语言中的一个共有特征里，而是会针对相互独立的语言特征形成一个固定系统，并且任何一个自然语言都可以拥有这个系统。

参数自身无法被获得，我们能获得的仅是使参数起作用的特殊环境，它是在一个或一系列环境刺激物的刺激下而产生的。例如，“先”属于决定中心词（如动词词组中的动词）参数的可能环境系统，而“后”则属于另一种环境系统，排除了在任意语言中，中心词的一些其他可能位置，也就是说中心词要尽量位于短语的中间位置。在语言学文献思想体系中，争议最大的问题是：激发过程的产物（具有一定价值参数体系）是否能被看成是天赋性的。

争论的一方，塞缪尔斯（Samuels，2002）在继承福多观点的同时宣称，若要将认知结构理解为具有天赋性的，当且仅当是在该认知结构是一种心理原生体（psychological primitive）的情况下才成立。塞缪尔斯认为只有当一种结构“是通过一些科学的心理学理论而假设出来的”，而“它的习得过程不能用有关理论假设”时，这种结构才能被称为心理原生体（Samuels，2002：246）。这个原始化的过程是“一个简单随意的过程，这个过程不需要任何状态的思索加工”，比如，不是在信息的吸收和加工过程中进行思考的。塞缪尔斯认为激发过程是一个程式化的原始心理过程（Samnels，2002：247），因为他认为对激发过程的任何解释都属于生理范畴而非心理范畴。他同时认为激发过程中的产物也属于心理原生物。

而争论的另一方，亚瑞（Ariew，1996，1999，2003）在继沃丁顿（Waddington，1940）之后曾经质疑过，天赋性就代表了一种环境定型化（environmental canalization），这就隐含了一种观点——“发展过程不受周围环境条件的影响”。也就是说，具有先天性的系统都是固化发展而来的，并且很难改变。每个具有环境定型化的特征都会被“缓冲为不具有环境变异性”（Ariew，2003）。而刺激过程及其产物都对外界环境敏感或依赖于外界环境。因此，它们在亚瑞看来不具有先天性。然而，他也认为通过刺激过程而获得的特征属性也不是靠学习就能获得的。在刺激过程中获得的是一种独特（sui generis）的发展过程结果。这些过程受外界环境的影响，但它们既不是先天性的，也不是通过学习而获得的。

塞缪尔斯规定具有先天性的人类机能都是需要通过学习获得的。亚瑞用三分法代替了传统的二分法，即先天 vs 诱因 vs 学习。我们对这些争辩的关注点并不在于要支持哪一方的观点，而在于指出塞缪尔斯和亚瑞关于触发过程的观点或许有其可取之处，因为“先天性”和“诱因”在语言学中都是一词多义的。

对“触发”意义的模糊性使用早在30年前就被斯蒂奇（Stich，1975）发现了。他在论著中找到了至少两个借助“诱因”描述的，关于习得的至今还未有所发展的隐喻。第一个隐喻是基于苏格拉底《美诺篇》（*Meno*）中对奴隶小男孩的描述。斯蒂奇这样写道：

> 诱因或催化剂……将引发一个过程，这个过程会导致对某个真理的习得。但是催化剂不是化学反应的最终产物，所以这个过程（苏格拉底描述的奴隶小男孩）并不属于真理的内容……而真理的内容包含在小男孩中。（Stich，1975：14）

我们先前给出的一系列参数作用系统是包含在“奴隶小男孩”中的。包含在被诱发参数中的信息，不是通过对周围环境诱因所含信息的推理而得的，它本身就存在于小男孩的先前已有参数中。

在后面的讨论中，我们将使用即时习得（instantaneous acquisition）来描述福多所说的参数作用环境。在即时习得过程中，环境式诱因所包含的信息不会转化为该触发过程的生成物。例如，如果我们处在周围温度超过90°F的环境中，那么会诱发我们的中心参数产生出一种严格的动词在后的从句结构。

在第二个诱因隐喻中（Stich，1975：15），斯蒂奇认为参数不仅仅是被激发或激活的，而是与环境诱因相关的信息和激发过程产生的结果所包含的信息相关的（虽然后者不可以由前者推导出来）。正如吉布森和韦克斯勒（Gibson and Wexler，1994：408）所概括的，诱因是能够保证正确儿童经验形成环境的句子。的确，对于每个诱因的背景环境而言，都“存在这样一个句子，这个句子仅符合一种情况下的语法规则”。如果暴露在诱因下，“学习者会决定哪种句子语法规则的参数环境才是合适的参数环境”。吉布森和韦克斯勒传承并发展了这种观点［见他们合著的《触发性学习运算系统》（*Triggering Learning Algorithm*），1994：409－410］：如果用当代受理语法（entertained grammar）去分析，当诱因不符合语法时，学习过程的计算程序就会调整参数条件，直到诱因被成功地解析（如果不成功，继续进行调整）。

此后，我们将使用加速习得（accelerated acquisition）一词来表示根据信息而调整的参数环境。

吉布森和韦克斯勒认为学习者可以决定诱因环境，也就是说诱因所含语言信息的吸收，对于特定参数环境系统的习得而言是必不可少的。我们熟悉的“刺激贫乏”（poverty of the stimulus）所提到的就是能够起作用的刺激物的信息比较缺乏，正好与我们上面提到的瞬时习得和加速习得中的特定参量的丰富信息形成了对比。但是这两个概念的诱发过程是不同的。我们发现，在过去的讨论中，笔者过分强调了信息贫乏，以致许多哲学家和语言学家忽略了这两种概念诱发过程的差异。

然而，吉布森和韦克斯勒严格区分了他们对诱发过程的理解和福多的诱发概念（即瞬时习得）。在他们看来，福多的诱发概念是“如经验一样的一些东西，在理论上与参数环境无关，但是却可以决定参数的作用环境”（Gibson and Wexler，1994：408）。

瞬时习得是一种自由的心理过程，正如塞缪尔斯所说，这个过程无需经过介入性心理状态的再思考。所以，瞬间习得的产物对于塞缪尔斯来说是具有先天性的。而在另一方面，吉布森和韦克斯勒认为，对刺激信息（information）的判断和吸收要经过参数环境的再加工。而加速习得中的参数环境既不是心理原生物也不是环境导向物，所以在塞缪尔斯和亚瑞看来，这个过程的最终产物具有先天性。

毫无疑问，吉布森和韦克斯勒直接否定了塞缪尔斯和亚瑞的这种先天性概念，因为在他们看来，一些具有心理影响性和环境定型化的诱导过程也具有先天性。但是如果真的是这样，一定还有一些其他的先天性概念来证实他们的观点，这就是我们下面将要介绍的内容。

索伯（Sober，1998）曾提出过，我们有理由相信，在大量先天性的非科学概念出现以后，我们的主要任务是为先天性下一个比较科学的定义。我们认为，当一个事物具有先天性时，它不会因为环境的改变而改变。但这个观点很快就被发现是错误的，因为永不改变的先天性是不存在的：触发过程应该可以用来解释不同的自然语言为何具有不同的语言结构习得。当然，没有被触发的参数从某种意义上来说是不可改变的，但他们没有解释婴儿是怎样获得语言的局部知识的。

一些科学家认为，在所有种类事物的典型成分或所有的自然语言中具有通用性特征的都具有先天性（Barkow et al.，1992）；而前定假设（exhypothesi）诱发过程的产物是不具有通用性的。

针对卡提斯先天性想法的倾向性（dispositional）分析，斯蒂奇（Stich，1975：12）是这样考虑的："只有一个人在符合信息习得的情况下，才乐意去获得这个信息"，我们才可以说这个信息的获得具有先天性。但是这个观点并不能证明诱发过程的产物具有先天性，因为特定语言知识是通过参数激发的，而获得是需要特定环境的。

吉布森和韦克斯勒应该没有要将先天性回归为一种已知的先验打算。首先，如果把因果性习得定义为"获得的事物独立于特定的经验"，那么瞬时习得和加速习得的产物便依赖于特定的感官刺激，因此不具有先天性；而且把因果性的知识定义为"仅靠特定的原因而获得的"是站不住脚的，因为根据这个定义，所有诱发过程的产物就不是通过推理和原因获得的了。

比勒近期更清晰地表达了因果现象的概念，主要是通过证明因果现象"不是通过经验而是通过直觉获得的"（Bealer，1999：245）。根据比勒的观点，"就你而言，有 *A* 直觉仅仅意味着你感觉它是 *A* 而已"（第 247 页）。因此，我们可以这样说：

> 只有当 *S* 有证据表明它对 *A* 而言是先验的，我们才能说一个特征或一个结构 *A* 对 *S* 而言是天赋的，也就是说，*S* 在认知上、意识上先天依靠于 *A*。

但是我们知道，诱发过程是前定预设的，这并不是通过意识就可以获得的。而且，如果将一个特征具有天赋性的原因仅归结于它的"生物学秉性"（biological endowment），这种思想也是不成立的，因为即使行为论者也认为关联性机制是生理的一部分。

我们在这已经讨论过，而且在语言学文献中也出现过，"*X* 具有先天性"但却与经验无关的含义至少有三种：①*X* 是一种心理原生体；②*X* 具有传导性；③*X* 的特征在所有的自然语言中都具有通用性。我们也发现，语言先天性理论假设了至少三种与先天性类别一一对应的特定语言习得机制：瞬间习得、加速习得和不可习得的通用性规则。我们并不是在说这些先天性概念中的任意一个都是不合理的或者某个概念一定优于另一个概念，而是说每一个先天性的类别对解释语言的习得都具有一定的说服性作用。然而我们担忧的是，简单地将与经验无关的机制贴上"先天性"的标签，会模糊"对语言习得的详细、准确的理解是认知心理学的目标"这个观点。

当然我们并不是第一个注意到这一现象的，即为所有具有独特发展路径的现象都统统贴上“先天性”（或“后天习得性”）的标签的做法，会阻碍对这些定义的科学性理解。贝特森总结了在行为生态学文献中“本能”和“天赋”的多义现象（Bateson，1991；2004：37-9）。格里弗斯（Griffiths，2002）认为，“先天性”是一个易惹麻烦的理论词汇，因为它模糊了一些需要澄清的事情。我们支持贝特森、格里弗斯和其他人所说的，建议把语言习得理论化时应尽量避免使用“天赋性”这个词语，因为它阻碍了我们对语言习得的研究。

这个建议不是反先天论的。马勒（Marler，1999）假想了一个具有高度针对性的天赋能力。但是他也呼吁应抛弃“天赋性”和“可习得”这两个词语的使用。他这样说道：

> 正如所有学习行为论的学生所意识到的那样，强调先天-习得二分说（innate-leaned dichotomy）是会惹来争议的。当我们对一种科学反复质疑时，就显得咄咄逼人了……所以先天-习得二分说的一大缺点就是会两极化我们关于某一特定行为怎样发展的想法。也许最重要的是，它鼓励我们低估习得性行为发展过程中的遗传作用。（Marler，1999：311）

马勒这样说并不是在鼓吹交流论的某些乏味形式，而是在向我们表明，先天-习得二分说促使我们注意到了潜藏在杂乱语言习得中先天性因素这个“黑匣子”的重要作用。

如果这个建议被人们采纳，那么盲目的先天论和非先天论的那些争论就不会被两极化。而且如果他们能够集中仔细地观察在语言习得中起作用的所有机制的话，他们也会变得更具多产性。

三、不可习得的语言通用规则：它们的益处是什么？

语言先天论者反复强调，他们认为婴儿一定生来就拥有一些不可习得的语言通用规则（unacquired linguistic universals，ULUs）。豪瑟、乔姆斯基和费奇的言论颇具代表性：

> 没有一个已知的“一般性学习机制”可以仅仅通过积极或消极因素的作用而习得自然语言，而且我们试图找到一个独立机制的可能性也很渺茫。这一难题导致了一种假设，该假设认为在机制的作用过程中，不管哪个系统起作用，这个系统一定具有某种倾向性，而且在一定程度上会受到控制。这种控制性长久以来一直被叫作“先天性倾向”，并把深层的语言理解为“普遍语法”。虽然上面提到的一些特定术语一直都被许多研究者否定，并且我们对人类（或动物）学习机制的某些特定控制因素的性质直到目前为止还没有完全确定，但这些控制因素的存在性是不容置疑的。（Hauser et al.，2002：1577）

下列观点也又一次证明了早期支持语言先天论的那部分哲学家经常会重复或执行前人留下来的观点。利普敦（Lipton，1991）在他的著作中声称，语言先天论一定支持下面的观点："儿童生来就具有一些语言规则或准则，这些规则能够进一步对人类语言学习中哪些东西是需要被学习（或不被学习）的有所限制"（Lipton，1998：413），显然他也认可 ULUs 存在的必要性。而且劳伦斯和马戈利斯宣称："一个经验论学习者……是不可能具有天赋领域特异性知识或倾向来引导他的学习的，更不会具有天赋语言-特异性知识和倾向。"（Laurence and Margolis，2001：221）

但是，语言习得一定受到某些倾向和限制影响的论断，并不意味着这些倾向和限制一定来源于 ULUs 或参数。非先天论者认为，倾向和限制都来自于具有语言特异性的感觉机制，而不是那些不具有语言特异性的非认知化或认知程式化的机制。

哪些因素会令先天论拥护者赞同上述观点呢？这是一个复杂的问题。简单地说，我们发现有三个因素会导致先天论者相信只有 ULUs 可以促进语言习得：①一个基于"休谟式非充分决定性"（Humean underdetermination）的不恰当的选择怀疑论；②一种在词汇学习中的高度选择理念，这种学习是通过假设的建立和测试而进行的；③一种经由鉴别戈尔德 1967 年发现的重要数学结论的维度时所产生的失败而获得的理论。

雷·索洛莫诺夫曾在他 20 世纪 50 年代末的著作中提到过，若要对某些学习能力有所了解，就得对一种抽象的类型学习机器的运作进行观察（Li and Vitányi，1997：86－92，为我们提供了不同时期的实用参考文献）。普特南（Putnam，1963a，1963b）似乎独自为我们提供了一个可能性结论，这是一个有关什么样的归纳学习机能够按照一定的原则实现操作的假想结论：他认为不存在一个完美的语言学习机，因为我们可以为任意一个这种假想机器指定一个不可归纳的规则。普特南的这种证明策略后来又被戈尔德采纳了（又一次看起来具有独立性），他主要是为了对语言学习过程中猜测语法（guessing grammars）这个更窄层面作用域的主要结果有所了解（Gold，1967）。

戈尔德那些大量的有影响力的论著推动了研究学习过程中基于递推作用理论的数字化作用子领域（Jain et al.，1999）的发展。戈尔德通过把语言学习概念化为一个猜测生成性语法过程（或作语法分析的过程），来提倡"当后续越来越多的信息量被考虑进来时，我们需要仔细观察猜测这一有限性行为"（Gold，1967：465）。同时，他也接受观察后发现的乐观和不利结果。从一方面来看，他向我们表明了，在一个生成语法（generative grammars）[9]中，所有有关学习的、能够引起人们注意的问题还是没有得到解决，因为所有必须学习的知识都演绎性地被一些积极性因素控制着（比如，语言的内涵问题；而通过这些因素成功习得语言的过程被称为"有限文本的鉴定"）。从另一方面来看，他也证明了，如果语言的习得原因是一个包含了“语言中有什么”和“语言中没有什么”的信息序列，那么学习过程的相关问题就可以得到解决，因为它是针对不同语言的多种语言类别而言的。

而上面提及的不利结果是由下面的假设导致的。我们在（3）中总结了那些与“有限文本的鉴定”相关的一些假设。

（3）（a）学习程序的输入是由信息链组成的；

（b）被呈现的“信息链”都来自于目标语（我们没有足够的证据表明什么不在语言之内）；

（c）成功被定义为：在有限的条件下、在有限的输入刺激后、在再输入能够继续提供更多数据的情况下，获得了目标语独一无二的正确生成语法；

（d）学习程序是通过选择一定的生成语法来满足当前假设的，而后利用获得的数据对语法进行检测。当语法与数据信息不符时，就永久性地放弃该语法；如果语法与数据相符时，就继续采用该语法。

我们知道，儿童本身能够学习语言。但很显然，戈尔德已经证明儿童不能学习语言，所以我们正在面对着一个悖论。对这个问题唯一合理的反应是，否决一个或多个导致悖论产生的假设。也就是说，戈尔德的假设中一定存在着一个或多个不支持儿童是语言学习者的假设（肖尔茨进一步地阐释了这个观点，2004）。许多当代的语言先天论者支持这个观点，反对戈尔德的一个假设，即 3（d），语言的习得需要伴随假设的建立和测试而进行。对这个假设否定后，取而代之的观点是 ULUs 可以做语言习得中的所有工作。

这个举措似乎会消解自然语言是通过假设建立和假设测试而习得的计算方法的必要性，从而证明出：这种计算方法可能是多余的。没有一个有意义的语言归纳知识会被习得，因为这些知识根本就不需要被习得。但是，实际上，在学习任何一般性的、定量的、小范围的语言概述甚至是词语概述时，只要这个概述存在于一个无界限的作用域范围内，戈尔德的悖论都会出现。与之相关的事实是自然语言在词汇角度上是开放的（见 Johnson and Postal，1980，第十四章；Pullum and Scholz，2001，2003；Postal，2004）。许多纯粹区域化的词汇具有多样性，因为我们很可能把另一个词汇加入到原有的自然语言词汇当中去。以英语中的前缀 anti-，或后缀-ish 为例，看似每一个名词都可以加上它们：这样，我们可以组成新的词汇 anti-borogove，anti-chatroom，anti-humvee，anti-Yushchenko（虽然上面的这些词语有些还未曾被人们使用）；同样，加上后缀也可以组成 borogovish，chatroomish，humveeish，Yushchenkoish 这样的词汇。可是戈尔德理论中的问题又重新出现了：这些数量无限大的衍生名词可能是一个无边境的信息链。在戈尔德的假设中，没有一个计算方法在一定限度上可以从文本中确认这些信息链。对 anti-的总结有什么作用？对-ish 的总结又有什么作用？它们都可以加在以 b，ch，h， o 或 y 开头的单词前面吗？或者除了 arachnophobe 的所有名词？或者有两个或更多音节的基础词汇？这些无限的假设包含着上面提及的英语单词语料库。但是关于词汇的总结就像句法结构的假设那样具有不可证性，所以，扩大证据并不能证明一个假设。而且 ULUs 或参数也不能帮助我们证明词汇的归纳性：前定假设词汇归纳也只是通过使用就能自然获得的信息[10]。

所以，需要借助除 ULUs 以外的其他机制和不同种类的参数来反映语言习得的具体情况。除非有些人想支持“没有人可以学到关于语言的任何知识”这个完全没有说服力的观点，我们需要一个关于“人们怎样学到那些已被学到的知识”的理论，而且该理论的发展属于非先天论研究的范畴。

如果先天论者是通过拒绝“学习是靠假设的成立和证明实现的”这一观点来对戈尔德的观点作出回应的话，那么当代的非先天论者会对戈尔德的观点作出怎样的反应呢？当今的非先天论者制定了许多研究纲领，但是所有的非先天论者都拒不承认戈尔德关于儿童第一语言习得的任意一条假设。在他们看来：

- 相对于个别信息链的输入，输入对象应该是一个有着丰富随机信息的语料库（Lewis and Elman, 2001）；
- 相对于习得语法，儿童习得的应是“通过语言的不同类别和非语言信息定义的多样化、同步化，得出具有概率性的限制因素”（Seidenberg and MacDonald, 1999: 569）；
- 相对于只存在有利数据而言，儿童语言习得过程首先是被观察，之后我们会发现儿童也会提供足够的信息，甚至一些和语言无关的信息（Chouinard and Clark, 2004），同时这一过程中的非确定性问题也可以通过贝叶斯的推论解决的，它的作用是为我们排除语料库支持下的一些偶然性概述，而且这种程序化方法也可以决定某些超出语料库的概述究竟是系统性的还是偶然性的（Elman, 2005）；
- 相对于成功而言，这里的成功被定义为“遇到一个正确到完美的生成语法”，我们这里只能提供关于成功的大概定义（而计算机科学中的整个“几近正确”领域或“PAC”学习领域正是基于此而产生的）；
- 相对于把所有语法看作假设而只将信息链看作相关证据的假设验证这一过程，这里提倡的是为取得一套可操作的语法而具备的变化并持续增长的程序。

然而，如果上述内容是语言先天论所呈现的一个研究过程的话，那么这其中蕴含着一个重要的挑战：如果我们前面提到的方法中确实存在一些总结性知识，而这些知识又是为儿童学习词汇准备的，那么为什么 ULUs 和语言参数只能用来习得自然语言的句法结构而不能习得词汇结构呢？

四、当今非先天论研究的两个样本

到目前为止，我们呈现了两种现象的原因：一种是为什么我们对某些语言先天论者的胜利宣言会产生质疑；另一种是为什么我们会认为语言先天论者和非先天论者之间的争论是固有且很难判断孰是孰非的。在下面的讨论中，我们将展现另外两个令人惊讶的研究成果，这也是笔者之所以认为一般性的认知程序机制能解释比语言先天论者承认的数量更多的句法习得的原因。

1. 助动词倒装表明了什么?

路易斯和埃尔曼（Lewis and Elman, 2001）证明简单的重现性网络（后面缩写为 SRN）可以正确地建构一种信息习得模型，它是基于语言先天论者获得信息的方式而建构的。语言先天论者认为我们可以通过不可习得性等级句法结构的表征来获得信息[11]。路易斯和埃尔曼考虑过的这一事例，曾被克雷恩（Crain, 1991）称为“一种先天性制约的检索事例”。先天论者从刺激贫乏角度对这一样本进行了研究，它称为语言先天性最有利的论证之一。读者对习得问题的认识通常都是从几对句子的对照开始的（我们从劳伦斯和马戈利斯的论著中引出了相关的例子，2001，第 222 页）：

(4) (a) Ecuador is in South America.

(b) Is Ecuador in South America?

(5) (a) The telephone is working again now the storm is over.

(b) Is the telephone working again now the storm is over?

针对上面的四个句子，语言先天论者的假设是：儿童（或语言学家）会首先假设下面的几种句法概括：

(6) 从第一个动词就是“is”的陈述句转换为封闭式疑问句的过程，可以通过把动词“is”提到句首，并且置于主语之前。

[我们对（6）中所包含的“句型”和“主语”的语言学概念不予分析。]（6）中的假设性观点被证明是一种容易引起人们注意的临时性概述，然而这一概述无法获得进一步的数据支持，正如下面的几对句子所体现的。

(7) (a) That woman who is walking her dog is Tom's neighbor.

(b) * Is that woman who walking her dog is Tom's neighbor?

把（7a）转化成一般疑问句的正确形式应该是（8），也就是第二个“is”被调换了位置。

(8) Is that woman who is walking her dog Tom's neighbor?

一个正确的假设可以通过不同的方式构架，但最直接的一种应该是这样的[12]：

(9) 所有通过陈述从句转化而来的封闭式问句式从句都是通过下面的过程形成的：把主句中的助词放在句首，即主语之前。

如果把上面的总结想象成儿童关于英语结构的概括，那么像“主句”和“助动词”之类的词语概念一定应该预先被儿童知晓（Fodor, 1981）。否则，儿童不可能作出这个概述。“主句”的概念与分等级的句法结构有关，并不仅仅与词语（假定的刺激物）的直线顺序有关。所以我们有理由相信先天论者下的结论：儿童在无结构性字符串的刺激下不能作出（9）这样的概述。

当然，我们发现儿童不会犯（7b）中出现的错误。克雷恩和中山（Crain and Nakayama, 1987）曾对30个（年龄都在3~5岁的）儿童展开了研究，而且被告知“问Jabba正在奔跑的人是不是一个秃子”。克雷恩的实验结果（Crain, 1991）正如我们所料的：这些儿童决不会生成像（7b）那样的错误句子。通过这项研究，克雷恩总结道：“该研究的发现将会支持普遍语法的一个中心理论，这个理论认为语言能力的最初状态像先天性特征一样包含一定的结构依赖性要素。”[13]

如果可以重复，有关3~5岁儿童不会出现（7b）错误的这项发现，将会同时引起先天论者和非先天论者的注意，但这一观点对于儿童是否具备特殊的ULU或参数抱有疑虑。这项发现仅是在没有更好的解释之前，对儿童具备某些ULU或其他机制的一种勉强承认。

难道儿童是通过语言刺激的学习而避免出现（7b）错误的吗？乔姆斯基命题（没有引用论据）：“一个人可以在没有显现任何相关证据①的情况下，仍然顺利地度过了他的整个人生”；他同时说道（见Piattelli-Palmarini, 1980: 114-15）“你也可能在大量经验信息的影响下，仍然观察不到上面案例所得出结果”，它是指一个有这样结构特征的句子。桑普森（Sampson, 1989, 2002）、普勒姆和肖尔茨（Pullum and Scholz, 2002）对这些信息链的罕见度提出了质疑并为其提供了证据：相关联或相似的“信息链”会在不同的文本中找到，包括口头英语，而且其中一些信息正是针对儿童的。[14] 但是路易斯和埃尔曼（Lewis and Elman, 2001）采取了另一种有趣的路径对其进行了研究。

路易斯和埃尔曼表明，“某些向来都被认为是儿童生来就能够拥有的随机信息也可以通过人们学习而获得”。SRNs能通过逐字逐句的方法进行“总结性的预测”（Lewis and Elman, 2001）进而得到（8）这样的疑问句而不是（7b）。在进行加工之前，加工系统只包含关于（4）和（5）结构的信息链，而不是稀有信

① 这里的相关证据指生活常识和人生哲理。——译者注

息（8）。这些加工系统“不含任何我们不能通过数据型规则决定的语法信息”。因此，就有限的加工系统而言，SRN 不会得出错误的结论。而且，它也不是通过忽略丰富随机数据信息的学习就能够获得的。

最近，雷亚利和克里斯蒂安森（Reali and Christiansen，即将出版）通过观察儿童语料库得出了相似的结论。这些结论在语言先天论者（如克雷恩）看来，是令人吃惊和费解的。

相比之下，路易斯和埃尔曼的理念是“关于输入的信息和学习者运用这些信息能力的猜想，显然在判断语言的哪些特征可以归因于 UG 方面起到了关键性作用”（Lewis and Elman，2001：11）。如果相关的刺激物由于我们的认识不足而排除了它们的相应随机特征，并且我们还认为语言的习得机制不应该开发随机特征，那么就会有大量的信息被认为是不可习得的和诱发产生的。语言的先天论者都默认：习得的相应刺激物在启动工程中只是简单的信息链。但是路易斯和埃尔曼认为，“比起某种信息的获得只取决于某种特殊形式的出现的理论而言，语言的数据型结构为我们提供了更多的复杂推论”。相应的输入信息包括习得刺激物的系统分布信息（SRN 包含在加工系统中）。

突然之间，我们会觉得，对于语言习得，重要的是在整体刺激因素中的什么样的信息会刺激因素枯竭而不是它们是否已经枯竭。路易斯和埃尔曼的加工系统不包括句子（8）那样的信息。在他们看来，结构的刺激性可以通过刺激物获得，即使在像（8）这样的句子不存在的情况下，这种观点与 25 年来先天论宣称的观点也是正好相悖的。

当然，也会存在一些其他语言规则未被习得。但有关 SRNs 的发现为上面两种类型的研究纲领提出了一系列的问题。一些人想要知道加工系统中的哪些空白可以被 SRNs 填补，哪些空白不可以被 SRNs 填补，而且把这条加工主线延伸到了儿童语言习得方面。如果儿童不能像 SRNs 那样填补空白，这一观点反而会成为先天论观点的有力佐证。

的确，这些程序化实验的结果表明，福多（Fodor，1981）对于不可习得语言概念的必要性和通过假设的建立和测试来证明语言学习可能性的思考，只适用于一些符号性表征和他所考虑的特殊学习理论。但是，它们似乎和包含着丰富信息数据型规则刺激物的学习理论作用下的、不同分布表征的习得没什么关联性，这会对如何更好地解释实验现象产生严重的影响。[15]

2. 西蒙的讨论

纽波特和阿斯林（Newport and Aslin，2000）进行的研究项目发现，儿童能很好地习得一些形态学和句法学结构，并且可以通过处理一些刺激物的随机特征来对不连续或错误的数据进行总结。他们对这部分儿童进行了研究：这些儿童接受的语言输入“来自那些本身表达不流畅的说话者或非本土的语言使用者”

(Newport and Aslin, 2000: 12)。他们的实验主体是正在学习美国手语（American sign language, ASL）的一些先天性聋哑儿童，在他们还未熟练掌握手语的情况下，就开始把手语作为第一语言和家中的其他成员进行交流互动。研究者把儿童的这种手语输出特征描述为“极简化性和不连贯性”。我们将集中讨论两个案例：一个案例涉及一个叫西蒙的小孩，另一个例子涉及叫斯图尔特和莎拉的两个小孩。

在有影响力的语言习得文献中，常常会有西蒙的影子（见 Pinker, 1994: 38－39)。西蒙案例对将手语习得当作一种语言的先天性提供了有力的支持。虽然这个例子首先是由纽波特和阿斯林（Newport and Aslin, 2000）提出的，但这并不能消解其先天论内涵。

西蒙是家里仅有的一个孩子，他和他的父母都是聋哑人，父母直到青年时代才开始接触手语。西蒙的老师都不懂手语，所以他的手语完全来自于他的父母。与西蒙不同的是，Stewart 和 Sarah 的父母都有正常的听力；与西蒙相同的是，他们都是聋哑儿童。通过观察，纽波特和阿斯林说道：

> 西蒙父母的手语习得情况和其他比较晚的习得者一样，表现为下面的一些特征：他们虽然能够使用所有必须习得的手语语素，但它们的连贯性不是很高。对于相对简单的语素（手语中的移动语素）来说，他们使用的准确率是65%～75%。相反，西蒙能够比较连贯地使用这些语素（正确率大约是90%，这和某些父母一直都在使用手语的儿童的正确率相同)。而且，当输入信息很不连贯时，西蒙还可以自己调整输入语言，并且超越已有的输入模型。对于复杂语素（手语中的手型区分语素）而言，西蒙的父母就做得相当不连贯了（约只有45%的正确率)，西蒙在7岁之前，手语还没有达到专业的水平；但即使是在那个时候，他的手语水平也超过了他的父母。(Newport and Aslin, 2000: 13)

纽波特和阿斯林认为竞争性假设可以解释这一发现。一个语言的先天论假设是“儿童先天性地就能认识到自然语言的语素是决定性的，而不是可能性的”(Newport and Aslin, 2000: 14)，所以他们会调整父母手语中的不连贯语素刺激物，从而使其符合 ULUs。但是纽波特和阿斯林赞同下面的非先天性假设：儿童拥有总体认知机制，利用这个机制，可以“优化和调整”刺激物中的不连贯性。

纽波特和阿斯林在讨论斯图尔特和莎拉的例子时，详尽地阐述了第二种假设。他们注意到正确的（专业的）的手语类型可以被父母使用。这里所谓的正确是指“相对适中的连贯性”；所谓的错误是指具有“非常高的非连贯性”（Newport and Aslin, 2000: 19)。根据第二个假设，西蒙、斯图尔特和莎拉都是从父母不连贯手语使用的一致性输出中学到手语的。这表明儿童在习得语言时，对不连贯刺激物的综合随机信息进行了开发。也就是说，父母较低等级、不连贯、杂乱的手语使用，被儿童的总体随机学习机制加以了重新调整。[16]

当然，这些案例分析并不能反驳（1）的观点，即大部分自然语言习得都是借助无可习得或不可学习的知识而实现的。但是一个更清晰的理念是：如果我们没有对刺激物的随机特征强加留意的话，整体认知机制在语言习得过程中发挥重要作用的假设也就不会被排除在外了。或许正如纽波特和阿斯林的文章中所认为的那样，在刺激贫乏论证中，西蒙调整不连贯输出的发现可以看作是对语言先天论的明显支持，但这种理解是不成熟的。看似不同类型事物出现的相对频率和总体刺激物的不连贯性，较之刺激物中包含错误的或不连贯性的事实更加重要。[17]

儿童生来就具备使用一些不可习得或不可学习的机制来调整他们观察到的一部分信息的能力——不管是语言性的还是非语言性的。这（如果是正确的）当然是儿童的一个先天性事实，它可以协助儿童的语言习得，但它不能暗示 ULUs 的存在。

五、结　　语

如上所述，现今，若要坚持语言先天论胜过非先天论这一观点，先天论者至少要默认下列三个并不算吸引人的策略中的一个。

第一个策略是，承认语言先天论是对非经验论的一种弱化——也就是说，把当代所有的非先天论者都看成了洛克和斯金纳的拥护者——而且宣告胜利。但是这种观点成立的前提是必须忽略当代非先天论的内容。

第二个策略是，坚信终有一天，一个对“天赋的”合适定义将会被人们找到，并使它成为一个连贯的、内容丰富的学界术语，在相关特殊语的语言习得机制中都会用它来进行描述。但是“天赋的”意义只在当今的语言学界使用，而不被经验论的相关理论看好，并且当今那些假设出的语言习得机制在一个确定的概念下，也不容易作出很好的解释。

第三个策略是，假想存在可以被诱发过程刺激的参数（在某种程度上可以被叫作“诱发”），这个参数可以是每种自然语言中的某个狭隘特征参数甚至可以是词汇概述参数。但是，如果这一系列假想参数真的可以追踪自然语言的一系列狭隘特征的话，那么这个理论也只是一个关于语言习得的空洞理论：因为它没有对语言怎样习得作出合理解释，对我们是如何显示出自然语言差异的也没有加以说明。

在我们看来，这三个策略的成效并不显著。但是作为这种观点也就是语言先天论的捍卫者，若想推翻非先天论者的观点，他们至少要支持上面的其中一个观点。

致　　谢

哈佛大学的拉德克里夫高等研究院对本章的最后部分给予了大力支持。笔者衷心地感谢 Eve Clark, Shalom Lappin, Ivan Sag 和 Stuart Shieber，谢谢他们的讨论及提供的反馈；衷心地感谢 Claire Creffield，谢谢他对本章的编辑修订；感谢 Jeff Elman, Mark Liberman, Diana Raffman, J. D. Trout 和 Robert Stainton，谢谢他们对早期书稿提出的宝贵意见。当然，对于支持笔者观点的诸多人士，在此就不一一致谢了。

注　释

[1] 如果你认为我们这样说不公平，请看看下面的引言：“乔姆斯基的证明……是认知科学可能性存在的证据”（Fodor, 1981：258）；“像这样的意识系统是如何成功获得高知识阶层拥戴的?”（Sampson, 1997：159）；“对任何一本教科书的粗略阅读都会发现……生成句法可以解析这些句子”（Smith, 1999：42）；“我的奶奶、她的宠物猫、一个石头和一只猿猴之间不存在（相对）差异吗?”（乔姆斯基的观点，史密斯曾于 1999 年引用，第 169－170 页）；“她的诘难……引来了对世界万物的思考，用以攻击进化论”（Antony, 2001：194，见 Cowie, 1999）。这里还有许多由此衍生出来的令人瞠目结舌的观点，至今仍被双方喋喋不休地争论着。

[2] 一些评论家似乎认为这样做是为了刺激先天论者，以便为证明他们的观点提供一些理论依据。肖尔茨和普勒姆（Scholz and Pullum, 2002）在 2002 年对一些批评者的回应，也是为了这个目的。

[3] 当然，现在庆祝非先天论者的胜利还为时尚早。桑普森在报纸上发表的文章中声明先天论已经崩溃（Sampson, 1999）就是一个另一方面的极端例子。

[4] 我们注意到豪瑟、乔姆斯基和费奇曾于 2002 年表示，核心的语言能力只包括“递推”，除此之外再无其他，很明显这是一种得不偿失的先天论；但是对于这个问题的更详细回答，可见平克和杰克道夫的书籍（Pinker and Jackendoff, 2005）。

[5]“语言学文献中充满了这一类型的争论”（Lightfoot, 1998：585）；“对任何一本教科书的粗略阅读都会发现有关生成句法的案例，这样的例子在这半个世纪中不胜枚举”（Smith, 1999：42）。

[6] 值得注意的是，我们用“语言先天论”暗示的是一种观点，而不是一个策略。而一些心理语言学家不赞同这个观点。例如，福多和克罗瑟尔（Fodor and Crowther, 2002）认为，语言的先天性是一个方法论，这个方法论“认为一些可能具有先天性的事物都具有先天性”。这正好与非先天性的方法论形成对比，非先天性的方法论认为一些可能被习得的事物都是被习得的。但是我们在这里讨论的并不是这种形式的语言先天论和非先天论。

[7] 在最近极具争议的“最小化过程”的发展中，这种规则和参数方法基本

上被抛弃了；见平克和杰克道夫（Pinker and Jackendoff, 2005）的批评，他们认为它是一种充满疑惑而非论点明晰的先天论。

[8] 在这里，“区域性”指的是各种自然语言间的差异性，而非它们的确定性。

[9]“引人注意”之所以用在这里，主要是源于形式语言理论，如果将特殊部分加以划分，得到的新类别无法引起人们的注意；但是严格的自然类型在莱维尔特（Levelt, 1974）的著作中可以找到，比如，习惯用语或脱离语境的语言、心理语言学的关联论等类型。

[10] 福多（Fodor, 1989）反对这个观点，但没有得出满意的结论。见库里卡弗（Culicover, 1999：15），在他的观点中，我们认为，“人类通常可以获得一般和特殊的语言，但一定存在一个机制可以同时容纳这两种语言……即便在我们看来，大多数的一般性反应体现的是语言规则的瞬时性，也就是只允许简单的参数变化，这个机制也是存在的，而关于其余的语言是怎样获得的问题，现在不列入考虑范围”。

[11] SRN 是一个“三层结构的系统网络——由输入，隐藏和输出组成”。我们注意到，在普林茨（Prinz, 2002）的一本著作中——很不幸，在本章快要结束时，笔者才发现这本书——他认为埃尔曼的著作向我们证明“一个工作缓慢的类型勘探器，在划分结构关系时可以加速”（第 206 页），这似乎言过其实了。普林茨并没有意识到强调另一种思维方法的论著渐渐增多了：儿童是很有能力和经验的概率转换学习者。埃尔曼的程序化模式在儿童随机学习能力的发现方面尤为重要。

[12] 和其他的讨论一样，我们正在忽略这样一个复杂情况：如果句子里面的主句没有助动词，那么就要借助助动词“do”。

[13] 事实上，我们为了弄清“结构独立”的更高阶性质，已经做了很多工作。(9) 中的陈述并不普遍，因为其他语言并不像英语那样使用那种方法变一般疑问句。也许更加普遍的应该是有关这种语法的元准则。没有人能做到更加准确地概括这种规则，所以在这里笔者也要忽略这一点。

[14] 在这里应该指出，对于刺激贫乏的助动词倒装问题，先天论论著的观点并不一致。一方面，先天论者总是宣扬只有儿童语言的特征才能直接影响儿童的语言习得，因为儿童的大多数语言都是通过儿童语言获得的；而另一方面，在某些文化中，成年人直到儿童表述流利时，才开始纠正儿童的语言。之所以说这个观点重要，是因为刺激物的缺少程度与刺激物本身是有关联的，见克拉克的论述（Clark, 2003）。

[15] 福多（Fodor, 1981）对随机性学习过程有所忽略。一些研究结果（如戈尔德在 1967 年的一系列研究）与“语言输入可以看成一个随机过程，而不是一个文本”的假设不符（见 Scholz, 2004）。在其他文献中，福多认为随机的学

习只能重新屈从于输入的分布特征。埃尔曼的 SRN 是这个观点的一个反例，然而它并非是对福多联结主义批判的回应。

[16] 普林茨（Prinz, 2002：209-210）引用了辛格尔顿和纽波特（Singleton and Newport, 2004）的观点来说明："儿童能把找一个中等难度的数据型规定变成一个经常可以被用来使用的规则。"但是在语言学家看来，西蒙对形态结构的规定不能被看成相关的习得规则。西蒙的研究成果更强调数据性规定。这并不表示所有规则都是由原有状态转变而来的。

在这里，我们还应再说一下手语使用情况，受篇幅所限，我们无法展开来说。从不连贯刺激物中得出的语言习得结论，在研究尼加拉瓜手语的杂集句法变化上起到了很重要的作用，它在这种语言发展的几个过程中都会重复出现。此研究是不连贯刺激下句法规则的一部分。这些研究为"混合论"（creolization）提供了一些见解，混合论是语言习得的另一个极具争议的话题（Bickerton, 1984）。

[17] 值得注意的是，在路易斯和埃尔曼看来，不连贯性和错误性并不属于面向学习者的输入特征，而连贯性和正确性又缺乏一种特殊种类的句子来佐证。

参考文献及延伸阅读

Antony, L. M.（2001）. Empty heads. *Mind and Language*, 16, 193-214.

Ariew, A.（1996）. Innateness and canalization. *Philosophy of Science Supplement*, 63, 19-27.

Ariew, A.（1999）. Innateness is canalization：a defense of a developmental account of innateness. In V. Hardcastle（ed.）, *Biology Meets Psychology*：*Conjectures*, *Connections*, *Constraints*. Cambridge, MA：MIT Press.

Ariew, A.（2003）. *Innateness and triggering*：*biologically grounded nativism*. Manuscript, Universityof Rhode Island.

Aslin, R. N., Saffran, J. R., and Newport, E. L.（1998）. Computation of conditional probabilitystatistics by 8-month-old infants. *Psychological Science*, 9, 321-324.

Barkow, J., Cosmides, L., and Tooby, J.（1992）. *The Adapted Mind*. Oxford：Oxford University Press.

Bateson, P. P. G.（ed.）（1991）*The Development and Integration of Behaviour*. Cambridge：Cambridge University Press.

Bateson, P. P. G.（2004）. The origins of human differences. *Daedalus*, 133/4, 36-46.

Bealer, G.（1999）. The a priori. In J. Greco and E. Sosa（eds.）, *The Blackwell Guide to Epistemology*. Oxford：Blackwell.

Bickerton, D.（1984）. The language bioprogram hypothesis. *Behavioral and Brain Sciences*, 7, 173-221.

Block, N.（1981）. *Readings in the Philosophy of Psychology*, vol. 2. Cambridge, MA：Harvard University Press.

Boyd, R. N.（1981）. Scientific realism and naturalistic epistemology. In P. Asquith and R. Giere (eds.), *PSA: Proceedings of the Biennial Meeting of the Philosophy of Science Association* 1980, vol. 2, 613-662. East Lansing, MI: Philosophy of Science Association.

Boyd, R. N. (1991). Realism, anti-foundationalism and the enthusiasm for natural kinds. *Philosophical Studies*, 61, 127-148.

Chomsky, N. (2000). *The Architecture of Language.* New Delhi: Oxford University Press.

Chouinard, M. and Clark, E. (2004). Adult reformulations of child errors as negative evidence. *Journal of Child Language*, 30, 637-669.

Christiansen, M. H. and Curtin, S. L. (1999). The power of statistical learning: No need foralgebraic rules. *Proceedings of the 21st Annual Conference of the Cognitive Science Society.* Mahwah, NJ: Erlbaum.

Clark, E. (2003). *First Language Acquisition.* Cambridge: Cambridge University Press.

Cowie, F. (1999). *What's Within? Nativism Reconsidered.* New York: Oxford University Press.

Crain, S. (1991). Language acquisition in the absence of experience. *Behavioral and Brain Sciences*, 14, 597-650.

Crain, S. and Nakayama, M. (1987). Structure dependence in grammar formation. *Language*, 63, 522-543.

Culicover, P. W. (1999). *Syntactic Nuts: Hard Cases, Syntactic Theory, and Language Acquisition.* Oxford: Oxford University Press.

Elman, J. L. (2003). Generalization from sparse input. *Proceedings of the 38th Annual Meeting of the Chicago Linguistic Society.* Chicago: Chicago Linguistic Society.

Elman, J. L. (2005). Connectionist models of cognitive development: Where next? *Trends in Cognitive Sciences*, 9, 111-117.

Fodor, J. A. (1981). The current status of the innateness controversy. In *Representations: Philosophical Essays on the Foundations of Cognitive Science.* Cambridge, MA: MIT Press.

Fodor, J. D. (1989). Learning the periphery. In R. J. Matthews and W. Demopoulos (eds.), *Learnability and Linguistic Theory.* Dordrecht: Kluwer.

Fodor, J. D. and Crowther, C. (2002). Understanding stimulus poverty arguments. *The Linguistic Review*, 19, 105-145.

Gibson, E. and Wexler, K. (1994). Triggers. *Linguistic Inquiry*, 25, 407-454.

Gold, E. M. (1967). Language identification in the limit. *Information and Control*, 10, 447-474.

Gomez, R. L. (2002). Variability and detection of invariant structure. *Psychological Science*, 13, 431-436.

Griffiths, P. E. (2002). What is innateness? *The Monist*, 85, 70-85.

Hauser, M. D., Chomsky, N., and Fitch, W. T. (2002). The faculty of language: What is it, who has it, and how did it evolve? *Science*, 298, 1569-1579.

Jain, S., Osherson, D., Royer, J. S., and Sharma, A. (1999). *Systems That Learn* (2nd edn.). Cambridge, MA: MIT Press.

Johnson, D. E. and Postal, P. M. (1980). *Arc Pair Grammar.* Princeton, NJ: Princeton University Press.

Kornblith, H. (1993). *Inductive Inference and Its Natural Ground: An Essay in Naturalistic Episte-*

mology. Cambridge, MA: MIT Press.

Laurence, S. and Margolis, E. (2001). The poverty of the stimulus argument. *British Journal for the Philosophy of Science*, 52, 217-276.

Levelt, W. J. M. (1974). *Formal Grammars in Linguistics and Psycholinguistics* (3 vols). The Hague: Mouton.

Lewis, J. D. and Elman, J. L. (2001). Learnability and the statistical structure of language: Poverty of stimulus arguments revisited. *Proceedings of the 26th Annual Boston University Conference on Language Development*. Somerville, MA: Cascadilla Press.

Li, M. and Vitányi, P. (1997). *An Introduction to Kolmogorov Complexity and Its Applications* (2nd edn.). New York: Springer.

Lidz, J., Gleitman, H., and Gleitman, L. (2003). Understanding how input matters: Verb learningand the footprint of Universal Grammar. *Cognition*, 87, 151-178.

Lightfoot, D. (1998). Promises, promises: General learning algorithms. *Mind and Language*, 13, 582-587.

Lipton, P. (1991). *Inference to the Best Explanation*. New York: Routledge.

Lipton, P. (1998). Induction. In M. Curd and J. A. Cover (eds.), *Philosophy of Science: The Central Issues*. New York: Norton. (Reprint of a passage from Lipton, 1991.)

Marler, P. (1999). On innateness: Are sparrow songs "learned" or "innate"? In M. D. Hauser and M. Konishi (eds.), *The Design of Animal Communication*. Cambridge, MA: MIT Press.

Matthews, R. J. and Demopoulos, W. (eds.) (1989). *Learnability and Linguistic Theory*. Dordrecht: Kluwer.

Newport, E. L. and Aslin, R. N. (2000). Innately constrained learning: Blending old and new approaches to language acquisition. In S. C. Howell, S. A. Fish, and T. Keith-Lucas (eds.), *Proceedings of the 24th Annual Boston University Conference on Language Development*. Somerville, MA: Cascadilla Press.

Newport, E. L. and Aslin, R. N. (2003). Learning at a distance: I. Statistical learning of non-adjacent dependencies. *Cognitive Psychology*, 48, 127-162.

Piattelli-Palmarini, M. (1980). *Language and Learning: The Debate Between Jean Piaget and Noam Chomsky*. London: Routledge and Kegan Paul.

Pinker, S. (1994). *The Language Instinct: How the Mind Creates Language*. New York: William Morrow.

Pinker, S. and Jackendoff, R. S. (2005). The faculty of language: What's special about it? *Cognition*, 95, 201-236.

Postal, P. M. (2004). The openness of natural languages. In P. M. Postal, *Skeptical Linguistic Essays*. New York: Oxford University Press.

Prinz, J. (2002). *Furnishing the Mind: Concepts and Their Perceptual Basis*. Cambridge, MA: MIT Press.

Pullum, G. K. and Scholz, B. C. (2001). On the distinction between model-theoretic and generative-enumerative syntactic frameworks. In P. de Groote, G. Morrill, and C. Retoré (eds.), *Logical Aspects of Computational Linguistics: 4th International Conference*. Berlin: Springer Verlag.

Pullum, G. K. and Scholz, B. C. (2002). Empirical assessment of stimulus poverty arguments. *The Linguistic Review*, 19, 9-50.

Pullum, G. K. and Scholz, B. C. (2003). Linguistic models. In M. T. Banich and M. Mack (eds.), *Mind, Brain, and Language: Multidisciplinary Perspectives.* Mahwah, NJ: Erlbaum.

Putnam, H. (1963a). Degree of confirmation and inductive logic. In P. A. Schilpp (ed.), *The Philosophy of Rudolf Carnap.* La Salle, IL: Open Court. (Reprinted in Putnam, 1979).

Putnam, H. (1963b). Probability and confirmation. *The Voice of America, Forum Lectures, Philosophy of Science Series*, 10. Washington DC: US Information Agency. (Reprinted in Putnam, 1979).

Putnam, H. (1979). *Mathematics, Matter and Method: Philosophical Papers*, vol. 1 (2nd edn.). New York: Cambridge University Press.

Reali, F. and Christiansen, M. (forthcoming). Uncovering the richness of the stimulus: Structure dependence and indirect statistical evidence. *Cognitive Science.*

Saffran, J. R., Aslin, R. N., and Newport, E. L. (1996). Statistical learning by 8-month-old infants. *Science*, 274, 1926-1928.

Saffran, J. R. and Wilson, D. P. (2003). From syllables to syntax: Multi-level statistical learning by 12-month-old infants. *Infancy*, 4, 273-284.

Sampson, G. (1989). Language acquisition: Growth or learning? *Philosophical Papers*, 18, 203-40.

Sampson, G. (1997). *Educating Eve.* London: Cassell.

Sampson, G. (1999). Collapse of the language nativists. *The Independent* (April 9), 7.

Sampson, G. (2002). Exploring the richness of the stimulus. *The Linguistic Review*, 19, 73-104.

Samuels, R. (2002). Nativism in cognitive science. *Mind and Language*, 17, 233-265.

Scholz, B. C. (2004). Gold's theorems and the logical problem of language acquisition. *Journal of Child Language*, 31, 959-961.

Scholz, B. C. and Pullum, G. K. (2002). Searching for arguments to support linguistic nativism. *The Linguistic Review*, 19, 185-223.

Seidenberg, M. S. and MacDonald, M. C. (1999). A probabilistic constraints approach to language acquisition and processing. *Cognitive Science*, 23, 569-588.

Singleton, J. L. and Newport, E. L. (2004). When learners surpass their models: The acquisition of American Sign Language from inconsistent input. *Cognitive Psychology*, 49, 370-407.

Smith, N. (1999). Chomsky: *Ideas and Ideals.* Cambridge: Cambridge University Press.

Sober, E. (1998). Innate knowledge. In E. Craig (ed.), *Routledge Encyclopedia of Philosophy*, vol. 4. London: Routledge.

Stich, S. (1975). *Innate Ideas.* Berkeley, LA: University of California Press.

Trout, J. D. (1998). Nativism, statistical complexity, and speech. Presented at the 24th Annual Meeting of the Society for Philosophy and Psychology, Minneapolis, MN.

Waddington, C. H. (1940). *Organizers and Genes.* Cambridge: Cambridge University Press.

第五章　语言先天论的案例

罗伯特·J. 马修斯（Robert J. Matthews）

语言先天论者认为，儿童之所以能够顺利完成语言习得任务，是因为他们具备了某种域特异性的天赋知识，若缺少这种知识，习得任务就不能顺利完成。一些先天论者还进一步认为，在所有的自然语言语法规则知识中，天赋知识也并非就完全适用。这些规则，即他们所说的“普遍语法”（UG），被认为能够对自然语言中的可能性类比进行严格限制，进而促使儿童即使在仅能获得有限语言学习经验的情况下，仍然可以顺利地进行语言习得。[1]随着行为主义在20世纪50年代末60年代初的逐渐衰落，语言先天论渐渐成了被人们所认可的观点。同时，研究天赋性在学习者获得语言习得中的地位的认知科学也逐步占据了更重要的地位。[2]虽然先天论者与经验论者的争论依然存在，如什么是天赋，如何准确定义其特征，这种争论在语言学家、哲学家和心理学家中仍然存在，他们中的一些人否认语言先天论，认为它不易控制，语言习得应该是一个广义的经验主义概念；另一些人则认为他们已经为先天论找到了一个极具说服力的例证。[3]然而，针对基于先天论或先天论原理产生的日益完善的儿童语言习得模型而言，先天论的批判者们也无法给出一个合理完备的解释方案。所以，他们渐渐将批判的注意力集中到了支持语言先天论的相关论述中，其中的大部分人更将注意力集中于所谓的“刺激贫乏的争论”上（后面将重点讨论）。这些批判者宣称，由于各种原因，这些论述无法成功架构起先天论者所需要架构的理论。而且在他们看来，这些理论从形式上看本身就是无效的，分析其原因：或许是因为没有足够的论据，或许是因为他们把理论建构在某些不确定的、未向读者提及的假设上，或许是因为在对某些重要观点表述时含糊不清，还可能是因为先天论者依据的是一些错误的或至少没被事实验证的经验性前提。从上述批判来看，我们最起码可以得出这样的结论：语言先天论的案例已然存在，而经验论也不失为一个富有活力的选择。

语言先天论当然不是无可挑剔的，但实际上，在经验科学中，其中的重要观点还没有遭受到过分的质疑。然而，有关先天论的争论比非先天论者承认的还要激烈，所以对先天论的再分析已经势在必行了。在过去的研究中，研究者已经找出过许多可以对语言习得先天论细节加以解释的理由。当然，还有一部分细节问题有待商榷，然而，就目前来看，那些过去被认可的有关学习环境、学习机制和可习得对象的假设都不可否认地要面对被重新检测的考验，就像其他经验科学中的假设一样，据以往的情况来看，它们顶多也就是一种近真理而已。然而，试图进行先天论解释的尝试并不愚蠢，经验论者进行的尝试才是愚蠢的。正如一场赌局，如果要我们对先天论者和非先天论者哪方会赢下注，明智的赌注仍然应该放在先天论这一方。

在本章中，我们将重新审视一个关于语言先天论的案例，首先，我们会把关注的焦点放在语言先天论者经常依赖的一个理论——“刺激贫乏”上；接着，我们会分析，为什么非先天论的相关争论没有说服力，比如，非先天论者认为先天论者用不切实际的、难以理解的论据支持这些争论。当然，非先天论者也承认先天论某些质疑是值得肯定的，但他们提供的证明结果经常缺乏关键的经验性内容，因为缺少这些细节，这些争论最多只能被理解为支持语言先天论的“演示性”争论。我们总结到，对语言先天论案例的重新审视，是通过对形式化学习理论的分析而进行的，这个理论使其更具实证性，同时也不容易被非先天论者轻易反驳。一开始，我们将会为读者展现出当代先天论者和非先天论者争论的历史背景，而后再进行具体分析。

一、历史背景

语言先天论和非先天论在当代的争论也很少有什么新鲜的话题。在很多情况下，它们不是对始于 17 世纪某些争论的深化，就是对某些争论的重新回归。在这些争论中，有一个争论可以追溯到柏拉图时代。在柏拉图的《美诺篇》中，苏格拉底描述的是一个未上过学，也没有任何几何学知识的奴隶小男孩的故事。[4]像柏拉图一样，17 世纪的理性主义者如笛卡儿和莱布尼茨也注意到：人类拥有的信息似乎比感知到的更多。当 17 世纪理性主义者把这些他们认为不经过学习就能获得的知识叫作天赋时，苏格拉底把这些多余的知识归因于对先前习得知识的隐性记忆。理性主义者认为，学习者是通过一些与所学对象相关的先天域特异性知识而完成学习任务的。所以，在他们看来，即使人类从来没有感知过上帝的存在，也并不妨碍他们对上帝是个一切完美万能者的认定；同理，虽然在现实中人们从未真正遇到过等腰三角形的样本，但这并不妨碍我们对等腰三角形定义的判定：它有两条绝对相等的边，这是因为我们天生就存有这些知识。17 ~ 18 世纪的经验主义者（洛克、贝克莱和休谟）认为，只有通过感觉经验这个唯一途径，我们才能获得这些知识，而且在对这个过程加以解释时，也会用到经验主义者有关普遍域推理学习机制的假设。

关于把经验主义和理性主义区分开来的原因，并不像一直认为的那样是因为经验主义者否定人类心智含有一些天赋性结构。[5]经验主义者曾经明确提出，人们设想的感觉器官和普遍域推理学习机制都具有天赋性。但是，和理性主义者不同，经验主义者不认为这些天赋性结构会对知识学习起到促进或限制作用，相反，经验主义者认为包含复杂意义的知识是由感觉经验构建出来的，在他们看来，并不存在对复杂知识的限制，我们应该用假设的天赋性推理机制把天赋性感觉机制的传递作用排除在外。然而，理性主义者对知识习得要依靠感觉传导等类似的归纳性总结持否定态度；在他们看来，知识的习得不是一个推理性过程，而是一个简单的从感觉经验发展到知识体系的过程。而且从理性主义者的解释来看，感觉经验在知识习得过程中的作用超过了经验主义者的设想：特定的感觉经验是为潜藏于我们心智中的、当前的特定天赋知识服务的。上面提到的这种天赋知识可以有效地制约人类对知识的需求，所以只有当一个人的心智中天生具备这种相关知识时，这种知识才能被习得。

在 17 ~ 18 世纪，理性主义者和经验主义者的所有口头论战和书面论战，结果都是不了了之，主要的原因是双方争论主题的含糊性，以及缺乏相应的实验性证明。双方都没有对知识的学习过程给出具体的解释。的确，对于“什么样的知识能够被学习、被熟悉”的问题，每一方都没有明确的、实验性的支持。同时，每一方都仅仅局限于对“感觉经验的哪个方面与特定种类的知识习得有关”这一问题相对肤浅的探讨。因此，双方对“感觉经验和推理性学习策略是否可以一起作用来促进语言习得”这一关键性问题，都无法给予确定的回答。然而，自从 20 世纪 50 年代末 60 年代初开始，现代生成语言学出现了。它的出现对上面问题的解释起到了促进作用。首先，语言学家为人类知识的特定领域（即一个人在习得自然语言时他已经具备的相关知识）提供了一种有根据的精确描述。其次，在生成语法的传统理念下，语言学家对发展心理学家的研究成果进行了研究，并试图对儿童在语言习得过程中的主要可用信息进行一个更精确的描述。最后，学习理论家成功地解释了下面的几个关键问题：普遍域学习策略是否像经验主义者宣称的那样，足以解释儿童为什么具有习得自然语言的能力；成功的语言习得是否像理性主义（现在也被认为是一种先天主义）宣称的那样，只有当儿童学习者具备了一定的先天域特异性语言知识时才能完成习得任务，而且这些知识还要能够对他们所学的语言层次起到限定作用（基于可能获得的原始语言数据）。许多探讨和争论，尤其是在语言学范围内的争论，都将焦点集中于“刺激贫乏”这一议题上，语言先天论者提供了大量的实验性支持来维护自己的立场，如乔姆斯基。

二、刺激贫乏论证

语言先天论者在证明“儿童若要习得语言，必须具备一定的先天域特异性语言知识”这一观点时，很大程度上都依赖于刺激贫乏论证（PoS 论证）。PoS 论证的议题多种多样，但最基本的议题是：当输入信息不足时，如果语言学习者不用已有知识对缺少的知识作出相应的、有意义的补充的话，它就不可能输出足够的信息。把这个观点运用到语言习得上，就是指如果我们同时考虑“语言学习者复杂的输出语言”和“相对贫乏的输入信息”时，我们就会发现学习者之所以能成功地习得语言，就是因为他们对该语言有了一定的了解。这里是乔姆斯基关于这个观点的著名论述：

> 很显然，我们每个人获得的知识都是一个丰富而复杂的体系，这些体系不可能仅被那些先天性的、片段性的东西所左右……然而，处于一个语言社区中的个体通常都只会运用一些基本相同的语言。这个事实也只有通过一个假设才能解释。这个假设是：个体都拥有一套严谨的规则，这些规则可以促进语法的生成。此外，人类并没有适合学某种语言或不适合学某种语言的说法……强大的规则一定操作并制约着所有的语言[6]。(Chomsky，1975：10－11)

我们应该对这一结论多加注意，但这并不是说这些语法原则知识就是天赋的；而是指学习者为了习得数据相对贫乏的知识、想要完成含有域特异性知识（这里指语法知识）的习得任务的意愿具有天赋性，这种天赋性可以促使他们在语言数据相对贫乏的情况下，也能习得任何自然语言。然而 PoS 论证对下面的几个问题一直保持着含糊的态度：“成功的学习者为完成学习任务所需的那些知识是否具有天赋性”；又或者是向一些人想的那样（如皮亚杰），“这些知识很早就被习得了，而且有可能是通过和语言无关的其他感觉经验习得的”。

那么，有关语言先天论的争论就不仅仅局限于从贫乏的语言数据直接推导出天赋语言知识那么简单了，而是会具体涉及两个过程：①从由数据贫乏而引起的 PoS 论证到学习者必须通过与要学的域特异性知识有关的机制来完成学习任务的过程；②学习过程中的先天性域特异性知识不是被习得的，是具有天赋性的，而且这个争论不属于 PoS 论证。因为如果真的像乔姆斯基所说的那样，天赋知识就是他提到的普遍语法，也就是一套对任何语言都适用的语法规则，那么这就会引来第三个争论，也就是这个天赋域特异性知识必须具备普遍语法具有的所有特征。

先天论者（包括乔姆斯基）曾一度出现只关注上面语言先天性论证中第一个过程的倾向，而这个过程只能证明学习者必须靠某些域特异性知识来完成学习任务。他们这样做并不是认为只有这个过程，而是因为他们认为在语言先天论的讨论中，比起经验主义者传统、顽固的否决，先天论者的这一争论过程似乎正确地意识到了域特异性知识的存在是语言学习至关重要的先决条件。只要经验主义者仍然承认普遍域学习机制能够解释语言习得问题，他们就不会认为语言先天论动机不明了。但是，如果他们承认域特异性知识的存在，就不得不去面对在无意识间促使他们向语言先天论靠拢的一个问题，即这些域特异性知识是怎样有可能被获得的[7]。

乔姆斯基本人对上面的问题所下的结论是：学习者在完成学习任务时，使用的域特异性知识是天赋的。也就是说，这种知识是从内部起作用的，而不是靠感觉经验获得的。这个结论是基于下面这些由于缺少理论根据而引起的争议得出的：

（1）针对域特异性知识的获得方式问题，目前尚未有建设性提议。

（2）在缺少建设性提议并且理论有限的情况下，以下的结论也可能是合理的：这类特定知识和其他种类的特定性特征一样，具有天赋性；也就是说，它具有基因决定性，因为“同其他生理结构的发展相比较，认知结构的发展应该被区别对待”，这样的想法显然是不合理的。

（3）因此，域特异性知识是天赋的这一提议是合理的。

乔姆斯基在回应皮亚杰的观点时，作出了有关理论贫乏的讨论。众所周知，皮亚杰认为语言习得的必要限制条件是“感觉运动智能构造”（constructions of sensimotor intelligence）：

> 在我看来，皮亚杰的结论没有任何依据。依我看，我们无需为解释语言的“感觉运动智能构造”而提出什么建议。同时，我认为即使有人解释了，这个提议也不具有理据性……“感觉运动智能构造可以决定语言等心理器官”的提议同“眼睛（视觉皮层）或心脏的基本特征是基于感觉运动智能构造而形成的”提议一样没有说服力。此外，当我们讨论心理器官的特殊性质时，只会引发自身的无力感。（Chomsky, 1980b：36-37）

先天论者关于“域特异性知识具有天赋性”[8]的另一种论证应该被称作“习得的不可能性论证”（impossibility-of-acquisition argument），它是指如果对自然语言的习得起到控制作用的域特异性知识已经为我们所有，那么它们一定是在语言或非语言的作用下被获得的。但仔细想想，在语言数据的基础上不能获得这种知识，因为即使提供了充足的语言信息，学习者也只有在扮演“小语言学家”的角色（即理解语言或者能够发现语言中的限制因素）时，才能从数据中推出相应的限制因素，而在假设中，学习者并不具备这种能力；在非语言数据的基础上，学习者也不能推导出这种限制因素。原因很简单，因为这种数据本身就没有呈现出域特异性的限制。因此，学习者不能获得这种限制性知识，所以这种知识必然是先天就存在的。考虑到这个争论是基于相关依据缺失而引起的，所以“习得的不可能性”争论也可以被看成 PoS 论证中的一类。而乔姆斯基基于理论缺乏的争论与此是不同的。但关键要点仍然是：“语言先天论”视角的 PoS 论证比“语言数据缺乏”视角的 PoS 论证更加普遍。

三、针对 PoS 论证的反先天论回应

在过去，先天论者一直都只对 PoS 论证中能够证明语言先天论的极少数、最具代表性的例子加以关注。其中，最重要的案例毫无疑问就是乔姆斯基有关一般疑问句结构问题的 PoS 论证，他认为儿童在已知语法规则情况下完成习得任务的

过程是结构依赖性的（这是基于特定的句法结构角度，而非某些非结构特征在句子中的位置顺序来定义的）[9]。乔姆斯基认为，在一般疑问句的学习中，儿童会听到如（1）、（2）这样的句子：

（1）The man wearing a jacket.

（2）Is the man wearing a jacket?

在这两个句子的基础上，儿童渐渐知道句（2）的构成是通过“移动”助动词“is”至句首而得到的。但当把（3）改为一般疑问句时，他们会准确地造出像（4）这样的句子，而不是（5），即使他们从未听到过像（4）这样的句子：

（3）The man that is standing on the corner is wearing a jacket.

（4）Is the man that is standing on the corner wearing a jacket?

（5）Is the man that standing on the corner is wearing a jacket?

在有限的语言信息下，儿童会认可（1）与（2）、（5）的同等合理性，但是即便这样，儿童似乎还是认为应该移位的是主句中的助动词。乔姆斯基总结到，学习者完成习得语法规则的任务是依赖于结构的，所以在构建一般疑问句的语法规则时，即使实验结果与这个规则一致，儿童也不会预先就知道以下的相关规则——“把第一个助动词移动到从句的前面”；所以，儿童也可能会认为这个规则是“把句中的第一个助动词移动到句子的前面”。因为这样的一个规则也可以同时与过去接触到的部分句子的数据一致，与“语法规则的结构依赖性”一致。

另一个关于 PoS 论证的经典案例是：①儿童英语学习者即使过去只听到或见到关于“one”指代一个名词的句子，但当他遇到“one”指代名词短语的复杂句子时，仍然可以推导出这个代词指代一个名词短语（见 Hornstein and Lightfoot, 1981）；②儿童英语学习者如果了解了自然语言的参数变化（如黏附关系、词序、零主语等）和语言的参数缺省值情况，就能够完成语言习得任务（如 Wexler, 1991; Gibson and Wexler, 1994）。

而反先天论者则提出了大量不同的（很有预见性的）建议来质疑 PoS 论证。他们中有一些人（如皮亚杰）愿意承认 PoS 论证的结论——学习任务的成功完成需要学习者具有某些域特异性知识；但他们否定这种在所学知识之前就拥有的域特异性知识是天赋的，而是认为这些先前的知识是借助非语言的经验获得的。另外，还有一些人承认 PoS 论证确立了域特异性知识的天赋性理念，但他们不认为它是以天赋知识的形式存在的，而认为它是以天赋学习机制的形式存在的。这个机制通过某种途径控制域特异性知识的学习。[10]然而，绝大多数的反先天论者都不愿意承认 PoS 论证的结论，当他们发现反驳 PoS 论证的先天主义理念很困难的时候，只能开始质疑 PoS 论证本身，即试图提供大量证据证明 PoS 论证不能建立如同先天论者宣称的那样的理念，如“儿童语言学习者在完成学习任务时，是依靠已掌握的域特异性知识和自身的喜好来习得语言的”。在大多数支持反先天论的学者看来，并不存在刺激贫乏现象，或许原因如下：①在某种具体情况下，学习者习得语言所需的数据并不像先天主义者所想的那样贫乏；②获得的语言并不像先天论者想的那样复杂；或许两者兼备。如果真的存在刺激贫乏现象，也应该是基于下面的情况：一个学习者除了能通过域特异性知识学习语言外，还存在多种弥补因刺激贫乏而引起的信息不足的方法。大多数反先天论者采纳第一种观点，认为根据实验证明，那些保证语言顺利习得的相关依据在学习相关知识的过程中就可以被学习者利用，所以他们的结论与先天论者的正好相反，至少从这个角度上看，先天论者并没有为刺激贫乏找出很好的案例。所以，考伊（Cowie，1999）、普勒姆和肖尔茨（Pullum and Scholz，2002）对发展心理学普遍认可的假设——儿童学习者只可能基于积极的信息来获得语言——提出了质疑。他们认为至少应存在一些“间接的”消极信息。[11]在反思了乔姆斯基有关一般疑问句的 PoS 论证之后，他们对此观点采取了否定态度，转而支持与其相对的观点。在他们看来：学习者在学习过程中，有机会接触到像（4）这样的句子，作为证明，他们指出《华尔街时报》上出现这种句子的频率较高。而且通过观察儿童语料库可以发现，儿童语言语料库中的这类句子也不见得比儿童学习语料库中的这类句子少。[12]所以，他们认为自己有足够的理由去否定这种结论，它（PoS 论证）只能表明儿童有接触到相关信息的可能性。反先天论者还通过质疑所学内容和语法的先天性特征来驳斥 PoS 论证，在他们看来，PoS 论证的预设是不完美的，至少是有争议的，所以我们不能相信基于这个假设的任何先天性结论。

事实上，质疑 PoS 论证每一个论据的出发点，都是针对输入数据和输出知识中的先天性特征的一种挑战。反先天论者很少宣称，他们已经证明出先天性特征的错误性，当然如果能够证明出来，那对先天论将是一个致命的打击；相反，他们会低调地表示，先天论者的证明过程并不能令他们满意。在反先天论者看来，先天论者对输入数据和输出知识的特征，以及对 PoS 论证的概述可能都有错误，但正是这种简单的可能性怀疑，使得人们认为语言先天论是不成立的，只有经验主义的某些形式才是真的。

反先天论者常常认为，PoS 论证的作用是试图转变非先天论者的理念。但这是不真实的，因为我们都知道：试图用 PoS 论证改变，本来就是认为 PoS 论证不合理且结论有可能错误的人的观点，显然是一种徒劳。即使反先天论者认为 PoS 论证合理并且接受了它，他们很可能还是不会转变自己的非先天论理念，主要有下面两个原因：首先，当先天论者在呈现这些争论之时，通常无法提供足够的实验论据来支持一些重要假设，比如，“什么是被习得的”，“习得内容的语言学论据是什么”等，所以促使反先天论者对这些假设提出了质疑；其次，就这些争论本身而言，语言先天论者并没有足够的证据来表明他们的论据在经验角度上是成立的，相反，它会给人一种被“微扰”（perturbtions）控制感，也就是说，它是对反映我们相关经验事实不确定性前提的一种重新调整。从另一个层面来看，鉴于我们对相关经验事实的怀疑，反先天论者对我们能否有足够的信心去接受那些基于不确切事实基础上的争论持怀疑态度。

那些借由缺少事实支持的前提条件得出的结论也缺乏范例和经验的支持，所以我们只能把这些争论看作一种验证性的争论——它只是试图为语言先天论者证明自己的观点提供一些论据。鉴于各种习得问题在理论和实验上的复杂性，想阐明下面的观点尤为困难：①当我们习得语言时，真正习得的是什么；②依靠什么数据才能保证应该习得的知识已经被习得；③包括先天性倾向等认知过程都会对习得起作用——但是仅仅依赖这个争论，我们是无法找到可以证明语言先天论的有力案例的。的确，他们甚至不能为下面这个最基本的观点提供一个案例，即只有怀有域特异性知识的学习者才能完成成功的语言习得。所以，只有在下面两个理论得以发展的前提下，我们才能扭转局面：①一个理论完备、事实确凿的先天论解释。也就是说，这个解释不仅可以解释先天论的那些假设，而且可以解释儿童在他们已有的数据情况下是怎样习得语言的。②经验主义者试图发展一种可以推翻先天论假设有效性的、理论完备事实确凿的理论在实践中遇挫。[13]

虽然在过去的25年中，针对自然语言习得的先天计算解释得到了长足的发展，但是，目前先天主义者和经验主义者都缺少理论完备、事实确凿的理由来终止这场关于语言先天性的争论。基于生成语言学的大量实验研究已经在着手进行了，其目的是能够用更准确的词语来详细地阐明当儿童习得语言时，他/她真正习得的是什么。而且近年来，对能够解释下列观点的概述的需求也日益迫切起来：可以被习得的内容一定是一种可以在儿童的学习环境下、在持有一定量数据的基础上得到的事物。同时在发展语言学领域有相当多的实验研究，证明出什么样的特定结构数据是可以供学习者使用的，还出现了正在发展着的“形式化学习理论”（formal learning theory）（下面将进行讨论研究），该理论试图对“学习什么”和“所学知识要基于怎样的数据才能使数据变成知识”的认知过程给予明确解释。[14]在这本章里，我们不可能对这项研究进行调查，但我们可以说，先天性假设在每个发展的关键转折期中扮演着重要的角色，它会加深研究者对其进行调查的欲望（见 Wexler，1991）。我们对 PoS 论证中的“在学习者习得语言的过程中，必须具备一种特殊能力才能促进习得任务的完成”观点进行了反思，这一反思指引着语言习得过程中计算解释的发展。在同一时期的心理语言学中，先天性假设一度统治了心理学语言研究，即使是非先天论解释刚出现时，人们对语言习得也没有一个似真的解释。在缺乏这样一种合理解释的时候，反先天论者开始集中火力大肆抨击先天论（一些人做着最后的抗争），采取的主要方式是：批评先天论者的 PoS 论证，反对特定的先天论原理，指出有利于非先天主义解释的研究成果等。因此，正如我们上述提到的，非先天论者对 PoS 论证经典案例的批评主要集中在证明：这些“示例性争论”并不能把非先天论这一派对语言习得的解释驳倒（见 Cowie, 1999; Pullum and Scholz, 2002）。我们也发现，PoS 论证对特定的联结主义架构（如一个简单的反复重现系统）是有意义的。它通常是针对这一观点而言的：在没有域特异性知识的情况下，学习者的特殊学习能力是如何得以体现的（见 Elman et al., 1996; Sharley et al., 2000）。同时，还有一个争论是：学习者是否可以采用一些随机程序来弥补刺激物的不足（见 Cowie, 1999; Pullum and Scholz, 2002）。虽然这些批评和研究结果本身具有某种暗示性，但并没有事实证据表明它是一种富有活力的选择。当然，这种情况也会改变，但就目前而言，还没有足够的迹象能够预示经验主义的复兴。也许对于反先天论者最明智的选择就是：当先天论研究纲领基于经常可能出现的、一定程度上影响研究过程的理论和实践压力而不得不作出细化和调整时，反先天论者能够取得这样的一致——语言习得的最终解释将无法被先天论者和经验论者同时认可，因为先天论者对某些术语也知之甚少。如果真是这样，即便反先天论者在证明先天论观点错误的过程中得到了些许安慰，但是哪方观点更加正确这一问题本身早已变得毫无意义了。[15]

四、语言先天论的形式化学习理论案例

在大约 40 年的时间中，乔姆斯基及与乔姆斯基一派的语言学家一直是语言先天论的主要倡导者，并且一直借助我们上面讨论的 PoS 论证来为他们的理论提供实验证据。与他们同一时期，有一个理论基于形式化语言理论和递推功能理论的交叉领域发展而来，它独立于经验性的生成语言学，属于数学式的探索范畴，这个理论就是“形式化学习理论”（FLT）。在过去的 25 年里，习得理论家开始大量使用 FLT 观点，希望在研究概念化的自然语言习得时，可以提供出有说服力的分析和像数学一样精密的理论框架。所以，在一些重要的习得理论中，现在也习惯性地以 FLT 理论为准则，而且他们通常认为，习得理论应该满足下面以 FLT 为依据的充分条件：

> 有证据表明，在用习得理论解释儿童学习者的学习过程时，人们有能力获得某种被假设的自然语言，而这种自然语言又恰好可以被儿童的语言习得所利用。

许多采用 FLT 理论框架的习得理论家，在该理论框架下的习得研究结果中，发现了对语言先天论的事实证据支持，并且证明它是独立于上述 PoS 论证的。目前，我们还不能详细地说明 FLT 究竟为语言先天论提供了哪些有力的支持，但我们能为这些支持提供一些主旨意义。

顾名思义，形式化学习理论主要是研究学习者在不同形式的语言环境下，在

面对不同形式的对象（语言、语法和理论等）时所呈现出的不同的学习能力。[16]我们可以通过下列的精确术语对这个模型进行详细论述：①学习环境（即确保学习者可以学到想学知识的相关数据）；②在学习过程中发挥作用的机能；③ 一个能够确保成功习得的标准，它决定了相应类别的形式对象（如一类语言），也就是说，它是指学习者通过发挥特定学习环境中的学习机能，可以促使自身习得某些特定标准的形式对象。[17]

FLT 的大量早期研究大多集中在对“戈尔德范例”（Gold paradigm）适用条件和概括性的讨论上，这个范例是戈尔德在文章《语言识别限定》（*Language identification in the limit*，1967）中提出的。在这篇文章中，戈尔德基于两种不同的数据格式观察出，人们学习不同种类的形式化语言的能力是有差异的；而且在某种程度上，这两种不同的数据格式可以被看作语言习得的一种严格识别标准。在文中，戈尔德对一系列重要学习能力的作用进行了研究，针对的主要是不可解的文本理论体系的学习。这是因为对于语言先天论者而言，对文本的理解和输入一直是认知科学中争论不休的话题。[18]关于 FLT 的后续研究集中在模型的三种参数上（即学习环境、学习机能、成功学习的标准）。学者们发现，即使是同一个参数，如果用不同的语言加以描述，形式化学习的结果也会有所不同。一些结论是在人们的预料之中的，比如，有可能存在这样一种语言习得形式，它既不能通过程序性的学习机能而被习得，也不能通过各种各样的文本而被学得，等等。然而，也有一些出人意料的发现，这些发现中的一些观点甚至和心理学的一些基本假设相悖［比如，“保守的”吃堑长智策略（learning-on-errors strategy）就是这样一种被广泛提倡的假设，它认为，只有在现有数据（对原有假设）无法解释的情况下，我们才能抛弃原有的假设，然而 FLT 认为这种理念是错误的］。[19]

这些不同的有关习得的研究结果，目前还没有被直接运用到当代语言先天论的争论上；而且这些结果本身也没有为语言先天论找到一个合适的论据。但是，它们的确可以为描述一种自然语言习得的合理理论提供概念空间，并且也为熟悉结果的研究者提供了一种微妙的意识——正如“直觉”对数学家的作用一样，它对定义语言模型的三种参数下的特殊语言种类的习得性也有一定的作用。基于这些认识，FLT 对语言先天论的有效论证也就开始了。

可以确定的是，特殊学习模型的三种参数的变化将会引起不同的语言学习结果，在对这种理论进行研究的基础上，FLT 理论家对相互联系的不同参数怎样改变才会影响语言习得的类别有了更清晰的了解。当他们在对语言学家认为的、具有可习得性的一类语言的特征进行研究的同时，他们也对其间的限制因素有了更为清晰的定义，在他们看来，一定存在这样一种限制因素，它可以执行学习者的习得策略并且预测新的假设。发展心理学家假设：在语言习得的过程中，即使儿童拥有了某些特定的数据，但是如果这些数据与实验相关的成功标准不相符的话，儿童语言习得仍然不可能实现。事实上，FLT 理论家早有过与此相类似的结论，比如，乔姆斯基在 PoS 论证基础上构建的观点。为了让人们了解知识是可以被习得的，一定要严格定义这些限制因素：成功的儿童学习者在完成学习任务时，一定具有与他们要学习的语言相关的重要域特异性知识，这些知识是以学习过程中猜想和假设中的限制因素的形式而存在的。

据上所述，语言先天论的 FLT 理论并不像考伊（Cowie，1999）和其他反先天论者所认为的那样——FLT 解释只是 PoS 论证中的一种。很显然，FLT 同 PoS 论证是有共通之处的，都可以为语言先天论提供某种概述——学习者要想成功获得某种自然语言，就必须要在某一类型数据的基础上进行，而儿童之所以能够习得语言，也是因为他们在完成学习任务的时候，已经具备了某种域特异性知识。但 FLT 论证并不像 PoS 论证那样会支持一些特定的细节化假设，这些假设有可能是关于语言学习者获得的语法知识特征的假设，也可能是对习得知识的语言数据基础的假设。正因为如此，以 FLT 为基础的语言先天论才不像 PoS 论证那样，在面对反先天论者提出的各种批评时显得那么脆弱；同时，FLT 论证也并非完全依赖于这些（学习者使用学习机制时所作出的）细节化假设，它依赖的是一个非常具有概括性的，有关习得知识特征、学习过程和学习机制的假设。

在面对反先天论者的质疑时，FLT 论证并不像 PoS 论证那样不堪一击。那是因为反先天论者将 PoS 论证的目标看作是对特定语法规则知识的解释，而这种知识很可能是在一定的学习条件下，在其他语言数据的基础上习得的其他语言知识。让我们重新审视乔姆斯基有关 PoS 论证的观点：在对一般疑问句的讨论中，儿童学习者要完成学习任务需要依赖一定结构的语言规则。当然，乔姆斯基的这个观点并不能排除这种可能性：这些一定结构的语言规则也可能是靠习得方式获得的，因为它们也许是儿童获得另外的语言知识时，在互通的潜意识交流中获得的一种相关语言知识。FLT 论证可以避免这种理论上的漏洞性，因为它关注的主要是习得总体语言（或语法）的先前知识，而不是简单特定的语法成分。

当学习模型被加入下列这些合理的、内容详尽的限定性因素时，语言先天论的 FLT 案例就变成了唯一具有更强解释力的先天论案例：①自然语言的可能性类别；②儿童学习者习得语言的学习环境；③学习者在语言习得过程中使用的认知能力（如学习策略、记忆力等）。FLT 理论家完全可以得出这样的结论：乔姆斯基的观点是正确的，即学习者一定会严格控制所学语言的种类，而且为了成功地完成习得任务，学习者必须提前熟悉这些限制因素。

重要的是，FLT 提供了如数学定理一样精确的理论框架，用这个理论框架我们可以解决“先天论结论在面对正确实验阐明时的不确定性”问题，而且它对下述问题的经验性识别也起到了很重要的作用：①学习环境；②学习机能；③成功标准；④自然语言的类别。在某种程度上，实验者可以通过（单个人或多人一起）改变①、③和④来解释（先天论）在面对正确实验阐明时的不确定性问题，进而得出结论：在特定的学习环境下，符合成功学习标准的特定种类的语言习得需要每个机能变量的参与。只有这样，FLT 先天性理论的经验性作用才能得以显现。虽然截至目前相关的研究成果还不完善，但是，基于形式化可学习的结论而提出的语言先天论案例——形式化学习理论，在经验论上还是很具有说服力的。简言之，在“参数已被定义的学习模型和自然语言类别”的经验可能假设下，“语言先天论是正确的”这一结论在很大范围内都具有稳定性。

五、结 语

总而言之，有五点值得强调：①语言先天论案例在 PoS 论证和 FLT 论证中都分别获得了不同的支持。②虽然这些争论并非是不可置疑的，但是与其他基于经验性前提而得出的争论一样，它们的前提也是极具说服力的。③由于这些争论的前提是能够被论据证明的，所以这些争论本身也是具有说服力和经验稳固性的。④儿童在学习语言之前，便具备了一定的域特异性知识，这些知识是天赋性的。⑤语言先天论的每一个命题都必须等到语言习得理论成熟，以及获得了实践支持后才能作出，而且这个论断也必须满足 FLT 理论，也就是说，儿童在语言习得过程中，必须具备某些域特异性知识，只有这样这种假设的学习过程才有可能获得经验上恰当并符合成功标准的语言。

注 释

[1] 关于语言先天论的经典陈述可以在乔姆斯基的著作中找到，详见乔姆斯基的著作（Chomsky，1966，1975，1980a，1980b，1988）。

[2] 关于这个观点的一个被认可的阐释见 Pinker（1994）。

[3] 见 Elman 等（1996），Cowie（1999），Sampson（1999），Pullum 和 Scholz（2002）及 Scholz 和 Pullum（2002）。

[4] 见乔姆斯基（Chomsky，1996）著作中有关 17 世纪争论的观点，同时见考伊的著作（Cowie，1999：63-66）。

[5] 见 Katz（1967：240-268）。

[6] 在早期的论述中，乔姆斯基是这样阐明这个问题的：儿童似乎只有从形式上对“这个深刻而抽象的理论——语言的生成语法是什么”有所了解后，才能开始语言习得。生成语法中有许多概念、规则同日常生活中语言推理的复杂过程是相关联的，但是这种联系是隐蔽的。考虑到……可利用数据的有限性……对于一个只了解语言大体特征的初级学习者而言，习得这样的语言结构的可能性是微乎其微的（Chomsky，1965：58）。

[7] PoS 论证的缺陷在于，它只想构建一种理论——成功学习者一定具有某些先天特定域知识，这给了许多经验论者批判它的口实：这个论证并没有获得其

预期效果，学习者还是要学习某些先天特定域知识，参见考伊（Cowie，1999）的论述。同时，它也导致了先天论支持者将“天赋”理解为“以前获得的数据”，只有用这种数据，学习者才能完成语言学习的任务，见 Nowak 等（2002）。

［8］见 Matthews（2001）。

［9］见 Chomsky（1975：30-33，1980a：114-115，1980b：41-47，1986：7-13）同时，还有 Lightffoot（1991：3－4）和 Pinker（1994：233-234）。而韦克斯勒（Wexler，1991）对 PoS 论证的态度与他们有细微的差别。

［10］从计算角度来看，一个实质性议题是否存在的主要依据是，这种知识是否具有实现的可能性。对这个问题持否定态度的大多数评论家无争议地假定了一种有关命题态度的表征主义理论（见 Fodor，1987）。根据这种理论，拥有某种命题态度（比如，知道 *P*），就是拥有了命题 *P* 的心理表征，而这种表征在认知中对这个命题 *P* 又会起到恰当的功能或因果作用。这种假设在埃尔曼等人的（Elman et al.，1996）著作中显得尤为突出，它反对所谓的“表征先天论”（representational nativism）。

［11］对标准假设持赞同态度，见 Marcus（1993）。

［12］进一步的讨论，见 Matthews（2001）及 Crain 和 Pietrowski（2002）。

［13］但是即使是这样，也不足以使坚定的反先天论者改变立场。即便科学史中有任何这样的暗示，反先天论者都遵从着自己的信仰。因为科学进程的研究者们更倾向于认为，科学的发展并非要让原来支持错误理论的学者来支持正确的理论；而是依靠一个旧理论的消亡、解构及新理论的出现、取代而获得发展的。

［14］Wexler 和 Culicover（1980），Berwick（1985）的观点是这一研究的早期案例。近期的案例有：Gibson 和 Wexler（1994），Bertolo（1995），Niyogi 和 Berwick（1996），Sakas 和 Fodor（2001），Yang（2002）。

［15］在这里，笔者需要特别提及的是普特南的观点，他并不赞同一位著名诺贝尔化学奖得主有关科学历史研究者的观点，在他看来，虽然“燃素”的存在从来没有被普里斯特里（Joseph Priestley）或其他人质疑过，但最终却发现所谓的“燃素”其实是原子价电子！

［16］一种语系的可习得性仅是当其中的每一种语言都是可习得的时候才成立，而一种特定的成功标准则是以这种语言的特定种类数据为依据的。

［17］关于这一问题的一个大概介绍，见 Feldman（1972），Valiant（1984），Kelly（1996），Jain 等（1999）。关于语言习得问题的应用，见 Wexler 和 Culicover（1980），Berwick（1985），Matthews 和 Demopoulos（1989），Bertolo（2001）。

［18］关于戈尔德的不可解性结论，以及其中暗示的对现代先天论者/经验论者争论的详尽解释，见 Johnson（2004），Matthews（1984），Demopoulos（1989），Nowak 等（2002）。

［19］见 Jain 等（1999），Osherson 等（1984）。

参考文献

Bertolo, S. (1995). Maturation and learnability in parametric systems. *Language Acquisition*, 4, 277-318.

Bertolo, S. (ed.) (2001). *Language Acquisition and Learnability.* Cambridge: Cambridge University Press.

Berwick, R. (1985). *The Acquisition of Syntactic Knowledge.* Cambridge, MA: MIT Press.

Chomsky, N. (1965). *Aspects of the Theory of Syntax.* Cambridge, MA: MIT Press.

Chomsky, N. (1966). *Cartesian Linguistics.* New York: Harper εt Row.

Chomsky, N. (1975). *Reflections on Language.* New York: Pantheon.

Chomsky, N. (1980a). *Rules and Representations.* New York: Columbia University Press.

Chomsky, N. (1980b). On cognitive structures and their development: A reply to Piaget. In M. Piattelli-Palmarini (ed.). *Language and Learning: The Debate between Jean Piaget and Noam Chomsky.* Cambridge, MA: Harvard University Press.

Chomsky, N. (1986). *Knowledge of Language.* Westport, CT: Praeger.

Chomsky, N. (1988). Generative grammar: Its basis, development and prospects. *Studies in English Linguistics and Literature*, special issue. Kyoto: Kyoto University of Foreign Studies. (Reprinted as On the nature, acquisition, and use of language, In W. Lycan (ed.), *Mind and Cognition.* Oxford: Blackwell, 1990.)

Cowie, F. (1999). *What's Within: Nativism Reconsidered.* Oxford: Oxford University Press.

Crain, S. and Pietrowski, P. (2002). Why language acquisition is a snap. *The Linguistic Review*, 19, 163-183.

Demopoulos, W. (1989). On applying learnability theory to the rationalism-empiricism con-troversy. In R. Matthews and W. Demopoulos (eds.), *Learnability and Linguistic Theory.* Dordrecht: Kluwer.

Elman, J., Bates, E., Johnson, M., Karmiloff-Smith, A., Parisi, D., and Plunkett, K. (1996). *Rethinking Innateness.* Cambridge, MA: MIT Press.

Feldman, J. (1972). Some decidability results on grammatical inference and complexity. *Information and Control*, 20, 244-262.

Fodor, J. (1987). *Psychosemantics.* Cambridge, MA: MIT Press.

Gibson, E. and Wexler, K. (1994). Triggers. *Linguistic Inquiry*, 25, 407-454.

Gold, E. M. (1967). Language identification in the limit. *Information and Control*, 10, 447-474.

Hornstein, N. and Lightfoot, D. (1981). Introduction. *In Explanation in Linguistics: The Logical Problem of Language Acquisition.* London: Longman.

Jain, S., Osherson, D., Royer, J. S., and Sharma, A. K. (1999). *Systems That Learn* (2nd edn.). Cambridge, MA: MIT Press.

Johnson, K. (2004). Gold's theorem and cognitive science. *Philosophy of Science*, 71, 571-592.

Katz, J. (1967). *Philosophy of language.* New York: Harper εt Row.

Kelly, K. (1996). *The Logic of Reliable Inquiry.* Oxford: Oxford University Press.

Lightfoot, D. (1991) . *How to Set Parameters.* Cambridge, MA: MIT Press.

Marcus, G. (1993) . Negative evidence in language acquisition. *Cognition*, 46, 53-85.

Matthews, R. (1984) . The plausibility of rationalism. *Journal of Philosophy*, 81, 492-515. (Reprinted in Matthews and Demopoulos (eds.) (1989) . *Learnability and Linguistic Theory.* Dordrecht: Kluwer.)

Matthews, R. (2001) . Cowie's anti-nativism. *Mind and Language*, 16, 215-230.

Matthews, R. and Demopoulos, W. (eds.) (1989) . *Learnability and Linguistic Theory.* Dordrecht: Kluwer.

Niyogi, P. and Berwick, R. (1996). A language learning model for finite parameter spaces. *Cognition*, 17, 1-28.

Nowak, M., Komarova, N., and Niyogi, P. (2002) . Computational and evolutionary aspects of language. *Nature*, 417, 611-617.

Osherson, D., Stob, M., and Weinstein, S. (1984). Learning theory and natural language. *Cognition*, 17, 1-28.

Pinker, S. (1994) . *The Language Instinct: How the Mind Creates Language.* New York: William Morrow.

Pullum, G. and Scholz, B. (2002) . Empirical assessment of stimulus of poverty arguments. T*he Linguistic Review*, 19, 8-50.

Sakas, W. and Fodor, J. (2001) . The structural triggers learner. In S. Bertolo (ed.) *Language Acquisition and Learnability.* Cambridge: Cambridge University Press.

Sampson, G. (1999) . *Educating Eve.* London: Cassell.

Sharkey, N., Sharkey, A., and Jackson, S. (2000) . Are SRNs sufficient for modelling language acquisition? In P. Broeder and J. Murre (eds), *Models of Language Acquisition.* Oxford: Oxford University Press.

Scholz, B. and Pullum, G. (2002) . Searching for arguments to support linguistic nativism. *The Linguistic Review*, 19, 185-223.

Valiant, L. G. (1984) . A theory of the learnable. *Communications of the ACM*, 27, 1134-1142.

Wexler, K. (1991) . On the argument from the poverty of the stimulus. In A. Kasher (ed.), *The Chomskyan Turn.* Oxford: Blackwell.

Wexler, K. and Culicover, P. (1980) . *Formal Principles of Language Acquisition.* Cambridge, MA: MIT Press.

Yang, C. (2002) . *Knowledge and Learning in Natural Language.* Oxford: Oxford University Press.

第六章　论语言的天赋性

詹姆斯·麦吉尔弗雷（James McGilvray）

一、引　言

肖尔茨和普勒姆在本书中（第四章“非理性先天论的萌发”）重述了当代语言天赋性方面的一些争论。先天论者对“‘感觉基底’是通往语言学习的方法”这一观点持否定态度，而肖尔茨和普勒姆对先天论者的这种态度表示遗憾；特别是他们建议我们应该多关注纽波特、阿斯林（Newport and Aslin，2000）和刘易斯、埃尔曼（Lewis and Elman，2001）的著作中有关语言学习方面的研究，因为其著作都提到了统计分析在语言习得中的重要作用。这似乎是说肖尔茨和普勒姆是通过“感觉基底”来获得心智的。

笔者要做的就是，让一些关注自然语言及其习得的学者（如乔姆斯基）的思想服务于笔者所提倡的理论——一种“理性主义”研究程序[1]。肖尔茨和普勒姆的建议有助于笔者达成所愿，因为在笔者看来，纽波特、阿斯林和刘易斯、埃尔曼的著作区别甚大，前者可以被理解为一种对理性主义程序的贡献，而后者则大不相同，他们的目的是经验主义。这种区别的意义重大。

笔者认为，语言天赋性问题应被看作一种选择性事件，它可以为语言科学选择出最富成效的研究程序。这是一个经验主义问题，它只能被有可能产生出最好理论的程序或自然主义的语言理解所左右[2]。很明显，乔姆斯基的理性主义选择是或曾经是这样一种理论（Chomsky，2000，2005）：将语言看作对自然主义科学的探索，并且使用同样的方法来研究物理学和生物学，将思想语言当作一种自然实体、一种器官，他认为这有助于将日常语言上升为一种器官的生物自然本能。这就需要将语言的天赋性思想当作一种内在的生物机制来看待，这种机制为儿童心智的形成建立了一种语言生成和发展的内在判定标准。这个生物机制选择的输入信息是依据它的嵌入式关联性标准而定的，是要“视”其模型和元素而定的。它同样会为语言的日常发展过程设置一个议程表，使其成为一种个体的语言感知和理解，甚至产生出无限的语音和语义。这种机制是依不同的发展过程而定的，又是基于某些特定因素而生的。一种发达的语言器官是儿童的I-语言（乔姆斯基的术语）；一个拥有这种器官的儿童将能够使用某种语言并且“意识到”它。总而言之，内在机制选择数据、提供选项、控制协调和发展，因此它决定着I-语言出现的生物可能性空间。

纽波特和阿斯林（Newport and Aslin，2000）提出的一个研究程序就包含着这样一种语言天赋性思想。他们并没有认为心智是虚无的，而是将其看作一种数据分析设备；他们坚持认为，心智一定有一个“硬件”，它以某种特定方式运行着数据分析。特别是他们并不认同语言发展对于儿童理解外部指引和控制方面的作用。他们首先关注的是，在一个语境或语言发展情境中，儿童心智究竟是如何产生信号的。这是典型的内在先天论者的观点。如果它证明出心智在音节构造、词语界限和参数选取的组合输入方面执行的是数据分析（Yang，2002，2004），那么就能探寻到儿童心智究竟是如何完成语言习得的，即在相关时段内如何获得一种语言。纽波特和阿斯林认为，他们的研究可能会逐渐减缓非数据型分析的发展，这就好比告诉一个聋小孩，他的名字叫西蒙一样。其实认知机制在执行数据分析时也包含着内在的先天论观念。

刘易斯和埃尔曼（Lewis and Elman，2001）对此持有不同的见解。不论在方法论、研究目的、语言是何种“实体”方面，还是在儿童心智的本质方面，他们都认为，语言的兴趣在于阐明习得不应该只通过数据分析获得，而是应在外部的指引和控制下通过数据抽样和语言学习而产生，这一观点假定内部信号选择和器官-设置（在语言学习过程中）没有或极少能够起到作用。在他们看来，语言不是大脑中自然形成的自然实体，而是儿童通过数据识别模式进而产生摹本的一个社会存在物和儿童语言使用惯例[3]。作为心智模型，他们提供了一种可检验的简单循环网络（simple recurrent networks，SRNs）。而且刘易斯和埃尔曼断定（Lewis and Alman，2001），如果这种假定是正确的，那么这种证明本身就可能包含着一个 SRN——通过实验者进行大量数据选择，它的目的是用某种方法预测词型和词序，这种方法可以是一种规则的模型式“预测”，比如，将辅助词前置（AUX-fronting）就会出现一个问句（举例来说，在英语中，将 The horse that Mary is fond of is in the stable. 这句话的主句助词提前，就形成了这样一个问句 Is the horse Mary is fond of in the stable?）。他们的言辞表明了其坚定的经验主义立场：语言是外在的、被制造的客体——用乔姆斯基的术语来说就是 E-语言。SRNs 只包含着极少的内部器官-设置能量［也可能只是实验者将“语境层”（context layer）中的数据式算法调整为“正确的”输入而已］，他们被实验者而非机器有选择地输入；当他们产生“正确的”预测时，他们便懂得了何谓“学习”。在语言上，他们集中研究行为群，希望获得一种设备以便模拟这些行为（以形成正确的“预测”）；他们的要诀就在于模拟，这些行为者所体现的也只是单一的说话者群体，而非所有地方的所有人。在某种程度上，SRNs 的支持者可能会通过 SRN 实现这一点；但是，无论他们怎样费尽心思地要让人们相信这种设备是在“说英语”（汉语等），这种努力都是徒劳的，我们还是不明白一个儿童究竟是怎样习得一门语言的。

二、联结经验主义错在哪里?

为什么?他们错在哪里?一方面，笔者将重新审视他们将“一种语言看作一个行为群”的这种观点。另一方面，笔者主要依赖外部的渠道和控制来说明这一问题。在刘易斯和埃尔曼（Lewis and Elman, 2001）的著作中，他们通过“英语式”辅助词提前得到问句的案例试图使我们了解：SRNs 能通过语料库的集群训练展现出来[4]。在他们看来，SRNs 可能会在大量训练之后，产生一种在连锁反应中下个要素是什么的可信赖预测，这种训练可能是一些简单的重复“循环”（它是指人们依据某一“语境层”上的“程序”所储存起来的看法），它可以通过三个阶段的训练而获得。一些人可能会对大量重复训练对儿童学习的必要性等类似情况产生怀疑，但是这并非笔者关注的重点。笔者承认 SRNs 和集群训练产生的情况不会无缘无故地提供有关（从句、短语）结构的信息，且这些结构如果不是从这个刺激机制中提取出来的就更不可能了。笔者的观点是：如果一个 SRN 不仅是在刘易斯和埃尔曼的连锁集群过程中被给出的，也会在一个儿童所遭遇的经历中被给出，那么在语言发展的恰当阶段，这个 SRN 就能够决定与这一连锁反应相关的自然语言的“输出”部分吗?即使这个输出是按照“将主句辅助词提前成为问句”的结构原则而进行操作的，这就是可行的吗?刘易斯和埃尔曼（Lewis and Elman, 2001）认为，任务导向型（task-devoted）SRNs 会通过特定数据组提供的训练三阶段来进行追溯，它们需要得出这样的结论：这些实验能够在各个阶段都进行正确预测，然而前提是这个重复过程必须足够多。一个 SRN 给出的庞大通信数据群最终（在某种程度上）“解决了”这个问题[5]。但是儿童们的数据无法被导出，他们不会有分析能力；他们的思想只是在遵循这样一种机制：选取、管理，最后发展成为一种模式。

在短期内，儿童们可能会获得各种原则——语音式的、语形式的、语构式的、语义式的，但是并非所有的这些原则都如辅助词前置那样透彻、明了。在使用多种语言的环境中，人们需要两种或多种原则配合才能完成，否则就需要全部改变。从表面上来看，即使没有或极少有训练和引导，他们也能完成习得任务，因为他们的父母、其他儿童和在这个环境中的其他说话者，并没有给他们一连串的数据用来维持他们的这种“习得”。在某种程度上，这些规程是：为了能使特定的语言反映出它们所处环境中存在的预测性数据分配而形成的原则（Yang, 2004），但是那不是刘易斯和埃尔曼要让我们相信的那种获取语言的方式。在这里，理性内在主义者的观点似乎更加合理：儿童的大脑（但并非将儿童作为一种器官）一定提前就“知道”了“选择空间”不是单一的，而是面向任何自然语言的。儿童的大脑需要了解究竟什么原则是他们必须知道的，何种选择是可以进行的，要获得这个原则需要明了是哪些类型数据并进行何种——与此相关的——

决策。儿童的心智不会依赖其他说话者的传递方式或协调能力来习得语言，他们有自己的生物性系统，它“包含”着在任何自然语言中都适用的原则和决策，在儿童的大脑里有一个内部数据-选取和决策-确立设备。

如果我们能被给予足够的时间并拼尽全力进行研究的话，我们就有可能告诉联结主义经验论者：SRNs是通过外部指引进行拓展的，任何数据分配都可能在一个很大范围内的信号群中出现；只要这种信号群是通过英语-显示的方式来产生行为集的，这样一些判定或其他人（由这些人决定被判定者）的说法就能表明他已经学会英语了。对于理性主义者而言，会有人告诉他们这样一件有趣的事情：诸如此类的程序会产生一个思维机器。但理性主义者看到的却是：这个行为是“通过”运用心智产生的。所以，对于大多数英语学习者而言，除非他们是要向读者表明儿童发展中的SRNs思想史，而且这一过程也要同联结主义经验论者告诉他们的一样，否则这对自然语言科学和语言究竟如何发展等问题是没有意义的。这对软件工程师试图制造“谈话”机器人倒起了不小的作用，但这二者的差别是巨大的。

一些人试图探寻：儿童的大脑究竟是如何获得一门语言的。他们进行的实验很有趣，比如，他们似乎想要利用数据抽样“搜寻”与语音相对应的最小范围，并“追踪”其在构建参数选项上的可能数据范围（Saffran et al.，1996；Yang，2004）。前者是指大脑中的一个设备能够在类-语言信号中找到其对应的最小范围。这很有趣，因为只有儿童的大脑会自动认知模型和与其相关的事物。特别要指出的是，对于儿童自动认知的检测至少是双模态的（包括听觉和空间上的交流和信号），而且一定是运用某种成长控制的检测模型系统来对早期语言生成模式进行开发的——咿呀学语（Petitto et al.，2000，2005）。一个数据抽样系统——它可能位于某个高阶脑回（gyrus）中——是如何完成这项任务、确保有机体中含有心智的呢？人类心智对于这些模式好似只是在“观察”，那么他们是如何“知道”怎样使用这些模式的呢？其中一定有某种选择和控制机制，它是专门为这类信息“准备”的，通过对它的“搜寻”和（在这种感知中的）选择，最终快速地将其运用到交流和信号中去（Petitto，2005）。

接下来我们会对这一问题进行思考：儿童心智可能会在一个可追溯的可行数据范围中建立参数，这个过程可能会显示出心智对相关事物的“预期”。儿童在开发英语时，有时会产生不被英语语法认可的结构。这些错误只会慢慢消失，而不会突然不见。这表明有些事物在儿童的经验中不仅会对“选择”起到作用，而且有利于参数顺序的建立，比如说，资料的数据分配。严格来讲，这个过程不是随机的，但是儿童的心智会受到其他自然语言中可能性约束条件的限制。儿童对英语的开发应该集中在2岁零7个月这一阶段（根据每个人的学习会有所差异）（Crain and Thornton，1998），这时他们会说出What do you think what pigs eat.——这样符合德语方式，但却不符合英语习惯的句子。或者说，一个儿童可能产生主语丢失（pro-drop）或主题丢失（topic-drop）的结构——它符合某些语言（意大利语、汉语）的特定情形，但却越出了英语的范围（Wang，2004：254）。这个选择空间似乎是封闭的。唯一的可行性方案只能是假定：即便他们有能力进行数据抽样“选择”，但在他们的心智中也只能有唯一确定的选项——乔姆斯基学派术语，即参数。

更有甚者，据实验表明，一个3岁半的儿童就可以说话或者已经有一个整体意识了，他/她可以协调语言知识并与其他人交流和相互理解。他/她也已经获得了相当的词汇量。已经有证据表明，他/她在成长过程中的理解能力超过了制造能力，相关的例子可参阅对肖尔茨和普勒姆“刺激贫乏论证的经验评判”（Scholz and Plullum，2002）的回应一文。皮托斯基和克雷恩（Pietroski and Crain，2002，2005）表明，这个年龄段的儿童会对一些负面词汇、低级需求环境、消极阅读、句子的具体含义有所了解（至少了解其中一部分或是全部了解，不会有例外）。综合上述内容和格莱斯的经济原则，我们可以看出，儿童对何时或如何建构专有性（exclusively）（你已经有一个蛋糕或一个派了）和包含性（inclusively）（如果简已经邀请了女巫或男巫，那你就必须留下）已经有了自己的理解。知识一定是复杂的，因为我们只能通过假设来理解它，并同与它相关的信息和控制它的原则共同形成一种（虽然并不被期望的）连锁反应，即句法-语义信息程序包。有趣的是，这种程序包会通过积累儿童心智获得的相关数据得以发展，但是（单纯的）语句性阅读是个例外。

通过这个或诸如此类的事实，加上一个限制性的选择范围，再加上选择机制的需要，我们可以判定学习中的儿童需要一个选择和控制机制。即普遍语法——已经被列入了人类的基因组中——加上其他发展中的系统和限定条件。笔者将这种总的选择和议程建立系统称为“UG +”；UG + 会考虑所有相关内容的数据选择，它不是为了获得一种语言而确定的发展过程，而是为了人类能够生成的所有语言可能性而形成的一种发展过程。如果没有 UG +，对于不同人种间为何能够进行语言习得的选择、计划和协调是无法解释的。儿童不是生活在实验室中的，说话者群体也不会这么做，他们都不会受到数据流的控制。生物学、普通物理学和信息聚集原则（information-gathering principles）（见 Cherniak，即将发表）是必要的。所以，我们不应该说学习语言，而应该说开发语言。

联结主义论述的另一个问题是缺少关联性。毫无疑问，数据抽样在视觉习得中也占有一定地位，但是刘易斯和埃尔曼的心血都凝聚在数据分析上了，他们没有考虑到，当一个人希望解释这样的问题时，儿童的大脑究竟是如何发展成可视并具视觉差异的，他应该如何去做。对于视觉，科学家简单地将其假设为是器官的生物化构造，认为它是被控制机制所引导的，其中一些机制是遗传编码。比如，Pax-6 基因已经被发现可以在多类种族中引导视觉的发展（Callaerts et al.，

1997）——而它自己也被 Notch 基因①（Onuma et al.，2002）所控制，普通物理学的约束也可能起到一定作用——它对骨骼、整体结构发展（Thompson，1917）、神经元轴突联结长度等都会有影响。无疑，确定的输入是物理的、信息化的，但同时选择和控制机制也表明输入是关联性的。事实上，它们是服务于内在的而非外在的生长规则和数据关联原则的。先天论者说，我们也可以提供一个有关语言的类似陈述，当然，对于语言而言，一些发展过程是被认可的——比如，法语、斯瓦希里语、米斯基托语等，所以内部系统被认可的原因是由于它能够选择——用现在的话来说就是拥有参数。这是题外话，用词汇术语（它不是一个先天论理论可以应付的）和语法本身（地融合[6]）来忽视“索绪尔任意性”②（Saussurean arbitrariness），可能既协调又简单（Hauser et al.，2002；Chomsky，2005）。

最后，联结主义的硬件和约束“链”中还存有一个问题。在这一阶段中，它过早地承认了联结主义经验论者所坚持的、将人类大脑类同于 SRNs 的假设，所以我们应该很严肃地来审视刘易斯和埃尔曼所建议的大脑学习语言的证明作用。理性主义者趋向于科学语言而非硬件/客体化计算机语言，并非一个意外，也许将来会有所改变——但遥遥无期。在这个阶段要了解大脑是什么并非明智之举，更不用说要了解大脑是如何“连接”理解和生成语言的了。基本上，我们真的不是很了解——通过（典型的）单一-追踪视觉系统所显示出来的东西，它的哪一部分是由基因控制的（Pax-6，Notch……），或者谁又知道物理发展的限制起到了什么作用；没有一个人会确切地知道它是什么、如何获得或者什么时候能够获得。是的，我们是对大脑及其一些相关事情有所了解——虽然在这个范围内几乎没什么是有关语言的，但是我们知道也仅是语言的大概数量和它的发展趋向而已。

最后这些内容——特别是一个人有关视觉系统成长的相应知识——给了我们一个阐述语法原则和语法参数的机会。它出现在 20 世纪 80 年代，近年来，随着乔姆斯基的宣称——“简约主义”（minimalism）已经消除了“核心语法”（core grammar）带来的影响——而逐渐发展起来，他认为核心语法是语言先天论中的一种明显不合理性。这种不合理性是乔姆斯基的早期观点，比如，在他 1965 年的著作中就有所涉及。其中，语法的天赋性被假设为一种通过可能语法而表现出来的“格式”，以便在现实中进行可能性习得，我们必须假设儿童心智先天就被赋予了一种以便构成这种格式的、“丰富而善于表达”（Chomsky，2005）的语言-特异性原则集或元素群。参数改变了这一切。豪瑟（Hauser et al. 2002）和乔姆斯基（Chomsky，2005）曾指出过，那些基于语法而出现的语言-特异性和遗传规

① Notch 基因最早发现于果蝇，通常被定义为跨膜受体 Notch 蛋白的编码基因，它是产物介导细胞分化的抑制信号，参与 T 细胞的分化和发育。——译者注

② “索绪尔任意性”也就是“索绪尔语言符号的任意性”，在他看来，任意性是语言符号的根本属性，这一观点最早出现在《普通语言学教程》（1916）一书中。——译者注

范性可能是相互融合的，很明显，这种融合是人类独有而其他有机体没有的一种计算能力。乔姆斯基（Chomsky，2005）宣称，这是语言成长的“第一要素”。参数可能被写进了我们的基因中，但是它们也可能被写入语言发展的其他要素中，乔姆斯基（Chomsky，2005）称之为“第三要素”，包括数据分析的总体原则和（可能是最主要的）“结构机制和发展限制原则”（它可以限定方向、建立和开发有机模式、为进行有效计算做准备等）。所以，如果“语言特异性”意味着“参数被写入我们的基因”（第一要素），而核心语法就是语言特异或独一无二的（Hauser et al.，2002），那么可能只有（将其）融合才能真正地被写入我们的基因中吧。另外，语言发展的整个过程——核心语法、概念和声音的生成——都是生物性的；I-语言是被成长过程所控制的。当然，这里一定有输入（“第二要素”）。但是，输入什么、何时输入和怎样输入是由内在生物系统所决定的（第一要素 + 第三要素 = UG + ）[7]。

那么，UG + 是一个单一的系统吗？它是一个内在生物性选择项或一种有机建构设备吗？生物可能性的人类视觉系统群是被组建起来的，生物可能性的人类语言群也应如此。如果你认为一个人的视觉是一种生物系统生成物的话，那么你也应该会同意一个人的I-语言是一种单一系统的生产物。

三、表征、语言知识、天赋的内容

在本章的其余部分，笔者将会重述先天内在主义者的语言研究程序这一基本事件。首先，确立定义，给出笔者认为合理的天赋性概念和语言知识概念。其次，通过回顾相关的观察基础，导出理性主义（先天内在主义者）的语言研究程序，笔者将会解释为什么内在主义和先天论的策略才是最佳选择。这些观察基础是由乔姆斯基发现的，他将其称为“语言使用的创造性内容”和“刺激贫乏”观测。第一点很容易被我们忽视，即使没有被忽视，它们及其含义也容易被误解。第二点和它们的含义通常仅会被误解。

说到天赋性和语言知识，笔者将从肖尔茨和普勒姆对“有内涵的”和“结构上的”语言表征的区分（本书第四章）谈起。他们认为，有内涵的表征只表示语言知识。假设一个结构性表征指代着某物，比如说，乔姆斯基的融合（包括内部的和外部的），内在理性主义者坚持认为它是语言知识的一种格式，其“信息”与结构是如何被构建的相关，从中我们可以得出：表达是如何被示意的。如果说递归性和循环性是语言知识，那么WATER这个概念——可能对于肖尔茨和普勒姆来说是有内涵的——就应该包含着水从哪里来的信息。语言知识包含的任何信息都是与语言的求导/计算相关的，这种信息会提供与其他系统的“连接点”。大多数这类知识都被认为是天赋的。

人类思想的不确定性来源于直觉，“心智具有天赋性语言知识和信息”就是这样一种思想。直觉是一些与思想和知识相关的事物，这种感觉是基于对事件、特性、事物类别、语义价值等东西——所有这些都在表征之外——的一种限定性的、科学的描述[8]。一些语言表征的假设性目标常常会被贴上“内涵”的标签，语言表征过去常常被认为是“有内涵的”，这是相对于关联到的、外在于它们表征的一些实体或属性而言的。如果它们在这种层面上是有内涵的，那么它们就“属于”或“关于”或“指示”或“涉及”某些事物或属性。福多（Fodor，1981，1998）曾遭受过内在理性先天论者的批判。他们认为，福多是在用人类的某种需求使得语言表征理论必须担负起处理世界或心智之外其他事物的重责，以至于根本无程序或理论可言了（Pietroski，2002；Hornstein，2005）。然而，放弃这种责任，并不意味着一个人就没有天赋内涵的观念了，人们会通过存在于语言表征句法中的信息/知识给予它意义，因为天赋性是一种大脑生物机制中的“可预测性”事物。

内在先天论者并不否认——没有人能明确肯定——这种观点：人们有时会用（说）一个句子来关联于外部世界，或者一个错觉中或概念里的世界，或只是世界的构架等。笔者可能会使用这样一个句子：

小布什在华盛顿。（Dubya① is in Washington.）

哈姆雷特在丹麦。（Hamlet is in Denmark.）

来与外部世界进行关联，通过对这两个句子的强调来表明笔者知道小布什在华盛顿而哈姆雷特在丹麦。但是，这是一个笔者运用句子或词语与世界相关联的事件，而不是在笔者头脑中借由一些自然描述的“属性”（ofness）（指示、关联）来对小布什、华盛顿进行整合的事件，它表示的可能是一种“存在性”（in-ness）或“我知道什么”。这是一种与人相关的、运用内存的信息语言工具来进行关联的事件。人类的行为没有科学性可言——或许从来就不曾有过。如果依靠人的行为来表征世界（或者表征其他某物），那么外在表征内涵理论就永远不可能出现了。但是，因为语言表征内涵这样的信息可以通过语言系统的“连接点”获得，所以从内在和本质上来看它们就具有“内涵”了。

表征需要的并不是其他事物的“属性”实体。说“心智的某部分可以通过一种名词短语（noun phrase，NP）来表征”，就是说心智的一部分是处于一种NP类情形中的。这种情形——和任何其他种类的语言情形一样——被某种心智天赋或语言天赋理论所描述。所以，表征是被（受某种理论“影响”的）内涵性而非（作为事情或属性存在的）目的性加以描述的。在这种意义上，虽然人类可以用表征来表述某物，但是表征并不是任何其他事物的属性，真正有用的是其内部所包含的信息。

---

① 64岁的共和党人布什被戏称为Dubya，因小布什经常将W发音为“dubya”，故人们用此昵称嘲讽他的得克萨斯口音。——译者注

尽管如此，就另一种“表征属性”而言，作为NP表征的心智的一部分/一种元素/一个事件，也可能会被认为是“存在一个NP（或诸如此类）的表征”。古德曼在他的书籍（Goodman，1967）中提出过这个观点：如果一个人想要成为一名唯名论者，那么他要知道如何处理语言意义这一问题。其实在1952年以前他就开始关注这个议题了。在对自己作品进行探究的过程中，他认为即便是给唯名论和人们提及的一种外延概念以某种约束，将一幅画当作珀伽索斯（Pegasus）的画作来思考也是很有益处的。我们将珀伽索斯的画（picture of Pegasus）理解为珀伽索斯画作（Pegasus-picture），这是一个界定画作的事件，但并没有表明它和非存在事物的关系；古德曼将这一事件称为“表征”说明——它可以算是一种界定画作的方式。类似地，他认为语言也可以用这种方法。“离开这间存储室”的意义对于在世界某处的人而言并非一个事件；而就“离开这间存储室”这句话而言，它却是一种句法实体的表述，也就是说不论它的特征如何，它都是一种句法实体[9]。

有人可能会说，古德曼的语言句法概念是当他意识到句法处理特征主要“在于”一个“词语”时提出的，这是对其的少数正面回复之一，我们还能做得更好。乔姆斯基认为，一个语言理论中的“词语”的“内在”部分，会出现在内在语言连接点上。特别是在语音和语义特征上，“词语”提供的信息“建构”了头脑中的其他系统。句法理论指出了这种信息是什么，并通过一个内在器官来阐述其含义，它可能会生产出一些存在于潜在无限句集格式中的信息。在目前的术语中，语言学含义（语义信息）是SEMs；语言学声音是PHONs。所有在SEM和PHON中的信息本质上都是这些语言的表征——它是“内化”于某个PHON或SEM的。语言句法理论提供了一种古德曼意义上的句法含义理论，即一个在SEM中的句子提供的一种句法类型。这种内在句法程序野心勃勃，它试图描绘任何时间的任何自然语言说话者头脑中的、任何可能出现的声音、含义和结构，以及它们是如何被整合起来的，其具体描绘方式是：这种语言是什么和它们是如何成长的。

如果一个人足够细致，那么这种不可再现性的表征概念也有可能被认为是一种心智，它是人类头脑中的生物状况或事件表征出的一种计算思想。这就是说，不管它们是通过何种方式被具身化的，我们都能够认识到“机制”可以实现一种求导或计算。自然语言理论的语言学构架，运用了某种语言句法（计算）理论描述了这种机制——很可能是生物机制——的多种状态和可能性构型。这似乎是说，当乔姆斯基将一种自然语言理论看作是一种在抽象层面上描述的生物学（特别强调，多种基础物理学和信息-程序的要素会约束和引导语言发展）时（Chomsky，2005），他的头脑中就早已存有这种想法了。

现在的关键是，如何考察自然-语言“思想”、信息等事物是具有天赋性的。这些事物的成长和发展都依赖其自身的器官。I-语言的天赋性——它的信息涉及混合元素、递归、结构、声音和含义——是指语言句法、用于选择和引导其自身发展要素的一种天赋性，这是一种生物系统的天赋性。如上所述，这种全局语言发展理论（UG+）认为，人类语言具备一种生物可能性。一个特定的人在一个特定的发展阶段（他或她的I-语言阶段）中，他或她的头脑中会产生一种想法，即一些事物对他或她来说似乎是唯一的（比如，词汇术语、参数构造等），从而产生了许多不同种类的I-语言。然而这种生长理论也表明，任何发展阶段都可能会成为这个特定阶段。

天赋性概念最早出现在卡德沃斯（Cudworth，1688）的著作中，当然这时它还未被正式提出。笛卡儿的天赋性概念太消极，因为它是一种意向性术语，这也是它与生俱来的顽疾。卡德沃斯，这位17世纪剑桥柏拉图学派的学者似乎做得更好些。在他看来，人类心智有一种“天赋的认知力量”，当它感觉被“需要”时，它就会制造出一种必要的思想或概念，而后就将其放置在记忆存储室中。他建议我们对这种预测性［他称之为“预期”（prolepsis）］力量加以思考，究竟要具备什么它才能预测呢？这对于UG+来说是一种好的隐喻，它使UG+的发展进入了一种特殊的、相对稳定的状态，I-语言是指儿童语言天赋的发展会预测语言将来的可能状态，这种天赋力量包含选择相关数据、容纳不同选项和确定潜在的成熟状态等。UG+类型理论描述的是一些具备了获得和制造语音、含义和复杂表情的能力，而UG+“专指”其中计算方面的内容。许多I-语言在这种机制中都是可预期的，因为它们是天赋的。

天赋语言知识到底是什么？有人说，拥有一种语言就是指拥有了一种巨大容量的信息（在一种非目的性感知中），这种信息可能是产生在一种无限大的环境中，被一种意义群和声音规范所建构。一些人可能会赞同这种观点。但是内在先天论者还有自己的看法，他们认为，所有知识都是——作为一种I-语言——被包含在生长系统UG+中的，它自己一定也是天赋的，这样便于使它能够发现自己究竟是什么，从何而来，又何时产生。如果我是一个古代的美索不达米亚人，那么我不会“生成”REFRIGERATOR（冰箱）这种概念；但是我们会很快意识到我们需要它，那是因为我们被赋予了一种预期它的天赋觉察能力和一些我们需要的其他能力。

四、内在先天论程序：对语言创造性观点的回应

当我们试图弄清一个人为什么应该适应内在主义或先天论研究策略时，刺激贫乏（PoS）事实成了众人关注的焦点。然而，还有一些其他很容易被人忽略的要素我们也不能忘记，特别是乔姆斯基的“语言使用的创造性”（creative aspect of language use，CALU）观察法。它认为，如果你希望获得一种客观的语言科学的话，那么就需要你认真观察我们的语言究竟为我们提供了什么，而不是

去试图构建一种使用理论；它反对莫里斯等人（Morris et al. 2000：7）提出的一种名为“用法基准习得系统”（usage-based acquisition system）的观点。

CALU 观察法关注的是，人们通常是如何使用语言的。观察者们可能是任何人，即使这个人的语言使用率有98%或更多仅仅是在他头脑中运行的，也一样不妨碍他做一个观察者。这个重要的事实是乔姆斯基对斯金纳（Skinner，1959）《言语行为》（*Verbal Behavior*）一书回应的基础，但直到笛卡儿的《语言学》（*Cartesian Linguistics*，1966/2002）一书出版后它才受到重视。从书中我们得知，笛卡儿认识到这个事实是在他思考如何发展其（他错误地相信的）恰当交流机械解释时才出现的，这种解释是动物和机械行动者对缘何只在人类中才存在语言行为者的一种解释。然而，他的尝试还是失败了，他描述的这些要素都是不可能的。原因之一是，语言的用途是无需刺激且明显（无论是外在还是内在）自存的。另一个原因是，在可能性格式和内容方面，它似乎是无束缚的——它为创新和一种在离散无穷大的可能认知前景之后将被确定的事物提供了无限的机会。第三个原因是，虽然它是自存和创新的，但它仍适用于任何环境——错觉的或现实的——只要这种环境是与一种特定的叙述方式相关的即可。每个人语言使用的真实情况是：常规智能、教育和社会情形都不发挥作用。

同时，其也与年龄无关。即使是在年纪非常幼小的儿童身上，语言的创新性也可能会被发现。在游戏和想象中，儿童会发明、推测，以及努力吸引别人的注意力——他们通过一些新颖的句子结构来达成其目的。要弄清儿童早期的语言创新究竟显示了些什么，乔姆斯基和其他理性主义者展开了讨论（Chomsky，1966，2002）。他们指出，假定儿童出生时在他们的头脑中就获得了一种丰富的、有凝聚力的、无尽的“思维”资源，或者我们也可以说他们有用语言描绘认知前景的能力。这种资源可能有些神秘，它可能是人类大脑的一种天赋，可能并不是通过科学探索就能达到的能力。或者说它就是语言本身，或者说语言是天赋的。它一定居其一——更可能是后者——否则，儿童不可能会显示出语言创造力，或在如此小的年纪便这么依赖这些因素。如果他们必须用莫里斯等人（Morris et al.，2000）建议的方式来“学习”语言，那么他们就必须在严密的管制训练上花费大量时间，同时，创造性的完全确立也一定需要很长的时间。

这里也有一种支持语言内在主义的见解，它是以模块化形式存在的。在这种观点中，儿童使用的认知图景不是内在的就是外在的，它们并不与输入相连，而是通过一个没有被外在控制所操纵的模块系统自主提供的。如果这种（儿童语言）学习要全部完成的话，那它一定是在人类的内在系统操作下完成的。如果客观性是科学探索特征的话，那么语言科学研究最好提供这样一种解释：解释它如何能够在任何儿童的头脑中成长，解释它是如何获得一种相关性的稳定状态的——I-语言，解释它是如何“计算”句子的。我们别无选择，只能采用这种研究策略来处理所有的人类语言：构建一种生物 UG + 类型理论。

五、困难及其深意

刺激贫乏观察法涵盖了所有范围内的语言现象——语声、语意和语构。它很轻易便成功了，因为存在着大量这样的事实：差不多每一个单词的取得都是通过一个儿童提供一个例子来完成的[10]。这种观察法表明：3～4 岁的儿童就能快速习得语言，并显露出真正成人才有的能力[11]。他们在进行这些活动时，并不考虑自己能获得哪种语言，也不必考虑儿童的常规智能、教育和社会情形等情况。纵观人类群体，儿童并不关心自己是否会发出或说出自然语言，他们意识到这些是有一个顺序的，在儿童 6～9 个月时，他们开始说或发出一些咿呀声（这是人类特有的现象），在此后的各个阶段，他们会进步得很快。在早期的阶段里，理解——相对复杂的结构——取代了制造。儿童几乎不用训练就可以完成这点（即“团体”成员——父母、其他儿童等——并没有任何试图纠正儿童这些表现的征兆，这里说一个“负面的证据”），反而是当有了输入经验后（因为给予了儿童一些后天的东西），儿童的理解常常会变得支离破碎，甚至彻底崩溃。对“妈妈”发音的认可与其他表现比起来是比较早的。另外，还有更多有趣的“负面证据”的例子：当儿童没有犯错但有人认为他错了时，特别是如果他们——或他们中的一些系统——的头脑中预先已经有了某种假设时，他们就会进行测试而后决定拒绝还是接受这些错误。最后，我们围绕这些事件构建一个框架，就会得出这样的观点：语言对于人类来说是独一无二的。没有猿能够理解水果（fruit）的抽象概念，也不会得出或理解其变异的形态［水果味的（fruity）、果实累累的（fruitful）……］，更不会有递归、语言结构等想法。

只有将这些观察法放置在丰富、结构化信息的对立面上，才足以说明我们对其能力的重视。当然在考虑词语时，需要对发音、意义进行统一考量。语言发音包括音质和特征两个方面的内容，这些特征要通过特殊的训练和理论术语进行描绘和理解，比如，婴儿能够很快地将“英语”发音和日语（或其他语言）区别开来。虽然拥有结构和细节的概念/意义从未明确指出人类是如何使用和理解语言的，但是我们还是能从中看出端倪。这个方面更加有趣的例子是 WATER 概念——一位哲学家的宠儿，常常用 H_2O 来举例。笔者的观点与我们的 WATER 概念无关，即我们的自然语言表述中的那个水概念，笔者的 WATER 概念并没有唯一的科学对应物[12]，虽然它是真实存在的，但是它却令人们发现假定的“自然”客体 H_2O 意义的希望落空了（误导了人们）。我们拥有的 WATER 概念是有着复杂结构和丰富内涵的事物，我们能做的仅仅是领悟，对于它的讨论，见莫劳夫奇克等（Moravcsik，1975；Chomsky，1995，2000）。WATER 对中介物很敏感：放一个茶包在水里，水就变成了茶。对于来源它也很敏感：如果来自一个湖泊、一条小河，甚至是一个水龙头，它就是水。自来水是水，即使它已经被茶叶过滤过了。严重的污染物如果在河里，那么它就是水：圣劳伦斯河就是被这样的水充满的（这是河的一个奇怪特征——为什么不是这条河的水，而是河被水充满了呢?)，虽然水里也包含了不成比例的其他物质。诸如此类。WATER 仅仅是一个例子，这样的例子还有好几千个。

在本章伊始，笔者就曾说过 PoS 观察法一直以来都是被误解的；现在笔者能阐明我自己的观点了。它们不是一个论证，而是对理论家提出的质疑。PoS 观察法并没有依靠理论来剖析自身，而是作为某些结论性的论证或假设被提出来的。它们给理论家留下的是一个内在先天论研究策略的印象，而非一种经验主义叙事方式的印象，如同肖尔茨和普勒姆告诉我们的联结主义叙述。这几乎是一种老生常谈了，乔姆斯基很早就提出过一种针对语言先天性的刺激贫乏“论证”。但是，当他提到 PoS 时，只是将其当作某一论证的组成部分——见其杂谈《规则和表征》（1980）一书，谈得很简略。正如笛卡儿在“沉思录”（comments on a certain broadsheet）（它是乔姆斯基 1980 年在说起“刺激贫乏论证”时提及的）中提到的，一个内在先天程序比经验主义成果看起来更富成效。“语言是天赋的”并不是科学家提出的一个假设，更谈不上如何检测[13]。本章唯一的科学假设是完成了一个（自然主义和科学的）架构，它借由 CALU 和 PoS 观察法的启示所引出，其目的是描述、解释和弄清这些观察法事实和一些其他事实，比如，语法、使用特种、其他语种、真实表征、语言故障等事实，同时，这些事实的扩展和变化也促进了这个理论的发展。

一些自诩为语言或其他任何领域的科学家的行为，被皮尔斯称为“不明推理”或假设生成。然而，诱导并不是论证，人们现在更喜欢用“推理”（inference）这个词来形容一种完善的解释。但是“推理”这个词的遭遇也并不比“论证”好多少，因为神秘性又被转移到了“推理”身上。如果科学家在构建假设时，是依赖推理原则去操作的，那么他们将会拥有某类探索程序。如果他们确实这样做了，那么我们要么已经得到我们想要的了，要么已经发现了这些原则的无用性了。反之，如果我们还是这样继续下去，那么我们只能从这里跳到那里，不会有突破性的成就。坚持构造和重建一个理论——通常需要几个世纪——需要许多人的贡献。如果它看起来还有改进余地的话，那么这个理论就还有存在的价值。

然而，不管怎样，这是一个经验主义议题。对于语言而言，是否采纳内在先天论的策略或语言理性主义（内在先天论）的特征及其研究，决定了一个人是否能获得成功的科学理论。在这一点上，过去 50 年的经历告诉我们，它的答案是肯定的。虽然内在先天论语言科学的结论并没有解释语言的用途，但 CALU 观察法表明，这（解释语言用途）并不是一种明智的尝试。

六、小 结

总的来说，理性主义先天论是一种“机制”——语言成长的生物系统和 I-语言的句法系统——先天论。理性主义者试图构建一种机制自然科学。他们想要了解儿童是如何获得语言的和 I-语言究竟是什么。理性主义者（先天内在主义者）研究程序似乎正沿着一条正确的轨迹行进着，其所提及的事实和目标可以更好地接触到自然科学的标准，而且已经制定了具体步骤。这里有许多突出的成就，比如，开始精确地理解语言特异性的含义，对语言是如何成长的进行逐步说明，我们成功实现了这个目标，我们现在就可以开始处理这个问题了：为什么语言是这个样子的？（“原则性解释”，Chomsky，2005）

理性主义程序并没有遭受到很尖锐的质疑。纽波特和阿斯林（Newport and Aslin，2000）对理性主义有很大贡献。刘易斯和埃尔曼（Lewis and Alman，2001）的经验主义（反先天论者、外在主义者）程序似乎要尽力显示：创造类语言行为是一条多么艰难的道路，可能确实是吧。但是他们的提议与人类语言科学并没有什么关联。

致 谢

笔者衷心感谢 Rob Stainton 对本章早期草稿所提的意见，也十分感谢 Sam Epstein、Paul Pietroski 和 Steve McKay 对其他部分的评论。

注 释

[1] 理性主义程序是一种经验主义程序，它是对大量认知能力（比如，语言依赖于天赋资源）的一种习得。理性主义者是一种典型的内在主义者——当然也有一些例外，如福多。理性主义程序是相对于反理性和外在经验主义程序而言的（这样的讨论见 Chomsky，1966，2002；McGilvray，1999；Hornstein，2005。）

[2] 所谓的“最好的”是指可以被科学方案所成功理解的：不论是叙述，还是解释，都是适合其自身领域的，是可以简单、规范地被其他科学所认可，并且可以在所有这些方面设计出程序来的理论。

[3] 语言联结主义承认，数据（使用）、思想、学习和实验者起的作用在刘易斯和埃尔曼（Lewis and Alman，2001）的著作中都是不明显的。它们在莫里斯（Morris et al.，2000）等其他人的作品中被这样看待：“儿童的目标语言显示……它们会随着对语法关联的学习而增长，而这种显示过程也会容纳各种各样的语言特异性行为。”甚至“它自始至终都可以被看作是一个基础性的习得系统。它始

于动词-论证构造（verb-argument structures）的机械式习得，在发现其中共同之处的同时，逐渐建立了一个框架层次。通过这种倒置程序（bottom-up process），它实现了目标语言的生成”。将这个过程的每一部分拆开来分析，是为了能在证明之路上走得更远。

[4] 儿童从来不会通过“前置”这个句子 The dog that is shedding is under the table. 中的辅助词来将其变为一个问句。他们不会说 Is the dog that shedding is under the table.，而总是会说 Is the dog that is shedding under the table.。乔姆斯基常常使用这个例子来强调，儿童的头脑中一定早就知道这个原则了，所以才能对其他相关现象加以控制。

[5] 一个相关观点：SRNs 被实验者设计成为可以“解决”任何问题的模型，它们被认为是一种硬性的、经验主义教条式的持续化特征。正因为如此，它们才能够较为容易地获得一种非自然语言模式，而非一种自然语言模式。孩子能够很容易就获得一种自然语言，而他们却不能轻易获得一种非自然语言。他们的思维机制能够“预测”自然语言，而非一些包含其他可能性的其他形式系统。例如，在孩子的头脑中，阅读句子 The billionaire called the representative from Alberta.（一个亿万富翁宣称这个代表来自艾伯塔省）时，他们会认为这个宣言或代表来自艾伯塔省，但是不会认为这个亿万富翁来自艾伯塔省（Pietroski, 2002）。

[6] 直观地来看，融合是一种构筑活动。它有两种表现形式：外部融合和内部融合。一个人可能将前者看作是把两个词汇术语连接在一起的一项活动，也就是将它们放在一起或融合在一起；实际上，将 $\{x\}$ 和 $\{y\}$ 结合就得到了 $\{x, y\}$。后者表述的是一个“限制集”术语，它取代了乔姆斯基过去使用的“移动”。外部融合产生了句型论证结构，内部融合产生了多样化的语言效果。

[7]（外在）经验主义习得叙述在概念和声音事件中向你展示了一个丰富的领域，见下述两部分乔姆斯基（Chomsky, 1966/2002, 2000）和麦吉尔弗雷（McGilvray, 1998, 1999, 2005）的著作。那就是说，大多数人在宣称“他们知道的自然科学家就是（真的）自然科学家”这个看似合理的陈述之前，都需要确定这个概念。

[8] 外在先天论者必须处理两个问题：一是完成对外部内容的连接和处理；二是处理“参照/指示是人类自由活动的一种形式，而非一种自然主义的‘封锁’”这样的事实（Fodor, 1998）。虽然将内容从大脑移至语言表征可以避免器官控制问题，但是如若先天论者继续坚持，内容是被“锁”于某处但绝不在头脑中时（在福多的思想语言理论中可见），他/她将必须处理“连接”问题。乔姆斯基派先天论者将他们的“内容”用于语言表征自身，从而避免了上述两个问题。

[9] 这就是说，这个实体和这个“信息”包含了限制其自身可能性用途和

正确性用途的东西。就这个意义而言，它具有某种意义引导型（“指导”）用途。

［10］在肖尔茨和普勒姆有关 PoS“天赋性论证”的讨论中，他们似乎毫不怀疑地接受了这种观点（Scholz and Pullum，2002：31）：许多词的信息“内涵”是很容易在幼年学到的，比如说，“马”这个词。他们应该担心的是：词语习得提供了许多简易且明显的、有着成套丰富的语音和语义格式的自动化习得案例（见 Chomsky，1966/2002，2000；McGilvray，1998，1999，2005）。由于对词汇习得节奏的很好描述，虽然它们本身没有声音和意义，但还是能够收到预期的效果，见格雷特曼和费希尔（Gleitman and Fisher，2005）。

［11］即核心权限：虽然他们有着发达的 I-语言，但是还不能和某些不规则结构竞争，因为他们的词汇量比大多数成人少得多。

［12］在科学家的设想中，H_2O 有很多种形态（见 Ruan et al.，2004；Wernet，2004；Zubavicus and Grunze，2004）。

［13］通过对乔姆斯基（Chomsky，1980）著作的参阅，肖尔茨和普勒姆将“刺激贫乏论证”当作了其具有代表性的观点。其实“刺激贫乏论证”术语只是乔姆斯基在提及笛卡儿和他的观点时被介绍过而已：你不可能用我们的观念、三角形态（triangles）等物质的构造来发现颜色或事物，你只能在我们的头脑中、“在世界”这种模式中发现它们，所以它们一定是被我们头脑中原本就有的东西所提供的。而后，笔者将通过一种简单、随意的方式来进行接下来的讨论。

参考文献和延伸阅读

Baker，M，（2001）. *The Atoms of Language.* New York：Basic Books.

Callaerts，P.，Haider，G.，and Gehring，W. J.（1997）. Pax-6 in development and evolution. *Annual Review of Neuroscience*，20，483-532.

Cherniak，C.（forthcoming）. Innateness and brain-wiring optimization：Non-genomic nativism. In A. Zilhao（ed.），*Cognition，Evolution，and Rationality.* Oxford：Blackwell.

Cherniak，C，Mokhtarzada，Z.，Rodriguez-Esteban，R.，and Changizi，K.（2004）. Global optimization of cerebral cortex layout. *Proceedings of the National Academy of the Sciences*，101/4，1081－1086.

Chomsky，N.（1959）. Review of B. F. Skinner，verbal behavior. Language，35/1，26－57.（Reprinted with added preface in L. A. Jakobovits and M. S. Miron（eds.），*Readings in the Psychology of Language.* Englewood Cliffs，NJ：Prentice-Hall，1967.）

Chomsky，N.（1965）. *Aspects of the Theory of Syntax.* Cambridge，MA：MIT Press.

Chomsky，N.（1966/2002）. *Cartesian Linguistics.*（2nd edn. edited with a new introduction by J. McGilvray）. Newcastle，NZ：Cybereditions.

Chomsky，N.（1980）. *Rules and Representations.* New York：Columbia University Press.

Chomsky，N.（1995）. Language and nature. *Mind*，104，1-61.

Chomsky，N.（2000）. *Reflections on Language.* Cambridge：Cambridge University Press.

Chomsky, N. (2005). Three factors in language design. *Linguistic Inquiry*, 36/1, 1-22.

Crain, S, and Thornton, R. (1998). *Investigations in Universal Grammar.* A Guide to Experiments on the Acquisition of Syntax and Semantics. Cambridge, MA: MIT Press.

Cudworth, R. (1688). *A Treatise Concerning Eternal and Immutable Morality.* (Reprinted as *Ralph Cudworth: A Treatise Concerning Eternal and Immutable Morality*, ed. S. Hutton, Cambridge: Cambridge University Press, 1995.)

Fodor, J. (1981). The current status of the innateness controversy. *In Representations.* Cambridge, MA: MIT Press.

Fodor, J. (1998), *Concepts.* Cambridge, MA: MIT Press.

Gleitman, L. and Fisher, C. (2005). Universal aspects of word learning. In J. McGilvray (ed.), *The Cambridge Companion to Chomsky.* Cambridge: Cambridge University Press.

Goodman, N. (1952). On likeness of meaning. In L. Linsky (ed.), *Semantics and the Philosophy of Langauge.* Urbana, IL: University of Illinois Press.

Goodman, N. (1967). *Languages of Art.* Cambridge, MA: Harvard University Press.

Hauser, M., Chomsky, N., and Fitch, W. T. (2002). The faculty of language: What is it, who has it, and how did it evolve? *Science*, 298, 1569-1579.

Hornstein, N. (2005). Empiricism and rationalism as research strategies. In J. McGilvray (ed.), *The Cambridge Companion to Chomsky.* Cambridge: Cambridge University Press.

Lewis, J. D. and Elman. J. (2001). Learnability and the statistical structure of language: Poverty of stimulus arguments revisited. Proceedings of the 26th Annual Boston University Conference on Language Development, 359-370. (Electronic version at http: //crl. ucsd. edu/ ~ elman/ Papers/ morris. pdf.)

McGilvray, J. (1998). Meanings are syntactically individuated and found in the head. *Mine and Language*, 13, 225-280.

McGilvray, J. (1999), *Chomsky: Language, Mind, and Politics.* Cambridge: Polity.

McGilvray, J. (2005). Meaning and creativity. In J. McGilvray (ed.), *The Cambridge Companion tc Chomsky.* Cambridge: Cambridge University Press.

Moravcsik, J. (1975). *Aitia* as generative factor in Aristotle's philosophy of language. *Dialogue*, 14, 622-636.

Morris, W., Cottrell, G., and Elman, G. (2000). A connectionist simulation of the empirical acquis-ition of grammatical relations. In S. Wermter and R. Sun (eds.), *Hybrid Neural Systems Integration.* Heidelberg: Springer-Verlag. (Pagination is from the electronic version at http : //crl-ucsd. edu/ ~ elman/Papers/morris.)

Newport, E. and Aslin, R. (2000). Innately constrained learning: Blending old and new approaches to language acquisition. In S. Howell, S. Fish, and T. Keith-Lucas (eds), *Proceedings of the Annual Boston University Conference on Language Development*, 24, 1-21.

Onuma, Y., Takahashi, S., Asashima, M., Kurata, S., and Gehring, W. J. (2002). Conservation of Pax 6 function and upstream activation by *Notch* signaling in eye development of frogs and flies. *Proceedings of the National Academy of Sciences*, 99/4, 2020-2025.

Petitto, L. (2005). How the brain begets language. In J, McGilvray (ed.), *The Cambridge Com-*

panion to Chomsky. Cambridge: Cambridge University Press.

Petitto, L. , Zatorre, R. , Gauna, K. , Nikelski, E. J. , Dostie, D. , and Evans, A, C. (2000) . Speechlike cerebral activity in profoundly deaf people while processing signed languages: Implications for the neural basis of all human language. *Proceedings of the National Academy of the Sciences*, 97/25, 13961-13966.

Pietroski. P. (2002), Meaning before truth. In G. Preyer and G. Peter (eds.), *Contextualism in Philosophy.* Oxford: Oxford University Press.

Pietroski, P. and Crain, S. (2002) . Why language acquisition is a snap. *Linguistic Review*, 19, 63-83.

Pietroski, P. and Crain, S. (2005) . Innate ideas. In J. McGilvray (ed.), *The Cambridge Companion to Chomsky.* Cambridge: Cambridge University Press.

Ruan, C-Y. , Lobastov, V, A. , Vigliotti, F. , Chen, S. , and Zewail, A. H (2004) . Ultrafast electron crystallography of interfacial water. *Science*, 304, 80-84.

Saffran, J. R. , Aslin, R. N. , and Newport, E. L. (1996) . Statistical learning by 8-month-old infants. *Science*, 274, 1926-1928.

Scholz, B. and Pullum, G. (2002) . Empirical assessment of stimulus poverty arguments. *Linguistic Review*, 19, 9-50.

Thompson, W. D'Arcy (1917) . *On Growth and Form.* Cambridge: Cambridge University Press,

Wernet, PH. , Nordlund, D. , Bergmann, U. , et al. (2004) . The structure of the first coordination shell in liquid water. *Science*, 304, 995-999.

Yang, C. D. (2002) . *Knowledge and Learning in Natural Language.* New York: Oxford Univer-sity Press,

Yang, C. D. (2004) . Universal grammar, statistics, or both? *Trends in Cognitive Sciences*, 8/10, 1-6.

Zubavicus, Y. and Grunze, M. (2004) . New insights into the structure of water with ultrafast probes. *Science*, 304, 974-976.

第三部分

认知科学是否已经表明人类是认知限制的或非理性的？

第七章　认知限制与认知理性

格尔德·吉仁泽（Gerd Gigerenzer）

乍看之下，智人（Homo sapiens）不像是可以掌管世界的物种。“人类的聪明”不在于能够在摔跤、举重、跳高或跑步等方面胜过动物。古老的记载显示，智人或许已经有40万年了，而且是现存人类中的唯一物种。与我们的祖先——直立人（Homo erectus）不同，我们不是以双脚站立的姿势被命名的，也不是以我们有哭、笑及玩笑的能力而被命名的。我们的名字指的是我们的智慧及理性。然而，这种智慧的本质是什么？我们是天生具备探索真理的哲学家吗？或者说，我们是直接追求利益最大化的经济学家吗？又或者说，我们是希望每个人都幸福的道德功利主义者吗？

为什么我们会关心这个问题？笔者确信我们别无选择。人的本质是一个无可回避的议题，就如同道德价值，它可以被忽略，但仍是我们行事的标准。当心理学家坚持认为人们毫无理由地过分自信，或受到谬论、喋喋不休的错误推断伤害时，他们所有的命题都是基于这样一个有关智人本质的假设而得的：这些全部都是思维的结果。例如，皮亚杰在对几乎所有事物进行分析的基础上，得出了这样的结论：在逻辑结构中，感知力、记忆力及思考力的发展会被描绘成一种变化（Gruber and Voneche，1977）。皮亚杰理想的智人形象是逻辑人，当然这并非笔者的观点。

有关人类理性本质的争论从18世纪启蒙运动时期就开始了，至今未休，它的历史和理性概念一样久远（Daston，1988）。这些争论是关于道德、社会及智力判断标准的，也就是有关人类评价标准的（见 Cohen，1981；Lopes，1991）。最近，由这些争论衍生出了四个学派，他们是通过以下途径理解理性的：第一，构造无限理性的“好像”（as-if）理论；第二，构造受约束的最优化“好像”理论；第三，证明非理性认知错觉；第四，研究生态理性。对于这一争论，笔者无法置身事外，笔者把赌注压了在生态理性上，但是笔者发誓会尽可能公正地对待这四种观点。

一、人类理性的四种设想

这种不切实际的、对完美知识的追求，为许多理性思想提供了一种绝对标准。从古代到启蒙时期，知识相对于观点而言都被认为是需要确定性的。基督教的教义曾一度被认为是这种确定性的标准，但这种确定性却被一连串的革命和反革命事件所削弱。法国天文学家及物理学家拉普拉斯（Pierre-Simon Laplace）（1749～1827）对于可能性理论有重大贡献，而且是最有影响力的科学家之一，他创造了一个虚构的、具有超智力且精力无限的人——拉普拉斯。这个精力无限的人就是上帝的现世版，他知道过去及现在的所有事，而且能准确地推断出将来。这一理想人物存在于理性的四种观点的前三种之中，尽管这三种观点似乎是相互对立的。在前两种观点中，人类被刻画成这一理想人物的近似值，然而第三种观点则认为人类不能达到这一理想。笔者将用全知（omniscience）这一术语来命名这种对完美知识（过去的和现在的，而非将来的）追求的理想。要从完美的知识推断出将来的情况需要无限的计算能力。这种确信将来的世界结构真的能被推断出的观点是决定论的观点。全知、无限计算能力及决定论是许多理性理论的终极理想。拉普拉斯这个精力无限的人的迷人之处在于，他与我们的巨大差距。然而，正如《圣经》所言，上帝以他自己的形象创造了人。在笔者看来，社会科学太过严格地采用了这一形象，而且很多理论塑造的我们非常近似于这一形象。

1. 无限理性

与精力无限的人最相似的是一种具有“无限理性”（unbounded rationality）或“完全理性”（full rationality）的生物。对于一个理性不受限的人来说，世界不再是可完全预知的，也就是说，世界是不符合决定论的。与精力无限的人不同的是，拥有无限理性的生物会犯错误。然而，我们假定这种生物是一种可以找到最优化（最佳）策略的生物，即他们可以最优化标准（如正确地预测财政收入或者幸福）且最小化错误。17 世纪法国数学家帕斯卡和费马曾提出过一种较为合理的、有关理性的观点，被定义为预期价值的最大化（the maximization of the expected value）理论，后来又被贝努利改为预期效用的最大化（the maximization of expected utility, Hacking, 1975; Gigerenzer et al., 1989）。在无限理性中，最大化代替了决定论，然而全知与无限计算能力的假设被保留了下来。笔者将下面这种方式称为“最优化”（optimization）：

> 最优化指的是解决问题的策略，而不论其结果。最优策略是指对已给定问题所提出的最佳策略（并不一定是完美的，因为它可能导致错误）。要将某一策略看作最优策略，必须能够证明没有策略比它更好了。

由于心理上的不确定性，假定存在无限理性的理论通常被称作是“好像”理论。它们的目的不在于描述实际的认知过程，而只是对预期行为的一种关心。本次研究的重点是：如果人们是全知的，且具备了最优化所需要的时间和计算能力，那么他们该如何行动呢？大多数人都会对无限理性比较偏爱，这一点曾为道德行为结果论（consequentionalist theories of moral action）所证明，它假定：人们在选择对于绝大多数人来说是最好的结果之前，会为其他人考虑到或者应该考虑到所有可能行为的后果（Williams，1988）。这一理论也经受了下列三个理论的检验：①认知一致性理论（theories of cognitive consistency）假设，我们的思想会对我们的每一个新信仰进行检查，看它是否与之前遇到的并且完全记得的信仰相一致；②最佳觅食理论（theories of optimal foraging）假设，动物对于食物和竞争对手的分布有充分的了解；③经济理论（economic theories）假定，执行者和市场了解所有相关的选择、结果、利润、花费及可能性。

2. 受约束的最优化

无限理性忽略了强加在人类身上的约束性。约束指的是有限的精神或环境资源。有限的记忆范围是思想上的约束，信息消耗是环境方面的约束。受约束的最优化（optimization under constraints）指的是这样一类理论：它会考虑到最优策略的一种或几种约束。

全知的缺乏及其结果，连同寻找信息的需求是受约束最优化的关键问题，然而缺乏调查是无限理性论题的最典型的特点。调查模型对调查方向（在哪里寻找信息）和停止规则（何时停止调查）都有明确规定，原型是沃尔德（Wald，1950）的序贯决策理论（sequential decision theory）。施蒂格勒（Stigler，1961）曾陈述过这样一个典型案例：一位顾客想买一辆二手车，他一直在二手汽车交易商之间徘徊，直到他花在找车上的时间的价值已超出了他所预期得到的价值。在这里，搜寻发生在头脑之外。同样，安德森（Anderson，1990）的理性记忆理论（rational theory of memory）也阐述过类似的观点，在记忆中搜寻某一项的行为会一直持续，直到进一步搜寻的预期花费超过了预期的利益。在这里，搜寻发生在头脑思想之中。在上述几种情况中，全知都被丢弃了，但是最优化得到了保持：停止的那个点就是花费与利益之间的最优权衡之点。

最优化与现实性可能相互阻碍，产生矛盾的结果。每一个新现实的约束都使得最优化计算更加困难，更加不可能。反过来，最优化理想可能会破坏将一项理论更加现实化的企图，因为这一理想要求新的不现实的假设，比如，为了估算最优停止点的必要花费与利益方面的知识。因此，受约束最优化的范例往往比无限理性的范例更加复杂，它有可能将人们描绘成计量经济学家（Sargent，1993）的形象。这一未解决的矛盾就是约束总是被忽略，而不受限制理性的理论总被偏爱的一个原因。由于经济学家与生物学家总是（错误地）想要将受约束最优化与有限理性等同起来，所以有限理性经常被作为一项毫无希望的、烦琐的事业而被忽略，并最终被伪装成了“完全理性”（Arrow，2004）。受约束最优化理论倾向于被当作“好像”理论展示，同无限理性理论一样，以预测行为而不是精神内部的过程为目标。

3. 启示法和偏差：认知错觉

无限理性和受约束最优化都认为人类本质上是理性的。这一点有时可以通过市场调节、自然选择或消除不理性行为的法律机构而被证明是正确的。“启示法与偏差”（heuristics and biases）或“认知错觉”（cognitive illusions）理论（Kahneman et al.，1982；Gilovich，et al.，2002）反对人类根本上是理性的这样的观点。它有两个明确目标：首要目标是理解产生有效与无效判断的认知过程；第二个目标（达到第一个目标的方法）是论证判断上的错误，即认知从理性系统中的偏离，也就是认知错觉（Kahneman and Tversky，1996：582）。在这种错误之下的认知过程被称作启示法，主要有三个组成成分：典型性、可行性、瞄准兼调节。这一程序产生了许多偏差（Krueger and Funder，2004）。启示法观点使得许多领域成型，如社会心理学和决策行为学，并且开创了许多新领域，比如，行为经济学、行为法学、经济学等。

尽管启示法与偏差理论在人们是否应该遵循理性基准方面存在着分歧，但它并不质疑基准本身。相反，它保持这些基准并且把从这些准则中的偏离解释为认知错觉：“判断错误的出现是通过人们将判断与确定的事实，或是对已被认可的算术、逻辑学，或是统计学规则的比较来证明的。”（Kahneman and Tversky，1982：493）例如，沃尔森和约翰逊-莱尔德（Johnson-Laird，1972）对皮亚杰的逻辑理论（思考是一种叙述性错误）持批判态度，然而当他们研究行为的准确规范时，却采用了同样的逻辑标准。虽然特沃斯基和卡尼曼（Tversky and Kahneman，1983）说人们的推理违反了逻辑法则（“合取规则”），但他们仍然将逻辑作为人类理性判断的准则。

启示法与偏差程序承认这一观点：人们的判断实际上并不局限于逻辑或最优化所设置的隐蔽规则。而且它进一步采取了两个必要步骤：对准则的重新思考和为启示法提供经得起测试的理论。逻辑和可能性准则对于现实世界（见下文）里的理性行为既非必要也非充分，它仅仅是以启示法的言语标签来“解释”几乎所有事情。

“有限理性”（bounded rationality）这一术语既被受约束最优化理论的支持者使用来强调理性，也被启示法偏差理论使用来强调无理性。更让人困惑的事实是，这一术语是由赫尔伯特·西蒙创造的，他指的不是最优化也不是无理性，而是对于理性的一种生态学描述，这一观点不仅是在思考行为而且是在思考准则，具有革命性的意义（Simon，1956；Selten，2001；Gigerenzer，2004b）。

4. 启示法科学：生态理性

启示法科学的出发点是思维与环境的关系而非思维与逻辑的关系（Gigerenzer et al. , 1999; Gigerenzer and Selten, 2001)。人类在自然环境中进化，其中包括社会进化和生理进化。为了生存、繁衍及进化，就要适应或改变环境。皮亚杰把这两种基本的过程称为同化和顺应，但他依然关注逻辑。然而，自然环境的结构是生态的而非逻辑的。用西蒙的话说就是，“人类的理性行为形似一把剪刀，这把剪刀的两个刀片是任务环境结构和行为者的计算能力”（Simon, 1990: 7）。正如人不能只看着剪刀的一个刀片就明白剪刀是如何剪东西的一样，一个人也不能只通过研究认知或环境就能理解人的行为。

这里有两个关键性概念：适应工具箱（adaptive toolbox）和生态理性（ecological rationality）。对于适应工具箱的分析是描述性的，然而对于生态理性的分析是规范性的。适应工具箱包含快速启示法（fast heuristics）和节俭启示法（frugal heuristics）这两个结构模块。如果能在短时间内解决问题，这一启示法就是快速的；如果凭借很少的信息就能够解决问题就是节俭启示法。与“好像”最优化范例不同的是，不论是否存在最好的解决方法，启示法都能够找到好的解决方法。因此，我们不需要为了使最优化计算变得可行而“编辑”真实世界的问题（如限制竞争者和选择的数量，提供大量的可能性与可行性，或忽略约束）。启示法在复杂的现实环境中产生作用，在这种环境下最优的策略通常是未知的。

对生态理性的研究回答了以下问题：给定的启示法在什么环境下发生作用？什么时候失效？只有首先有一个启示法的过程范例，而且它的结果必须是在证明或模仿条件下获得的，这一常规性问题才能得到解答。正如之前提到的，生态理性的某些言语标签是不能被决定的，如典型性。一个人最多可以说典型性是时好时坏的，但是不能解释这种“有时”。

笔者将通过“在棒球和板球中是如何解决问题的”这一案例，来阐释适应工具箱程序和之前的理性观点之间的差异。

外场员如何抓住腾空球呢？用道金斯的话说，“当一个人将一个球抛向高空又重新抓住时，他的这种行为好像是已经解决了有关预测球的弹力等一系列细微的方程式”（Dawkins, 1989: 96）。值得注意的是，道金斯引出了一种全知形态。一个无限理性的球员会立即考虑所有与计算球行驶轨迹相关的因素（球的起始速率、角度和离球员的距离，空气的阻力，球行驶轨道的每一个点的风速、风向及旋转），而且会知道计算轨迹的最佳公式，然后跑向球落地的地点。受约束最优化的球员由于只被给予了几秒钟的时间（约束条件），所以不能计算出所有因素，但是能在已有的约束条件下知道计算轨迹的最好公式，这些是“好像”理论。另外，需要注意的是，人类并不擅长估算球落地的地点（Saxberg, 1987; Babler and Dannemiller, 1993），所以“好像”理论限制了初学者球员和机器人球员的实际用处。然而，启示法偏差理论用一个实验证明：有经验的球员在测算球落地的问题上容易犯系统性错误。暂定这些错误是由于球员的过分自信偏见或乐观偏见而铸成的（这是一种他认为明白了距离就可以抓住球的错误假定）。判断与准则之间的偏离并不能解释一个球员是如何接住球的。其中一个原因是判断只是叙述性的，即球员们做什么并不就是球员应该做什么，后者是一种准则，所有球员要遵循的准则是相同的，即正确计算球的轨迹要求，知晓与其相关的诱发因素知识。

然而，我们应该重新思考准则了，例如，全知的理想。真正的挑战是现实中的人类并不需要具备一种全面的表现能力或无限的计算能力。在笔者看来，人类已经拥有合适的适应工具箱了，它可能包含了可以快速有效接住球的启示法。因此，要研究的问题是：是否存在一种能既快速又低消耗地解决问题的启示教学法呢？实验证明，有经验的球员使用了多种启示法（McLeod and Dienes，1996）。其中之一是凝视启示法（gaze heuristic），这一方法只有在球已经在高空中时才适用。

> 凝视启示法：把目光固定到球上，开始跑，然后调节自己的速度，使凝视的角度一直保持不变。

凝视的角度指的是眼与球之间的角度，是相对于地面而言的。在估算球行驶轨迹的时候，凝视启示法忽略了其他相关的诱发因素。它只处理一个变量：凝视的角度。这种启示法属于单因启示法决策（one-reason decision making heuristics）类别。使用这一启示法的球员并不能预测球的着地点，但是启示法会引导其到达那个点。换句话说，计算球的轨迹是不必要的，它不是一个恰当的准则。启示法的使用跨越了物种的界限。在航海及飞行中，人类依赖凝视启示法及相关的启示法来避免与其他船只或飞机相撞；蝙蝠、鸟类及苍蝇运用同样的启示法捕食追赶猎物（Shaffer et al.，2004）。重申一遍，凝视启示法包含了三个结构模块：将眼睛固定到球上，开始跑，以及调整跑的速度。这些结构模块也可以是其他启示法的组成部分。

> 快速节俭启示法是一种寻求最少信息的策略，它包含着开发进化能力和环境结构的这两个结构模块。
>
> 启示法可以是高效率的，因为它们被固定在进化的了头脑与外部环境中。

具身性（embodiment）：启发性地开发进化能力。比如说，第一个结构模块“把目光固定在球上”开发了追踪物体的进化能力，在这种情况下，在嘈杂的背景下追踪一个移动的物体，对人类来说容易做到，3 个月大的婴儿已经能把自己的目光固定在移动的目标上了（Rosander and Hofsten，2002）。但是，追踪物体对于机器人来说是不容易的；能像人一样追踪物体的计算机程序是不存在的。因此，凝视启示法对于人类来说是简单的，但对于当代的计算机来说就并非易事了。最优化（作为计算一项功能的最大或最小值标准）的定义忽略了人脑这一

“硬件”。相反，启示法教学法开发了一种硬线的[1]或学习的认知和动机过程，这些能力使启示法变得简单。这就是快速节俭启示法在现实世界中优于某些最优化策略的最重要原因。

情境性（situatedness）：启发性地开发环境结构。启示法理性不是逻辑的而是生态的。对启示法生态理性的研究回答了什么环境会导致启示法成功或失败这一常规性问题。它指出了一种给定的启示法可以解决的问题类别（Martignon and Hoffrage，1999；Goldstein et al.，2001）。生态理性暗示着启示法没有优劣、理性或非理性之分，只是相对于环境而言的，它能够开发或者改变一些环境的结构。比如说，凝视启示法把那个环境下球体运动复杂的轨迹改变成一条直线。

由于忽略了人类思维，“好像”最优化理论或多或少是被不依赖大脑思维的硬件来表达的。任何计算机都可以计算一项功能的最大值，所以，既然启示法采用的是这种硬件，那么它就离不开计算。例如，社会启示法（social heuristics）采用了人类的进化或者学习能力来达到合作、互惠互利与和谐（Laland，2001）的目的。体现原则和定位原则之于“新人工智能”（Brooks，2002）也是处于核心地位的（对于快速节俭启示法的研究可见这些著作 Payne et al.，1993；Gigerenzer et al.，1999；Gigerenzer and Selten，2001）。

二、内容盲准则问题

在启示法与偏差理论中，基准是逻辑或可能性的法则（公理、规则），而不是一个完全最优化的范例。逻辑或可能性法则可以被看作是一种内容盲准则（content-blind norm），它是为了这样一个问题而存在的——“理性的”解决方式是否可以不依赖其内容就被确定出来。例如，在“如果 P 为真，则 Q 为真”这一真值表中，对这两种物质之间隐含关系的定义是不考虑 P 和 Q 的内容的。这个定义是针对一个特定的句法而言的。而对于内容，笔者指的是语义上（P_S 和 Q_S 是什么？）的和语用上的（目标是什么）内容。研究人们的判断是否偏离了内容盲准则的启示法偏差理论分四步进行：

（1）句法优先：从逻辑或可能性的规则开始。

（2）语义和语用的增加：用英语术语（比如，如果……那么……；可能）取代逻辑术语（比如，实质蕴涵、数学可能性），增加内容，定义要被解决的问题。

（3）内容盲准则：忽略语义和语用，只用句法定义问题的“理性”答案。

（4）认知错觉：如果人们的判断偏离了理性的答案，这种偏差就叫作认知

---

[1] 硬线的（hard-wired）是一个电子线路上的用语，也作硬接线或硬连线，指机器不是用插头连接电源，而是直接用电线与电源连接。用在这里是指目光直接追踪目标的一种认知和动机过程。——译者注

错觉。这一点要归因于人类思维的某些不足。

内容盲准则源自于一种内在主义的理性观念。实例是使用实质蕴涵解释任何内容（Wason，Johnson-Laird，1972），比如，集包含（set-inclusion）、“合取规则”（conjunction rule）（Tversky and Kahneman，1983）、贝叶斯规则（Bayes's rule）（Kahneman and Frederick，2002；又见 Matheson，第八章“认知优点的有限理性与启蒙图景”）。然而，内容盲准则的支持者们用的不是这一术语，而是使用“逻辑、数学及概率计算的通用原则”告诉我们应当如何思考。

1966 年，英国心理学家沃森提出了选择任务，也被称为四卡片问题（four-card problem），用它来研究有关约束条件的推理问题，它成了推理心理学中研究最多的任务。沃森的出发点是初级逻辑学中被真值表定义的实质蕴涵，第一步 $P \rightarrow Q$。第二步，P_S 和 Q_S 被一些内容代替，比如说，“数字”（奇数或是偶数）和“字母”（元音或是辅音）。实质蕴涵“→”被英语术语“如果……那么……”代替，接着还有一条规则：“如果卡片的一面有一个偶数，那么在卡的另一面就有一个辅音。”四张卡片被放在桌子上，在表面分别显示一个偶数、一个奇数、一个辅音及一个元音。人们会被问：要知道规则是否被违背的话，需要翻开哪些卡片？第三步，真值表定义了“正确”答案：翻开 P 和非 Q 的卡片，因为实质蕴涵当且仅当 $P \cap \neg Q$ 的情况下才是错误的。然而，在一系列的实验中，大多数的人选择了卡片的其他组合，这被认为是由于认知错觉而产生的推理错误。在随后的实验中，发现卡片的选择是根据 P 和 Q 的内容而定的，这被称作“内容效应”（content effect）。整体来看，这些结果被解读为对人类非理性的证明及对皮亚杰操作思维理论（theory of operational thinking）的反驳。有讽刺意味的是，如前所述，沃森和约翰逊-莱尔德（Johnson-Laird，1972）及他们的追随者即使在批判真值表逻辑学是描述性错误之后依然认为它是标准化的。

内容盲准则是合理的准则吗？人们的推理应该总是不考虑问题的内容，而遵循真值表、合取规则、贝叶斯规则、大数法则或者一些其他句法的规则吗？答案当然是否定的，有很多原因，例如，英语术语“如果……那么……”和逻辑学术语中的实质蕴涵“→”并不是完全一致的（Fillenbaum，1977）。这种混乱就足以否定这一观点了：逻辑学是一项内容盲准则。更有意思的是，恰当的行为不是以逻辑性或一致性为目标的，而是有其他目标，例如，跟他人灵活地打交道。根据特里弗斯（Trivers，1971，2002）的互惠利他主义理论（theory of reciprocal altruism），每个人都有利己和欺骗的倾向。因此，社会合约的一个目标就是揭示并预防一个人被另一方欺骗的信息。要注意的是，这里的观点是指你想找出你是否被另一方欺骗了，而不是你是否欺骗其他人。相对而言，逻辑学是没有内容的。假设一个四卡片任务的具体内容是雇主与雇员之间的社会合约（Gigerenzer and Hug，1992）：

如果老员工要从公司获得津贴，那么这个人必须已经为公司工作了十年以上。

四张卡片的内容分别是这样的：得到津贴、为公司工作十年、没有“得到津贴”、为公司“工作了八年”。一组是让参与者扮演雇主的角色，并被要求检查可能违规的那些卡片（老员工的档案）。绝大部分的人选择了“得到津贴”和“为公司工作八年”两张卡片。注意，这个选择和真值表的规章及探测欺骗的目标都是一致的。内容盲准则的支持者把这一点及类似的结果解释为：这表明社会合约也会促进逻辑推理。但是，当我们让参与者扮演雇员的角色时，绝大多数的人选择了“没有得到津贴”和“为公司工作了十年”两张卡片（相反，在雇主测试组中，很少有参与者会进行这样的选择）。现在结果和真值表不一致了，但是从雇员的角度来看，预定的目标还是达成了。对信息的寻找是马基雅维利主义的：不择手段，只是避免自己被欺骗，而不论是否欺骗别人。

分角色的实验清楚证明了：对这些问题进行逻辑推理是不可行的，真值表逻辑学也是不恰当的准则（Cosmides and Tooby，1992；Gigerenzer，2000）。但是，大量的时间和金钱已经被浪费在证明人类思考违背逻辑学的准则上了。而对于思维的本质或其他认知过程，我们几乎什么也没有学到。对内容盲准则的研究也是一样的结果（Gigerenzer，1996，2001）。不恰当的准则更倾向于对现实问题的研究，但这些问题答案的产生比洞悉人类判断本质更具复杂性（Gigerenzer，2000）。这些观点并不是笔者首先提出的。实验心理学之父冯特（Wundt，1912/1973）认为，逻辑准则与思维过程没有什么关系，想要把它们运用到研究心理过程的尝试也是无果的，但是至少一些心理学家曾经努力过。例如，瑞普斯在1994年曾经争辩说，演绎逻辑学可能处于认知构造的中心位置（Rips，1994），而到了2002年，他声称自己将不再捍卫这一“统治性”理论了。

三、启示法的生态理性

有没有可以替代最优化和内容盲准则的选择呢？有，选择是外在理性形式，它的合理性是通过解决问题的实际成功率来衡量的。问题不同，对成功的考量也不同，比如，当预测一个策略的准确性时，要考虑这个过程需要寻找多少信息，以及多快可以作出决定。在一些情况下，现在行动比等到找到最好方案再行动要好得多。生态理性可以用比较性的术语来表达：一个既定的启示法在环境 A 下比在环境 B 下实施得更好。例如，对其他人成功行为的模仿（相对于个人的学习）会在相对静止的环境下发生作用，但在高速变化的环境中是不发生作用的（Boyd and Richerson，2001）。生态理性也可以用定量的术语来分析：在 E 环境中，一种启示法用30%的信息就能作出80%的正确预测。

启示法生态理性是依赖于环境的。相反，内容盲准则是不考虑环境的。生态理性是相对的或定量的，它不必与最佳策略相关。这就为它提供了一个优势：生态理性可以在达不到最优化的情况下决定，而且人不需要为了获得最优化而改变问题。接下来，笔者将描述三类启示法生态理性（更多的分析，详见 Gigerenzer et al.，1999；Goldstein et al.，2001；Smith，2003）。

1. 识别启示法

戈德斯坦和笔者问了美国和德国学生这样一个问题（Goldstein and Gigerenzer，2002）：哪个城市有更多的居民：圣地亚哥还是圣安东尼奥？

62%的美国学生回答正确：圣地亚哥。德国人对圣地亚哥知之甚少，许多人从未听说过圣安东尼奥。那么找出正确答案的“无知”德国人占多大比例呢？100%。为什么知道更少的人反而能作出更加正确的推断呢？答案是德国学生使用了识别启示法（recognition heuristic）：

> 如果你认识一个城市，而不认识另一个，那么你就会作这样的推断：认识的城市有更多的人口。

美国学生不能运用这一启示法，因为他们知道的太多。这两座城市美国人都听说过，所以必须依赖他们以前的知识来进行判断。在局部无知中利用机智，识别启示法就是这样一个以无知为基础作出决定的例子。它能够在各种各样的情况下进行行为指导：老鼠会选择它们在其他老鼠身上闻到的气味的食物，而避免新奇的食物；孩子会接近他们认识的人而远离那些他们不认识的；青少年购买他们听说过的乐队的 CD；承认并购买他们认识的品牌的商品；大型会议的参加者会寻找他们认识的面孔；大学院系有时会通过名气来招聘教授；机构、大学及公司会通过广告在大众的识别记忆中竞争一席之地。

同其他启示法一样，识别启示法对环境也是有要求的，在一些环境中它的效果会比在另一些环境中要好，而它何时发生作用就属于生态理性问题了：

识别启示法在这种环境下是生态理性的：识别有效性 $\alpha > 0.5$。

有效性 α 是指在一组给定的实体中，能被识别的实体比不能被识别的实体有更高的标准值。这就为生态理性提供了一种定量测量法。例如，推断人口，α 一般是在 0.8 左右（Goldstein and Gigerenzer，2002）；推断谁会赢得一场大满贯网球比赛，α 是 0.7（Serwe and Frings，2004）；推断疾病的传播，α 是 0.6（Pachur and Hertwig，2004）。

2. 择优启示法

它是生态理性的第二种情况，是单因决策家族的其中一种启示法。内容是以二元线索为基础，推断一个标准下的两个实体哪一个更有价值。这种启示法叫最优选择，因为做这种推断只需要依靠一个线索——最高有效性线索，其他的线索都被忽略不计。最优选择有三个结构模块：搜寻规则、停止规则及决策规则。

（1）搜索规则：按有效性的顺序搜寻所有线索。首先查找有效性最高的那条线索的线索值。

（2）停止规则：如果一个实体只有一种正面的线索值（其他的没有或是未知），那么立即停止搜寻而开始第三步。否则，排除这条线索返回第一步，如果找不到其他线索就猜测。

（3）决策规则：在同一标准下，我们预测有正面线索值的实体具有更高的价值。

线索 i 的有效性被解释为 $v_i = R_i/P_i$，在这里，R_i是依据线索 i 作出正确预测的数字，P_i 是指线索 i 在不同客体间相对应的数值。

理性选择何时只依赖一个线索就能够完成？在 M 二元线索环境下，我们可以依据其 W_j码（如 β 权重）来排序，$1 \leqslant j \leqslant M$。如果每一个权重都符合这个条件：

$$W_j > \sum_{k>j} W_j$$

那么，笔者就认为，这个环境结构是一种无偿信息（noncompensatory information）。比如 1，1/2，1/4，1/8 等一连串数据就可以成为其例证。线索的权重总和永远不会比正确线索的权重更大——这个总和不能抵消一个更大权重的线索。在这里，最优选择使得同样的推断成为一个线型策略（与权重的顺序一样）。因此，我们就得到了下面的结果（Martignon and Hoffrage，1999）：

在一个无偿信息的环境中，任何线型策略都比不上更高速、更简洁的择优启示法。

最优选择能够运用的第二种环境结构是稀缺信息（scarce information）：

$$M < \log_2 N$$

这里 M 和 N 分别是线索的数量和实体的数量（Martignon and Hoffrage，2002）。稀缺信息案例是这样一个样本：依赖 5 条线索或预测对 30 个客体进行测试（$\log_2 30 < 5$）（更多的环境结构内容见 Hogarth and Karelaia，2005）。与上述结果一致，最优选择和其他的单因决策启示法已经被证明，在对经济学、人口学、环境及健康的预测时表现得更加精确，尤其是在对心脏病的预测中表现得尤为突出（Green and Mehr，1997；Czerlinski et al.，1999）。托多罗夫（Todorov，2003）证实，在 1996 年、1997 年的 NBA 篮球赛中，由最优选择预测的结果与贝叶斯规则的预测结果一样精准，然而所用信息却更少。查特（Chater et al.，2003）证实，“最优选择”与高度复杂的计算机方法相匹配，如三层前向连接网络、昆兰的决策三算法和双范例模型（Quinlan，1993）、近邻模型、诺索夫斯基的通用语境模型（Nosofsky，1990）。当环境信息不足，特别是检测装置少于所有实体的 40% 时，“最优选择”比其他更昂贵的计算策略更加精确。“单一原因策略”的效力已经在诊断心脏病（Green and Mehr，1997）和为儿童开抗生素（Fischer et al.，2002）等简单启示法中被证实了。

3. 从众启示法

社会启示法采用的是人类的社会性学习能力和模仿能力（模仿不一定导致学习），在动物界中这二者是不相匹配的。例如，像识别启示法一样，以下的社会启示法允许人仅分析表面情况就作出决定。

> “从众”启示法（do-what-the-majority-do heuristics）：如果看见大多数你的同龄人表现出一个行为，那你也会加入到这一行为的行列当中。

这一简单的社会启示法似乎会导致大范围的适应性行为（Laland，2001）。它使一个机制摆脱必须再次从环境中提取信息的麻烦，因此它是从无到有的。它可以推进文化行为的传播速度，从宗教仪式到反对种族歧视中都可以见到它的身影。相对于模仿一个熟悉的个体而言，模仿多数人是与社会议题有关的适应性行为的一种特征，比如，道德、政治行为等议题（Gigerenzer，2004a）。已有研究报道显示，这种行为在人和动物中都是可见的；杜加金（Dugatkin，1992）就曾说过，雌性孔雀鱼通过模仿其他同性对异性的喜好来选择异性。在当代人类社会中，青少年也会因为他的同龄人崇拜某个电影明星而崇拜那个人；广告就是通过许多（而不是一个）人崇尚一种产品这样的描述来利用这一启示法的。人们对少数成员表示厌恶，只因为他们注意到大多数他们的同龄人都是这样做的。人可能会在某一个时候，比如说，30 岁开始考虑结婚，当他的圈子中其他人都这样考虑的时候。模仿同龄人的行为是非常节俭的启示法，因为它保证了同龄人的认可，有时候甚至是被同龄人接受的一个条件，而且也不需要考虑自己行为的利弊。

“从众”在下列情况下是生态理性的：

（1）行为的观察者和示范者处于相似的环境中，如社会体系。

（2）环境不是快速变化而是稳定的或是变化缓慢的。

（3）它的环境复杂且其结果并不是立竿见影的，也就是说，要看到结果究竟是好还是坏是困难且耗时的，它在政治或道德系统中更加适用（Boyd and Richerson，1985；Goldstein et al.，2001）。

在那些不符合条件的环境下，模仿多数人的行为可能会导致一个灾难。例如，当经济从地区性变为全球性时，模仿传统公司的产品及分配体系可能是不利的。

4. 认知运气

在本书中，马西森讨论过这样一种研究：将生态（受限）理性作为一种战胜启蒙传统的认识内在主义方法。但他提出了自己的担忧：如果认知图景像后启蒙图景表明的那样是不可知的，那就可以推导出我们并不能够认知这个世界的特征：它涉及一种类似于理论伦理学家称为“道德运气”（moral luck）（见 Williams，1981；Nagel，1993）的概念——“认知运气”（cognitive luck）（Matheson，本书第八章）。

这一担忧是建立在这一假设之上的：提高认知的内在主义方法在我们的控制之下，而外在主义方法不在我们的控制之下。

然而，这一假设通常是不正确的，而且它揭露了认知优点的内在认识局限性。笔者推测变化的环境实际上比变化着的思维更简单。让我们思考一位不会计算的医师在诊断结肠癌时有可能产生的严重问题。一个人在“粪便隐血”（fecal occult blood，FOB）测试上得出的结果是阳性的，他问医生他患上癌症的概率是多大。医师告诉这个担心的人什么呢？我们给经验丰富的医师最好的预测基本比率（0.3%）、敏感度（50%）及假性阳性比率（3%），然后让他们在给定的阳性测试下估测得结肠癌的概率。他们的估算由1%到99%不等。如果患者知道这一可变性，他们会被吓坏。

这一结果说明了一个更大的问题：当医师们努力从可能性中得出一个结论时，他们的思维可能是一片混乱（Gigerenzer，2002）。做什么能够修正这一点呢？一个内在主义者可能会推荐培训医师使用贝叶斯规则来计算可能性。从理论上来说，这种训练应当创造奇迹，但实际上它没有。例如，当学生顺利通过这门课程之后一周，他们的表现已经下降到50%，而且这种表现会一周一周地持续下降直到消失（Sedlmeier and Gigerenzer，2001）。甚至首先说服医师上统计课的可能性就几乎是零。大多数人没有时间或动力，其他一些人则认为他们不可救药地不会计算。我们被不会计算的医师永远卡住了吗？不是的，从生态学的观点来看，思考不是简单地发生在思维中的，而是思维与环境的相互作用。这使得第二种更加有效率的方法出现了：改变环境，它可以改善这一情况。环境的相关部分是信息的呈现，因为这种呈现是贝叶斯计算（Bayesian computation）① 的一部分。自然（非规范）频率是一种有效的表征，它是通过模仿人类进化过程中的、写作与统计学方式出现之前的人们捕捉信息的方式来实现其表征的。例如，10 000 个人当中有 30 个人有结肠癌，他们中的 15 个人会做阳性测试；剩下的没有患结肠癌的人当中，有 300 人会做阳性测试。当我们呈现出与条件可能性相反的自然频率数字信息时，医师判断中巨大的变化性就消失了。他们都给出了合理的估计，大多数都符合贝叶斯的5%定律，即 20 个人里有一个可能被计算进去。

类似地，通过改变环境，我们会使许多所谓的认知错觉消失（Gigerenzer，

① 贝叶斯计算是贝叶斯理论的一个方面，贝叶斯理论是由贝叶斯（Thomas Bayes）提供的一种对概率等的解释，它采用将概率定义为某人对一个命题信任的程度的概念；同时，他也认为此理论可以用作根据新信息导出的规则或更新现有置信度的规则。——译者注

2000)，使五六年级的人有能力在他们甚至没听说过概率之前就能解决贝叶斯问题（Zhu and Gigerenzer，即将出版），帮助法官及法律系学生理解DNA证据（Hoffrage et al.，2000）。因此，生态的观点实际上扩展了提高判断的可能性，然而内在主义观点限制了这些可能性。总体来说，在“认知运气”这一术语中，只有从内在主义的角度看才说得通，在这种情况下，运气实际上与环境相关，它包含了社会环境。从生态角度来看，是环境结构直接影响了认知并被设计来改善认知，而非运气。在笔者看来，认知优点是思维与其环境之间的关系，与生态理性的内涵非常相像（Bishop，2000）。

四、什么是智人理性？

是什么使我们变得聪明？在笔者看来，答案有四：第一，之所以说我们聪明，是因为我们作出的行为好像我们是全知的、有无限计算能力来为每个问题找到最佳策略的。这是对无限理性的一种美丽的错觉。第二点是对第一点的稍许改动，它通过阐述信息需求和结果代价来驳斥全知，但它仍坚持最优化理念。这两个程序主要表现在经济学、生物学、哲学和社会科学等方面。两者都有反心理学的偏见：他们坚决否认心理学定义的理性行为，提出了“好像”理论，它是这样一个假设：即使我们对人类思维没有很深的了解，我们也可以预测人的行为，但这一假设并不总是正确。在拉普拉斯的精力无限的人的形象中，经济人（Homo economicus）就定义了智人：从根本上说，我们是理性的生物，而且我们也可以通过对全知和最优化的虚构来理解理性的本质。启示法与偏差理论批判了这一观点，但只限于叙述性层面。如果将内容盲准则作为准绳来评判人类理性的话，那么我们大部分时候或有时（这一时间量是不断变化的）都会犯一些系统的非理性推断错误。

现在有一本著作试图判断哪一种观点是正确的：我们是理性的还是非理性的？或者说我们是80%理性和20%非理性的集合体？一些调解者提议说真理是中庸的，我们兼具理性和非理性，所以在这个观点中并不存在什么真正的分歧，例如，笔者同卡尼曼和特沃斯基（Gigerenzer，1996；Kahneman and Tversky，1996）之间的争论有时候就被误解成是关于人有多少理性和多少非理性这样的争论。从这种观点来看，理性像是一杯水，在卡尼曼和特沃斯基眼里，它有一半是空的，而在笔者的眼里它有一半是满的。比如，塞缪尔斯等发出了“结束理性之战”的呼吁，他们声称这两方“在人类理性领域中并不存在巨大的分歧”（Samuels et al.，2004：264）。然而，这个问题的关键不是有关量的，而是有关质的：到底什么是理性，什么是非理性？在一项实验任务中的实验参加者违背真值表和其他一些逻辑法则及遵守这些法则的频度，是多少时我们可以轻易接受，到多少时我们又不能接受？但是启示法与偏差理论支持者将第一项算作人类的非理性，而将第二项作为人类的理性。笔者不同意这一观点，笔者相信我们需要对人类理性有一个更好的理解，而不是仅依靠内容盲准则来对它进行判断。因为依靠这一准则定义的理性与智人几乎没有什么关联性，智人必须适应社会及心理世界，而不是一些不关乎内容的句法系统，如逻辑学法则。

生态理性的概念就是笔者对智人本质的回答。它是通过人们对社会环境的依赖程度来定义启示法理性的，而非依赖最优化或内容盲准则。对生态理性的研究加深了我们对各种各样与直觉相关现象的理解，包括什么时候一个元音比其他时候更好，什么时候简约是美，以及什么时候部分无知可以获益等。智人这个术语有着更深层的智慧，它被刻画成了一个工具使用者；而能令我们聪明的工具不是骨头或石头，而是由适应工具箱中诞生的启示法。

参 考 文 献

Anderson, J. R. (1990). *The Adaptive Character of Thought.* Hillsdale, NJ: Erlbaum.

Arrow, K. J. (2004). Is bounded rationality unboundedly rational? Some ruminations. In M. Augier and J. G. March (eds.), *Models of a Man: Essays in Memory of Herbert A. Simon.* Cambridge, MA: MIT Press.

Babler, T. G. and Dannemiller, J. L. (1993). Role of image acceleration in judging landing location of free-falling projectiles. *Journal of Experimental Psychology: Human Perception and Performance*, 19, 15-31.

Bishop, M. A. (2000). In praise of epistemic irresponsibility: How lazy and ignorant can you be? *Synthese*, 122, 179-208.

Boyd, R. and Richerson, P. J. (1985). *Culture and the Evolutionary Process.* Chicago: University of Chicago Press.

Boyd, R. and Richerson, P. J. (2001). Norms and bounded rationality. In G. Gigerenzer and R. Selten (eds.), *Bounded Rationality: The Adaptive Toolbox.* Cambridge, MA: MIT Press.

Brooks, R. (2002). *Robot: The Future of Flesh and Machines.* London: Penguin Books.

Chater, N., Oaksford, M., Nakisa, R., and Redington, M. (2003). Fast, frugal, and rational: How rational norms explain behavior. *Organizational Behavior and Human Decision Processes*, 90, 63-86.

Cohen, L. J. (1981). Can human irrationality be experimentally demonstrated? *Behavioral and Brain Sciences*, 4, 317-370.

Cosmides, L. (1989). The logic of social exchange: Has natural selection shaped how humans reason? Studies with the Wason selection task. *Cognition*, 31, 187-276.

Cosmides, L. and Tooby, J. (1992). Cognitive adaptions for social exchange. In J. H. Barkow, L. Cosmides, and J. Tooby (eds.), *The Adapted Mind: Evolutionary Psychology and the Generation of Culture.* New York: Oxford University Press.

Czerlinski, J., Gigerenzer, G., and Goldstein, D. G. (1999). How good are simple heuristics? In G. Gigerenzer, P. M. Todd, and the ABC Research Group, *Simple Heuristics that Make Us Smart.*

New York: Oxford University Press.

Daston, L. (1988). *Classical Probability in the Enlightenment.* Princeton, NJ: Princeton University Press.

Dawkins, R. (1989). *The Selfish Gene* (2nd edn.). Oxford: Oxford University Press.

Dugatkin, L. A. (1992). Sexual selection and imitation: females copy the mate choice of others. *The American Naturalist*, 139, 1384-1389.

Fillenbaum, S. (1977). Mind your p's and q's: the role of content and context in some uses of and, or, and if. *Psychology of Learning and Motivation*, 11, 41-100.

Fischer, J. E., Steiner, F., Zucol, F., et al. (2002). Use of simple heuristics to target macrolide prescription in children with community-acquired pneumonia. *Archives of Pediatrics and Adolescent Medicine*, 156, 1005-1008.

Gigerenzer, G. (1996). On narrow norms and vague heuristics: A reply to Kahneman and Tversky (1996). *Psychological Review*, 103, 592-596.

Gigerenzer, G. (2000). *Adaptive Thinking: Rationality in the Real World.* New York: Oxford University Press.

Gigerenzer, G. (2001). Content-blind norms, no norms, or good norms? A reply to Vranas. *Cognition*, 81, 93-103.

Gigerenzer, G. (2002). *Calculated Risks: How to Know When Numbers Deceive You.* New York: Simon and Schuster. (Published in UK as *Reckoning with Risk: Learning to Live with Uncertainty.* London: Penguin Books.)

Gigerenzer, G. (2004a). Fast and frugal heuristics: The tools of bounded rationality. In D. Koehler and N. Harvey (eds.), *Handbook of Judgment and Decision Making.* Oxford: Blackwell.

Gigerenzer, G. (2004b). Striking a blow for sanity in theories of rationality. In R. B. Augier and J. G. March (eds.), *Models of a Man: Essays in Honor of Herbert A. Simon.* Cambridge, MA: MIT Press.

Gigerenzer, G. and Hug, K. (1992). Domain-specific reasoning: Social contracts, cheating, and perspective change. *Cognition*, 43, 127-171.

Gigerenzer, G. and Selten, R. (eds.) (2001). *Bounded Rationality: The Adaptive Toolbox.* Cambridge, MA: MIT Press.

Gigerenzer, G., Swijtink, Z., Porter, T., Daston, L., Beatty, J., and Kriiger, L. (1989). *The Empire of Chance: How Probability Changed Science and Everyday Life.* Cambridge: Cambridge University Press.

Gigerenzer, G., Todd, P. M., and the ABC Research Group (1999). *Simple Heuristics that Make Us Smart.* New York: Oxford University Press.

Gilovich, T., Vallone, R., and Tversky, A. (1985). The hot hand in basketball: On the misconception of random sequences. *Cognitive Psychology*, 17, 295-314.

Goldstein, D. G. and Gigerenzer, G. (2002). Models of ecological rationality: The recognition heuristic. *Psychological Review*, 109, 75-90.

Goldstein, D. G., Gigerenzer, G., Hogarth, R. M., et al. (2001). Group report: Why and when do simple heuristics work? In G. Gigerenzer and R. Selten (eds.), *Bounded Rationality: The*

Adaptive Toolbox. Cambridge, MA: MIT Press.

Green, L. and Mehr, D. R. (1997). What alters physicians' decisions to admit to the coronary care unit? *Journal of Family Practice*, 45, 219-226.

Gruber, H. E. and Voneche, J. J. (1977). *The Essential Piaget*. New York: Basic Books.

Hacking, I. (1975). *The Emergence of Probability*. Cambridge: Cambridge University Press.

Hoffrage, U. and Gigerenzer, G. (1998). Using natural frequencies to improve diagnostic inferences. *Academic Medicine*, 73, 538-540.

Hoffrage, U., Lindsay, S., Hertwig, R., and Gigerenzer, G. (2000). Communicating statistical information. *Science*, 290, 2261-2262.

Hogarth, R. M. and Karelaia, N. (2005). Ignoring information in binary choice with continuous variables: When is less "more"? *Journal of Mathematical Psychology*, 49, 115-125.

Kahneman, D. and Frederick, S. (2002). Representativeness revisited: Attribute substitution in intuitive judgment. In T. Gilovich, D. Griffin, and D. Kahneman (eds.), *Heuristics and Biases: The Psychology of Intuitive Judgment*. New York: Cambridge University Press.

Kahneman, D. and Tversky, A. (1982). On the study of statistical intuitions. In D. Kahneman, P. Slovic, and A. Tversky (eds.), *Judgment Under Uncertainty: Heuristics and Biases*. Cambridge: Cambridge University Press.

Kahneman, D. and Tversky, A. (1996). On the reality of cognitive illusions. A reply to Gigerenzer's critique. *Psychological Review*, 103, 582-591.

Kahneman, D., Slovic, P., and Tversky, A. (eds.) (1982). *Judgment Under Uncertainty: Heuristics and Biases*. Cambridge: Cambridge University Press.

Krueger, J. I. and Funder, D. C. (2004). Towards a balanced social psychology: Causes, consequences, and cures for the problem-seeking approach to social behavior and cognition. *Behavioral and Brain Sciences*, 27, 313-327.

Laland, K. (2001). Imitation, social learning, and preparedness as mechanisms of bounded rationality. In G. Gigerenzer and R. Selten (eds.), *Bounded Rationality: The Adaptive Toolbox*. Cambridge, MA: MIT Press.

Lopes, L. L. (1991). The rhetoric of irrationality. *Theory and Psychology*, 1, 65-82.

Martignon, L. and Hoffrage, U. (1999). Why does one-reason decision making work? A case study in ecological rationality. In G. Gigerenzer, P. M. Todd, and the ABC Research Group, *Simple Heuristics that Make Us Smart*. New York: Oxford University Press.

Martignon, L. and Hoffrage, U. (2002). Fast, frugal and fit: Lexicographic heuristics for paired comparison. *Theory and Decision*, 52, 29-71.

McLeod, P. and Dienes, Z. (1996). Do fielders know where to go to catch the ball or only how to get there? *Journal of Experimental Psychology: Human Perception and Performance*, 22, 531-543.

Nagel, T. (1993). Moral luck. In D. Statman (ed.), *Moral Luck*. Albany, NY: State University of New York Press.

Nosofsky, R. M. (1990). Relations between exemplar-similarity and likelihood models of classification. *Journal of Mathematical Psychology*, 34, 393-418.

Pachur, T. and Hertwig, R. (2004). *How Adaptive is the Use of the Recognition Heuristic*? Poster session presented at the Annual Meeting of the Society for Judgment and Decision Making, Minneapolis, MN.

Payne, J. W., Bettman, J. R., and Johnson, E. J. (1993). *The Adaptive Decision Maker.* Cambridge: Cambridge University Press.

Piattelli-Palmarini, M. (1994). *Inevitable Illusions: How Mistakes of Reason Rule our Minds.* New York: Wiley.

Quinlan, J. R. (1993). *C4. 5: Programs for Machine Learning.* Los Altos, CA: Morgan Kaufmann.

Quinlan, J. R. (2002). Circular reasoning. *Cognitive Science*, 26, 767-795.

Rips, L. J. (1994). *The Psychology of Proof: Deductive Reasoning in Human Thinking.* Cambridge, MA: MIT Press.

Rosander, K. and Hofsten, C. von (2002). Development of gaze tracking of small and large objects. *Experimental Brain Research*, 146, 257-264.

Samuels, R., Stich, S., and Bishop, M. (2004). Ending the rationality wars: How to make disputes about human rationality disappear. In R. Elio (ed.), *Common Sense, Reasoning and Rationality.* New York: Oxford University Press.

Sargent, T. J. (1993). *Bounded Rationality in Macroeconomics.* New York: Oxford University Press.

Saxberg, B. V. H. (1987). Projected free fall trajectories: I. Theory and simulation. *Biological Cybernetics*, 56, 159-175.

Sedlmeier, P. and Gigerenzer, G. (2001). Teaching Bayesian reasoning in less than two hours. *Journal of Experimental Psychology: General*, 130, 380- 400.

Selten, R. (2001). What is bounded rationality? In G. Gigerenzer and R. Selten, *Bounded Rationality: The Adaptive Toolbox.* Cambridge, MA: MIT Press.

Serwe, S. and Frings, C. (2004). *Predicting Wimbledon*: Poster presented at the 4th Summer Institute for Bounded Rationality in Psychology and Economics, Berlin.

Shaffer, D. M., Krauchunas, S. M., Eddy, M., and McBeath, M. K. (2004). How dogs navigate to catch frisbees. *Psychological Science*, 15, 437-441.

Simon, H. A. (1956). Rational choice and the structure of environments. *Psychological Review*, 63, 129-138.

Simon, H. A. (1990). Invariants of human behavior. *Annual Review of Psychology*, 41, 1-19.

Smith, V. L. (2003). Constructivist and ecological rationality in economics. *The American Economic Review*, 93, 465-508.

Stigler, G. J. (1961). The economics of information. *Journal of Political Economy*, 69, 213-225.

Todorov, A. (2003). Cognitive procedures for correcting proxy-response biases in surveys. *Applied Cognitive Psychology*, 17, 215-224.

Trivers, R. L. (1971). The evolution of reciprocal altruism. *Quarterly Review of Biology*, 46, 35-57.

Trivers, R. L. (2002). *Natural Selection and Social Theory: Selected Papers of Robert Trivers.* New York: Oxford University Press.

Tversky, A. and Kahneman, D. (1983). Extensional versus intuitive reasoning: The conjunction fallacy in probability judgment. *Psychological Review*, 90, 293-315.

Wald, A. (1950). *Statistical Decision Functions.* New York: Wiley.

Wason, P. C. (1966). Reasoning. In B. M. Foss (ed.), *New Horizons in Psychology*. London: Penguin Books.

Wason, P. C. and Johnson-Laird, P. N. (1972). *Psychology of Reasoning: Structure and Content*. Cambridge, MA: Harvard University Press.

Williams, B. (1981). *Moral Luck*. Cambridge: Cambridge University Press.

Williams, B. (1988). Consequentialism and integrity. In S. Scheffler (ed.), *Consequentialism and its Critics*. New York: Oxford University Press. (Reprinted from B. Williams and J. J. C. Smart, *Utilitarianism: For and Against*. Cambridge: Cambridge University Press, 1973).

Wundt, W. (1912/1973). *An Introduction to Psychology* (R. Pintner, trans.). New York: Arno.

Zhu, L. and Gigerenzer, G. (forthcoming). Children can solve Bayesian problems: The role of representation in computation. *Cognition*.

第八章　认知优点的有限理性与启蒙图景

大卫·马西森（David Matheson）

一、引　　言

从广义上讲，优点就是指某事物的一种特征，这一特征使得该事物在相关评价中表现优秀。同情心与勇气是两种道德优点，因为在相同的条件下，有同情心和勇气的人会比冷漠和懦弱的人显示出更加良好的道德品质。操作简单与低油耗是汽车的优点，因为相较于没有这些优点的汽车，有这些优点的汽车能更好地为司机服务。清晰性与关联性是交流的优点，因为它们的缺失会导致信息交流障碍。

认知优点则是一种心理过程或心理机制。通过这种过程或机制，我们能获得一些对于这个世界的理解（如信仰或判断）。而这也正是这些机制的特点：它们能帮助我们获得有关这个世界的恰当理解。但这里所指的“恰当性”在认知的评价尺度上究竟是多少呢？在一种评价尺度中，认知的结束就是指我们获得了我们生存世界的表征，而我们的表征机制是通过它们所产生的表征的数量来评价的。这里所讨论的认知优点是所有认知优点中十分不起眼的一种，因为它与表征准确性之间的联系并不是很紧密：这种表征机制持续产生的有关这个世界的错误判断和正确判断的数量基本上是持平的。

另一个评价尺度是，我们的表征机制在帮助我们获得有关这个世界的真正有用的表征时，它的表现是怎样的。由于缺乏精确性，所以认知优点的构成不完整。即当讨论我们的表征机制产生有关这个世界的表征时，这个表征能够在多大程度上令我们满意？从认知的角度看，假如医学专家根据一个患者的生病状况认为她会死去，而患者却坚信她能够在这次病症中活下去。这对医学专家来讲看似是无益的，但对于这个患者来说，通过实际的评价形成的这种信念是非常有益的。毕竟，有了这种信念，在她所剩的生命中，她会活得更好一些。

认知评价的一个明显特征就是：只要获得了精确的表征，人们就认为认知结束了。对人类表征机制的评价在于，它们能够产生精确表征的数量，但这仍然不是一个有力的评估体系。假如一个个体足够幸运，能够获得有关这个世界的足够精确的反映，那么根据这个评估体系，他利用一些如积极的思想或猜想的反映体系就可以表现得十分优秀。

一个更为合理的评估体系则是，根据这个体系中认知结束时对精确反映的稳定（或非偶然）程度来执行评价。而我们的反应机制更注重通过它们能否稳定地产生精确的反映来评估其有效性。因此，积极的思想或猜想或许能够产生精确的反映，但不稳定。因为从长期看来，此类反应机制产生的关于这个世界的精确反映数量等于或多于关于这个世界的不精确反映数量。

从认知评估的最后最有力的维度来看，本章关注了人类的认知优点。我们认为存在一种认知优点图景［称为启蒙图景（enlightenment picture）］，它独自占据着人们的思想。在这个图景中，借用查尔斯·泰勒的话来说，“完全不受约束的……理性在某种程度上是与自然和社会世界完全脱节的，所以它的身份不受制于外界评论”（Taylor，1995：7）。另一种图景则认为认知优点栖居于一个更为广阔的维度中：在后-启蒙图景中，只有用心灵之眼和世界之眼才能给认知优点定位。

现今，心理学中存在关于人类理性的“限性”争论——或者更确切地说，是关于在不确定条件下，人类的理性判断是否是有限制的。该争论与认知优点图景的合理性有很大的关系。争论的一方使用了最近的心理实验结果，结果说明：在不确定条件下，人类的判断是非理性的。而争论的另一方，如吉仁泽等一些理论家在看过这些实验结果后，得出另一个结论：人类判断总体上是理性的，但这种理性在某种程度上是有限制的。学习认知科学的学生在有关这个争论的考试中也有可能遇到这样一个问题：找出一个相关的简洁公式，说明“限制”是什么。在下一个部分，在将这个争论置于认知优点图景的大背景下之前，笔者会提供这个公式。考虑到有限理论家们所坚持的有限观点的本质，笔者将会展示一个对启蒙图景的否定论证。在第三部分，笔者将对有限理论家们所提出的否定理由进行讨论，之后似乎会得出这样一个令人担忧的结论：认知优点受控于显示它的主体。尽管对于如何消除这种担忧笔者会提出一些自己的见解，但笔者还是更有兴趣听听吉仁泽是如何解说的。

二、有限理论家对启蒙图景的驳斥

要想理解不确定条件下的人类理性判断的有限性本质，可以将其与其对立观点即无限性进行对照，如下：

> 无限理性论题（unbounded rationality thesis）：在不确定的情况下，一个人的判断理性由诸多规则构成，这些规则无需受此人所处环境的限制（即无限制的）。
>
> 有限理性论题（bounded rationality thesis）：在不确定的情况下，一个人的判断理性由诸多规则构成，这些规则只受此人所处环境的限制（即有限制的）。

对于这两个理论，有三点是需要我们注意的：

第一，其有关理性理论的判断是在不确定条件下进行的。其所刻画的有限和无限的区别只适用于较为狭隘的范围，而不适用于其他一些名称相同的区分。例如，在谈论不确定条件下的有限或无限（或“完全性”）理性决策和选择时，我们要把握一个限度，即决策或选择的理性要高于判断理性，因为决策理性要比简单的判断理性需要更多的东西：理性的判断只是理性选择的一个因素，其他还包括判断主体的欲望、兴趣或偏好等（Simon，1972；Gigerenzer and Selten，2001；Selten，2001）。例如，对笔者来说，投资某个公司能使笔者的经济收入最大化，所以笔者认为这样做是非常合理的；但假如笔者想使其他的事物而不是经济收入最大化，那对笔者来说，再选择进行投资就不合理了。

第二，这些在每个理论中起作用的如下规则的概念，并不要求人们必须明确地了解这些规则，也并不要求人们了解要满足这些规则所需要的条件。人们在各种认知活动如面部识别和语法化的语言表达中，毋庸置疑地都要遵循各种规则；然而，同样毋庸置疑的是，无论在哪种意识层面上，这些规则的本质与内容都没有被人们意识到。

第三，如若每个理论的判断前提都是不确定的条件，那么它们就会相应地表现出理性自身的本质。根据有限理性论题，在不确定条件下，判断的合理性总是相对的：这样判断的认知理性总是与特定的环境有关的。无限理性论题把判断的理性描述成一种绝对的、理想化的事物，在不确定条件下，如果一个人的判断的认知理性与特定的环境无关，那么这个判断本身也是理性的。

既然已经初步认识了有限理性论题与无限理性论题，我们现在就需要知道为什么吉仁泽这样的理论家会认可有限理性论题而否定启蒙图景了。在20世纪70年代之前，一些心理学实验显示：普通成年人并不能进行与在无限理性中描述的规则相符的不确定条件判断（此后称为不确定判断）。这些规则即指概率计算规则（Kahneman and Tversky 1972；Tversky and Kahneman，1973a，1973b，1982a，1982b，1982c，1983；Nisbett and Ross，1980）。因此，在如由特沃斯基和卡尼曼进行的著名实验中，被测试者面对着如下的“出租车问题”（cab problem）：

> 一辆出租车卷入了一场发生在夜晚的肇事逃逸事故中。在这个城市中有两家出租车公司在运营，即绿方和蓝方。现有如下数据：①这个城市中，85%的出租车由绿方管理，而15%由蓝方管理。②一位目击者认出事故出租车是蓝方的。在与出事那天的环境相同的环境中，法庭对证人的可靠性进行了测试，得出的结论是证人能够分辨出两种颜色的概率为80%。所以事故出租车是蓝方而不是绿方的可能性有多大？（Tversky and Kahneman，1982b：156-157）

与概率计算法给出的结果相比，测试主体对这个问题的回答令人相当不满意。概率计算法给出的结果是事故出租车是蓝方的概率为0.41；测试主体给出的答案与这个结果相去甚远（0.80）。在包括特沃斯基和卡尼曼在内的很多人看来，这个实验结果证明了一个结论，即普通成年人在进行不确定判断时，不会遵守概率计算法的固定规则，就如同对于出租车样本的概率判断一样。

这个结论之后的推理是简单明了的，也是令人信服的。第一，测试主体如果对不确定的判断不加考虑的话，往往会作出错误的判断，比如，出租车问题这样的可能推理中的不确定判断条件。第二，最可行的解释推论是：对于为什么测试主体在不考虑他们判断的情况下会出错，最好的解释是，他们在作出这些判断时没有遵循概率计算规则。因此，测试主体在进行这样的概率推理任务并作出判断时，并不会遵循概率计算的固定规则。但是如若推理继续，那就会有一个貌似正确的假设，即这些测试主体不仅仅表征着普通的成年人，而且他们在这样的可能性推理任务中的不确定判断，也相应地表征了全体普通人的不确定判断，那么我们就可以得出一个结论，即普通人在作出不确定判断时并不会遵循概率计算法的固定规则。

到目前为止，上述论证看似是无可争议的，但实际上还是稍有些争议的，这些争议是指在考虑不确定判断时，我们要对先前的推论中是否含有任何干扰因子进行思考。针对人类不确定判断是理性的这个结论，如果给它加一个前提，即在人们遵循概率计算法固定规则的条件下，我们就会得出一个令人担忧的、有关人类不确定判断理性的结论，即这样的判断显然是非理性的。

然而，我们必须注意到这个前提——人类的不确定判断只有在人们遵循概率计算法的固定规则情况下才是理性的——它是无限理性论题的一个例证。这是因为概率计算法的固定规则与判断主体的环境是没有任何关系的。要知道为什么，我们可以参考一个基于贝叶斯定理概率计算法的中心固定规则。我们可以用如下公式体现出这个理论：

$$\text{Prob}(H \mid E)=\frac{\text{Prob}(E \mid H)\times \text{Prob}(H)}{[\text{Prob}(E \mid H)\times \text{Prob}(H)]+[\text{Prob}(E \mid {\sim}H)\times \text{Prob}({\sim}H)]}$$

即 H 是基于证据 E 的一个假设，H 条件概率的产物有两个：①是指之于 H 的 E 条件概率；②指 H 的非条件概率。这里的① + ②将被下面的① + ②所除：①指之于 H 的 E 条件概率的产物与 H 的非条件概率的乘积；②指之于非 H 的 E 条件概率的产物与之于非 H 的非条件概率的乘积。

如果将这个方程式看成是在作理性的不确定判断时应遵循的一个规则（例如，如果认知的目的不仅仅是作出不确定判断，更要作出理性的不确定判断），那么会产生两个方面的困难：首先，这个方程式没有理性不确定判断的规则形式；其次，它没有抓住贝叶斯理论作为一个不确定判断规则的本质。因为作为固定的规则，概率计算法严格地限定了（隐含地）可以作出符合该规则判断的标准形式，例如，单个事件的概率形式（一个“之于 E 的 H 条件概率”的单独事件形势判断，可能被看作这样一个判断：之于 E 的 H 条件概率是 0.8 或 80%；

若按照概率形式，这个判断应该写成之于 E 的 H 条件概率为 8/10，或 80/100)。所以，贝叶斯理论若要成为一条相关性规则，必须将其描述如下：

当且仅当以下条件成立时，主体 S 的理性判断 Prob $(H|E)=n$ 才会存在：

(a) S 以标准概率公式判断 Prob $(H|E)=o$；

(b) S 以标准概率公式判断 Prob $(H|E)=p$；

(c) S 以标准概率公式判断 Prob $(E|\sim H)=q$；

(d) S 以标准概率公式判断 Prob $(\sim H)=r$；

(e) S 以标准概率公式判断 $op/op+qr=n$。

显而易见，这是无限理性论题的一个规则：与 S 的环境无任何关联。

如果我们以这样的规则形式认识无限理性论题，我们就要面对这样一个可疑的结论：人的不确定判断的大部分都是非理性的。因为就如实验结果所示，人们在作出不确定判断时，并不会遵循如贝叶斯定理那样的概率计算规则。出租车样本实验得出结论：人在作出条件概率判断时不遵循规则（a）~（e)。由于理性不确定判断要求遵循概率计算法的固定规则，所以人不能形成理性的不确定判断。

因此，根据如出租车样本这样的实验结果，可以总结出：

(1) 人在作出不确定判断时不遵循概率计算法的固定规则。

再加入前提 (2)：

(2) 人的不确定判断只有在遵循概率计算法固定规则的前提下才是理性的。

那么我们就能得到结论 (3)：

(3) 因此，人的不确定判断是非理性的。

要否定这样令人不快的结论——这个结论至少在两个方面使人不舒服：①使人们相信人似乎在这个世界生存，并且生活得相当不错；②人的不确定判断在人的生存和生活中起着关键的作用，就如奎因曾经说过的："人在诞生之初就是个错误，但他们有一个可敬也可怜的行为趋势，那就是会在死之前再生下一代。"(Quine, 1969：126）并且像吉仁泽这样的理论家实际上关注像（2）这样的前提和我们所看到的无限理性论题有很长时间了。如果我们放弃如（2）这样的观点，用有限理性论题的例证来替代它，那么就能否定这个令人不快的结论了。我们可以承认（1)，但拒绝承认人的不确定判断是非理性的。

有限理性论题提出以理性不确定判断的相对规则代替绝对规则（与环境无关)。那么相对规则会采用什么样的形式呢？它们是怎样否定那个令人不快的结论的呢？值得关注的是，在某个层面上，相对规则与绝对法有一定的相似性。因此，有限理性论题也是要遵循规则的：

与表征信息的环境 I 相关，主体 S 只有在如下条件下，才能理性地判断出 Prob $(H|E)=n$，

(a) S 以 I 的表征格式 F 判断出 Prob $(E|H)=o$；

(b) S 以 I 的表征格式 F 判断出 Prob (H) $=p$;

(c) S 以 I 的表征格式 F 判断出 Prob ($E\mid \sim H$) $=q$;

(d) S 以 I 的表征格式 F 判断出 Prob ($\sim H$) $=r$;

(e) S 以 I 的表征格式 F 判断出 $op\ /\ op+qr=n$。

只有涉及主体 S 的环境时，这个规则才能等同于不确定判断的规则。信息-表征环境（information-representation environment）I 是 S 能够接触到相关概率信息的外部条件。环境表征格式 F 是引导我们接收 I 中信息的方式。我们（普通成年人）的自然概率信息所表征的环境的表征格式与特沃斯基和卡尼曼实验设定的人工信息-表征环境的表征格式之间有本质区别。例如，在自然环境中，概率信息可能以一个频率格式呈现；而在人工环境中，这个信息可能以其他格式呈现，比如，概率计算法的固定规则。因此，吉仁泽写道：

> 举一个数字信息的外部表征例子（如主体环境的表征格式）。数字可以用罗马字母、阿拉伯数字、二进制系统及其他形式来表征。这些表征方式可以从一个映射到另一个。因此，它们都是数字等价物。但这些表征方式的算法不同，如乘法。掌上计算器是将阿拉伯数字作为输入数据的。如果我们输入二进制数字就会出错。同样，人类的乘法算术有一定的表征方式。我们可以想一想罗马数字的长除法。(Gigerenzer, 2000: 94)。

那些通过搜集证据来证明人类无法达到贝叶斯理论的实验，通常会以标准概率的形式给予研究者信息。这些实验得出的结果，通常都被作为证据用以证明人类大脑与贝叶斯理论系统不相符。然而这个结论是没有根据的，因为一个人若以一种与贝叶斯规则系统表征方式不相符的表征方式来给予信息的话，他很可能不会在这个系统中察觉出贝叶斯规则系统（例如，在一个与这个系统的自然信息-表征环境明显不同的形式中）。

在过去的几十年中，标准概率形式已经成了一种普通的方式，用来传递医学、统计学及心理学实验中的信息。但我们应该知道，它只是很多表征信息的数学等价物方式中的一种；此外，它还是最近才出现的一种计数法。贝叶斯的论述中并（没有）出现标准的概率形式，人们可以通过自然频数而不用借助掌上计算器来估算贝叶斯定理后面的部分（Gigerenzer, 2000: 98）。

同样，考斯麦茨和图比也写道：

> 如果一个问题的答案（没）有被写入计算机系统的设计程序中，那么这台计算机永远不能产生这个问题的答案。例如，选择食物和选择配偶时都要涉及“偏好”。人们甚至可能会以相同的语言形式来问一些有关于选择的问题：“你觉得你的沙拉 / 男朋友怎么样?”但是一个被设计用于选择营养食品的机器不会选出令人满意的配偶。同样，尽管加

法和求对数都涉及数字，但是一个被设计用于进行加法计算的机器一定不会进行对数计算。

> 假如人类发明出了一种机器，这种机器使得人们能够应用概率计算法，但这些机器都是“频数的”：它们被设计成以频数的方式接收概率信息，而且以频数的方式输出信息。假设实验心理学家向主体提出一些问题，要求回答单个事件的概率而不是频率，而且他们给出的解决这些问题的信息明显不是频率的，尽管主体被设计应该通过概率计算法得出答案，但他们的答案不会是这样得出的。（Cosmides and Tooby，1996：18）

如果我们采用了有限理性论题，用上文中提到的相对规则代替像概率计算法那样的规则，那么（3）中那个令人不安的结论是怎样被否定的呢？我们可以用这样的论述来代替前提（2）：只有人们的不确定判断遵循了相对于信息-表征环境 *I*（根据有限理性论题）的概率计算规则时，它相对于环境 *I* 的表征信息才是理性的。但是论证（1）即便与这个相对理性的新前提结合起来也不能够得出结论（3）。从论证（1）和新前提中我们最多能够得出：相对于实验设定的人工信息-表征环境，人们的不确定判断是不理性的。至少，这样会证明有限理性论题：与实验设定的人工信息-表征环境比较起来，只要人类的不确定判断遵循的是概率计算法的固定规则，那么它就是理性的。然而，相对于人工设定的判断非理性与相对于自然信息-表征环境的判断理性是并存的。

此外，人类的判断相对于自然信息-表征环境而言是理性的，这个论述与有限理性论题的另一个例证相符，即人类的不确定判断只有在涉及自然信息-表征环境并遵循概率计算法时，相对于它的自然信息-表征环境才是理性的。并且人类只有在涉及自然信息-表征环境时，才会遵循概率计算法规则。而且最近的实验结果也证明了该论述的正确性（Gigerenzer and Hoffrage，1995，1998；Cosmides and Tooby，1996；Gigerenzer，2000；Gigerenzer，1996；Kahneman and Tversky，1996）。

因此，像吉仁泽这样的理论家们主张用如下论证（4）~（6）来代替前文中的（1）~（3）。值得注意的是，论证（1）仍然是被接受的，它等同于论证（5）。

（4）相对于实验设定的人工信息-表征环境，人类的不确定判断只有在遵循了概率计算法的固定规则时才是理性的。

（5）人类的不确定判断不遵循概率计算法的固定规则。

（6）因此，相对于实验设定的人工信息-表征环境，人类的不确定判断是非理性的。

而且结论（6）与前文中提到的结论（3）也不冲突，因为它与由（7）和（8）所论证的结论（9）相一致。

（7）相对于自然信息-表征环境，人类的不确定判断只有在涉及自然信息-表征环境并遵循概率计算规则时才是理性的。

（8）只有涉及自然信息-表征环境时，人类的不确定判断才遵循概率计算规则。

（9）因此，相对于自然信息-表征环境，人类的不确定判断是理性的。

通过采取如（4）和（7）这样与（2）相反的有限理性论题，吉仁泽和其他有限理性论家否决了（3）那样令人不安的结论，即人类的不确定判断是非理性的。但需要注意的是，是什么将理性与非理性的不确定判断区分开来——遵循不确定判断的规则，这些规则只有在涉及判断主体的外部环境时才是具体详细的——这个问题的答案至少有一部分是不可知的，而这又是能够将稳定精确的信息表征机制与普通精确概率表征机制区分开来的关键（引文中介绍了认知优点的概念）。因此，相对于概率表征机制的认知优点，我们可以得知认知优点的一个重要形式并非完全存在于我们的心智中。通过将我们引入有限理性论题，吉仁泽这样的理论家也使我们远离了启蒙图景。因为根据这个图景，无论怎样形式的认知优点都应该是完全可知的。

三、关于认知运气的担忧

如前所述，我们已经知道心理实验中的某些结果是怎样使我们得到这样一个令人不安的结论——人类的不确定判断是非理性的，以及这个结论的变体又是如何使我们接受了理性不确定判断的无限性，即无限理性论题。我们也了解到，为了避免得出这样的结论，吉仁泽和其他有限理性论家否定无限理性论题而接受有限理性论题，进而也否定了认知优点的启蒙图景。在本章结束时，笔者将要指出关于这个否定的一点担忧，同时会给出两条建议以便消除这种担忧，并请读者评估这些建议的可行性。同时，笔者也有兴趣听取吉仁泽给出的其他建议。

这个担忧是由卡普兰（Kaplan，1985）、科鲁兹和波洛克（Cruz and Pollock，1999）提出的，内容如下：如果认知图景像后-启蒙图景表明的那样是不可知的，那就可以推导出我们并不能够认知这个世界的特征，它涉及一种类似于理论伦理学家称为“道德运气”（Statman，1993）的概念——“认知运气”。这样，我们就不能提高我们的认知能力。因为这种提高要求我们必须对我们能够改变的特征加以掌控，而这些外部的认知部分却在这种掌控之外。但是，认知科学的一个重要目标就是提高我们的认知能力。毕竟，认知科学家之所以非常关注人类表征机制本质的理解问题，其中的一个重要原因就是：这种理解有助于我们提高察觉、纠正这种机制的不稳定性能力（Goldman，1978，1986）。因此，如果后-启蒙图景是正确的，那么认知科学的这个重要目标就不能实现。

对这种担忧的一个反应就是：假定心智外的相关特征是不受我们控制的，而且后-启蒙图景也没有提出任何建议来改善认知优点，那么人类不确定判断理性及涉及这些判断需要遵循的规则，就只有在涉及主体环境的前提下才是具体详细的。但这并不意味着通过涉及主体环境，这些规则就是具体详细的；认知优点并不可全部认知，并不意味着它是完全不可认知的。因此，我们能够通过掌控内部特征和外部特征来提高我们的认知能力，这是有助于认识认知优点的。

还有另一个对这种担忧的反应：我们无法接受这个假设——心智外特征使得认知优点脱离了我们的掌控。例如，我们来看这样一个表征性特征："看到→相信→接受"，这样一个输入机制（视觉经历）是在适当光线及距离的条件下发生的。这明显是一个外部的关于这个世界的特征。它也是一个我们可以练习控制力的特征：当我们执行"看到→相信→接受"这个机制时，我们必须确保我们处于适当的位置。还有另外一个表征性特征：由一个自然频率形式构成的我们的"不确定→判断→接受信息"输入机制，这也是一个在某种程度上处于我们掌控之下的外部特征。在考斯麦茨和图比（Cosmides and Tooby，1996）的实验报告"inter alia"①中，已经证实我们能够操控这样的特征。

致　谢

在笔者准备这一章时，Robert Stainton，Joseph Shieber 和 Patrick Rysiew 的回应给予了笔者很大的帮助，在此表示感谢。

参考文献

Cosmides，L. and Tooby，J.（1996）. Are humans good intuitive statisticians after all? *Cognition*，58，1-73.

Cruz，J. and Pollock，J.（1999）. *Contemporary Theories of Knowledge*（2nd edn.）. Totowa，NJ：Rowman εt Littlefield.

Gigerenzer，G.（1996）. On narrow norms and vague heuristics：A reply to Kahneman and Tversky. *Psychological Review*，103，592-596.

Gigerenzer，G.（2000）. *Adaptive Thinking：Rationality in the Real World.* Oxford：Oxford University Press.

Gigerenzer，G. and Hoffrage，U.（1995）. How to improve Bayesian reasoning without instruc-tion：Frequency formats. *Psychological Review*，102，684-704.

Gigerenzer，G. and Hoffrage，U.（1998）. AIDS counselling for low-risk clients. *AIDS Care*，10，197-211.

Gigerenzer，G. and Selten，R.（2001）. Rethinking rationality. In G. Gigerenzer and R. Selten

① inter alia，词源是拉丁文，可译为"和其他的事物"，另外，除其他因素之外。——译者注

(eds.), *Bounded Rationality: The Adaptive Toolbox*. Cambridge, MA: MIT Press.

Goldman, A. (1978) . Epistemics: The regulative theory of cognition. *Journal of Philosophy*, 75, 509-523.

Goldman, A. (1986) . *Epistemology and Cognition*. Cambridge, MA: Harvard University Press.

Kahneman, D. and Tversky, A. (1972) . Subjective probability: A judgment of representativeness. *Cognitive Psychology*, 3, 430-454.

Kahneman, D. and Tversky, A. (1996) . On the reality of cognitive illusions. *Psychological Review*, 103, 582-591.

Kaplan, M. (1985) . It's not what you know that counts. *Journal of Philosophy*, 82, 350-363.

Nisbett, R. and Ross, L. (1980) . *Human Inference: Strategies and Shortcomings of Social Judgment*. Englewood Cliffs, NJ: Prentice Hall.

Quine, W. V. O. (1969) . *Natural Kinds*. In *Ontological Relativity and Other Essays*. New York: Columbia University Press.

Selten, R. (2001) . What Is bounded rationality? In G. Gigerenzer and R. Selten (eds.) . *Bounded Rationality: The Adaptive Toolbox*. Cambridge, MA: MIT Press.

Simon, H. A. (1972) . Theories of bounded rationality. In C. B. Radner and R. Radner (eds.), *Decision and Organization*. Amsterdam: North Holland Publishing.

Statman, D. (ed.) . (1993) . *Moral Luck*. Albany; State University of New York Press.

Taylor, C. (1995) . Overcoming epistemology. In C. Taylor, *Philosophical Arguments*. Cambridge, MA: Harvard University Press,

Tversky, A. and Kahneman, D. (1973a) . Availability: A heuristic for judging frequency and probability. *Cognitive Psychology*, *S*, 207-232.

Tversky, A. and Kahneman, D. (1973b) . On the psychology of prediction. *Psychological Review*, 80, 237-251.

Tversky, A. and Kahneman, D. (1974) . Judgment under uncertainty: Heuristics and biases. *Science*, 185, 1124-1131.

Tversky, A. and Kahneman, D. (1982a) . Causal schemas in judgments under uncertainly. In D. Kahneman, P. Slovic, and A. Tversky (eds.) . *Judgment under Uncertainty: Heuristics and Biases*. Cambridge: Cambridge University Press.

Tversky, A. and Kahneman, D. (1982b) . Evidential impact of base rates. In D. Kahneman, P. Slovic, and A. Tversky (eds.), *Judgment under Uncertainty: Heuristics and Biases*. Cambridge: Cambridge University Press.

Tversky, A. and Kahneman, D. (1982c) . Judgments of and by representativeness. In D. Kahneman, P. Slovic, and A. Tversky (eds.), *Judgment under Uncertainty: Heuristics and Biases*. Cambridge: Cambridge University Press.

Tversky, A. and Kahneman, D. (1983) . Extensional versus intuitive reasoning: The conjunction fallacy in probability judgment. *Psychological Review*, 90, 293-315.

第四部分

规则和表征对解释系统性是必要的吗？

第九章　认知需要句法而非规则

特伦斯·霍根（Terence Horgan），约翰·迪逊（John Tienson）

人类认知的丰富、多样令人费解。在本章中，我们将探讨人类认知状态（和人类心智活动）的表现形式，它之所以具有句法而非规则形式，都是由认知本身的丰富性而决定的。

第一部分是有关句法的论述，它可能与复杂世界的任何可能环境相关。这是因为自然并不知道人类会在何地发现自我，也不知道世界的界限在哪里，自然必须向人类提供一种“表征”方式，用以表征大量有关诸多领域的含糊信息。可以看出，这种表征方式除句法外别无其他，这里的句法是指一种能够产生新的、恰当表征的系统化方式。而我们目前要讨论的是，究竟什么是系统化的，句法又意味着什么。我们知道，句法间并不需要部分或整体的关联。

第二部分针对“人类认知过程不可能被规则所描述”这一观点进行了探讨。事实上，一个人可能会对一个信念或即将做的决定进行思考，而这些思考是不受限制的，或者说原则上大多数思考都是不受限制的。

我们的论证不是基于认知科学模型之上的，而是对思想和行为的一种思考。我们不能寄希望于我们的论证可以在认知科学实践上显示出很明显的即期利益；我们也不是在告诉认知科学家，在不久的将来他们便会寻到他们需要的那种模型表达。我们要表明的是，我们的论证对于认知科学的一种长远意义。因为如果我们对于人类认知的观点是正确的话，那么对认知过程的认识最终还是要靠合适的模型来完成。这里的认知过程有三个特征：①对于为了操纵心灵表征的可计算规则而言，它们太过于复杂精细，以至于无法统一这些规则；②它们是用语法来构建表征的；③在一种高阶结构-感知-基础上生成的这些表征，可以更好地满足审视世界的恰当方式。在本章中，笔者还强调这样一种观点，即在认知科学的现有模型中，已经存在一批与思维相关的模型了，特别是一些能够将句法结构和感知结构结合起来（联结主义、经典计算主义和混合主义）的模型，可以产生出一种复合性软限制（soft-constraint）认知。

一、句法：一种回溯论证

若想在一个复杂、多变、不确定的世界中生存，生物体就必须对自身及相互间的变化属性和关系进行追溯。对于生物体而言，对个体属性和相互间关系的潜在认识一定是至关重要的，因为正是它使得自己有能力在一个复杂、不确定的世界中生存下来，同时若一个星球的等级对于（存在于它上面的）个体而言过高的话，则会使这些个体作为一种无复杂性结构的简单表征而被困于这种系统之中。这种复杂结构就是句法结构。我们将其称为“回溯论证”（tracking argument），是因为它在各种环境中都包含着对自身的不倦追寻的能力。以下是对这个论证的解释和详述。

1. 自我定位和回溯能力信念有助于提升自我

哲学家在讨论信念时，更倾向于对案例的思考，比如，你相信乔治·布什是美国总统。我们则是对一种多变的、世界化的、种群化的信念更感兴趣。此刻，你已经确定了“位置”的存在，并且确定在你附近存在着成百上千、从小至中的客体，不论你看得见还是看不见它们。你也相信了这些客体的感知和非感知属性。同时，你也相信了其中一些客体的功能和用处，相信了它们是由某物构成的，相信了它们的倾向性属性，以及其年龄、部分、内容等方面的信念。

那么你便会进一步思考，关于你现在所处位置上的一些事物的信念。以“我正在学院办公室”这一事件为例。首先，我相信在这个办公室中有着大量的书籍。当然，现在还没有意识到大多数的信念，但是如果受到什么事情的启发，这些信念便会进入笔者的思维。例如，笔者相信罗素的《哲学问题》在某某书架上，因为笔者记得它就是在那儿的。而笔者相信维特根斯坦的《逻辑哲学论》也在这附近，并不是因为笔者确切记得它在这儿，而是因为这些书算是分析哲学的历史书籍，应该是被放在一块儿的。笔者可能很想知道笔者的某一本书是否真的在这个办公室中，或者很遗憾另一本书原来是在家里。其实，这就是笔者对办公室书籍类别的思维表征。笔者也相信这些书籍有各自的颜色和尺寸，相信工作时可以在书架上寻到合适的书籍（虽然笔者对这些书籍的内容有自己的看法，但是我们需要知道的仅是，我们的信念是与这些物理客体相关的）。当然，笔者也相信办公室中的其他种类事情，如家具、装饰、储备、档案等。

当你开始从事一项新事物时，即使只有很短的工夫，你也会获得有关这项事物的诸多信念。例如，对于一个营地、一间旅馆房间或一家饭店的思考。当你到达一家饭店时，对于这家饭店的情况你一定会有些自己的看法，比如，饭店等级等。当然你也会联想起你去过的其他类似地方的情形。例如，你会想你对自家厨房的了解有多少（当然，你也会回忆起大量关于你曾拜访过的厨房的相关信息。）

所以，你的信念是针对于你周围的事物而定的。很明显，这些信念必须是在这个世界之中的，且必须是由世界上的事物提供的。大多数信念都是正常的、认知者自己曾经经历过的一些内容，这种信念是相对于客体和认知者如何对待客体内容的一种能力。

但是这些信念是可以反射到未来的。自然界并不知道地球的出路在哪里。如果你去过不同的地方，那么你就会有对这些地方的不同信念。自然界必定会提供给你依靠自己能力，或拥有这种信念进入地球上任何地方的实体组态。但是，自然界也不会确切地知道地球未来会变成什么样子。你甚至可以拥有进入某些可能性地球的能力，而这些地方在现实中可能从来没有存在过。的确，你有进入任何可能地方的能力，即使这些地方不在地球上，就如《星际迷航》（*Star Trek*）里说的那样。你的信念要么是关于你现在所处环境的信息，要么是关于你即将占据的环境的信息，而这两种信念都远胜于你曾经真实经历过的信念。

当然，我们经常说的“每个人是真实存在的”确实是事实。而在一个相当的范围内，大多数认知系统确实拥有行走于世间并存活下来的能力。任何成功的自然认知系统一定都有表征自己所处位置的能力，即使这些位置仅是一组模糊的可能区域概念，而对于这些位置的表征或许意味着需要表征一大群事物及它们的性质或相互间的关系。

一个认知者的信念是有关他周围环境事项的，而这些信念必定拥有恰当的因果链接，否则这些信念对于认知者的生存是没有帮助的。因此，认知系统一定是建立在另一个潜在信念基础之上的，同时它的出现，也会带动其他恰当信念的出现[1]。

2. 什么是句法?

也许，一个人可能会提供一种特定的情形，这种情形是与语义化恰当因果链接相关的，而这种因果链接是通过将所有潜在的必要情形和因果关系组合在一个简单系统中形成的。认知系统产生许多关于位置及其周围客体属性潜在表征的唯一可能方式是，它要有发掘一些不存在事物的“不存在”表征的能力。这些表征一定是这个认知系统从更基本的内容中产生出来的信念。因此，我们便可以确信或者说比较确信下述内容：第一，对于每一个存在个体 i 和属性 p 的系统而言，我们都有一种表征方式，即“i 拥有 p”，这种表征是在这个系统形成时便自动生成的。而且“i 拥有 p”的这种表征自动生成时也一定同时生成了它的因果相关链接。第二，无论何时，当一个系统出现一个新个体时，相对于新个体的旧个体的潜在情形一定早已自动生成了；而当一个系统出现一种新属性时，旧个体的属性也一定早已被确定了。同时，出现的新情形也一定有各自的恰当的因果链接内容。这在大部分情况下都是成立的，除了以下两种情况：①同一个体的不同属性间具有系统关联性时；②具有同样属性的不同个体具有系统关联性时。只有当这些系统关联性不存在的情况下，上述那种表征才可能被构建。而要回溯认知者周围事物的情况，除了这种方式别无其他，正是周围环境提供给自然认知者潜在表征所需的巨大资源。

任何通过这种方式形成的表征系统都有一个句法，而这样的系统也是一种思想的语言表达。句法就是将关系、理解等语义认知进行系统的、有价值的简单规范。

系统化，是指当用不同的表征形态来表明很多个体的同一种属性或相互关系时，这里的同种属性或关系其实是被规范在这些表征结构中了。而当用不同的表征形态来描述同一个体的不同属性或关系时，这个同一个体也是被规范在这些表征结构中的。

价值性，是指当一个新属性或价值需要被表征时，这种表征在每一个体的这种属性生成之初便已被自动确定下来了。当一个新个体需要被表征时，这种复杂表征在此个体各项属性形成之初便也被自动确定下来了。

而为了使一个系统的句法结构表征更能显示一种思想性，我们还需要确定一件事。这就是，这种表征在一个认知系统中一定还有相应恰当的语义因果链接。表征的因果链接有一部分是依赖其内部要素的语义关系的，而这些要素是用句法结构来进行规范的。因此，一个表征拥有一种特殊的句法结构是事实，而这个事实在这个系统中一定有能力扮演一种因果角色，这一角色又恰好同对被规范在表征中的表征内容相一致。正如我们将要表述的，在一种思想语言中的句法一定是有意义的。

哲学家在思考语言时，他们试图思考的也一定是一种逻辑语言。当一种理论被一种一阶微积分公式表述出来时，理论中的两个句子将表示不同个体的同样属性，而这一事实又被规范在表征结构中，这种规范是通过某种方式达成的，即同样属性对应于两个句子的相应位置。所以，一种一阶理论具有系统性，而整体一阶理论则具有一种价值性。当一种理论出现一种新谓语表征新属性的情况时，这个新句子中的每个个体属性的表征早已被自动确定下来了。在逻辑和传统认知科学的语法表述中，系统性和价值性是通过参考系本身和字符串的部分陈述本身的规范而获得的；句法被看作是这种关联的一部分/整体。我们称这种部分/整体关联为依赖句法的经典句法（based syntax classical syntax）（Fodor and McLaughlin，1990）。

这种句法对于理解下述内容是十分重要的。它是通过一种无意义的必需品——句法（系统性和价值性）来表明的，而且是基于部分/整体关联而形成的。系统性和价值性的必需是指：在复杂表征和它们的结构之间一定存在着某些系统化、规范化的关系，而这种关系是通过一个系统来实现其用途的，这个系统存在于结构化的复杂表征之中。非经典部分在自然语言中是很常见的。英语中的不规则复数名词和不规则动词就是非经典句法的范例。而将这些不规则形式认为是对句法的简化，则是十分不可取的（尽管它们可能是语义的复杂化）。不规则动词与一些辅助词汇（句法的词形变化而得的）相互作用，可以起到与规则动词同样的效用。“He may drank the water.”是一种句法的而非语义的错误，就如同“He may poured the water.”一样。非经典的、非部分/整体的语言构成部分是受希腊语、拉丁语和梵文（当然还包括许多诸如此类的非印欧语系）所影响的一种形式。如果语法意味着经典语法，那么经典自然语言将不再拥有语法。

甚至可以说，它是一种很容易被非经典语言成分所组成的语言。比如，我们来想象一种语言，一部分是纯波形的形式种类，它可能会被用来当作规范性的名称，而另一部分则是其他的波形种类，它们可能会被认为是一般的术语、关系术语、副词、连接词等。当用一个一般术语来表示一个个体时，这个一般术语波形和个体名称的波形将会产生一致性。与这些句子相对应的是音符而非情绪。对于基本的纯波形的普通修饰就可以表明这个词是一个直接宾语或间接宾语，还是其他。声波如同其他波形而又在其他波形之上，所以在没有个体波形的音符中，它将会被标记出来[2]。如果有生物是用这种沟通系统来交流的话，我们可能很难否定它们是拥有语言的，我们也不能说它们的语言就缺少语法。同样，如果一个心智表征系统也被用同样的方式来规范，那么我们便也就不能否定其拥有语法或者说它不具备思想性了。我们的怀疑是，用思想语言来对其进行表征是否比用一阶微积分或 LISP① 的方式更加恰当呢？用具象主义内容来规范的句法是有效的、系统的并有价值的，但是前提是它必须是完善的。

3. 复杂性技能

在上文中，我们论述了回溯论证，它并不是就世界的静态形式而言的，而是描述了这个世界中的一种动态方式——特别是对复杂物理技能操作进行的一种分析。复杂物理技能拥有一种深刻、厚重、渗透性强的认知要素，而这种要素对我们的论证是至关重要的，它蕴含着表征大范围技能的能力，这个范围如此巨大以至于它需要一种结构表征的系统化方式来预测一些尚未发生的事情（即句法）。以我们打篮球为例，这里的篮球被看作是应用性的、加以适当改变的物理活动，而这种不限制范围的物理活动还包括打猎、集会、持家和进入繁华的购物区域等。一个人不可能没有进行过这些范围内的某些活动，因此，他就一定会使用句法结构表征。

在一场篮球游戏过程中，运动员很多的时间、精力都要放在选择上，是投篮还是传球，如果传球，是传给哪个队友。在这一过程中，运动员必须在一个复杂、急速变化的形势下作出选择，这无疑是一种兼具专业性、实践性的认知过程。我们需要强调的是，这时的运动员必须将大量相关句法结构、信息恰当地“融入”到这个场景中去。

第一，游戏结构是最基本的属性，但是很明显人们常常忽略它。比如，谁要进入游戏？在游戏中谁是队友，谁是对手？这些信息不会逐一体现在对这种形势

① LISP，全名 LISt Processor，即列表处理语言，是由约翰·麦卡锡在 1960 年左右创造的一种基于 λ 演算的函数式编程语言。它是第一个函数型编程语言，区别于 C/Java 等命令型编程语言。——译者注

的感知认识或图像表征中。针对游戏，还有一些更加整体性的属性，如得分、钟表上的时间、比赛所剩的时间、教练的整体布局安排或最新的指令、针对对手的防御等。

第二，游戏中还包括运动员所特有的属性，如身高、弹跳能力、速度、投球准度等。

第三，游戏中还存有一些更加短暂的属性：谁防御谁，每个运动员所处的位置，谁进了一个好球而谁又进了一个臭球，谁命中率高，谁总惹麻烦，等等。

所有这些言语式信息都一定与变化场景的图像化表征相关联。你一定知道你看到的这个运动员詹森是否是你的队友，他是否正陷入围困中，他是否是个好投手等。打篮球时，运动员必须判定许多非感知属性，看到或知道在他周围发生的事情。

因此，篮球运动员在赛场上的决策信息是一种类语言，而且这些信息会频繁、大量地出现。这些可重复的属性和关系对于从事不同种类（游戏、队伍、个人、球等）的不同个体都是有用的。每一个篮球玩家都是不可替代的，因为他们有自己的身材尺寸和思维复杂性，这就决定了他们有自己的参考系和结构特征，所以表征也只能建构在这种结构的基础之上。也就是说，这需要一种句法[3]。

一些人可能会回应说，我们知道在成熟的篮球游戏中完全不需要表征。那是因为熟练的运动员早已拥有了（表征），所以这个回应是不成立的。这是一种关于物理技能的一般表述：它们是创新的，拥有对回应进行应变的能力。一些人还可能认为，一个拥有打篮球实践经验的人是一个将感知映射到行为中的系统，也就是一个从过去的经验到新经验的过程，所以回应的多变性是同环境、感知输入有关的。但是，如果坚持这个观点，便会误解或低估物理技能的动态性。

一些运动员总是能比其他运动员更好地认识周围的形势。因此，拥有相似体质的运动员在相似的形势下，也并不是总会作出相似的物理或行为回应，因为他们的认知能力和应变能力不同。一个运动员的进步是通过提升他们认识周围形势的能力而获得的。

但是，这种思想更深层次的缺陷在于，没有阐明物理技能是考察对回应作出何种应变的一种能力。在一种给定的、特定的形势下，即使一个运动员原来从未遇到过这种场上的形势，他也可能依据自己此刻的目标而作出相应的行为。一个运动员的实践技能加上他对现场布局的理解能力，还是不足以确定他当时的行为。瞬间的战略考虑对于一个运动员行动的决定作用可能更大。游戏计划是为了游戏诞生的，其战略目的是效用，游戏的防卫、进攻时刻把握、得分、所剩时间都可能对一个运动员的行为产生影响。确实，这些看似独立的事件，运动员们可能必须在第一时刻反应过来并行动。而所有这些并不是球场布局、感知场景或物理刺激的一部分。因此，针对一个给定的场上布局，运动员会依据不同的考虑来作出不同的回应。运动员对球场布局和战略理解的表征，有效地决定了他将如何运用其物理技能。如果他没有一个对球场布局包括不同种类非感知属性（队友、中心场地等）的原因表征，那么进行有效的行动将是不可能的。

而"放水"的现象就比较有趣了。有时，一个人会在没有实践或获得任何新信息的情况下直接行动。"放水"和故意输掉比赛在有组织的比赛中是不合法也是不道德的（虽然它们时有发生）。正因为"放水"现象会为某些人带来利益，因此，它在社会运动中是一种普遍且有用的现象。再对个人运动进行思考，比如，网球和高尔夫比赛，对付一个比你差的对手和对付一个和你相当甚至技术高于你的对手时，你运用的方法肯定不一样，但是无论哪种情况你都不会故意送分给对手。当一个运动员的技能达到某种程度时，即使不太用心，他也会取得较为满意的分数，当一个人在对待不同运动员便会采用完全不同的方式时，这个人通常没有经过认真思虑——即使他第一次是面对一个特别的运动员时，他也不假思索。当你决定尽你最大的可能将对手打得一败涂地时，当你想要获得更好的分数时，你必须要比你的对手具有更多的应变性。这意味着你用一种不同于以往的方式回应这种特别的刺激，但其实你还是在运用同样的知识和技能来对付他。

一个运动员可能会出于各种不同目的来玩篮球，而针对每一个不同的目的，运动员对于特定物理刺激的回应也会不同，这种差异性对于被给定目的的运动员来说则会更加显著。同样的技能和能力系统可以产生无数种不同的回应，因此，打篮球的技能（包括认知技能）不是只能决定球员场上的应变能力，篮球运动员也不能仅仅被当作是一种回应刺激的系统。运动员有一个产生表征的系统，这个系统的一部分可能被用来决定典型或非典型的回应，这些回应也会依赖其他因素。

甚至每种不同的潜在回应都将符合目前的形势，即使不是最佳的回应，也是行为目的明晰的回应。如果没有真实表征大量形势的能力，也没有不论何时都能很好运用的应变能力，一个人要对一个给定的形势作出诸多不同的、恰当的回应是不可能的。总之，我们可以通过不同的方式来运用物理技能，包括以近期目的和远期目标为基础的新型方式。但是如果我们仅粗略学习了回应刺激系统，那么通过这种方式得到的物理技能是不可能收到很好成效的。不论是篮球还是其他物理技能，都需要在大量非感知的场景中进行实践，因此，这些句法结构信息都是有关目前工作情况的。

4. 回溯论证备注

在这一部分，我们要将回溯论证同语言学的一个重要论证——生产力论证（productivity argument）区分开来。论述如下：每一个说话者都知道如何使用一个给定的句子或造一个更长的句子，而且方法不止一种。因此，在一种自然语言中没有所谓的最长句，也就是说，每一种自然语言都包括无限种句子。但是说话者是有限的，而有限的说话者造出无限个句子的唯一方式，是通过说话者的一种能力获得的，即从一个有限的词汇表，运用一组有限的造句程序——从有限的词汇表获得大量句子的某种规则系统，如句法——来获得无限多个句子的能力。

回溯论证与生产力论证是不同的，但也不乏相似之处，即二者涉及某种制造无限多种语言的能力，也都涉及递归过程和逻辑复杂表征。但是，回溯论证仅涉及一些微积分判定中（一元或 n 进制）的原初句型，而它们是用最自然的方式表征出来的，其中没有量词、连接词的修饰，也就是说将一个个体或一种关系的性质表征扩展到其他个体上。因此，回溯论证中潜在表征的数量是巨大的，而这种巨大性依赖的不是思想的递归特征，而是依赖于潜在简单表征数量的巨大性[4]。因此，回溯论证并没有承诺：认知行为体表征系统中的递归性就是这个论证需要的，这就意味着它取消了递归性作为驳斥这个论证的一个基础性地位。

二、规则的不可能性

前文我们讨论了语法对于认知的重要性，并了解到任何可能产生系统化、有价值的表征的方式都是与恰当的因果链接相关的。我们最熟悉的，或者是最合理的语法结构表征形成方式被称为“传统”认知科学，它是基于数字计算机模型来构建认知的，这种表征被认为是一种计算，它与无例外的规则是一致的，而计算机程序便是由这种规则组成的。在构想认知的过程中，规则被理解为是用它们的语法结构来表征自身的一种程式。让我们称这些规则为“程序化表征层面的规则”（programmable representation-level rules，PRL）。

我们坚持认为，人类的认知太丰富、太多样，不是这种 PRL 规则能够描述得了的。因此，我们得出，经典系统、规则和认知科学中的表征和规范都不是能够最终描述人类认知的正确模型。在本章中，我们明确提出两种相关考虑来驳斥 PRL 规则。第一，如果我们不对这个特例进行限定，那么我们就有可能对人类思想和行为进行一种有效、普遍的概括。第二，如果我们不对这些特例的数量进行限定，那么一个人就有可能获得有关设计或决策方面的信念。因为任何 PRL 规则本质上都是利用一种限定性来对相关因素和可能特例来施加影响的，这种规则可能被用来表征、解释或是预测人类的某些行为，但它自身反而有可能陷入到一种无限中去，这种无限性是指人类认知的潜在特例和潜在的相关考虑的无限性。

1. 再论篮球

在打篮球这个案例中，认知的一些特征是很明显的。总体而言，在一个同样的环境中，运动员会显示出不同的行为，这是受他们的即期目的和远期目标所影响的。正如我们上述所言，一个人的即期目的也会被某些因素所影响，比如，游戏计划、得分、时间等。一个人对一种形势的反应也会随情况的变化而变化，比如，当他进入了一个新球队，这个球队换了一个新教练，他生病了，等等。我们现在讨论两种会对一个人在特定环境中的行为产生影响的因素，事实上，这些影响因素还有无数个，因为每一种考虑都可能涵盖无数可能影响这种类型的因子。第一，在球队训练时，一个运动员可能会通过对对手球队球员的模仿来强化自身的训练。很明显，这种模拟对象有无数个。第二，运动员对比赛中其他选手健康状况的了解也会影响这个运动员的比赛情况。对于人类来说，时刻进行调整是再自然不过的了。但是，让一个依赖 PRL 规则的系统去想象人类所拥有的包括认知等开放性的领域是不可能的，PRL 规则是在预测，也就是限制，不是本队球员的运动员会进行怎样合乎其身份的行为，或者是对手球员的信息要素会对这个冒充对手球员的人产生怎样的影响。

2. 其他条件均等

想象这样一个场景，在某人家中，或是在一个聚会上，一些人在探讨一些专业性很强的议题，比如，一个哲学观点，一个组织的政策、纲领等，而你非常口渴，并知道能够提供饮料的厨房的确切位置。那么我们来预测一下你接下来的行为，而事实确实也很可能就是这样的：

> 如果某人 *S* 想要得到某物 *W*，而且 *S* 知道只要做 *A* 事情就能够得到 *W*，那么（除其他同等重要的事外）她就会去做事情 *A*。

在这种情况中，如果你想得到什么可以喝的东西，并且相信只要从厨房里就能拿到它，那么你就会进入厨房。无论是上述例子还是其他典型案例都不例外，然而，我们还是要对上述括号内的内容“其他同等重要的事”进行详细说明。比如，你可能会因为不想冒犯正在发言的人，不想错过会议中的精彩部分，或是作为这个团队的新手你还不知道与此相关的规矩，又或者正在厨房的人是你所讨厌的人，这些原因都可能导致你不去厨房。诸如此类的事情还有很多。迄今为止，我们谈到能够影响人行为的因素或多或少都处于情境的内部。如果说这个房子着火了，那么你同样不会再去厨房了。

通常，上述例子只有在其他情况都相同时才会频繁出现。一些人将阻碍（1）发生的那些阻碍物称为“非一般性阻碍”（impedimentus absentus generalizations）。假定你口渴，那么在其他障碍物不存在的情况下，你才会进入厨房（当然，这些阻碍物也可能包括你自己的信念或欲望）。从不同的逻辑角度看待类似的一般性事件是很重要的，比如，是从范畴逻辑还是从微积分角度来看。并不是说“所有的狗都有四条腿”，因为也会有被改造过的三条腿的狗存在，而是应该说“狗通常有四条腿”。这里为比四条腿多或少的狗提供了存在的空间[5]。

因此，诸如上述例子或其他同类事件，例外只会出现在“其他同等重要的事情”出现的情况下。针对某事，我们可以列举无数个非一般性阻碍，就如同一个人将去厨房这件事，我们可以举出无数种例外情况。确实，此类可能性的意外还有很多。甚至，这个例子也仅是我们遇到过的无数例子中的一个。对于理解人类认知而言，PRL 规则并不是一般性事件，因为 PRL 规则不可能允许无穷可能性的例外出现。

上述案例可以被用来解释或预测人类行为，通过它我们也就能够知道什么是“其他条件均等”了[6]。

3. 同时多样化软限制

当你在一家饭店预定了晚饭时，你对食物的喜好、饥饿的程度、你的心情、饭菜的价格都会影响你的菜单预定。但是菜单的预定也可能被其他因素影响：你这个聚会要宴请的客人，你吃过的午饭，以后几天你想要吃的菜，你是否曾经来过这家饭店、评价如何，日后你是否还想再回这家饭店，等等。这样的例子，我们还能举出很多很多。

影响你订餐的因素可以举出无数个，每一个因素都是一个“限制”，都会令你作出一些决定。但是每个限制都是“软的”——这些限制中的任何一个都可能会被其他事情所干扰。在认知中，这种同时出现的多样化的软限制好似俯首皆是。这些是具有代表性的“中央程序”：做决定、解决疑难和树立信念[7]（经典侦探故事可算作是信念树立领域的典型范例，这是因为侦探需要在多个嫌疑犯、多种无头的线索中依靠逻辑分析出罪犯）。在这类事件中，一个人通常会对相关要素进行思考，虽然他并不一定会意识到，他的最终决定是在所有要素基础上作出的。如果一个人脑中的头绪过多，而且都是重要的线索，那么他可能会将其反复思量甚至写下来。比如，你会思考要做什么工作（假如你足够幸运有这种选择机会的话），买什么车，等等。但是在其他一些事情中，比如，社会形势、紧急状况或篮球赛等，这种多样化的软限制有可能在同一时间出现得太多、太快，这就需要你就尽快作出判断了。

在一些例子中，有时会出现无数个同时多样化的软限制，这些因子都会影响你的判断，而且这些因子混合起来还会产生新的影响因素，它们具有大量、多样和异质的特性。无例外规则（exceptionless rules）可能会形成一种最恰当的结果，因为它的规则必须是之前就预定限制好的，所有潜在的关联因子和操作方式也都是事先预定好的，就连那些特殊情况也不例外，所以，在无例外规则中不存在无数个异质因子或无数种选择。

三、结　束　语

我们发现，复杂认知必须运用句法结构表征才能获得，因为它是唯一能够获取认知需求的表征方式。而用无例外规则描述认知表征是不可能的，因为认知太丰富、太易变了。

经典模型理论的中心思想是程序，也就是无例外规则；而一些联结主义模型和动力系统模型也不使用句法表征。笔者并不想驳斥这种观点，反而很赞同这种观点，因为在经典规则和表征模型、联结主义和动力系统模型中都不包含句法。如果本章论证正确的话，那么当人类在对模型进行简单的“玩具问题”式操作时，就不要错误地认为们能对真实生活中的复杂认知行为进行表征了。模型对真实的模拟是需要了解真实生活中的多样软限制情形的，而这些情形是同句法相关的（比如，一些现存的经典模型），同时也摆脱了 PRL 规则的预先假定情形（比如，一些现存的联结主义和动力系统模型，其中的规则只能进行局部的、附属表征性的操作，因此，它的表征是分布式的）[8]。

注　释

[1] 对于任何既定的信念，理解其前因后果都是一件很费劲的事情。如果我说我相信这里有一只咖啡杯，那么仅仅是由于我看到它确实在我桌子的左侧，而这种信念可能会对我的其他许多方面造成影响。如果我想喝咖啡，那么我可能会伸手，拿起杯子，进而啜饮（注意，我可能根本没有注意到或意识到这个杯子）。如果我想回答一个问题，那么我可能会拿起杯子，停于唇边，而后又将其放下。如果我想开小差、放松自己，那么我会“心不在焉”地轻敲这只杯子，等等。

[2] 联结主义所产生的表征同音符语言的相似性（Horgan and Tienson, 1992, 1996,: 74-81）。

[3] 就这种描述而言，绘画或计算全息设计包含句法吗？它的答案取决于这些内容是否或是以何种方式被一种给定表征系统来加以表征的。例如，一个系统可能会使用简笔画（画一个高个的篮球运动员）来表征一个篮球运动员的个头，可能会使用简笔画的色彩去表征球队的全体球员等。在这些事件中存在一个系统化、创造性的限制性表征方式——句法。

[4] 因此，我们相信，这个论证运用的不仅是人类的认知，还有非人动物的认知，因为在人类认知的表征中，我们很难发现最原初、最小的递归结构证据。而鸟类和哺乳动物的某些“语言”也是具有思想性的。

[5] 将这种事情称为非一般性阻碍也许并不是个好主意，因为这类事情会以简单的道德原则作为底线：撒谎是错的，偷窃是错的，等等，这些不道德的情况不属于非一般性阻碍。

[6] 若要详细了解，见 Horgan 和 Tienson（1990, 1996, 第七章）。

[7] 福多（Fodor, 1983, 2001）早已对信念的树立和科学理论的确立进行过对比。理论确立是“全局性的”，一个特定理论需要的确定（或不确定）要素可能是从科学的任何方面获得的（福多认为，这也是理论确立为什么不是演绎逻辑

的原因)。演绎的有效性是一种严格的逻辑情形，除了论证中的前提和结论，它不受任何要素制约。同样，任何人都有理由相信，他相信的事情在某些情况下总会出现。任何概括性的原则都无法为你做决策保驾护航。

[8] 使一本书清晰明了的方式之一，是运用人类认知的概念对一些细节进行描述（Horgan and Tienson，1996)。

参考文献

Fodor, J. (1983). *The Modularity of Mind: An Essay on Faculty Psychology*. Cambridge, MA: MIT Press.

Fodor, J. (2001). *The Mind Doesn't Work That Way: The Scope and Limits of Computational Psychology*. Cambridge, MA: MIT Press.

Fodor, J. and McLaughlin, B. (1990). Connectionism and the problem of systematicity: Why Smolensky's solution doesn't work. *Cognition*, 35, 183-204. (Reprinted in T. Horgan and J. Tienson (eds.), *Connectionism and the Philosophy of Mind*, 1991. Dordrecht: Kluwer.)

Horgan, T. and Tienson, J. (1990). Soft laws. *Midwest Studies in Philosophy*, 15, 256-279.

Horgan, T. and Tienson, J. (1992). Structured representations in connectionist systems? In S. Davis (ed.), *Connectionism: Theory and Practice*. New York: Oxford University Press.

Horgan, T. and Tienson, J. (1996). *Connectionism and the Philosophy of Psychology*. Cambridge, MA: MIT Press.

第十章　现象与机制：符号系统、联结主义系统和动力系统在更广视域中的争论

阿代尔·亚伯拉罕森（Adele Abrahamsen），威廉·柏克德（William Bechtel）

与其他科学相比，认知科学是一种对认知机制的探究。为了能在对某种特别的认知现象做机制性解释时有所进步，研究人员会在可选结构中进行选择，以便能够引导和约束这个解释。这样说来，《认知科学中的当代争论》就是很合时宜的了，它包括两个架构性问题（其中，一个是于20世纪80年代提出的，至今仍未解决）：

- 心智是如何模块化的？（本书第一部分）——它的原型是凹陷压缩机制（福多式模块将其最终输出提供给一个非模块中枢认知）与高度交互式机制（联结主义网络相互之间持续地提供输出流）之间的争论。
- 心智会同类语言一样按照正式的规则被表征吗？（本书第四部分）——它的原型是凹陷符号架构（如乔姆斯基的生成语法或福多的思维语言）与非语言架构（如联结主义系统或动力系统）之间的争论。

在本章中，笔者基于一个宽泛的语境（认知科学的过去成就及未来走向）来讨论我们的目标，即第二个问题。总体来说，认知并不只是一个语言过程，它包含类语言表征的操作规则，而这一概念实际上是先于认知科学的。在传统的心灵哲学中，精神生活被解释为涉及命题态度，也就是诸如信念、恐惧和欲望等这些真实命题，以及从中产生的一些逻辑推理。基于此，如果一个人想要一个命题为真，并认为如果他实施某种行为，它就会变成真实的，那么他将进行推理（不会理会其他任何重要因素），并且去实施这一行为。

这是一个重要的、有关符号架构的范例，而且据称，所有类似的架构都具有系统性和其他的重要特性。需要讨论的是，具备某些其他特性（比如，单位间的连接权重）的架构是否能按照它们的方式来表征自己的特质呢？或者更根本地说，什么才称得上是系统性、规则或表征呢？这些概念是本质性的吗？霍根和迪逊对系统性和句法给出了他们的定义，在他们来看，认知需要句法，但句法并非其必需或不可缺少的组成部分。至于哪些架构可能会符合他们的要求，而这个要求就是要能够严格地模仿人类的能力，这些有待于其他人去发掘了。

我们的目标是要从当代科学哲学而非心灵哲学的层面，来展开关于规则和表征

的讨论。第一，我们强调，对现象和其解释机制进行区分是有好处的。例如，有人可能会用一种符号的方法去描述某种语言或认知现象，然后又使用联结主义路径去列举解释它们的机制。这样，机制主义所表征的符号行为，就可能并不是通过符号或规则运作而成的。第二，我们提出的认知科学现象的解释机制与哲学家讨论的纯粹类型（pure types）并不一致，它是从能够为这个领域带来更多能量和活力的层面来对其进行分析的。第三，我们所讨论的问题虽然与心灵哲学不是一个层面上的问题，但相关度很高，然而，很多认知科学家却很少受到心灵哲学或认知科学的关注，而且，心灵哲学或认知科学是可以使用与变量相关的方程式进行最佳描述的。第四，我们就动力系统理论对认知科学的影响进行了一个宽范围的讨论。它提供了一种描述现象（通过一个或几个方程式）或进行机制性解释（使用某种涉及架构或交互式的低层次联结网络模型）的方法，以便获得新的发展性认知。

一、现象及其两种解释方法

描述和解释现象对任何科学来说都是十分重要的。描述的本质依赖于领域，至少是要在能够观测或推断的范围之内。在语言领域内，许多现象可以用规则和表征来进行确切的描述。例如，过去时态的结构可以粗略地表述如下：规则动词：v→V + ed（用 V 来表示动词词干，并用一般规则把它与过去形式联系起来）；不规则动词：eat→ate，fly→flew，give→gave，等等（每一个不规则动词都有其单独的过去式）。在物理学中，许多经典的现象都是用经验法则来描述的，这是对一组观察数据不同变量关系的理想化表达。例如，按照波义耳-查理定律（Boyle-Charles law），压力、体积和气体的温度可以用如下关系式表示：$pV = kT$。在心理学中，同样有对变量关系的研究，但是这些关系很少能进行量化而成为法则。与此相反，心理学家会寻找证据来证明不同变量间的相互影响。卡明斯（Cammins, 2000）曾提出，心理学家趋向于将这种关系称为影响，试举加西亚有关影响的一个例子：如果在吃完某种食物后，动物出现了反胃现象，它们就会避免再吃类似的食物，即便反胃并非是由这种食物造成的（Garcia et al.，1968）。

在传统的演绎-规则模型（deductive-nomological model，D-N 模型）（Hhempel, 1965）中，现象的描述被认为是可解释的。例如，一个反胃个体会“由于”了解了加西亚效应[1]而不再出现反胃的情况。用一种更前卫的观点来看，如卡明

① 加西亚效应（Garcia effect）：20 世纪六七十年代，随着认知心理学的兴起，越来越多的人开始对行为主义的理念产生了怀疑，加西亚通过实验证实了这种怀疑。在一系列的研究中，加西亚喂给老鼠食物，几个小时之后通过一定剂量的辐射让老鼠恶心。尽管老鼠在进食几个小时之后才发生呕吐反应，但一般来说，老鼠只需要一次试验就学会了不再去吃刚才喂给它们的那种食物。它们似乎“意识”到是这种食物导致它们恶心。然而，当加西亚用蜂鸣器或闪光灯来和呕吐反应配对时，却未能让老鼠学会避开这些伴随刺激。换句话说，老鼠似乎预先编制好了能学会某些事情（比如，避开与呕吐有关的食物），而学会另一些事情却异常困难。——译者注

斯所言，确定相关现象只是寻求解释的第一步，实际的解释一般都会涉及如下两种方法之中的一种。

- 用诸如理论法则或基本原理这样的抽象概念对现象进行反复描述。这一解释方法论源自逻辑实证主义及其假说演绎法（Henpel，1965；Suppe，1974），且具有一定的影响力，它坚持认为非基本理论可以还原为更具基础性的、主要的理论（Nagel，1961）。从这一观点来看，一个已知科学旨在将其他规则或预期还原为一个简洁的、相互联系的规则系统。内格尔的主要例子是热力学现象（正如波义耳-查理定律所表述的），通过一些更加基础的统计机制（其中的理论法则包括诸如平均动能这样抽象的组成）而引出的。虽然整体机制在遭受到连番批判和修改后，已经失去了它原有的优雅和普遍接受性，但是寻求基础的、解释的法则或规律的动力依然存在。科学家仍会提出一些法则，科学哲学家们也仍然会发出这样的疑问：不同类的科学何以连接？（这是一种强调统一性的当代方法论，见 Kitcher，1999）
- 正如20世纪80年代由一个关注生物而非物理的新兴科学哲学学派所提倡的那样，我们应该揭示并描述与现象有关的机制，并对解释这些机制的方法论进行着重研究，比如，生物学家对新陈代谢、血液循环和蛋白质合成这些不同现象的细节性描述。

认知科学现象具有多样性，每种描述都会遇到符号的规则和表征、与经典物理学的经验法则相对的描述性方程式、有因果关系的变量等类似的陈述，以及更多的其他描述。个别的认知科学家趋向于使用一个更优描述模型或更优解释模型来描述他们接触到的现象。那些提出理论法则或原理的学者一般都隶属于不同的领域，而大多数提出机制的学者，他们的研究领域会相对狭小一些。对于这两者我们都会讨论，但是首先我们要介绍的是机制性解释。追根溯源，机制这一概念是从无生命的机器中抽象出来的，但是被笛卡儿应用到了物理现象包括有机生物中，并在19世纪和20世纪经由生物学家进一步发展而来，这些生物学家反对生命哲学，并以机械论为目标来发展生物学，试图将其发展为一门科学。现代生物的解释主要包含的是机制（而非理论规则），这在许多认知科学中也有体现。下面是在生物领域中使用的机制定义，它与心灵架构的提议相关：

> 机制是由它的组成部分、组成操作和它们的组织所结合而成的进行功能表征的一个结构。这种机械的、精细的功能可以用来对一个或更多的现象进行解释（Bechtel and Abrahamsen，2005；相关解释，见 Bechtel and Richardson，1993；Glennan，1996，2002；Madamer et al.，2000）。

从生物学的观点来看，整个碳水化合物的代谢过程就是把碳水化合物分解为二氧化碳和水，并从中获取能量的过程。这一责任机制又被解释为各种各样的酶

(部分)的作用行为，这些酶通过分子酶作用物(另一部分)催化了细胞内的生化反应(活动)。例如，针对琥珀酸脱氢酶氧化琥珀酸为富马酸过程，它并不能分辨出每一个包含其中的反应及分子，其中组织也起到了同等重要的作用。例如，琥珀酸→富马酸是伴随着以下过程的(忽略一些中间体、副反应，以及伴随进行的乙酰辅酶A提供的生产柠檬酸的步骤)：富马酸→苹果酸→草酰乙酸→柠檬酸→异柠檬酸→a-酮戊二酸→琥珀酸。这一系列的过程被称为三磷酸循环(或柠檬酸循环)——一个著名的、经典的新陈代谢亚反应循环组织。这个解释通过描述有组织的部件在真实情况下的时空流程，也就是动态过程来完成(提醒低碳饮食爱好者：脂肪和蛋白质会以它们自己的方式进入到三磷酸循环中去。任何饮食都要依赖新陈代谢系统的调整能力，它能够对摄入食物所产生的不断变化的各种混合分子进行调整)。

对于科学哲学家来说，对生物的更多关注，对涉及机制而非规则解释的强调都可以促进自身的研究。这一机制的转变为科学哲学的基础性问题带来了新气象(Bechtel and Abrahamsen, 2005)，但是对于非充分决定性(underdtermination)问题，至今还没有新的解决方法。尤其是科学中的那些前沿性领域，它们是通过已知的数据得出的推测，其实这种推测是不充分的。例如，在20世纪30年代的生物化学中，在克雷布斯(Hans Krebs)揭示以其名字命名的机制本质之前，尚有大量不完全正确的提议，而且不完整性在当代的认知科学中也尤其盛行。不同的机制经常被用来解释某一已知的认知现象，但是却很难达成一致。在下面的部分，我们会通过对过去时态形式的讨论来阐明，在认知科学中，机制解释结构的符号架构和联结架构之间的冲突。更重要的是，我们有证据表明，这些架构并非绝对相斥的，这也就解决了“二者之中就必定有一个是正确的”问题。通过两个研究项目语言学中的优选论和心理语言学中规则的统计研究，我们会重构出一种更加温和的中庸之路——符号-联结主义争论(symbolic-connectionist debate)。

二、超越符号-联结主义争论

1. 基于过去时态构成机制的符号-联结主义争论

如果你的英文很流利，无需思考，每天都能正确说出数以百计的规则动词和不规则动词的过去式。你感觉如何？这种能力似乎无关紧要，但是两种不同机制进路的支持者们却因此进行了长达20年的争论。其中一个方法，即符号处理(symbol processing)，它主要是通过假设两种不同的机制使得机制的解释与现象特征非常接近。基本来说，语言生成系统运行着两种不同操作中的一种，具体情况取决于动词形态：

- 如果动词是规则的，则使用 v→v + ed 程序（比如，need→needed）。
- 如果动词是不规则的，就要用其适当的过去式形式（例如，give 这一词干的过去形式是 gave）。

还有一些其他细节，比如，区别过去式后缀 - ed 的三种变体，但关键的问题是这一机制与现象要在同一范围内，而像规则应用和词汇查询这样的操作就应该被设定为直接改变符号表征。

另一种解释过去时态构成的方法是亚符号（subsymbolic），它是源于一种最基础层面上的独立机制。认知和语言中最知名的亚符号模型是前馈联结主义网络（feedforward connectionist networks）。从架构上来说，这些都是源于 20 世纪 40 年代提出的形式化神经元网络（networks of formal neurons），而且都是假借罗森布拉特（Rosenblatt, 1962）的感知器来显示学习能力的。模型辨识的全部现象都是从大量相同的、经过检测的、相互影响的最基本单位的活动统计中产生的，如今这些内容有时会被称作人工神经网络（artificial neural networks，ANNs）。这个解释的发展过程经历了从 20 世纪 60 年代的网络和符号架构间的相互敌视，到后来 70 年代的两相忽视（符号已经赢得了主动），再到 80 年代又展开了新一轮的争论。然而，我们认为，符号进路和网络进路开始融合的时候才是机制解释的最佳时期，很明显，从 20 世纪 80 年代，它们开始融合并形成联结主义，当时许多认知科学家试图寻求一个简单的人工神经网络架构，它可以对诸如过去形式这样众所周知的人类符号能力给予不同的解释；另外，还可以对优雅降级（graceful degradation）[①]、约束满足（constraint satisfaction），以及被忽视的学习等这些额外现象加以解释（Rumelhart and McClelland，1986b）。联结网络一般会被理解为是对单位而非规则的表征，这些表征是通过亚符号的观点来阐明符号方法的持续相对性的。联结主义者并不像其他许多人工神经网络设计者那样，他们关注的是人类的内在网络是怎样在众多外符号中起作用的这样一个问题，其中外符号包括词、数字、感情等内容。事实上，20 世纪 70 年代至少有一位联结主义先行者曾试图寻求另外一种不同的融合方式——语义网络，它更倾斜于符号方向，但这却成了他们的软肋（Norman and Rumelhart，1975）。

过去式形式的第一个联结主义模型（Rumelhart and McClelland，1986a）给人留下了深刻的印象，但它并不完整，在经历了极其严格的审视之后，它的很多局限性都被暴露了出来。虽然它的主要研究对象都是一些很吸引人的表征观点（例如，独立于语境单位的粗编码），但是多年后，它还是被一个用相似网络构造的、更为精细的模型取代了。如图 10-1 所示，普朗克特和马什曼（Plunkett

① 优雅降级是指电脑、机器、电子系统或者是网络在本身大部分已经毁坏或无效的情况下还能保持有限功能的一种能力，它的目的是阻止灾难性的失败。——译者注

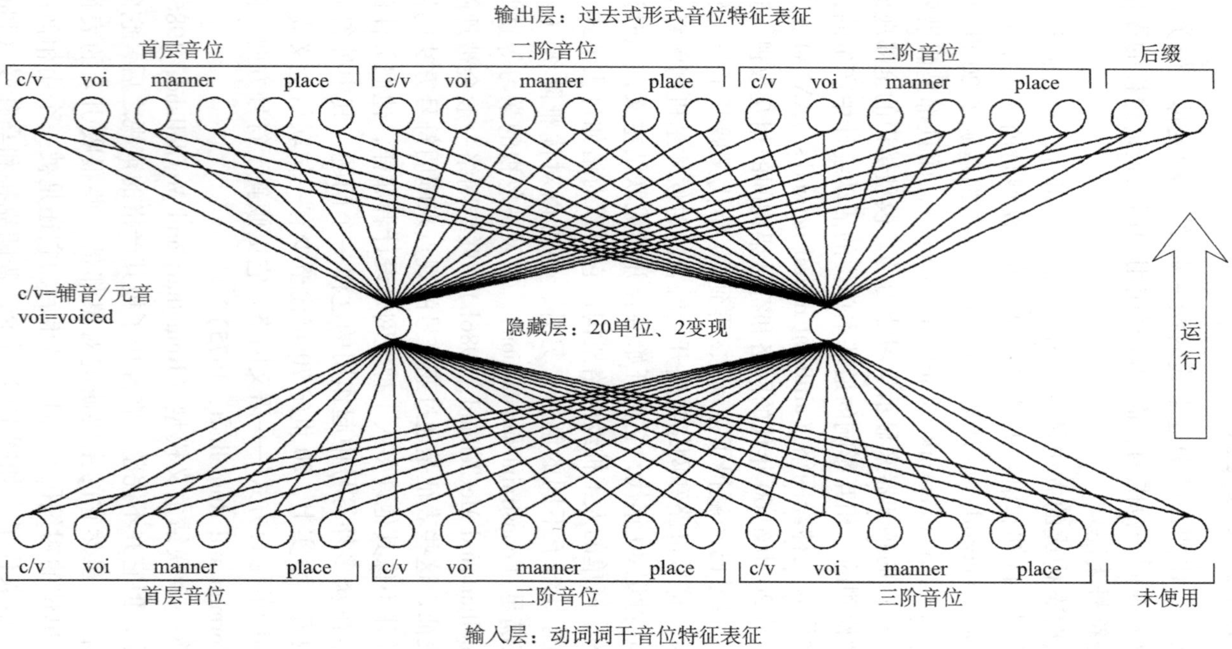

图 10-1　普伦基特和马奇曼(Plunkett and Marchman，1991)过去式形式的正反馈网络

每个人造动词词干在基于每个音位音位特征下的输入单位上都有亚符号编码。基于权重连接(显示了 20 个隐藏层的其中两个)的激活式传输会将输入模型转换为输出单位的过去式形式

c/v—元辅音　voi—浊音　manner—方法　place—位置

and Marchman，1991，1993）的正反馈网络按照输入层的二进制单位，将动词词干表达为激活模型。基于权重连接的激活式传输首先会从输入层传入隐藏层，然后再从隐藏层转入输出层。如图 10-1 中的两个隐藏层所示，每一层的每一个单元都与下层的一个单元相联系，而且每一个这样的关联由于不断重复适应性的调整，通过学习都有其自身的位置（基于反复传输）。激活函数通常是非直线的，它会决定不同激活进入下一个单元后的活动。按照这种方式，这一网络会两次转变成输入表达，一次一层，直至在输出层达到过去式形式的亚符号表征。虽然所有三层都会提供亚符号表征，但是输入层编码系统已经先人一步地表达出了这个概念。动词词干会通过加-ed 这样的规则被当作一个新名词，也就是说，它会被一个更低层次的编码所取代，而这个编码是处在三音位词干中的每一个组成部分的区别性特征。例如，dez 的表征（为方便起见，他们使用人造词干）会以 d 这样的编码出现，011100（0 = 辅音，1 = 浊辅音，11 = 闭塞音，10 = 齿槽音）。e 用另外六个单位编码，z 同样也是这样运作，如此 dez 就通过 18 个亚符号形成了双重模型，而并非符号的一个单一词素。而且，当这一模型变成隐藏和输出的层级时，它就不再是双重的，而且 20 个真空数字的表示，使得过去时态的词干映射为统计趋势。联结网络是一种机制主义，它们拥有自身的内容和运作，但是它们组成成分的同质、细致和统计功能使得它们与传统的符号机制有很大不同（Bechtel and Abrahamsen，2002，在第二章和第三章有对联结主义网络的介绍，过去时态网络的讨论和第五章中提出了他们对规则的挑战）。

图 10-1 中所描述的有序网络可以被看作是一个机制模型，用来解释成年语言者语言使用中过去式的形成。然而，由于它为 U 形习得这样一个迷人的发展现象提供了一种机械论解释，所以，网络的行为表现当时就已经引起了极大的关注。长期以来，我们已经知道，在学习过去时态时，儿童会过度规则化，而把不规则动词用错，甚至以前纠正过的也会再错（Ervin，1964；Brown，1973）。例如，一个小孩在 2 岁时能正确发出went 和sat，3 岁时却使用goed 和sitted，等到 4 ~ 5 岁时又逐渐回归到went 和sat 这样的用法，按照年龄与正确形式使用的百分比来绘制图形，会形成一个 U 形的习得函数。与传统学习曲线进行对比，它们一般都是 S 形指数形式的。这一有趣的现象说明，不规则动词的习得只能用 U 形曲线来描述，而其他函数都不合适，如图 10-2 所示。符号方法论的支持者已经对其进行了双机械论解释（对一般动词使用一种规则，对不规则动词进行识记），具体来说，他们会把在不规则动词上表现的下降归因为用过度规则化（产生规则的但不适合这些动词的过去时态）来替换词汇的选择（给予正确的形式）。这一提议起先是由鲁姆哈特和麦克兰德（Rumelhart and McClelland，1986a）提出的，并承认争论，但是又把它归为单一的机制主义，即联结主义网络，其中，同样的单元和联系比重对于表征和组成所有动词的过去式都有一定的作用，尤其是当一个不规则动词表征于网络之中时，对于适合不同过去式形式的激活模型占有一席之

地。像儿童，他们的网络在习得不规则动词时展现了一个U形的习得曲线。皮克和普林斯（Pinker and Prince，1988）及其他人反对输入中的不连续性和由鲁姆哈特和麦克兰德提到的与儿童相关的网络表现的不足之处（不仅是基于语言学分析，同样基于由库克泽，与之后由平克、马库斯和其他学者所收集的数据）。随后的模型（Plunkett and Marchman，1991，1993）解释了其中的一些批评，但是这些评论者都是用自己相对具体但是并未实践过的模型来回应的。可读性的观点交流出现在《认知科学趋势》的相关论文中（McClelland and Patterson，2002a，2002b；Pinker and Ullman，2002a，2002b）。

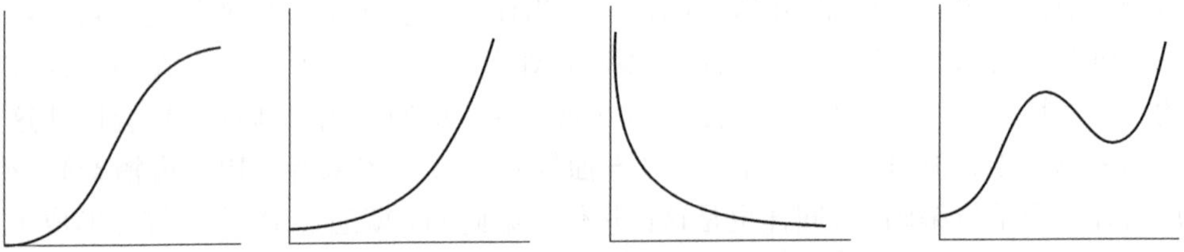

(a) S形如作为练习函数的技巧　(b) 正增长指数如作为时间函数的早期词汇量　(c) 负增长指数如作为列表重复函数的记忆项目量　(d) U形习得如作为年龄函数的不规则过去时态

图 10-2　一些非线性曲线

当相互矛盾的研究小组在类似符号和联结交互这样区别明显的结构框架内进行研究时，数据很少能产生一致性。提倡者会调整具体的解释来适应新的发现，而并非丢掉他们的结构。从长远来看，一个结构框架可能会消逝，因为必要的适应会使得它们越来越远离原来的样子；当新的、无法解释的现象被认定之后，原来的架构就会成为一个更加强大的框架，它也就不是原来的样子了。然而，从短期来看，当作出每一组的不断增长的细节预期并用数据来进行测试时，争论的一个显著的副产品就是有趣的现象会被更加准确地描述。这样就不仅会对针锋相对的解释产生阻碍，也会对以后的解释产生阻碍。有时，额外的数据或随之产生的修正后的机械论理解都会导致对原始现象的重新解释［Bechtel 和 Richardson（1993）把这个称作“现象重组”］。与过去时态习得的例子更加相关的是解释本身或它们之间的关系，可能会在某种重新构建争论的途径中重新理解。下一部分将探究这个可能性。

2. 重构争论

符号方法和联结方法在关于这一问题上的交流，更像是一种理论，但是至少有两种方法可以重构这种争论，以使它少有争议，以至于更令人满意。一个途径是我们之前就已经讨论过的，就是去考虑联结主义网络事实的影响。

> 不断地在凹地里寻找到他们自己，这就是说，他们的行为是用符号模型可以逐步趋进的，而且出于某些目的，符号模型的使用是非常方便

的……对于联结主义真正的挑战并非击败符号理论家，而是让步于行进中分析的符号水平关联性，亦即最终的新盟友可能会与曾经的对手形成简单而又尖锐的新关系。(Bechtel and Abrahamsen, 2002：16)

也就是说，过去式组成的两种相互矛盾的方法论可能是互补的角色。一种解释方法是把语言学规则看成是极其符合描述过去时态组成的现象，但是也把正反馈网络看作是产生这种现象的貌似有道理的机械论。相应地，两种结构都可被视作适合解释机械论，但是只是处于不同水平，一个是粗线条的、符号的，另外一个是细致的、统计性的。然而，不论是哪种具体形态，我们应当寻求的都是它们二者应当如何相互补充，而不是去选择它们二者中的优秀者，尤其是这两种方法都无需直接满足所有人的喜好。例如，系统性思考需要考虑的足符号解释（虽然并不一定是唯一的），而优雅降级是细致的统计解释所带来的一个好处。

通过对过去时态争论中的乔姆斯基-联结主义轴（Chomskian-connectionist axis）的拓展，我们能够得出一种经得起考验的可替代语言学理论，它会受到这种思想的影响：在整体解释中，符号和亚符号进路要占有一席之地。优选论是20世纪80年代两位本是对手的认知科学家合作后提出的，一位是联结主义者斯模勒斯基（Paul Smolensky），另一位是语言学家普林斯（Alan Prince）。他们在1993年的一份科技报告中（Prince and Smolensky, 2004）提出，就语言水平而言，网络的约束满足能力可以在语言学层面上用一种不同的进路来实现。具体来说，他们能使用一套普遍软规则似的限制去从大量输出内容中选择一些优先内容，从而成功描述不同种类的音位现象。事实上，一门已知语言就是根据其自身固有的限制排序来进行音节筛选的。例如（见 Tesar et al., 1999，全部5个约束版本），NOCODA① 限制就会被任何以辅音结尾的音节所破坏，而且，在音位丛中，如果在组成音节的过程中插入一个元音，就会破坏 NoINSV② 限制。在一种 NoINSV 高阶语言中（如英语），如果输入/apot/串可能会被音节化为 . a. pot. ；但是在一种元音决定（vowel-final）形式中，在 NOCODA 高阶语言中（如日语），它又可能被音节化为 . a. po. to. 。

优选论（optimality theory，OT）为不同现象提供了一个很优雅的解释，这也是许多音系学家选择优选论应用于以经典规则为基础的理论中的原因。没有从细节诠释优选论，就很难解释它的原因，更遑论用清晰的机械论进行解释了，那些想要把优选论与基础性的机械论解释相结合的人会趋向于假定一个联结主义架构。普林斯和斯模勒斯基（Prince and Smolensky, 1997）就曾提出过，但并未解决这个由“联姻”而引出的问题：为什么由统计机械论提供的计算能力和灵活

① NOCODA 是一种约束条件，指“音节不能有尾音”。——译者注

② NoINSV 也是一种约束条件，指“有问题的对象不能被安装”。——译者注

性就能够使优选论成为一种突出的高级别现象，就如同将网络置于（语言）环境中的效果一样？

同样难以解决的问题还被一组喜欢对不同理论进行实验的认知科学家所提出（他们的语言学根基是乔姆斯基的，而且把学习当作一种归纳，而非在网络中的不断调整），他们还提供了一些有争议的证据以表明语言习得机制对语言输入的分布统计是高度敏感的（Saffran et al.，1996），但是，他们又试图去调和自己的观点与其他观点之间的关系，并认为学习的产物与语言学理论的规则和表征是有密切关系的。也就是说，统计学机械论与如何产生非统计性的心智语法是有关系的。就某一方面而言，他们与那些否认学习机制统计性的符号理论家是不同的（Marcus，2001），而且他们又与那些否认学习产物是非统计性的联结主义论者不同。延续着这种理论，纽波特和阿斯林（Newport and Aslin，2000）又发现：从非母语符号中习得类似于美国符号语言的儿童，可以通过非连续的输入取得和本土一样的词素系统。按照他们的解释，“最强的连续都被增强和系统化了”，“统计成了‘规则’”（第13页）。他们及其他学者同样也对人造语言进行了一个精妙的研究，对象选取了婴儿、成人和灵长类动物，从他们的表现中，他们推断统计学习机械论在计算时是有选择性的，这使得其更趋向于自然语言的研究（Newport and Aslin，2000，2004）。

像这样试图去整合联结主义或其他与符号有关的统计方法，为两极分化提供了可选择性。然而，我们提到过还有一种方法可以重构这一争论。联结主义在20世纪80年代早期的崛起，好像会涉及大量研究潮流的汇合，这些河流中有数学模型、信息加工模型、人工神经网络和知识表征的符号方法，尤其是语义网络，但是也延伸到了之前的反面对象——生成语法上。其中的一些是来源于与之前不同方法的交流，例如，人工神经网络是20世纪40年代神经与计算视角的一个结合；而语义网络模型崛起于早期人工智能研究者（Quillian，1968）把符号用于网络节点而非规则的时期；其中一些引领联结主义的研究流派同样双向交流，就如同数学模型在信息加工模型的成分内被用来描述运作；最后，其中一些研究流派不仅支持联结主义，而且当与其他影响相结合时，也会为其他理论做贡献。其中，最重要的就是动力系统理论（dynamical systems theory，DST），它始于一个以非直线性物理状态变化为重要研究目标的奇特数学模型，在受到其他流派的影响后，又成了认知科学中的重要理论，开始研究认知科学问题，比如，对表征的强调等。而且，当它开始研究像吸引子状态这样的概念对交互式网络的贡献时，动力系统理论与联结主义也产生了交融。另外一个例子（本文未讨论）是信息加工模型、神经影像和其他认知与神经科学的流派在20世纪90年代也交汇了，从而使得认知神经科学同时成了包括其自身和认知科学在内的一个快速发展的领域。同样，认知不仅是一种单一思维，同时也存在于社会范围内分布式心智上，这使得社会分布式认知作为认知科学中一个重要方法的地位得以提升（见

Bechtel et al.，1993，第三部分）。这样，对论点单一性的专注会给出认知科学一个扭曲画面。事实上，交叉学科研究群对其在短期和长期实践架构中可变本质的影响是十分显著的。

如果某人寻找符号规则与表征之间的最大不同，不要在联结主义的模仿品中找，而要在它的支流之一的限制中找，即数学模型。然而，除却动力系统理论，这一方法已被心理学和更加普遍的认知科学中的哲学关怀所忽略。在接下来的部分，我们将考虑主流的数学心理学是如何展示量化方法的，并描述和解释认知科学中的现象。这样对以后讨论动力系统理论以提供概念语境，以及与动力进路中的感知、行动和认知有关的其他内容的融合都大有裨益。

三、数学心理学及其对认知科学的贡献

1. 数学心理学

在最简形式中，数学心理学为描述包含变量量化关系的现象提供了方法。与那些用表征间的符号关系来描述的现象相比，它是一个不同类型的现象。同样，数学心理学也有自身独特的形式。虽然数学心理学这个词只在认知革命时期被采纳过[1]，但是它的原型可以被追溯至19世纪。

在数学心理学中冲在最前面的是心理物理学。最著名的例子是韦伯（Weber，1834）对物理与心理维度间的关系调查，例如，通过对物理维度中物体重量与心理维度中预估重量的比较，他发现，在大量的不同维度之中，他可以作出同样的归纳："我们不是观察事物间的不同，而是注意这个不同与相比较事物重要性的比率。"（Weber，1834：172）后来，这一想法就用韦伯定律（$\Delta I/I=k$）来表达，其中，I 是指刺激强度，ΔI 表示可察觉差异（I 为可察觉的最小增值），而且，k 值除了在给定领域外采用极端值外，其他情况下都是恒定的（例如，音量大约是近似0.15）。费希纳（Fechner，1860）对韦伯定律做了一个假设，并得到了一个对数函数：$\psi=c\log(I/I_0)$。也就是说，感受强度与刺激强度的对数成比例（与进入强度有关），常数 c 与 k 和对数函数是相关的，这似乎是可定义的，但是即使这样，很多以物理为背景的心理领域的冲突也会时常发生。值得注意的是，斯蒂文森（Stevens，1957）曾提出过一个更强大的能量定律，而且在很多情况中显得比费希纳定律更为准确，更具预见性。斯蒂文森定律（像其前任和波义耳-查理定律在物理学中的作用一样）由于其应用的优雅性和广度，其实质上已经成为经验主义普遍认可的定律。某些观点可以被这一法则所解释，但是规则本身从来没有被解释过，他对于基础性的法则没有什么吸引力，而且对于机械论没有合理的补充建议。在把他的发现应用到线性观点时，发现依靠它"心灵……可以计算与视网膜相接触的神经末梢"（Weber，1834：175）。然而，却没有指出哪

种机械论会使得“ΔI 与 I 相关而不仅是恒定的”这样一个话题。

心理学家用方程式来表达经验法则的下一个竞技场就是学习理论。值得注意的是，对一个单子进行研究后发现，与时间流逝相关的这个单子所保留下来的项目数量与对数记忆曲线是高度吻合的（Ebbinghaus，1885）。随着这一领域的发展，大量其他的经验性现象被确认了，而且解决这个问题的决心最终产生了霍尔（Hull，1943）的数学归纳理论。在逻辑实证主义的激励下，霍尔推导出了这样一个理论：物质强度与反应潜伏期这样能观察到的内容经验的关系，可以从理论法则中衍生出来，而这些规则包括可操作的那些定义的间隔变量。例如，强度会影响习惯力量，这种力量会由于驱动所产生的激励潜能而加倍，而这种潜能会影响反应潜伏期。但是，霍尔的理论最终并没有被认可，它被数学心理学所取代，数学心理学希望能够通过方程式这样简洁的方式来获得有关心灵的解释：

> 原则上，这样一个理论会包含数学术语中某组数据的经济表征，而其中“经济”表示理论中自由参数的数量比数据中自由度（如独立变量）的数量要小得多。（Falmagne，2002：9405）

埃斯蒂斯（Estes，1950）、布什（R. R. Bush）与莫斯特勒（Mosteller，1950）的马尔可夫模型（Markov model）[①] 满足了这个要求，而且通过对大量经验数据和关系的解释强化了这一理论。他们的新数学心理学超过了霍尔，并成功达到了方程式模型，而这些方程式比之前描述性的经验法则更接近物理解释性的理论法则。

就其自身来说，方程式并不是机械论模型。一个方程式可能表征一个心理现象，而另一个可能会重新描述它，以便获得一个满意度更高的理论解释。然而，方程式并不能提供构建一个机械解释的正确形式，它们既不能这样描述机械论的组成部分和操作，也不能详述这些是如何被组织产生行为的。这很符合 20 世纪 50 年代的数学心理学家，他们像其他科学化的心理学家一样避免任何有关心灵主义暗示的观点。然而，当计算机隐喻使内信息过程概念获得认可时，他们开始问哪种认知机械论会对那些可以描述的现象负责，但是，仅仅使用方程式并不能给予完全的解释。

2. 数学心理学与符号机械论模型的结合

在 20 世纪 60 年代和 70 年代，信息处理模型的发展表明，某些经验和数学心理学家已经致力于机械论的解释。他们的解释是通过假设与计算机程序的相似操作运行的（如比较的、移动的、转换的）各种表现来实现的。这些模型经常被诸如语言学和逻辑学这些符号学科所影响，从而使得“规则和表征”成为一

① 它是一种统计模型，指从可观察的参数中进行随机抽选的数学模型。——译者注

个很重要的短语（然而，可见形象模型通常对表征和操作进行了具体推理而非离散型的推理）。另外一个选择是对包含不同变量方程式的引入，而这些变量都是对某部分（例如，编码在记忆中间词的相似度和具体度）或某操作（编码率）量化特征的具体化。这样整合计算、符号和量化观点的信息处理模型就变得很广泛了（而且仍然在继续扩大）。

在一个很有名的实例中，斯滕伯格（Sternberg，1966）设计了一个任务，其中一组项目也就是一张数字表，必须进行短期记忆并且进行检索，以便与进行了细致调查的项目进行比较。斯滕伯格在引言里很清楚地将符号与计算结合在了一起："符号信息是如何从近期记忆中检索到的？"这就是说，单子上每一个项目都被看作是一个外部符号，而这个符号需要用心灵符号来表征，然后服从于像检索一样的离散计算操作。他发现 $RT = 392.7 + 37.9S$，在这里 S 表示集大小，RT 则是平均反应时间（毫秒），用来反映单一的调查项目是否在刚刚展现名单的一组项目当中。他把这个解释为是反对一般的盲从假设的基础，"盲从的假设指的是当几个项目进行短期记忆后，它们能够快速及时地通过回忆或其他反应进行表达"（Sternberg，1966：652）。相反，实验中每个项目都被检索并且与连续调查作了比较（这个过程也叫作连续搜索、连续检索、连续比较或简单扫描），而且，因为反应时间函数几乎是与实验相吻合的，所以这个实验可以说是比较成功的，斯滕伯格声称这个过程不仅是连续的，而且是全面的。相反一旦有比较产生，这个过程就会终止。

斯滕伯格简单却又有迷惑性的理论阐明了几个关键点：

- 线性方程式就像费希纳的对数方程式一样，首先扮演着直接的角色：它准确描述了一个现象。
- 斯滕伯格有志于解释他所描述的现象，而且通过提出机械论而非更加基础的方程式与20世纪50年代的数学心理学相分离，从而产生了集大小与 RT 间线性关系的现象。
- 在提出的机械论中，也就是最早的一个信息处理模型，最重要的部分是一个短期记忆储存和表征调查及其名录的神经符号，最重要的操作是检索，而且这个系统被组织起来，使得检索同时具有连续性和完全性。
- 机械论把计算和符号方法结合在一起，其中，它的操作是离散心理的符号。
- 除了计算和符号方法，机械论的解释也包括数学心理量化方法。也就是说，斯滕伯格使用他的线性方程式不仅描述现象，而且可以作为涉及操作的一种细节来源。具体来说，他解释了斜率（37.9毫秒）作为每一次反复检索操作的时间消耗。
- 对解释的低估是很难避免的。例如，虽然斯滕伯格把他的数据作为有连续处理的机械论，但是基于并行处理的争论机械论已经被提出，而且能够解释同样的数据。但是在这些解释中，线性方程的斜度解释却完全不同。

斯滕伯格认知机械论的信息处理模型在20世纪60年代成型，在20世纪70年代变得复杂且引人注目，而且在当今仍然起着主要作用。它们同时也是关联主义的主要来源，数学心理学家与信息处理模型或联结主义模型都予以支持。然而，正如上面提到的一样，与外在心理学不同的数据模型方法，也就是动力系统理论，引起了那些在20世纪80年代关注洞察力或发动机控制的心理学家和随后20世纪90年代认知科学家们的兴趣。下面我们探讨这个问题。

四、动力系统理论及其对认知科学的贡献

1. 动力系统理论

研究者们喜欢线性方程式，它们简单、表达力强，易于进行统计和分析。对于认知科学家来说，大量有趣的现象都可以使用方程式来描述，甚至时间也可以成为其变量之一。例如，平均智商值在20世纪的线性增加（比较著名的有弗林效应，Flynn，1987；Neisser，1997）。另外一个例子是斯滕伯格的发现，记忆扫描任务反应时间与集大小呈线性正比例关系，其中时间并非一个独立变量，当关系并非线性时，它们有时可以通过转换数据使之变成线性。例如，人口增长是指数增长，就分析目的（并非现实中）来说，人口数量与时间的关系可以通过对数转变为线性关系。指数函数在数学心理学中是普遍存在的，同时在描述的现象和提出解释现象的理论定则方面也未表现出困难。

然而，研究者们更愿意去研究自然的意义，而并非喜欢简单的线性和非线性函数。它展示给我们很多现象，其中状态的变化是复杂方法下的非线性关系。在20世纪，游离于科学主流的动力系统理论（DST）的先驱们为描述类似的现象而开发了数据、图像和概念工具，并从中进行学习。虽然动力系统理论因类似混沌轨迹、洛伦茨吸引子（Lorenz attractors）和分形这样的外来概念而出名，但其中的一些本质也可以用相对直接的例子来进行表述（Abraham and Shaw，1922：82-85）。在20世纪20年代，洛特卡（Lotka）和沃尔泰勒（Volterra）研究了猎物（x）的数量和食肉动物（y）在理想化的两种生态系统中随着时间会怎样改变，他们发现周期数量摇摆，无论是食肉动物还是猎物都无法保持一个长久的优势，而这个周期数量统计是来自于两个不同的非线性方程式系统 $A \sim D$ 这4个参数是被提出的适当参数值：

$$dx/dt = (A - By)\,x$$

$$dy/dt = (Cx - D)\ y$$

符号 dx/dt 指的是在时间 t 内猎物 x 数量变化的比率，而且 dy/dt 指的是在时间 t 内，食肉动物数量变化的比率。图 10-3（a）就显示了 3 个循环圈，数据来自于对 x 和 y 不同初值的具体化方程式。它们在数量摆动大小上是不同的，但是共享着不同循环圈不断重复的命运。如图 10-3 所示，如果初值是置于其中的平衡点，就不会有数量摆动，这样的情况和每组出生数持续取代死亡数目是一样的。如果这些方程式通过增加生态摩擦来修正的话（与物理摩擦通过抑制振动而导致钟摆非对称性来摆动是相似的），就会出现一个更有趣的情况。当系统不能到达平衡点时，钟摆的幅度就会随时间而降低。在修改后的系统中，平衡点是一个吸引状态（具体来说，是状态空间的点吸引或相位间的限制点），这是动力系统理论中最简单的概念，而且在认知科学中的某些部分非常有影响力。图 10-3（b）显示了一个点吸引和一个向点轨道的螺旋轨道。这类图 10-3 中所用的图标称为相位图像，是动力系统理论的一个创新。在每一个图示轨道中，时间都通过持续状态顺序而表示。这使得所有维度在不表现比率（或变化率）的情况下都可能展示状态空间，而其中轨道是横贯的。如果对图标现实的速率进行要求，那么就可以使用更加传统的时间坐标图。

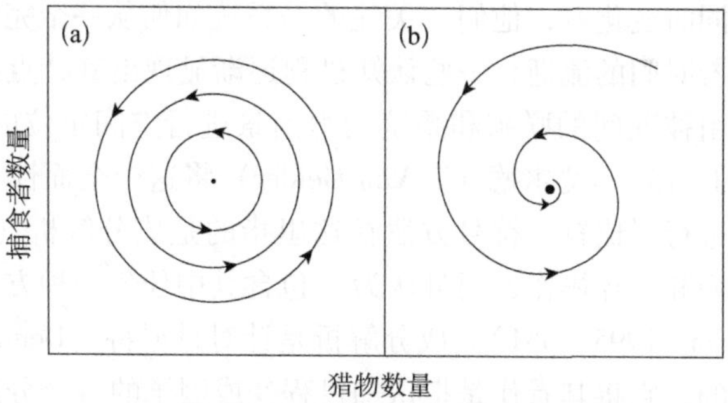

图 10-3 通过食肉动物和捕食数量状态矢量空间的两类轨道

（a）环形轨道（平衡点不是一个吸引子）（b）螺旋形轨道（平衡点是一个吸引子）

在 20 世纪 80 年代，动力系统理论吸引了许多心理学家的目光，他们承认其对观念现象、动力行为现象和发展现象描述上的优势，正如前面数学心理学家的例子，动力系统理论的使用是分阶段进行的：

- 首先，主要探讨动力现象，尤其是动力行为和发展是怎样使用动力系统的数学、图示和概念工具来描述的。
- 随着经验的增长，同样提取和应用理论原则，例如，亚稳定性（见下文）或是众所周知的、与行为混沌动力系统相关的“对初始条件的敏感性”。
- 最后，把理论原则和其他贡献及用来描述现象的工具相结合，来获得一个动态框架，尤为适合认知科学。

为了表彰对认知科学适当动力解释的额外贡献，最后该提及的就是认知动力进路而非动力系统理论。很多人不认可其中的一些贡献，因而最好理解为是一个方法集合，其中最主要的不同是机械论的解释。从这种观点来看，动力进路对描述现象的路径和它的理论解释是具有价值的，而且解释的风格更偏向于机械论解释，这样选择动力进路应该先于符号、关联或其他机械论解释（见 Port 和 Van Gelder 的论文，1995）。与此相反的是动力进路，它们把动力系统理论内容与认知机械论模型相结合（例如，埃尔曼对动力概念的使用，引出了更好的动力关联解释模型；或者范莱欧文在构建精神结合图表模型时对动力工具的使用）。另外是一个包含不同时间刻度的轴，除了以动力、观念或认知行为短暂动力性为目标的模型外，还有随着发展时间变化而高度变化的模型。在下面三部分中，我们会分别审视其中的认知动力进路。

2. 一种非机械动力进路

认知科学中的动力学家避免机械论解释，而趋向于支持整体论。假设一个系统的所有方面都同时变化着，他们“关注的是系统如何从一个完整状态变化到另一个状态……随着时间的流逝，一些认知过程逐渐显现出其特点：系统经历的全部状态是如何借由彼此间的联系和系统动力前景进行空间定位的”（Van Gelder and Port, 1995：14-15）。戈尔德（T. Van Gelder）将这个全面性与他归属于符号方法的几个特征进行了比较，符号方法在这里指的是成分解析（homuncularity）、表征、计算及序列和循环操作，而且认为“包含其中任何一种方法就将拥有其他方法”（Van Gelder, 1995：351）。成分解析是针对丹尼特（Dennett, 1978）的认知解释概念而言的，它将其看作是把认知过程变成因子的一个分解过程，其中每个因子对认知系统整体活动的一个操作负责任，这个方法经常被称作小人功能主义（homuncular functionalism）（Lcan, 1979），其中包含一种分解，它是机械论解释的一种特征。在对可替代动力的论证中，戈尔德举了瓦特对蒸汽引擎的控制实例（图 10-4），而且他认为在谈及由麦克斯韦（Maxwell）为描述它的活动所开发的动态方程式时，它是最容易理解的。但是，柏克德（Bechtel, 1997）认为瓦特控制中线性的整体函数不足以提供由戈尔德和其他动力学家所支持的极端整体论。在任何机械论中，组成和操作部分都包括飞轮旋转、轴臂变长和活塞关闭。这些部分是空间组织，而且用以帮助组织的操作。这也就是说，为什么瓦特会使用轴臂去连接从飞轮延伸出来的轴，而且回答涉及两个操作间最终关系的问题是有意义的。这个问题是指当飞轮转动时，后臂会变长。这些关系通过定义与操作特征会将对应的变量量化，而且在一系列情况下测量它们的值；麦克斯韦的方程式很好地表达了这一程序的结果。例如，他们承认在某已知飞轮转动的速率下，对轴臂角度的预计。这是非常有用的，但是并不能表明其全面性。

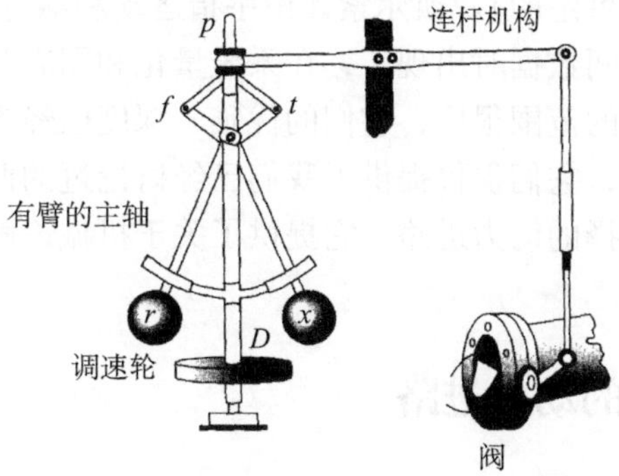

图 10-4 瓦特蒸汽机的离心调速器（Farley，1827）

除了全面性，这些动力学家同样喜欢简洁。这一点与经典数学心理学家很像（那些还未采用机械论信息处理框架的学者在框架内容内使用他们的数学技巧）。一个简单的动力解释一般会把现象包含于一个小部分量化变量和参数中。其中，最早的一个与认知科学有关的例子是凯尔索（Scott Kelso）的复杂动力论解释，而这个动力论引起了一个用来研究动力控制的、迷惑人的简单任务：要求参与者同时移动他们的食物（同时举起，同时向下移动），或者向相反方向移动（一个向上运动，另一个向下移动），同时有一个节拍器（Kelso，1995），当节拍器加速的时候，人们就不再能保持反方向移动了，而且不自觉地就转变成同方向移动。在动力系统理论中，这两个移动的手指部分是双振荡器，减速（低频率）会产生一个稳定的结合，这个状态空间有两个吸引子；高速时，只有同向结合的可能，状态空间只有一个吸引子。凯尔索提供了一个相对简单的方程式对作为参数值变化的吸引子状态（v）进行了描述：

$$V = -\varphi\delta\omega - a\cos\varphi - b\cos 2\varphi$$

这里 φ 是两指（相对相位）非同步的程度，δ、ω 反映节拍器的频率与手指震动频率的差异。而且 a 和 b 间接反映了手指实际震荡的频率。当 b/a 小时，震荡快，而且只有同向吸引存在；当比值大时，有两个吸引子存在：人们能够产生按照指示同向或反向运动，或者穿越它们之间的轨道。

当 a/b 的值居于中间时，事情就变得很有趣了。而数值居中表明：这里可能有一个到两个吸引子。吸引子虽然消失了，但每一个消失的吸引子都会“留下它存在过的痕迹”（Kelso，1995：109）。系统的轨道现在表现出间断性，靠近但很快又从幻影中离开。具体来说，两个食指无序地波动于同向和反向之间，虽然这样的间断性可能没有那么重要，但是如果我们转向一个不同的领域，我们就能把它当作一个重要的认知特征。当我们长时间看一个类似于纳克方块（Necker cube）的模糊物体时，大多数人都有介于两个理解间的不规则转换序列。这些同时转换的时间模型是无序的，在动力系统理论中有一个技术概念：状态空间轨道，意思是在空间中没有一个点可以再次到达原来的位置（这样的轨道似乎是随机的，但事实上却是可定的）。凯尔索评论手指运动和纳克方块任务的相似性时，说它们不仅在转换时间数据时出现了，在系统量化和图表分析中也出现了。我们知道，这些分析应用的范围很广，它们的优雅、深度已经不是仅仅用重复描述就可以解释的了。然而，它们仅仅提供了我们已经讨论过的两种解释，在下一部分我们将介绍一个可选择的动力进路，它提供了关于机械论解释的另一种有趣的新观点。

3. 亚符号机械论的动力进路

凯尔索选择关注时间转换现象，并且把单一动力方程式作为解释的中心，其中方程式是关联整体系统方面的变量。在这里，我们就同一现象看一下机械论的解释。列文（Cees Van Leeuwen）和他的合作者（1997）提出了一个模型，它既是动力的又是机械的，通过使用动力方程式控制（不仅是描述）机械论精细组成部分来加以操作。就目前的情况而论，它与联结主义模型是相似的，因为它的组成部分是众多的同质部分，有些是双向关联，活化了对输入的反应。然而，在这种情况下，这些部分很少联系，而且被制作成能够同步或不同步的振荡器。在个体间穿梭的特殊同步化模式，被看作是构成输入的不同解释。

具体来看，列文等学者运用了耦合图格子（coupled map lattice，CML）来对其加以解释，双图表最初是由高良兼子（Kaneko，1990）开发的。开始时格子很少与网络联系在一起，在网络中只有相邻部分联系（耦合）；基本意思由大型建筑或一个渔网所表明。映射是一种函数类型，其中值是由离散时间所决定的。基于目前的关系，高良兼子用逻辑方程式

$$X_{t+1} = Ax_t\ (1 - x_t)$$

来控制，在时间为 $t+1$ 时，x 的变化取决于参数 A 的值，这样的单位将在一小部分值之间摆动或者表现得很无序。紧靠部分彼此影响，它们之间必然有关联。列文的机械论模型使用 50 行 ×50 行的单位，每一个部分紧邻 4 个方格，他对双图表的分析只需要两个部分就能给出证明。在他的解释中，单位的网输入 x 是由 x 和 y 决定的：

$$\text{netinput}_x = \text{C}a_y + \ (1 - C)\ a_x$$

而上述逻辑函数可以被应用到网输入的结果中来决定 x：

$$a_{x,\,t+1} = A\ netinput_{x,\,t}\ (1 - netinput_{x,\,t})$$

最终网络的行为是由两个参数决定的：A 和 C。对于一系列与 C 相关的 A，这两个部分将会同步改变它们的值，然而，如果超出这一范围，那么这个系统就表现出凯尔索高水平系统中出现的同一种间断性。对于某些值，这两个部分同步，只是时间不同步，而且通过状态空间游荡，直到它们重新趋向同步。在大网络中，一群紧接的部分可能会走向同步，打破自由，另一群也会走向同步。这些暂时的

同步方法被列文等人解释为实现了一个模糊物体的某种解读。这样不仅有凯尔索间断性取得的成就，也有对其理解的成绩。然而，列文等的全范围双图表是明显的机械论：它解释了出现于大量、精细部分的动力高水平现象，也解释了低水平操作。与凯尔索所提出的更加典型的动力进路案例相比，这种方法是在整体方程式中使用许多变量，并在其自身层次上描述这一现象。

4. 动力进路的发展

早期动力进路的发展更多的是按照凯尔索而非列文的思路在前行。值得注意的是，通过展示整体方程式能够优雅地解释婴儿动机发展现象，泽伦（Thelen，1985）首先将大家的注意力吸引到动力性上。例如，她觉得两足动物就像是“存在于两个连接钟摆（腿）的动力”。其与印第安纳大学的同事进行合作，尤其是同史密斯（Linda Smith）和盖瑟尔（Michael Gasser）一起，产生了一个有效的解释理论，并且把这个经验型工作延伸到了认知与语言学的发展上来。这个新颖的观点最好用引用来表述（Smith and Gasser，2005）：“儿童的身体被充分赋予了多层感知和行为系统。”那些系统不仅连接为一个混杂的物理世界，而且通过“灵活的社会伙伴”，也连接成一个社会和语言学的世界，儿童智力的发展就能在其中表征出来。这也就是说，它不仅存在于“他们自己，而且……贯穿于他们的交流和经验，分布在物理世界中”，在这里交流是解释性的、多模态的、可增加的、同时的和连续的。我们的物理世界“存在着许多描述组织观念间行为的规则”，它们为消除某些认知问题提供了可能性，比如，需要内在推导或预测连接问题。这些与“服务于改善更高等精神功能”的人类经历类似，但是一旦进入这个系统中，语言就会提供计算的力量，那将会“深刻改变学习者”。

这些观点并不是闭门造车想出来的，而是当印第安纳小组拓展他们的范围至更广阔区域时出现的，而且正朝一个更具动力模型的机械风格转变。虽然他们已经提出了一些机械论是联结网络的观点，但是多数创新在于他们的 *A* 非 *B* 的错误动力场模型，这个模型存在于皮亚杰的经典目标概念任务之中（Thelen et al.，2001）。他们摸索了这个任务中的许多变体，但是本质上就是这一个内容：一名研究者把两个杯子放在一个小孩（7～12 个月）面前，而且不断地把一个有吸引力的物体藏到杯子底部的偏左部分，每次藏完后，小孩都能找出来。然后做一个变化，把这个物体放在杯底偏右部分，让小孩看。小孩就像鹰一样一直盯着看右边，然后会拿起杯子从左面找物体，当然没有找到。是哪里出了错呢？皮亚杰的解释包含物体概念发展中的中间阶段。在动力场模型中，方程式具体化为激活函数，它们会连续穿过左右空间领域及其连接部分，而且在多时间范围内连续变化。从根本上来说，当它们在动力规则领域内动态协调时，记忆区域（左面有一个峰值）的影响能够压过观念领域（在关键试验中右侧有峰值）。如果是左边下限以上的峰值主宰着这个领域，孩子们将会到左边。在这些精细的方程式中，没有什么能够被解读成一个物体的表征。但这个解释并不能排除这种物体表征存在的假设，这也使得泽伦和她的同事给人留下了多余而不简洁的印象。

发展动力进路也被认知科学家采用过，他们最初的兴趣点就是语言和认知，而并非动力发展，而且他们的最爱已经从争论模型延伸到联结网络。有很多例子和创新清晰的回顾，见麦克维尼（Macwhinney，2005）；想要看能够活跃思维，且新手也能读懂的，参见艾尔曼（Elman，1996）“对先天性的再思考”，他的不同寻常的论文集包含了六位发展方面顶级专家的文章，并涉及大量用方程式来说明不同角色的描述。

我们已经看到，在与年龄和不规则动词相关的 U 形函数的不同解释中，不同的机械论观点可以看作是对单一非线性发展现象的解释。有时，这些争议源于研究者开始对使用方程式描述现象时所做的选择。“对先天性的思考”为使用的方程式和它们的含义提供了一个非常易读的指导，它同样涵盖了非线性现象的两种解释：机械论模型（用联结网络形式）和整体理论方程式。由埃尔曼等人讨论的一个例子包含早期词汇习得形式：快速增长大约 50 个单词，然后是一个“词汇爆发”，使得几个月内可以快速增加几百个词。用这个最为明显的数学化方式来描述这一现象，要假设两条分离的有不同斜度的方程式直线，一条代表第一次 50 个单词，另一条代表以后超过 50 个单词的情况。由这种特征衍生的解释会突然洞察事物的名字（Baldwin，1989）和分类的变化（Gopnik and Meltzoff，1987）。当同一个词汇数据用单一非直线方程式来描述时，这些解释似乎是不太恰当的。埃尔曼等人提出了下面的指数函数，用于 10 ~ 24 个月儿童的数据（第 182 页）：

$$y = y_0 \ e^{b(t-t_0)}$$

在这个函数中，在 t 时（10 个月）的已知词数量为 y，而且在任何其他 t 时间，词数为 y。当图表做完后会发现：y 开始慢速增长，然后弯曲上升，后来快速增加。如此，这个函数能符合这个习得数据，同时也符合两直线数据，但是仅仅基于符合并不能作出选择。对单一非直线函数的吸引是根本性的简化。y 的总量将会在下一个时间段增加且与当前的 y 值成比例：

$$dy/dt = by$$

在这个方程式里，dy/dt 是我们对每时间段内增加词汇注意的一个符号表征，b 是时间段（不变）内的百分比，而 y 是当前词数（随 t 增加）。这个可争辩的方程式是解释性的，其中它不断描述第一个方程式，以便详细解释连续百分比与指数的绝对增加是有关联的。

埃尔曼等人强调单一机械论能够产生起初的词汇增加，同时也有后期的词汇爆发。这并不意味着什么都不包含，他们会继续考虑一个更加复杂的初期解释版本。这就是说，这种变化是突然性的，它并不需要借由某种名目来完成其特定解释；“尽管统一机械论一直在运行，但系统行为在不同时间可以有不同的特征”

（第 185 页）。在书中的另一部分（第 124-129 页），埃尔曼等人描述了一个自动联想关联网络，受简化表征的约束，这一网络提出了一个机械论解释。它不仅复制了词汇爆发（指数增长）的量化现象，而且作为一种低扩展趋势现象是优于以后的爆发和超扩展的。

突然转换在发展中很常见，而且联结网络擅长这种非线性动态。埃尔曼等人讨论的另一个例子是以西格勒（Siegler，1981）观察到的变化为目标，其间儿童试图去解决平衡尺度问题，在这个过程中儿童通过使用不同的规则（粗略地来看，重量、距离或其他合适变量）来获得进步。麦克兰德和詹金斯（McClelland and Jenkins，1991）创造了联结网络，在这三个阶段提供了简化的突然转换模拟操作。当被这种能力所吸引时，埃尔曼等人评论说："模拟一个黑匣子没有什么好处，我们真正需要的是准确理解网络中重要的机械论是什么，还有是什么提升了这样的行为。"（第 230 页）

为了解决这个问题，他们研究出了一种联结网络，它会在自己的行为内展现时间动力。不像过去时态、词汇和平衡量度模拟的正反馈网络那样，反复出现的网络包括某些单位集合（图 10-5）中的反复（后退）关联，它不是通过动因变化的单一向前，而是反复网络中的每个单元都有它的动因，当网络逐步建立起对输入稳定的反应时，即一种吸引状态，它就会重复计算。埃尔曼等人通过训练重复网络，开始实行一个简单的证明任务：证明字符串 1s 和 0s 的等价（也就是，证明 1s 的数是奇数还是偶数）。他们成功地模拟了突然转换现象，事实上，在经历 17 999 个训练圈后，网络不能完成这个任务，但是再有一次试验就可以了。为了理解其中的原因，他们通过检查一个经常用在关联模型中的非线性动因函数单位来进一步简化。这个单位开始于一个最初的动因，而且在连续的时间段中，从连续输入（乘离率）中接受输入，并同其自身有一个反复的关联。随着反复接受数字为 1.0 的重量和 -0.5 的乘离率，这个单元在几次重复之后就会定位于 0.5 的动因，并一直保持下去。如果是 10.0 和 -5.0，这个单位就会有 0.0 的动

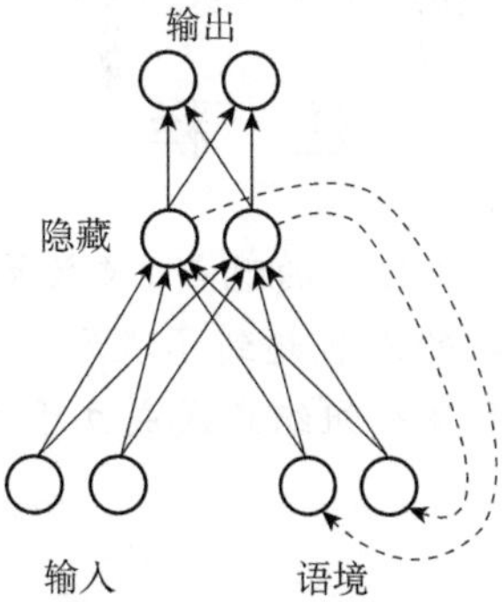

图 10-5　引自艾尔曼（Elman，1990）的简单递归网络图示

为了表述更加明晰，这个图示采用的是简化版。实线箭头表征用来连接本层单位与下层单位的正反馈关联。虚线表明递归（反向的）关联，连接隐藏单位与专门输入单位，共同成为语境单位

因，那时它的初动因会低于0.5；如果是1.0的动因，它的初动因会高于0.5；而且当它的初动因是0.5时，就会有0.5的动因。这两种行为反映了不能获取信息的网络与可获取信息的网络之间的争论。进一步对正负值的探究会使研究者画出一个相应的图，他们发现正值变化很小的区域反而会在行为上有较大的改变，而且动力系统理论能够准确提供寻求和理解这类非线性的正确工具。

五、小　结

通过本章，我们的目标是展现现象的范围，而机械论模型所寻求的现象是极其多样的；另一个目标是简单论证已经用来解释不同现象的一些机械论模型。对哲学文献中关于系统性和其他认知结构中一些普遍特征的关注，展现了一个心理学文献在解释认知行为机械论类型时实际论证的一个扭曲论点。甚至在语言领域中，系统性被多次举例，许多现象仍需要认知科学家加以关注。我们讨论了两个本质上的问题：不规则动词过去式形式习得U形图和早期词汇的习得指数。在语言之外，我们还把观念和精神行为、记忆和问题解释这样的领域作为目标，所有领域的现象都是认知科学中机械论解释的待解释部分，这样的解释尝试，就像那些量化的现象一样，可以回溯到韦伯的心理物理学，而且当前正朝向有关观念、认知和发展的动力进路前进。

虽然有许多争议，但是我们同样强调认知科学已经随着组合、分解、再组合而获得进步了。在描述和解释现象时，对方程式的使用就表征了这一点。当与其他影响和共享相结合时，我们在此讨论的结论已经从与量化操作有关的信息处理模型到同时与整体和机械论动力解释有关的联结网络。每一种方法都为神经是否会按照正常规则来运行类语言一样的表征提供了不同的答案，而且我们已经讨论过，整体的答案无需局限于其中任何一种。认知科学在一定的时间会形成多种形态，而且会随着时间不断变化。

最后用惠特曼的一句名言来结束全文："我伟大，我包罗万象"。

注　释

[1] 依照埃斯特（Ester, 2002）的观点，《数学心理学手册》（全三卷）的出版对数学心理学家专业组织的发展起到了激励作用。《数学心理学杂志》在1964年开始出版。虽然社会和法律组织正式成立于1977年，但是数学心理学会于1968年就诞生了。

参考文献

Abraham, R. H., and Shaw, C. D. (1992). *Dynamics: The Geometry of Behavior*. Redwood City,

CA：Addison-Wesley.

Baldwin, D. A. (1989). Establishing word-object relations: A first step. *Child Development*, 60, 381-398.

Bechtel, W. (1997). Dynamics and decomposition: Are they compatible? *Proceedings of the Australasian Cognitive Science Society.*

Bechtel, W. and Abrahamsen, A. (2002). *Connectionism and the Mind: Parallel Processing, Dynamics, and Evolution in Networks* (2nd edn.). Oxford: Blackwell.

Bechtel, W. and Abrahamsen, A. (2005). Explanation: A mechanist alternative. *Studies in History and Philosophy of Biological and Biomedical Sciences*, 36, 421-441.

Bechtel, W. and Richardson, R. C. (1993). *Discovering. Complexity: Decomposition and Localization as Scientific Research Strateyise.* Princeton, NJ: Princeton Unirersity Press.

Bechtel, W., Abrahamsen, A., and Graham, G. (1998). The life of cognitive science. In W. Bechtel and G. Graham (eds.), *A Companion to Cognitive Science.* Oxford: Blackwell.

Brown, R. (1973). *A First Language: The Early Stages.* Cambridge, MA: Harvard University Press.

Bush, R. R. and Mosteller, F. (1951). A mathematical model for simple learning. *Psychological Review*, 58, 313-323.

Cummins, R. (2000). "How does it work?" versus "what are the laws?": Two conceptions of psychological explanation. In F. Keil and R. Wilson (eds.), *Explanation and Cognition.* Cambridge, MA: MIT Press.

Dennett, D. C. (1978). *Brainstorms.* Cambridge, MA: MIT Press.

Ebbinghaus, H. (1885). *Über das Gedächtnis: Untersuchungen zur Experimentellen Psychologie.* Leipzig: Duncker ɛt Humblot.

Elman, J. L. (1990). Finding structure in time. *Cognitive Science*, 14, 179-211.

Elman, J. L., Bates, E. A., Johnson, M. H., Karmiloff-Smith, A., Parisi, D., and Plunkett, K. (1996). *Rethinking Innateness: A Connectionist Perspective on Development.* Cambridge, MA: MIT Press.

Ervin, S. (1964). Imitation and structural change in children's language. In E. Lenneberg (ed.), *New Directions in the Study of Language.* Cambridge, MA: MIT Press.

Estes, W. K. (1950). Towards a statistical theory of learning. *Psychological Review*, 57, 94-107.

Estes, W. K. (2002). Mathematical psychology, history of. In *International Encyclopedia of the Social and Behavioral Sciences.* New York: Elsevier.

Falmagne, J.-C. (2002). Mathematical psychology. In *International Encyclopedia of the Social and Behavioral Sciences.* New York: Elsevier.

Farley, J. (1827). *A Treatise on the Steam Engine: Historical, Practical, and Descriptive.* London: Longman, Rees, Orme, Brown, and Green.

Fechner, G. T. (1860). *Elemente der Psychophysik. Leipzig*: Breitkopf und H ərtel.

Flynn, J. R. (1987). Massive IQ gains in 14 nations: What IQ tests really measure. *Psychological Bulletin*, 101, 171-191.

Garcia, J., McGowan, B. K., Ervin, F. R., and Koelling, R. A. (1968). Cues: Their relative effectiveness as a function of the reinforcer. *Science*, 160, 794-795.

Glennan, S. (1996) . Mechanisms and the nature of causation. *Erkenntnis*, 44, 50-71.

Glennan, S. (2002) . Rethinking mechanistic explanation. *Philosophy of Science*, 69, S342-353.

Gopnik, A. and Meltzoff, A. N. (1987) . The development of categorization in the second year and its relation to other cognitive linguistic developments. *Child Development*, 58, 1523-1531.

Hempel, C. G. (1965) . Aspects of scientific explanation. In C. G. Hempel (ed.), *Aspects of Scientific Explanation and Other Essays in the Philosophy of Science.* New York: Macmillan.

Hull, C. L. (1943) . *Priciples of Behavior.* New York: Appleton-Century-Crofts.

Kaneko, K. (1990) . Clustering, coding, switching, hierarchical ordering, and control in a network of chaotic elements. *Physica D*, 41, 137-142.

Kelso, J. A. S. (1995) . *Dynamic patterns: The Self Organization of Brain and Behavior.* Cambridge, MA: MIT Press.

Kitcher, P. (1999) . Unification as a regulative ideal. *Perspectives on Science*, 7, 337-348.

Kuczaj, S. A. (1977) . The acquisition of regular and irregular past tense forms. *Journal of Verbal Learning and Verbal Behavior*, 16, 589-600.

Luce, R. D. , Bush, R. R. B. , and Galanter, E. (eds.) (1963-5) . *Handbook of Mathematical Psychology.* New York: Wiley.

Lycan, W. G. (1979) . Form, function, and feel. *Journal of Philosophy*, 78, 24-49.

Machamer, P. , Darden, L. , and Craver, C. (2000) . Thinking about mechanisms. *Philosophy of Science*, 67, 1-25.

MacWhinney, B. (2005) . The emergence of linguistic form in time. *Connection Science*, 17, 191-211.

Marcus, G. F. (2001) . *The Algebraic Mind: Integrating Connectionism and Cognitive Science.* Cambridge, MA: MIT Press.

McClelland, J. L. and Jenkins, E. (1991) . Nature, nurture and connectionism: Implications for connectionist models of development. In K. van Lehn (ed.), *Architectures for Intelligence: The Twenty-second* (1988) *Carnegie Symposium on Cognition*, 41-73. Hillsdale: Erlbaum.

McClelland, J. L. and Patterson, K. (2002a) . "Words or Rules" cannot exploit the regularity in exceptions. *Trends in Cognitive Sciences*, 6, 464-465.

McClelland, J. L. and Patterson, K. (2002b) . Rules or connection in past-tense inflections: What does the evidence rule out? *Trends in Cognitive Science* , 6, 465-472.

Nagel, E. (1961) . *The Structure of Science.* New York: Harcourt, Brace.

Neisser, U. (1997) . Rising scores on intelligence tests. *American Scientist*, 85, 440-447.

Newport, E. L. and Aslin, R. N. (2000) . Innately constrained learning: Blending old and new approaches to language acquisition. In S. C. Howell, S. A. Fish, and T. Keith-Lucas (eds.), *Proceedings of the 24th Annual Boston University Conference on Language Development*, 1-21. Somerville, MA: Cascadilla Press.

Newport, U. and Aslin, R. N. (2004) . Learning at a distance: I. Statistical learning of non-adjacent dependencies. *Cognitive Psychology*, 48, 127-162.

Norman, D. A. and Rumelhart, D. E. (1975) . *Explorations in Cognition.* San Francisco: Freeman.

Pinker, S. and Prince, A. (1988) . On language and connectionism: Analysis of a parallel distributed processing model of language acquisition. *Cognition*, 28, 73-193.

Pinker, S. and Ullman, M. T. (2002a). The past and future of the past tense. *Trends in Cognitive Sciences*, 6, 456-463.

Pinker, S. and Ullman, M. T. (2002b). Combination and structure, not gradedness, is the issue. *Trends in Cognitive Sciences*, 6, 472-474.

Plunkett, K. and Marchman, V. (1991). U-shaped learning and frequency effects in a multilayered perceptron. *Cognition*, 38, 43-102.

Plunkett, K. and Marchman, V. (1993). From rote learning to system building: Acquiring verb morphology in children and connectionist nets. *Cognition*, 48, 21-69.

Port, R. and van Gelder, T. (1995). *It's About Time*. Cambridge, MA: MIT Press.

Prince, A. and Smolensky, P. (1997). Optimality: From neural networks to universal grammar. *Science*, 275, 1604-1610.

Prince, A. and Smolensky, P. (2004). *Optimality Theory: Constraint Interaction in Generative Grammar*. Oxford: Blackwell.

Quillian, M. R. (1968). Semantic memory. In M. Minsky (ed.), *Semantic Information Processing*. Cambridge, MA: MIT Press.

Rosenblatt, F. (1962). *Principles of Neurodynamics: Perceptrons and the Theory of Brain Mechanisms*. Washington: Spartan Books.

Rumelhart, D. E. and McClelland, J. L. (1986a). On learning the past tenses of English verbs. In J. L. McClelland and D. E. Rumelhart (eds.), *Parallel Distributed Processing: Explorations in the Microstructure of Cognition. Vol. 2: Psychological and Biological Models*. Cambridge, MA: MIT Press.

Rumelhart, D. E. and McClelland, J. L. (eds.) (1986b). *Parallel Distributed Processing: Explorations in the Microstructure of Cognition*. Vol. 1: *Foundations. Cambridge*, MA: MIT Press.

Saffran, J. R., Aslin, R. N., and Newport, E. L. (1996). Statistical learning by 8-month-old infants. *Science*, 274, 1926-1928.

Siegler, R. (1981). Developmental sequences within and between concepts. *Monographs of the Society for Research in Child Development*, 46/2.

Smith, L. B. and Gasser, M. (2005). The development of embodied cognition: Six lessons from babies. *Artificial Life*, 11, 13-30.

Sternberg, S. (1966). High-speed scanning in human memory. *Science*, 153, 652-654.

Stevens, S. S. (1957). On the psychophysical law. *Psychological Review*, 64, 153-181.

Suppe, F. (1974). The search for philosophical understanding of scientific theories. In F. Suppe (ed.), *The Structure of Scientific Theories*. Urbana, IL: University of Illinois Press.

Tesar, B., Grimshaw, J., and Prince, A. (1999). Linguistic and cognitive explanation in optimality theory. In E. Lepore and Z. W. Pylyshyn (eds.), *What is cognitive science?*. Oxford: Blackwell.

Thelen, E. (1985). Developmental origins of motor coordination: Leg movements in human infants. *Developmental Psychobiology*, 18, 1-22.

Thelen, E., Schöner, G., Scheier, C., and Smith, L. B. (2001). The dynamics of embodiment: A field theory of infant perseverative reaching. *Behavioral and Brain Sciences*, 24, 1-34.

Van Gelder, T. (1995). What might cognition be, if not computation. *The Journal of Philosophy*, 92, 345-381.

Van Gelder, T. and Port, R. (1995). It's about time: An overview of the dynamical approach to cognition. In R. Port and T. van Gelder (eds.), *It's About Time*. Cambridge, MA: MIT Press.

Van Leeuwen, C., Steyvers, M., and Nooter, M. (1997). Stability and intermittency in largescale coupled oscillator models for perceptual segmentation. *Journal of Mathematical Psychology*, 41, 319-344.

Weber, E. H. (1834). *De Pulsu, Resorpitione, Auditu et Tactu: Annotationes Anatomicae et Physiologicae*. Leipzig: Koehlor.

第五部分

意识和感受性能够被还原吗？

第十一章　意识和感受性能够被还原吗？

威廉·G. 利康（William G. Lycan）

对“感受性”、“意识”和“还原”的定义直接影响到意识和感受性能否被还原，曾经几乎所有的概念里都包含“意识”这个词，而且令人惊讶的是多种智能结构也被称为“理论性意识”，史密斯（Brain Smith）曾说过，计算是“一种理论，而不是一种科学知识”，“意识可以被看作是杂货市场或跳蚤市场，甚至算不上是种理论”，即使像“感受性”这样严谨的术语在字面含义之下也包含着多种令人惊讶的意义。

一、待解释的词语

在这里，笔者仅介绍意识的三种理念，这也是在大多数当代哲学家看来占有主导地位的三种概念：

（1）意识知觉，或者在心理状态方面的“意识性状态”，它主要是指直接意识[1]。

（2）“现象意识”（phenomenal consciousness）是由布洛克（Block，1995）提出的，指感官状态中存在的某种具有感受性或现象性的特征。

（3）“意识表征为何”（what it is like）事件对主体而言就是令其经验成为一种特殊现象的属性，许多学者（包括布洛克在内）将这一点同（2）混同起来，将“意识表征为何”也称作“现象意识”。

“感受性”（qualia，单数形式是 quale）这个术语的主要使用方法类似于（2）和（3）。路易斯（Lewis，1929）所指的感受性是一种在（2）中提到的本质或现象，例如，印象中的颜色，或者某人眼罩的颜色，或者是主观听到的音高、音量和音色，或者是某种气味，或者是某种特别的味道，又或者是在黑暗中通过触碰某个物体而感受到的它的质地/构造。

在笔者看来，在法雷尔（Farrell，1950）和内格尔（Nagel，1974）之前，一些作者并不能准确地使用“意识表征为何”（下面用 w. i. l. 代替）这一术语来表达刚才提到的感觉。但是对其更普遍的使用则体现在（3）中提到的现象：用于体验某个本身具有高阶属性的本质和特性。但不幸的是，“感受性（复数）”和“感受性（单数）”已经在（3）中被使用过了。在此，笔者将“quale——感受性”留给了（2），而将“w. i. l. ——表征为何”留给了（3）。

第一，对我们而言，十分重要的是要认识到这两种使用是有区别的。首先，表达一个很明显的观点，如果 w. i. l. 是感受性的某种高阶属性，那么它就不能指感受性本身。

第二，如卡鲁瑟斯（Carruthers，2000）指出的那样，某个感受性用它本身来作为世界的一部分，而不是作为某人思维的一部分。它是某个显而易见的物体的明显的颜色（或者，如果你是一个罗素主义者，那么它就是你偶然间对颜色的感觉，这种感觉就像你对物体的感觉一样），正如卡鲁瑟斯所言，感受性就是世界是什么或者世界像什么样子。但是，通过 w. i. l. 体验颜色，它是指人们通过一阶感知状态来感知颜色像什么，这是一种典型的心理或者经验状态。

第三，感受性可以用语言来描述，而感受性的体验像什么却是无法表达出来的。如果你正在体验某个红颜色对你的印象时，笔者问你“对你而言它看上去是什么颜色?”那么你会回答“看上去是红色”，但是如果笔者坚持问你经历的红色是什么样子，你只能选择去比较，手指着一些附近的物体说：“就和它的红颜色是基本一样的”；如果笔者进一步强调并且坚持让你对它本身固有的特征进行说明，你也许会什么都说不出来。也许用某种方法，你可以描述现象性的颜色，如红色，但是如被问到你体验的红色是什么样子的，你就不能进行直接的描述了。所以，感受性和 w. i. l. 之间是有一定区别的，可以被描述的现象性的颜色用到的是普通的颜色词汇，而体验这种颜色是什么样子则根本不能够轻易地被大众通用的语言所描述。

第四，阿姆斯特朗（Armstrong，1968）、贝尔金（Nelkin，1989）、罗森塔尔（Rosenthal，1991）和利康（Lycan，1996）更加倾向于认为，感受性在（1）中并不能够成为意识。也就是说，某种感受性可以在自身不被主体注意的情况下发生，但是在这种情况下，主体体验到的感受性将什么也不是，所以即使某个人意识到了感受性的存在，w. i. l. 也会要求获得和感受性本身所不同的一些认识。

二、还　　原

还原有时被理解为理论之间的某种关联，就像是一系列句子或主题之间存在的诱导性关联。但是在我们的标题中运用到了意识和感受性本身，所以从这个意义上来看，它属于本体论。它可以被应用到实体、事件、属性、进程或者事物的状态上等。

我们先来区分种类还原和符号还原，符号还原是比较弱的概念：当 A 完全由 B 的一些排列构成时，那么我们可以说 A 就是 B 的符号还原，因为每一个个体的因子都是完全由这样的实体构成的，所以因子就算是一些物理微实体的符号还原，但是因子并不是物理的种类还原，因为在象棋（或者是因子）和我们用语言所描述的这些特别种类的原子微粒之间并没有什么关联。如果 *A* 的每一个标准化的类型都能由某个具体的构造所组成，且这些特定的构造可以用 *B* 语言来描述，那么我们就可以说 *A* 就是 *B* 的种类还原。因此，闪电就可以被看作是天空中高电压的电子放电的种类还原；食盐也可以被看作是化合物氯化钠的种类还原，同理还有很多类似的种类还原。

此处我们所设想的属性的同一性就是它们实例中的种类还原，食盐的属性在还原之后就成为氯化钠的属性，因为食盐的量就是氯化钠的量；在某类人中，现金的属性就是指合法化或半合法化契约等（但是在以上所定义的实例的种类还原中，我们并没有包含属性的同一性，因为它包含的仅仅是构造方面的内容，而不是严格意义上的同一性）。

意识和感受性甚至和因子相比更不像是物理学的种类还原，但是笔者认为它们是符号还原，而且它们在一些高层次生物的物理组织的功能性和信息理论性当中可以被看作是种类还原。

三、意识知觉和意识状态

再一次强调，某个一般现在时态的“意识状态”是一种心理状态，而这种心理状态的主体是可以直接意识到的，并不是所有的心理状态都有意识属性。有时候我们处在某个心理状态中但却没有意识到，尽管我们先前注意的话可以意识到这一点。我们的某些心理状态，比如，语言进程状态，结构-梯度-计算状态，从结构上看都是难以自省的。我们可以用没有异议的方法来辨别出意识属性的种类一致性吗？

关于意识知觉和意识状态存在诸多的理论：丹尼特（Denntee, 1978）的音量控制理论（volume control theory），以及两种对立的“高阶表征”HOR 解释，这两种解释分别是由洛克的“内在感觉”（inner sense）引发的“高阶感知”（higher-order perception，HOP）理论和“高阶思想”（higher-order thought，HOT）理论。HOP 理论是由阿姆斯特朗（Armstrong, 1968, 1981）和利康（Lycan, 1987, 1996）提出的，HOT 理论受到罗森塔尔（Rosenthal, 1993，又见 Gennaro, 1995；Carruthers, 2000）的推崇[2]。从现在很流行的 HOR 理论可以获知，某个主体对他或她自己心理状态的意识，存在于这种状态本身的某个具有代表性的表征之中，而这个表征是在一系列某个种类的内部注意机制（此机制可以扫描并监控一阶心理状态）作用下，由准知觉提供的。HOT 的理论家们认为，如果思想可以由状态直接引起，或者至少它不是由罗森塔尔短语（Rosenthal's phrase）中的“一般推论”（ordinary inference）产生的，那么仅仅拥有一阶的状态就足够了。

HOR 理论的一个版本可以很容易地解释一阶状态下意识和非意识之间的区别：某种状态是、或不是、或者可以成为、或者不可以成为某个意识状态，也就对应着它本身是、或不是、或者心理功能都不能看作是高阶的准认知或思想。HOR 理论对意识研究的推动是显而易见的：一般而言，意识到某个物体或者某个状态或者某个事件，就是要以某种方式把它们表达出来，而没有意识到它们的表现就是不能将它们表达出来。而当我们有意识地进行自省因而意识到了某个我们没有发现自己已经意识到的一阶状态时，此时的意识就是准认知，至少也能够直接表现出一阶心理状态的原本形式，就像是我们正在盯着我们现象领域的某个特殊区域一样。

我们必须排除掉两个现存的强烈反对 HOR 理论的观点：第一，这类观点并不能够以任何一种方式解释体验的现象性或量化的特征，某个高阶的呈现并不能够产生某个感受性或者现象性的属性，那么他们如何宣称自己的意识理论呢？就笔者的认识而言，并没有 HOR 的理论家们声称的那样可以解释所有的感受性，HOR 理论的目的仅仅是区分人们意识到的心理状态和人们没有意识到的心理状态，一些其他理论必然也能给出感觉性和感受性的区别。

第二，一些哲学家已经开始主张一种倒退或者还原。如果二阶的呈现是把意识给予一阶来呈现，那么二阶呈现本身一定是一种意识性的状态，所以它本身一定具有某个三阶的呈现，可以以此类推。但是 HOR 理论对这个前提是持反对态度的，二阶呈现本身不需要是一个意识性的状态（仅仅当某个高阶呈现的情况时需要），如果从其本身是一种意识性的状态的说法上看，这个高阶的呈现并不需要把意识给予一阶来呈现。

除此之外，还有一些批判 HOR 的观点也需要我们重视。

第一，易误性（fallibility）和可错性（false positives）。某个内部的监控器或者相似的东西是检测一阶状态的机制或工具，也是一种对由因果关系产生的一阶状态的高阶思考，因此舒梅科（Shmomaker，1994b）抱怨说，从 HOR 的观点来看，我的一阶状态的意识完全是偶发的，有时也许会存在觉察不到的疼痛，或者一些其他可能系统性忽略掉的感觉，这些都是可以有规律地发生，而不是只在一些偶然的特殊情况下发生，这样易误性的问题会变得更严重。内安德（Neander，1998）用细节表明可错性方面的问题也较为严重，某个内部的监控器或者不会产生与高阶思考类似的监控，但是如果它在意外火灾中损坏，会自省出视觉性的感受或者从来没有出现过的痛苦吗？损坏的监控工具主体也许看似被某种恐怖的、强烈的痛苦所折磨，但是实际上这种痛苦是根本不存在的。HOR 理论的结果也是有一定的意义的，但在这一点上并不是显而易见的[3]。

第二，普遍存在性（ubiquity）。雷伊（Rey，1983）不赞同“如果所有的一阶状态都能变为意识状态，那么意识就是普遍存在的，这里的意识状态是指客体的高阶表征状态”这种说法，例如，任何手提电脑都有保持其“心理状态”的显示器。但是，雷伊回应说，手提电脑拥有感知性心理状态——这是一个明显错误的前提；这是因为一旦人们为了改变非意识性的一阶意向和感官状态而进行了某些操作，那么（人体中的）一个或多个特有内在感受器就会成为摆设，所以，并没有什么东西能够将简单的非意识事物转变成意识事物。

针对这些反对观点，卡鲁瑟斯提出了“超负荷计算/认知”观点。卡鲁瑟斯（Carruthers，2000）指出，鉴于人在某个时间体验意识的丰富性，所谓的高阶表征机构将会保持很繁忙的状态，高阶表征需要随时和总的体验状态保持步调一致，这种体验的复杂性将必须与每个细节的高阶认知或思想相关联，很难想象某个人具有如此强的复杂高阶表征能力，更不能想象一个孩子或者某种动物具有这种能力。卡鲁瑟斯总结说，HOR 的任意一个理论都是对的，退一步说，如果有除成年人以外的生物有意识的体验，那么 HOR 理论就是对的。

但是利康（Lycan，1999）反对卡鲁瑟斯的这一观点，坚持认为在一般现在时态的意识下，我们的心理状态几乎都不是意识性的状态。

四、感受性和现象特征

（2）中的感受性引出了一个思想唯物论问题。从本体论的角度来看，感受性位于何处？假设我正在产生某个红色（reddish）的感受，但在我所处的环境和意识中并没有别的红色物体，在我的脑中也没有和红色相关的东西（血是深红色的，但是感受中的红色和它不同），所以在我的脑中并没有和红色相关的事物，而在外部也没有；但是我的红色确实是我正在感受、体验的东西。那么你就可以做一个假设：它肯定是一个非物理、非物质的东西，就像是罗素所说的感觉材料（sense-datum），但是这和唯物论的观点并不相容。

在（2）中存在某个关于感受性的理论，此理论回避了结果的生成，这个理论就是“表征理论”（Anscombe，1965；Hintikka，1969；Kraut，1982；Lewis，1983；Lycan，1987，1996；Harman，1990；Shoemaker，1994a；Tye，1994，1995；Dretske，1995）。此理论主张感受性是意向性的内容，被物体的属性所表现出来。如果我在某个正常环境下看到了一只香蕉，那么对我而言这只香蕉是黄颜色的，在我的视界里也会出现香蕉形状的黄色眼罩，所以我正在视觉上产生香蕉的颜色表征，而此眼罩的黄颜色正是香蕉本身的颜色[4]。但是，如果假设我产生了一个与真实的香蕉相似的错觉，而且有一个类似的黄色的眼罩在我的视界中（在垂直界面上），那么我同样也会产生某种外部的、物理性的香蕉表征。二者的唯一区别就是在第二种情况中香蕉实际上是不存在的，它的黄颜色在意向上也是不存在的，但是黄颜色仍旧是包含在某个物体之中的，这个物体就是错觉产生的香蕉，即使这个香蕉实际上并不存在。

后像也是一种主观意识，这是表征理论家们应付上述冲突的方法。当我体验红色的后像时，我在视觉上呈现出一个红色的小圆块，小圆块被局限于房屋中的某一点上（正如导致此后像产生的绿光的源头），像之前的假设那样，在屋中并不存在真正的红色物体，我的视界体验不是垂直的，毕竟后像是视觉的幻像、感受性，也就是那个红色的小圆块就像是这个小圆块本身，在意向上是并不存在的。这个冲突是这样解决的：我正在体验着一个红色的东西，但它并不是实际存在的东西（我想要说，在抵制感觉材料时，罗素误把某个不存在的物理事物当作了实际存在的非物理事物）。“那里有某个红色”这句话中的“那里”同样是实际存在却没有明确指向的“那里”，它也同样存在于“那有一个真实存在的上帝，但他生活在宇宙中的某个真实星球上”和“有一些疯子经济学家相信是存在增长效应的，但事实上它并不存在也永远不会出现”。

支持表征理论的最主要的论点实际上已经给出：刚才提到的困境成功地反驳了唯物论，并且把我们置身于罗素的感觉材料之中。当然，对提出（2）中感受性的人而言，它也仅仅是一种质疑罢了。但是表征主义是一种还原性的策略，而且它证明这种反驳根本就站不住脚，因此，在这里，对我们的标题问题给予了正面的回答。

另外一个论点是哈曼（Harman，1990）的透明度理论：我们通常可以从某物的表面看到某物的感知性状态，而且甚至不通过感知性状态就能做到这一点。

> 盯着一棵大树看并试着把你的注意力转到你视界内的构造方面，我估计你会发现你关注的特征会仅仅是从树上可以表现出来的特征，包括从这里到树的关系性特征。（Harman，1990：39）

泰伊（Tye，1995）把这个论点推广到了身体性的感官诸如疼痛上。它也可以进一步地拓展到一些错觉的事例当中。我又一次在正常的情况下盯着某个黄色的香蕉看，假设在这个真实存在的香蕉左边我又产生了有另外的一个香蕉的错觉，两个香蕉在颜色和结构表征上是基本相同的，我在第二个香蕉处感受到的黄色也和在第一个香蕉处感受到的黄色是基本相同的，但是如果我们都同意在真正的香蕉感受到的黄色才是香蕉本身的颜色的话，那么在错觉的香蕉上感受到的颜色也应该是错觉产生的香蕉的本来颜色，这也是对出现在这个事例中的感受性的解释。

笔者认为透明度理论为我们展示了视觉体验，给我们呈现了物体的外部和一些表征类的属性，我们确实也从中得到了一些东西，但这个论点却没有展示给我们，它只是声称：体验没有其他的定量特征，这些特征可以给唯物论提出问题，具有这样特征的典型代表就是 w. i. l. 的属性，也就是出现在（3）中的，但是也有其他的代表，如下所示。

某个透明度理论的变体开始致力于解释垂直性和非垂直性体验的区别。我对香蕉感知的垂直性体验：把黄颜色视为它的意向性物体；我对第二个香蕉的非垂直性体验和第一个相比有相似的意向性内容，但是这个体验是虚假的。该理论对这两种黄色中的每一种感受性都进行了充分的解释和说明，那么定性的现象性特征还有什么遗留的内容需要解释呢？（但是，在此之前，这里存有高阶 w. i. l.

属性。)

表征理论面临着许多的挑战和质疑。

第一，廉价性。仅仅有黄色的表征理论对于现象性的黄颜色而言并不充分，因为有的看上去是黄颜色的东西也许是主观的，黄色的表征是廉价的。比如，我可以大声地说出或者喊出“黄颜色”这个词，或者用摩尔码将它表示出来，或者用德语把它写出来。

但是，它忽略了这一前提：表征必须是具体的视觉性体验（它是通过某个正常人的视觉系统或者是一些具有同样功能的东西产生的）。不可否认的是，感受性的表征理论并不仅仅适用于表征，还需要调用一些深层次的因素。德雷斯科（Dretske，1995）仅仅引用了视觉表征为感官的系统性举例；泰伊（Tye，1995）要求表征必须是非概念性的，他也认为颜色的视觉性的表征要和其他种类的表征有显著的区别；利康（Lycan，1996）诉诸功能性的一些考量因素，使得表征首先必须是视觉性的。后者的一种混合性观点被布洛克（Block，1996）称为的“准表征主义”（quasi-representationism）。

第二，颜色实在论。在我们目前的讨论中，“黄色”意味着大众使用的客观公共属性，存在于香蕉和一些别的物理性的实物之中。我们不能够将现象性的黄色用代表真实世界的黄色来解释，但可以把真正实物的黄颜色作为可以产生感官现象性黄颜色的构造，但是颜色实在论是一种被广泛歧视的非主流论点，哪种的现实世界属性是所谓“客观”的、物理的颜色？我们并不能简单地说所有黄色物体都具有相同的物理特性（例如，在50年前，波长是用单位“埃”测量的）。

实在论的答案有很多种，但是每种都有一定的问题。以上提到的表征主义理论家都提出了它们各自存在的许多问题，但是我们并不确定表征理论是否一定要求颜色实在论的支持，尽管这些颜色实在论对其确实有一定的帮助。据笔者所知，我们可能对物理性的颜色抱有一种错误的观念，但是我们仍旧认为物理性的颜色概念可以优先解释想象性的颜色。

第三，心理语义学（psychosemantics）。表征主义者们都同意以下观点：相关的颜色类表征和其他的感觉类属性在某个角度看是“非概念性”的，至少一些定量的表征不需要被翻译成个体的自然化语言。但是，当我们要对“大脑是如何表征某种特定的黄颜色”这一问题进行解释时，心理语义学（Fodor，1987）的优势就显现了。德雷斯科（Dretske，1995）给出了一个例子，同泰伊（Tye，1995）的例子类似：这两种解释都具有“指示性”语义学的性质。

但是这里还隐含了一个问题：这类语义学对于某些概念性表征而言似乎是正确的，一种完全普遍目的化的心理语义学是做不到这点的（人脑的状态包括指示性烟灰缸、棱角、羚羊、再洗礼派教徒、大角星、代数、阿司匹林等物的功能吗?）简而言之，虽然此时尚不能证明这一点，但是笔者认为心理语义学很不完善。虽然自然主义者和还原论者都很有信心，但是笔者对内在本体还原论并不抱乐观态度。现在，类似于 HOR 等的意识理论，关于感受还原性的表征理论，已与事物本身无关，而是同意向性相关联，如果意向性不能被还原，那么我们就不能还原任何物质的意识或者感受性。

现在仍然普遍存在一个大问题，即虽然意向性对于唯物论而言是一个问题，但是意识和感受性对其而言更是一个巨大的困难，所以我们在这里提出意识和感受性可以被表征还原是很有意义的，尽管表征可能最终还是没能还原。

第四，反例（counerexample）。存在一些情境，在这些情境中两种体验共享它们的意向性内容，但是具有不同的感受性；或者它们在意向性方面完全不同，但是具有完全相同的感受性。皮考克（Peacocke，1993）给出了前者的三个例证，布洛克（Block，1990）给出了后者的一个例证。

皮考克的第一个例子：你体验了两棵树（实际存在的），这两棵树离你的距离都不相同，但是它们的物理属性和高度是相同的；“然而，从某种意义上讲，离你近的那棵树比离你远的那棵树更多地占据了你的视域空间”（Peacocke，1983：12）。皮考克认为此种意义是定性的，而这种定性的区别和表征性差异对比是无可比拟的。而第二个和第三个例证分别是从望远镜和可反转的六面体视角产生的错觉。

在每个例证中，泰伊（Tye，1995）和利康（Lycan，1996）都强调确实存在可以辨别的表征性构成的感受性差异。泰伊（Tye，2003）延续并深化了这种反例设计，以期获得更好的效果。

布洛克使用了一个“镜面地球”（Inverted Earth）模型，它是一个很像地球的星球，除了它的真实颜色是与地球相反的，这两个地球上的人使用的语言都是英语，但是语言中和颜色相关的意向性内容和我们相比也是相反的。当他们说“红”的时候，他们其实指的是绿色，即使他们称某物是红色，但是这些实际上是绿色的东西对于他们的视觉也还是绿色的。现在某个地球的居民被选择用于进行颜色辨别方面的调查，他被送到了镜面地球上去辨认当地居民的皮肤和毛发颜色，布洛克认为经过一段时间后，这个人的词汇的含义和意向性内容就会像镜面地球靠拢以适应镜面地球的意向性内容，但是这个人的感受性并没有发生变化，因此，感受性不是意向性的内容。

最明显的表征论者坚持认为，如果意向性内容发生变化，感受性的内容也会随之发生变化。布洛克的反对论点是，从某种意义上来看，感受性是“狭义的”（按照这个观点，两个不同的人不能体验不同的感受性），而意向性内容可能会随着环境的变化而变化，因为它们是宽泛的。如果感受性确实是狭义的，而且所有的意向性内容都是宽泛且会发生变化的，那么布洛克的论点就是正确的［斯托内克（Stalnaker）给出了布洛克论证的另一个版本：不将“感受性是狭义的”作为前提的版本；利康对其进行了驳斥］。

这三个反驳观点是可取的。其中第一种就是坚持认为所有的意向性内容都是会发生变化的，词汇的含义会发生变化，但是它不会追随于视觉的变化。利康（Lycan, 1996）认为，我们没有理由认定视觉的内容也会转移和变化；第二种辩驳是坚持认为所有普通的意向性内容都会变化，但是有一种特别狭义的意向性内容将会仍旧是表征性的内容，感受性可以用具体的狭义内容辨别出来。这个观点被舒梅科（Shoemaker, 1994），尤其是被雷伊（Rey, 1998）所支持，雷伊主张感受性是狭义的，它可以提供一个狭义的表征性理论［但是结果证明雷伊的理论不是（2）中提到的感受性的理论，下文可见］。

第三种辩驳就是否认感受性内容是狭义的，认为它是宽泛的，也就是说两个不同的人可以体验到两种不同的感受性。这一点也就是德雷斯科（Dretske, 1996）所谓的"现象学的外在主义者"。它被以上提到的诸多作者使用过。

如果表征理论是正确的，那么感受性就是由决定某个概念性状态的意向性内容所决定的，特别是在主体环境的例子中，事物所呈现出的颜色表征是具有物理属性的。而决定某人的心理意向性内容的是刚刚提到的语义学，但是每一种可能的语义学都使得意向性的内容较为宽泛，当然，表征理论本身还在受到质疑，它仅仅指出了反表征主义者而并没有赋予感受性是狭义的假设。另外，我们需要注意，假设是积极而必要的，表征主义者没有更加先决的理由来接受它。

尽管近年来这个假设是没有充分论据的，但是表征理论的反对者们已经开始积极地维护这个理论了。这里有两个他们进行辩护的例证。

其一，自省。某个地球的居民突然把自己的意向性内容添加到了镜面地球当中，他在这个过程中不会注意到任何自省性的东西，除非这个变化存在于表征内容之中；所以感受性一定是没有变化的，因而它是狭义的。

回应：这一点同样表现在倾向性态度上，即被传送的地球居民还是没有任何自省性。这种态度包含的内容很广，但是这种广阔性也无法（使地球居民）预测任何自省变化（当然，这可能只是暂时性的。）

其二，表征模型（Rey, 1998）。没有表征模型的话就不会出现表征，如果感受性是某个被呈现出来的属性，那么它一定是被某种表征模型呈现的，而表征模型也许是狭义的，虽然表征性内容本身也是宽泛的。事实上，许多思维哲学家都把表征模型看作是表征发挥作用和功能的重要内部原因，他们当然是定性内容的支持者了。那么它们不具有狭义的感受性吗？

回应：记住，在（2）中提到的感受性是和现象性的黄颜色相似的属性，根据表征理论它是呈现物。呈现黄色和红色的模型在视觉中被另外的一些东西呈现（这样的模型可以是定性的，或者是某个种类的现象性的属性，也许是高阶的属性，见下文）。

还有多于十个的类似论点，外在主义者们认为有些没有回应的必要，但是没有一个可以明确地证明感受性是狭义的。

表征理论者的感受性还原理论对于一般化的唯物论形式而言，更具主观性：一种可想象性论证（a conceivability argument）。见本书第十二章“意识和感受性无法被还原”[5]。

五、表征为何

在（3）中出现的“w. i. l.”是反唯物论的观点（如知道是什么样子，或者有关知识的论点）。某个颜色科学家玛丽做了一个黑白颜色颠倒（反转）的实验，因而她对各类的颜色（物理、化学、视觉及和一切人类所体验的和颜色相关的东西）基本可以做到无所不知。当她第一次看到有色物体时，有一些收获，她知道了红色是什么样子，也明白了其他颜色是什么样子，因此她看似掌握了一个新的事实，那就是看到红色是什么样子的事实。通过假设，这个事实不是公共性的，也不是客观的，但却是一个本质的固有的感知性事实。这就是可以驳斥唯物论的地方，因为根据唯物论与人类思维相关的任何事实都是公共的、客观的。

除此之外，玛丽还做了两件事情。她至少知道或体验到了红色是什么样子。她意识到的事实具有（3）中提到的难以言喻的特征。而玛丽想把她获得的新知识传授给她的一个对颜色掌握不深的同事，她不能用英语表达她的观点。

因为有一些和（2）中提到的感受性相关的表征理论，也会存在和（3）中提到的 w. i. l. 的表征理论。对内格尔和杰克逊的问题的最普遍的回答就是“感知主义者”回应（Horgan，1984；Churchland，1985；Van Gulick，1985；Tye，1986，1995；Lycan，1987，1996，2003；Loar，1990；Rey，1991；Leeds，1993），感知主义者注意到了知识性的区别，其中并没有蕴含一种众所周知的事实性区别，我们可以根据被某个表征模型呈现的表征来了解某个事实，但是不能够了解同样的但是由另一种表征模型呈现的事实。也许有的人知道闪电是闪烁的，但是他可能并不知道同时在高空中存在着放电的现象，反之亦然；也许有的人在意识不到自己很爱说别人闲话时，认为 X 很爱说别人闲话，即使“有的人”就是 X 自己。所以，根据玛丽的知识性区别，杰克逊并没有赋予一种已经存在的新事实，而是赋予了一种新的方法来表现这个事实。玛丽并没有获得新事实，她获得的仅仅是一种新的、自省性的、第一人称的呈现方式，但是她知道这些知识已经在它的神经心理学方面学习过了。

对内格尔和杰克逊的问题的回应要求第一人称的定性状态（自我呈现的）。这个假设反过来又支持了关于意识和自省的 HOR 理论。既然我们已经知道 HOR 理论意义重大，那么感知主义者或者是接受这个理论，或者去用一种自省性的或者第一人称的感知来解释说明这个观点，笔者本人是一个 HOR 理论的支持者，而且笔者发现自省性的感知理论与 HOR 理论是具有相同性质的。

注　释

[1] 重要的是，“意识状态”这个术语至少可以用德雷斯科（Dretske, 1993）提出的另一种完全的方法来加以诠释。但是由于它忽视了感觉性而导致了更多的争论。故此，目前“意识状态”更多包含的是“意识记忆”或“意识决策”这样的含义。

[2] 有关HOR理论更多的讨论见简那罗（Gennaro, 2004），现在更为流行的是古力克（Van Gulick, 2001）的高阶完全状态（Higher-Order Global State, HOGS）理论。

[3] 利康（Lycan, 1998）回应了这一观点，但并不十分令人信服。

[4] 据此来看，感受性并不能推出经验现有的属性：感受性只能通过客体特征被表征出来，所以它们只是经验的内在存在罢了。这种经验的关联属性也仅仅是其被表征出的特征而已，比如，被表征出的黄色就是如此。

[5] 利康（Lycan, 2004）对近年来被广泛赞誉的观点中的一种进行过驳斥。

参考文献和延伸阅读

Anscombe, G. E. M. (1965). The intentionality of sensation: A grammatical feature. In R. J. Butler (ed.), *Analytical Philosophy: Second Series*. Oxford: Blackwell.

Armstrong, D. M. (1968), *A Materialist Theory of the Mind*. London: Routledge ε Kegan Paul.

Anscombe, G. E. M. (1981). What is consciousness? In D. M. Armstrong (ed.), *The Nature of Mind*. Ithaca. NY: Cornell University Press.

Block, N. J. (1990). Inverted Earth. In J. E. Tomberlin (ed.), *Philosophical Perspectives*, vol. 4: *Action Theory and Philosophy of Mind*. Atascadero, CA: Ridgeview Publishing. (Reprinted in W. G. Lycan (ed.), *Mind and Cognition* (2nd edn.). Oxford: Blackwell.)

Block, N. J. (1995). On a confusion about a function of consciousness. *Behavioral and Brain Sciences*, 18, 227-247.

Block, N. J. (1996). Mental paint and mental latex. In E. Villanueva (ed.), *Philosophical Issues*, vol. 7: *Perception*. Atascadero, CA: Ridgeview Publishing.

Burge, T. (1988). Individualism and self-knowledge. *Journal of Philosophy*, 85, 649-653.

Carruthers, P. (2000). *Phenomenal Consciousness*. Cambridge: Cambridge University Press.

Churchland, P. M. (1985). Reduction, qualia, and the direct introspection of brain states. *Journal of Philosophy*, 82, 8-28.

Davies, M. and Humphreys, G. (eds.) (1993). *Consciousness*. Oxford: Blackwell.

Dennett, D. C. (1978). Why you can't make a computer that feels pain. In *Brainstorms* Montgomery, VT: Bradford Books.

Dretske, F. (1993). Conscious experience. *Mind*, 102, 263-283.

Dretske, F. (1995). *Naturalizing the Mind.* Cambridge, MA: Bradford Books/MIT Press.

Dretske, F. (1996). Phenomenal externalism. In E. Villanueva (ed.), *Philosophical Issues*, vol. 7: *Perception.* Atascadero, CA: Ridgeview Publishing.

Farrell, B. A. (1950). Experience. *Mind*, 59, 170-198.

Fodor, J. A. (1987). *Psychosemantics.* Cambridge, MA: Bradford Books/MIT Press.

Gennaro, R. (1995). *Consciousness and Self-Consciousness.* Philadelphia: John Benjamins.

Gennaro, R. (ed.) (2004). *Higher-Order Theories of Consciousness.* Philadelphia: John Benjamins.

Harman, G. (1990). The intrinsic quality of experience. In J. E. Tomberlin (ed.) *Philosophica Perspectives*, vol. 4: *Action Theory and Philosophy of Mind.* Atascadero, CA: Ridgeview Publishing. (Reprinted in W. G. Lycan (ed.), *Mind and Cognition* (2nd edn.). Oxford Blackwell.)

Heil, J. (1988). Privileged access. *Mind*, 47, 238-251. (Reprinted in W. G. Lycan (ed.). *Mind and Cognition* (2nd edn.). Oxford: Blackwell.)

Hintikka, K. J. J. (1969). On the logic of perception. In N. S. Care and R. H. Grimm (eds.), *Perception and Personal Identity.* Cleveland, OH: Case Western Reserve University Press.

Horgan, T. (1984). Jackson on physical information and qualia. *Philosophical Quarterly*, 34, 147-152.

Jackson, F. (1982). Ep iphenomenal qualia. *Philosophical Quarterly*, 32, 127-136. (Reprinted in W. G. Lycan (ed.), *Mind and Cognition* (2nd edn.). Oxford: Blackwell.)

Kim, J. (1995). Mental causation: What, me worry? In E. Villanueva (ed.), *Philosophical Issues*, vol 6. Content. Atascadero, CA: Ridgeview Publishing.

Kraut, R. (1982). Sensory states and sensory objects. *Noûs*, 16, 277-295.

Leeds, S. (1993). Qualia, awareness, Sellars. *Noûs*, 27, 303-330.

Lewis, C. I. (1929). *Mind and the World Order.* New York: C. Scribner's Sons.

Lewis, D. (1983). Individuation by acquaintance arid by stipulation. *Philosophical Review.* 92, 3-32.

Lewis, D. (1997). Naming the colours. *Australasian Journal of Philosophy*, 75, 325-342.

Loar, B. (1990). Phenomenal states. In J. E. Tomberlin (ed.), *Pfiilosopical Perspectives*, vol. 4: *Action Theory and Philosophy of Mind.* Atascadero, CA: Ridgeview Publishing.

Lycan, W. G. (1987). *Consciousness.* Cambridge, MA: Bradford Books/MIT Press.

Lycan, W. G. (1996). *Consciousness and Experience.* Cambridge, MA: Bradford Books/MIT Press.

Lycan, W. G. (1998). In defense of the representational theory of qualia. (Replies to Neander, Rey, and Tye.) In J. E. Tomberlin (ed.), *Philosophical Perspectives*, vol. 12: *Language, Mind, and Ontology.* Atascadero, CA: Ridgeview Publishing.

Lycan, W. G. (1999a). A response to Carruthers' "natural theories of consciousness." *Psyche*, 5. http://psyche.cs.monash.edu.au/v5/psyche-5-11-lycan.html.

Lycan, W. G. (ed.) (1999b). *Mind and Cognition* (2nd edn.). Oxford: Blackwell.

Lycan, W. G. (2001). The case for phenomenal externalism. In J. E. Tomberlin (ed.), *Philosophical. Perspectives*, vol. 15: *Metaphysics. Atascadero*, CA: Ridgeview Publishing.

Lycan, W. G. (2003). Perspectivalism and the knowledge argument. In Q. Smith and A. Jokic (eds.). *Cowsciousness: New Philosophical Perspectives.* Oxford: Oxford University Press.

Lycan, W. G. (2004). Vs. a new a priorist argument for dualism. In E. Sosa and E. Villanueva (eds.), *Philosophical Issues*, vol. 13. Oxford: Blackwell.

Nagel, T. (1974). What is it like to be a bat? *Philosophical Review*, 82, 435-456.

Neander, K. (1998). The division of phenomenal labor: A problem for representational theories of consciousness. In J. E. Tomberlin (ed.), *Philosophical Perspectives*, vol. 12: *Language Mind, and Ontology*. Atascadero, CA: Ridgeview Publishing.

Nelkin, N. (1989). Unconscious sensations. *Philosophical Psychology*, 2, 129-141.

Peacocke, C. (1983). *Sense and Content*. Oxford: Oxford University Press.

Rey, G. (1983). A reason for doubting the existence of consciousness. In R. Davidson, G. E. Schwartz, and D. Shapiro (eds.), *Consciousness and Self-Regulation*, vol. 3. New York: Plenum Press.

Rey, G. (1991). Sensations in a language of thought. In E. Villanueva (ed.), *Philosophical Issues*, vol. 1: *Consciousness*. Atascadero, CA: Ridgeview Publishing.

Rey, G. (1998). A narrow representationalist account of qualitative experience. In J. E. Tomberlin (ed.), *Philosophical Perspectives*, vol. 12: *Language, Mind, and Ontology*. Atascadero, CA: Ridgeview Publishing.

Rosenthal, D. (1991). The independence of consciousness and sensory quality. In E. Villanueva (ed.), *Philosophical Issues*, vol. 1: *Consciousness*. Atascadero, CA: Ridgeview Publishing.

Rosenthal, D. (1993). Thinking that one thinks. In M. Davies and G. Humphreys (eds.), *Consciousness*. Oxford: Blackwell.

Sellars, W. (1956). Empiricism and the philosophy of mind. In H. Feigl and M. Scriven (eds.), *Minnesota Studies in the Philosophy of Science*, vol. 1. Minneapolis: University of Minnesota Press.

Shoemaker, S. (1994a). Phenomenal character. *Noûs*, 28, 21-38.

Shoemaker, S. (1994b). Self-knowledge and "inner sense." Lecture II: the broad perceptual model. *Philosophy and Phenomenological Research*, 54, 271-290.

Stalnaker, S. (1996). On a defense of the hegemony of representation. In E. Villanueva (ed.), *Philosophical Issues*, vol. 7: *Perception. Atascadero*, CA: Ridgeview Publishing.

Tomberlin, J. E. (ed.) (1990). *Philosophical Perspectives*, vol. 4: *Action Theory and Philosophy of Mind*. Atascadero, CA: Ridgeview Publishing.

Tomberlin, J. E. (ed.) (1998). *Philosophical Perspectives*, vol. 12: *Language, Mind, and Ontology*. Atascadero, CA: Ridgeview Publishing.

Tye, M. (1986). The subjectivity of experience. *Mind*, 95, 1-17.

Tye, M. (1992). Visual qualia and visual content. In T. Crane (ed.), *The Contents of Experience*. Cambridge: Cambridge University Press.

Tye, M. (1994). Qualia, content, and the inverted spectrum. *Noûs*, 28, 159-183.

Tye, M. (1995). *Ten Problems of Consciousness*. Cambridge, MA: Bradford Books/MIT Press.

Tye, M. (1998). Inverted Earth, Swampman, and representationism. In J. E. Tomberlin (ed.), *Philosophical Perspectives*, vol. 12: *Language, Mind, and Ontology*. Atascadero, CA: Ridgeview Publishing.

Tye, M. (2003). Blurry images, double vision, and other oddities: New problems for representationalism? In Q. Smith and A. Jokie (eds.), *Consciousness: New Philosophical Perspectives*. Oxford:

Oxford University Press.

Van Gulick, R. (1985) . Physicalism and the subjectivity of the mental. *Philosophical Topics*, 13, 51-70.

Van Gulick, R. (2001) . Inward and upward: Reflection, introspection, and self-awareness. *Philosophical Topics*, 28, 275-305.

Villanueva, E. (ed.) (1991) . *Philosophical Issues*, vol. 1: *Consciousness. Atascadero*, CA: Ridgeview Publishing.

Villanueva, E. (ed.) (1996) . *Philosophical Issues*, vol. 7: *Perception.* Atascadero, CA: Ridgeview Publishing. Watkins, M. (2002) . *Rediscovering Colors.* Philosophical Studies series, Dordrecht: Kluwer. White, S. (1987) . What is it like to be a homunculus? *Pacific Philosophical Quarterly*, 68, 148-174.

第十二章　意识和感受性无法被还原

布里·格特勒（Brie Gertler）

目前，还原论不仅受到了心灵哲学家的喜爱，而且在认知科学家之间也很盛行。因此，笔者写本章的目的很简单：呈现出还原论面临的严重困难，揭示出反还原论的重要性，它可能比我们平常认为的更宜人一些。

一、引　言

笔者将关注利康“意识和感受性能够被还原吗”中有关“（2）现象意识”，即“感受性”的内容。感受性是某些精神状态的一阶现象特征，它们也被称作“感受性特质”（qualitative features），并且组成了状态的“现象特征”。笔者不会讨论利康简述过的“意识”的其他两层意思——它们分别是“意识感悟能力”和他称作“表征为何”的二阶感受性特质，因为笔者认为精神状态的一阶现象特征概括了查尔莫斯（Chalmers，1996）所称的“意识的难问题”的核心。在任何情况下，一阶感受性体现的都是哲学问题中最难的部分。

笔者要讨论的是：感受性不能被还原为物理的、功能的和/或计算的［用利康的术语来说是“信息-理论”（information-theoretic）］机体特征。那么感受性无法被还原究竟要表达什么含义呢？正如利康所言，还原概念的中心问题是一个本体论问题，它并不主要关注概念或推测，而且也不能保证还原的事实对之前的反映有效。有一点是清楚的，当准确的还原需求具有争议时，任何清晰的还原理论必将解释被还原特征（或记号）与还原特征（或记号）之间的关系。也就是说，在一个还原的真实案例中，被还原与还原基础之间的关系不仅仅是简单的相互关联，更是一种类规律（lawlike）联系，因为一名反还原论者允许物理特征引起不可还原的非物理感受性，而且这些因果联系是类规律的[1]。那些相信鬼神的人会宣称：某种与降神有关的物理过程可以满足鬼神出现的条件。但是很明显，这不能使他承认鬼神是可以被物理还原的。笔者不会为还原提供一些必需和充分的条件，相反，笔者是反对还原的，笔者给大家详述一个不会在当前情况下遇到的必要条件。这个必要条件包含必要偶然。只有当 Q 特征必须取代 P 特征时，Q 特征才可以还原为 P 特征。也就是说，

只有当对于所有 x 和所有 y，x 与 y 在 P 特征下是完全相似的情况

下，Q 特征才可以还原为 P 特征，⇒至于 Q 特征，x 与 y 是完全相似的。

简单地说，“还原”要求，被还原特征中的任一差异必须以还原特征中的一些差异为背景，所以，如果感受性被还原为生理的（功能、计算）特征，那么两个物理、功能和计算都相似的人的感受性特质一定也是相似的。感受性在生理特征上的必要偶然有时可以这样表达：“上帝一旦固定了生理事实，那么感受性的事实也就被固定了。”以上这种必要偶然的表达就解释了为什么还原需要必要偶然，因为如果感受性的事实可以还原为物理事实，那么在确定前者的情况下，后者也就已经被确定了。

虽然还原需要必要的偶然，但必要的偶然可能不足以满足还原。例如，许多人担心大量生理特征能实现感受性的这一事实（如果是事实[2]）——感受性的“多重实现”——可能会阻碍还原的尝试。与更加强烈的还原观点相比较，必要的偶然是相对比较弱的看法，这一事实可能会回避关于多重实现问题的策略，笔者怀疑这就是利康对生理类型还原的疑虑。既然这两者都需要必要的偶然，那笔者的方法就可以同等应用于类型和方法还原。利康对 A 到 B 的还原范围是“每一个 A 完全由 B 的一些排列所组成”。Q 特征把 A 变成独立的实体，P 特征把 B 变成独立的实体，如果 A 到 B 能够被还原原则需要：在 P 特征中没有相应的差异，而在 Q 特征上也没有差别（必要偶然的需求在类型还原中更加清晰，正如利康所言，它是一个比方法还原有更严格规定的关系）。

二、为什么可想象性论证是不可或缺的

被还原特征必须阻止还原特征的这一要求，给可想象性论证与还原论之间的争论打开了一扇门，虽然感受性实际上从来没有独立于生理（功能、计算）而变化，但只要感受性能够独立于生理（功能、计算）而变化，生理学还原论就会失败。因为评价一个关于可能（或不可能）的声明要求时，需要考虑非实际情景，而在评价还原论前景时，可想象性论证是必不可少的。

可想象性论证与还原论的最直接争议如下：①我们可以设想一个情景，其中，感受性是存在的，但是它们还原成的生理、功能和（或）计算特征都是不存在的。②我们设想一个情景，其中感受性是不存在的，但是所有还原的特征都存在。使用①的论证时我们称为“非具身性论证”：我们可以想象我们的感受性方法可以发生在身体缺失的时候；无论我们设想什么都是可能的；所以我们的心理并不能还原为身体（Descartes，1641/1984）。[3]使用②的论证是“怪人论证”：我们可以设想一种生物共享了我们的生理、功能和计算的特征，但是缺少感觉；所以感觉是不能还原为这些特征的（Kirk，1974；Chalmers，1996）。③反还原论论证，即“知识论证”，不那么直接，但很具有影响力（Jackson，1982）。杰克

逊让我们想象玛丽（一个未来的神经科学家）她知道所有关于颜色想象的生理（功能、计算）事实，但是她已经在黑白房洞里住了一生，而且从未感知过其他的颜色。他认为，玛丽并没有处于一个决定感受性与哪种神经生理状态相联系的位置，正如它的名字所表示的，这个论点比非具身性论证论证和怪人论证更加典型。但是笔者会在下面论证，这个不同并没有之前第一次出现的时候那么重要，因为非具身性论证和怪人论证同样有一个关键的典型维度。

在评价这些论点之前，笔者想要讨论一下，使用可想象性论证的一个疑虑。这个疑虑是关于感受性的概念（或他们关心的其他内容）。但是感受性本身并不足以符合我们的概念，所以使用可想象性论证去决定感受性本质上是不合适的，包括感受性最终是否被还原。而笔者认为可想象性论证不仅符合规定，而且对于评价还原论而言也是必不可少的。首先，如上面所说，还原特征与被还原特性之间的关系是必要的，这意味着我们不能通过简单考察 P 特征与 Q 特征的实际相互关系来评价还原性，因为这样的关系可能是偶然的，或者更清晰地说是自然法则的结果。所以，评价还原论需要考虑非实际情景是否是可能的，而且这就是可想象性论证的方法。现在，从某种意义上说，可想象性论证是基于我们的概念，这一点是正确的。但是，只有通过运用我们的概念，我们才有能力去思考这个世界；且只有通过运用我们的感受性概念，我们才能思考感受性特质。当然，我们的概念可能是很不完整的，因而我们对一个描述性的情景是否可能存在没有一个清晰的直觉认识[4]。更多的是，可想象性论证是很容易出现错误的：我们可能使用了得不到认同的概念；不注意或马虎可能会使我们错误地认为我们设想了某一个情景，而实际上我们假想的却是一个不同的情景。但是，即使我们的方法不太完美，但它们却是必不可少的。想象是需求的唯一向导，我们的概念及从中衍生的可能性直觉，是证明我们活着的最后一根稻草[5]。

最后，值得一提的是模式直觉，它们反对还原论的论证是与反还原论论证同样重要的，模式直觉是关于什么可能、什么不可能的直觉，它是可想象性论证要揭示的目标。同样，还原论蕴含着这样的意思：被还原特征独立于还原特征而变化是不可能的。因为不可能性不能仅通过考虑现实世界而建立起来（当然人们也可能利用这种方法来驳斥），还原论必须考虑某种非实际情景是否具有可能性，而且决定这个的唯一方法是使用想象的方法。

三、无知反驳

作为一种评价还原论的方法，想象主义是很关键的。前文笔者列出了 3 个反对还原论想象的论证：非具身性论证、怪人论证和知识论证。知识论证是十分典型的，但是另外两个论证也十分重要；正如我们下面将要看到的，这三个论证的许多异议都把它们所依赖的特别的典型假设作为目标。

那么这些典型假设是什么？如果我们关于神经的概念不足以穷尽其本质特征的话，德雷斯科认为他的论证就会失败（在他的思想中，这个概念必须是“完全和充分的”）。假设一个人只掌控了思想的一部分，在这种情况下，没有把握住的可能会是潜藏在思想之下的物理本质。而且很明显，在这样的环境下，非具身性思维的想象性不能建立其可能性。平行思考应用到了怪人的案例中，即对生理（功能、计算）的不完全理解会使人们忽略生理（功能、计算）状态的现象方面。我们来想象一个情景：在这里，当相关感受性缺失时，那些状态就会呈现出来。最后，典型的知识论证假设可能会成为玛丽生理知识并不完全的假设，因为只有通过这个假设，我们才能得出：品质不是状态的一种生理特征，而这个总结是以玛丽不知道某一神经心理状态的现象与特征为基础的（在杰克逊的术语中，感受性信息并非生理信息）。但是杰克逊规定，不是一味地假设玛丽的生理知识是完整的，这个真实的关于知识论证的典型假设是说，我们对生理的掌握虽然没有玛丽的那么详细，但足以提供给我们有关玛丽情况的足够概念。这就是说，我们没有必要对生理了解得如此透彻也可以获得相关认识。

毫不惊讶，这些可想象性论证的典型前提为诸如此类的评论提供了给养。只列举其中的一些案例：阿尔诺（Arnauld，1641/1984）宣称笛卡儿的沉思者没有理由去想其对神经的掌握是完全和充分的；斯图嘉（Stoljar，2002）说我们并不能从怪人的想象中完全理解生理并从中得出结论，即行为迟缓是可能的；还有利康（本书，第十一章）表述的对体现现象和生理模式之间关系的忽视，会使我们得出错误的结论：感受性是不可能还原到生理的。而这个结论要以玛丽无能力去决定生理状态的现象特征为基础，因为这些反对者把典型的反还原论可想象性论证作为目标，他们宣称无知会阻碍从想象到可能的判断，我们把它们称为“无知反驳”。

当前，即使我们对感受性和/或生理（功能、计算）特征的理解有局限，对无知反驳最关键的回应是，这些限制并不阻碍其对设想的本体论结论的判断。例如，笛卡儿称我们关于神经有很多未知：尤其是内省并不能对我们日常的病因学提供知识，他并没有考虑内省产生了神经本质特征的一个完整且充分的图画[6]。其他人也曾说过，虽然我们不理解生理的所有细节，但我们就其本质有一个可以排除现象的生理概念（Chalmers，1996）。而且笔者也论说过“同样的事实，不同的表征模式”，对知识论证的反对至多会再次描述玛丽获取的知识，留下了一个本体论最好解释的典型鸿沟（Gertler，1999）。

重回到对 3 个可想象性论证的反对上来，笔者想要就无知反驳做两个总体性评价。

首先，对无知的呼吁必须要严格限制，尤其是无知反驳不能宣称我们没有明确的感受性观念、生理观念，或其二者间关系的观念；否则，这个有关感受性（能或不能）还原到生理的宣言就是空的。在反对这些可想象性论证之前，提供一些感受性和/或生理概念是完全合理的。事实上，我们很难寻到一个评价还原论的基础，无论是要支持它还是反对它，至少说这个基础没有一个暂定的、有关这些观念的合理框架。这并非是说我们完全需要细节性的描述，但是我们需要一些规范，即使只是简单的“生理特征是能够解释石头、树和植物……的特征”[7]，而且，关于感受性和生理特征关系的完全怀疑论会形成还原论者和反还原论者之间激烈的争论。

其次，在无知反驳和物理学还原之间似乎有一种冲突。据说，物理学家的统一认识是：如果感受性在物理上是可还原的，那么在解释物理现象时的科学方法将同样能够解释感受性。但是现在假设我们对物理无知，正如一些无知的反对主张，在这种情况下，用来解释生理现象的科学方法要么是有限的，要么是错误的，因此，使用这些方法对于感受性的观点似乎是没有意义的。

笔者看到了两种还原论对这种冲突的反应，在此将一一解读。

第一个还原论的应答：还原论坚持认为所有的实在最终都能用自然科学方法来解释。因为尽管我们没有现成的解释，但是只要还原论是真的，诸如此类的解释在原则上就是可能的，而且一单套方法能对现实产生连续解释的观点在传统科学中是很有意义的。

回应：为了评价这个回应，我们必须理解“自然科学的方法”是什么意思。如果从狭义上来解释就可以指当前科学的先进技术，那么这种方法能够解释所有的现实就将失去可信度，因为科学的历史告诉我们：对现实的完全解释需要不断更新调查方法。现在我们把这个术语解释得更宽泛一些，这样在所谓“科学方法”更大的相对稳定的框架里，就能够包含一些具体创新。在这个例子中，反还原论者认为，讨论科学方法的核心信条是一个人需要跟随着他们获得的数据，而无需提前判断实验的结果；而且可想象性论证会提供需要解释的数据。当然，还原论并不提供数据的不同解释，而且笔者将在下面思考这个问题。笔者的观点只是说传统科学中的科学方法论是有用的，但绝不会消除可想象性论证的力量。

反还原论者对整体方法论原则作出了与还原论者相同的回应，如奥卡姆剃刀。奥卡姆剃刀禁止增加不需要的实体（特征），但是那些是否需要就是个问题了。最后，还原论可能认为，物理学的理论更有解释力，因为他们允许规则等方面的更大简化等，因此对观察的现象会有更有利的解释。但是反还原论者认为还原论理论不能够解释感受性，所以不能让人信服。同样，笔者在此的观点是，整体方法论的立场不会消除可想象性论证对具体回应的需求。

第二个还原论的应答：即使还原论并未支持整体论立场，它也承载着本体论的优势。具体来说，它能让我们不去想象不可还原的非物理感受性的“令人毛骨悚然的”特征，因此顾及到了更大的世界自然图景。

回应：自然主义是否支持物理还原论，取决于“自然主义”的概念。假设从方法论上来看，自然主义可以理解为这样一种观点：经验科学只代表理解宇宙的合理方法。在这种情况下，笔者对以上的反应回应如下：或者这是过分的限制，或者是对现实必须适应可想象性论证所揭示内容的自然主义解释，还有一种选择，即可能会给予自然主义一个本体的假象：自然主义特征是（可以还原为）物理特征。但是，从这个意义上说，对自然主义的偏向就是质询的开始。同样，不可还原的非物理感受性不应该被他们以“毛骨悚然”作为理由而消灭，除非可以表明很少有毛骨悚然的替换者。正如笔者下面所要解释的，反还原论宣称还原论致力于感受性和生理特征的无理性、未解释感受性和物理特征的必要关系，这些特征被查尔莫斯（Chalmers，1999）称为“强需求”。他们认为，那些比不可还原感受性更可怕。关于这个论题还可以说很多，但是笔者希望这些简单的评论可以表明无知反驳和对自然主义的呼吁不会很容易地击败反还原论。

四、三个论证：质疑及回应

在这一部分，笔者将更细致地审视三个可想象性论证，并解释反还原论将怎样面对不同论点的具体驳斥。这部分包含广泛的反对者，应该明确的是，有时笔者会修改某种质疑的应答，以便为驳斥另一种类似的质疑做辩护。

1. 非具身性论证

下面讨论非具身性论证（the disembodiment argument）。我们无法想象我们能够拥有没有任何物理特征的感受性；因此，我们的感受性并不是偶然于生理的，但这并不表明还原论就是正确的。事实上，非具身性论证并不能对必要的，且随之发生的论点加以诠释。在一些人的观点中，如果 A 和 B 是物理相似的，那么他们就共享感受性；非具身性感受性的可能性就是我和我的双胞胎兄妹能够共享感受性。但事实并非如此。要揭露想象思维与还原论的不协调性需要多个步骤：第一，如果我的灵魂是非具身性的［我称之为“笛卡儿情境”（the Cartesian scenario)］，那么肯定除了物理我之外还存在一个非具身性的灵魂，它在本质上与我的灵魂是一样的。也就是说，它所感受到的与我感受到的是一样的。因此存在一个与我们一样的可能世界，除了它没有非具身性的灵魂。但是这种可能性意味着上帝一旦固定了生理事实，也就是说一旦他把参与者窄化为与生理事实相同的实在世界，他仍有另一个选择——创造一个纯粹非具身性的灵魂世界。那么他应该将早已存在的现实世界物质化，从而令我们不得不承认在那里没有非具身性灵魂？或者说，他应该仅仅按照现实世界来物理化这个世界，除了对“这个世界包括一个非具身性灵魂”的物理化？（当然，这些并未穷尽他的选择。）这个选择是感受性方法与现实之间的选择，当上帝作出这个选择时，他就处于下面的情形：他已经固定了物理事实，但是他也同样要固定感受性事实，只要排除非具身性灵魂即可。因此，笛卡儿情景与必要且随之产生的论点是不相符的。

2. 反驳和回应

对非具身性论证基本的反驳是一种源自无知的反驳。非具身性论证是使用了一个感受性概念，它来源于我们对感受性方法的内省掌握。但是，反对者认为这个内省的把握并没有对感受性提供完全的解释。尤其是对非具身性灵魂的想象，它体现的只是对内省感受性模式的描述不是生理模式。除非感受性展现的内省模式穷尽了感受性的本质特征，否则我们并没有证据得出“内省感受性的目标在本质上不是生理的”这一结论。笔者猜这是利康所作出的反驳，因为他说当我们内省感受性时，我们面对的是感受性的特征：感受性在此是一阶特质，内省揭示了更高阶的特征和“它的表现像什么”这一感受性。而且，通过内省得到的更高阶的特征，并不需要对一阶感受性的完全把握。

正如笔者所发现的，内省能够产生一阶感受性特征的直接知识（这不是说内省经常会产生直接知识，只是在选择案例中，它有可能产生）。因为笔者相信，通过内省并不会只遇到与一阶特征不同的二阶感受性特征，还有可能直接遇到感受性本身。根据这种方式，笔者为自省感受性解释提供了一种辩护（Gertler, 2001a; Chalmers, 2003。）但是，内省给予我们无需思考即能获得感受的特质，无需过多烦琐的解释，这同某些资源是相类似的。

> 通过……并不是由它偶然的特征选择的；而是由痛苦本身和它的即时现象本质的特征选择的。(Kriper, 1980：152-153)
>
> 在感受性例子中，没有表面/现实的区分。(Hill, 1991：127)
>
> 当内省我们的精神状态，我们并没有用典型的证据去成为内省特征和我们自己关于他们概念的一个调解人。(Sturgeon, 2000：48)

就这个概念而言，我们对感受性内省的把握并不涉及任何与感受性本身不同的表征模式，这意味着没有调解者限制我们对感受性内省的把握，但是，我们仍然需要证明内省掌握足以决定在生理特征缺失时，内省特征是否仍然存在。为了解读这个情况，非具身性论证的对手宣称，感受性的本质特征原则上被可以内省的特征所穷尽（同时伴以这些特征的理性思考）。而且，这是一个关于感受性的概念事实，例如，根据可感受性的特征，笔者可能会用“发光橙”（burnt orange）这一术语来表述，笔者是指这种特征正是笔者内省的目的[8]。感受性概念承认这种对本质特征的完全把握，而这种把握足以令主体确定对应特征情境的可能性，克里普克（Kripke, 1980）曾对其进行过探讨。正如克里普克所指出的那样，像痛苦这样的感受性概念的特征和像“水”一样物理概念是不同的。因为概念的思考并不足以揭示水的科学本质，例如，不管它是 H_2O 还是 XY_2。因此，对于不是 H_2O 的水的想象并不能对否定水是（还原）H_2O 提供理由。通过对比，感受性概念的本质意味着具有明显想象性的这一（内省处理）特征（痛苦），能够在所有物理特征缺失时存在，且也确实不能否定痛苦能还原为任何的物理特征。

关于感受性概念的操作还有很多要说。但是基本观点是这样的：当我们将像水这样的物理特征概念与偶然的中介概念相联系（特征的表象，感受性）时，这个中介就会组成具有明显特征区别的表征模式，而这些特征则构成了它的科学本质（H_2O）。我们痛苦的概念并不与偶然中介相联系。相反，我们的痛苦概念和其他的感受性来源于感受性本身，而这个感受性是通过内省掌握的，所以感受性的本质并不是经验科学家所能决定的，至少从原则上来说，任何人都会全心考虑自己的感受（当然有大量空间可以忽略不同的感受性特征，包括他们的偶然联系）。因此，源于这些感受性概念的想象直觉能揭示什么确实是可能的。

3. 怪人论证

由查尔莫斯（Chalmers，1996）提出的怪人论证是对下述观点的一个直接反驳。这个论证很简单：怪人是能想象的；可想象的就是可能的；所以怪人是可能的。但是如果怪人是可能的，那么就会存在不同的感受性（我有，而我怪人的双胞胎兄妹没有），而这个感受性没有相应的物理区别（我的怪人双胞胎兄妹在生理、功能和计算方面与我相同），所以还原论者必须否定怪人的可能性。

4. 反驳和回应

还原论者将会否定怪人是可想象的，或者宣称虽然怪人是可想象的，他们的想象能力并不能保证他们的可能性信念。因为篇幅有限，笔者将关注这个更加流行的还原论观点[9]。

下面从技术的层面看这个反驳，还原需要抽象感受性的物理特征，但是怪人论证只能表示感受性并不能在概念上被取代。现在克里普克表明“抽象物理本质并不同于概念表述”：例如，“water = H_2O”这个同等陈述是水的抽象物理本质，但它并不能涵盖水的所有概念性特征，因为我们可以想象：湖和河中的清澈液体不是 H_2O，但是它同样具有水的物理特征，所以概念的偶然表征与物理本质还是有区别的。

笔者将不会深入阐述查尔莫斯（Chalmers，1999）对这个反驳回应的细节，他运用的是二维语义学框架，但关键点如下：抽象陈述的必要性（如“water = H_2O”）可以由概念性的必要陈述所解释［诸如（粗略）“水 = 和湖里的清澈的液体”］。这个陈述把水与一个描述联系在一起，而它的指称必定是由经验决定的[10]。现在如果感受性伴随着抽象必要性，那么如果这确实与“water”相似，就应该有一些概念上的必要陈述，它把感受性与由经验决定的描述联系到一起（H_2O 是“实际清澈液体的指称”是经验的物质），但是似乎没有这样的陈述。

所以，如果感受性偶然伴随着抽象必要性物理特征时，它并不能用常规方法来解释，而是用一种非理性（查尔莫斯用“强烈需求”来表示）来阐述，而且非理性需求的存在至少与还原论的失败一样难以解释[11]。

大多数还原论者否认抽象必要性必须要用概念来表征。例如，莱文（Levine，2001）认为感受性概念是“非归因”（non-ascriptive）的，它们并不与之前决定它们指称的描述联系。相反，莱文宣称，由于通常联系感受性概念与其因果原子链的实质指称是相关联的，就像“水”概念与 H_2O 的联系一样，所以“从抽象必要性角度来看，感受性是超越物理特征的”陈述是真的——因为在相邻两者间没有概念必然性——虽然它没有经过想象思考。笔者同意查尔莫斯与杰克逊宣称的抽象需求必须由概念需求来获得，但喜欢查尔莫斯，却不喜欢杰克逊。笔者认为我们的物理特征概念和感受性特征概念在方法上的不同使得怪人不仅是可想象的，也是可能的。前一个概念包括位置持有者：我们的“水”概念上与水物质的微观结构有联系（无论微观结构是什么），或者可能与涉及水本质特征（不论特征是什么）的科学家的决定有关系。水的科学本质可以表达这个观点的一个方法是说，我们遵从微观物理事实或科学权威。通过对比，感受性概念就其最基本的点，不包含位置占有者：我们是了解“什么能够满足这些概念”的权威，而且关于感受性的本质，虽然经验发现可能会揭示出哪种物理状态与感受性相联系，但是我们并不遵从经验事实或权威。

我们坚持关于感受性本质的权威观点，即它是有关我们概念的一个事实，是通过可想象性论证揭示出来的。当我们得知在现实中，水的存在与 H_2O 的存在具有紧密关联时，我们可以说没有水就没有 H_2O。但是当我们得知在现实世界里，痛苦的产生与 C 纤维的激活紧密联系时，我们并不能说一个没有痛苦的世界是一个不用激活 C 纤维的世界。因为这样关于痛苦的概念事实是缺乏经验佐证的，如果要对痛苦进行解释，可能要从改变痛苦的物理特点出发来论证[12]。

当然，当还原论者同样也被感受性概念的这种特殊性所吸引时，笔者已采用这些特殊的特征来解释直觉了，还原论者则是引用这些特征来消除直觉问题。在接下来的知识论证中，笔者将会对这些还原论者的观点予以驳斥。

5. 知识论证

知识论证，是指玛丽是一名未来的神经科学家，知道所有关于颜色的物理事实，但是只见过黑色和白色或灰色的物体。当她说她看见过消防车，而且知道消防车是红的时，我说：“啊！这就是你所看到的红色物体！”有两个知识论证的反驳观点：能力分析和利康的“透视论回应”（perspectivalist reply）。

能力分析：玛丽能够离开房间是一种新能力，但并不是命题（Lewis，1988；Nemirow，1990）。比较：一个物理学教授可能会穷尽如何打全垒打的所有命题知识，他可能知道速度和挥动曲杆的角度，但是并不一定能做这个动作。这个分析改变了杰克逊的论点，因为他的结论需要玛丽学习一个新的事实。

回应：问题中的能力并不需要全面的构造，因为正如考尼（Conee，1994）所言，想象或记忆规则的红色能力并不能与知道什么是红色相关。就玛丽讲话这个能力的讨论，只是通过他们的现象特征来确认“见到过红色”的经历（她通过神经物理特征已经能辨认它们）。

但是这种能力构成了玛丽获得的东西了吗？虽然获得一条命题知识并不足以获得相关的能力，但是仍有大量成功的例子。比如，已知我的知识和能力背景，我只需要通过知道你居住在主街123号就能够获得找到你家的能力。这似乎对我来说是一个关于玛丽所说内容的更加精确的模型：她获得命题知识，“看见红色”的经历就像这样（在这里“this”指的是她内省获得的特征），而且，这个命题只是解释她通过现象特征来辨认类似经验的能力。但是即使可以通过她的命题知识来解释这种能力，也不能说可以通过她的命题知识来获得这种能力［笔者在格特勒（Gertler，1999）的著作中深入研究过这个观点］。

笔者想要提一个经常被知识论证忽视的细节，虽然杰克逊规定玛丽在表达之前没有颜色感知，但对于笔者来说，论点并不取决于此，论点的基础仅是玛丽没有能力把感知与物理联系在一起，包括他们的神经物理基础和标准原因（诸如见到消防车）。她对颜色经历的缺失只能阻碍搭起这个链接的方式。因为假设玛丽在表达之前，有过包含红色的错觉，她后来可能有能力回忆那些错觉，而且给此现象取一个名字，即使如此，仍然不能把它与神经物理状态或标准原因联系起来。因此，她并不能认知到它是“红”的，关键是这些相互联系仍是非理性的，然而它们被影响了，而且非理性的相互影响与强关联性同样麻烦。

透视论回应：玛丽获得的不是一个新的事实知识，只是获取一个她已经知道的事实的路径。也就是说，她学习了一种新的、现象体现事实的模式，她之前只在神经物理表征模式下掌握过。这种感受性概念的特征本质解释了为什么感受性知识不能来源于生理（功能、计算）特征，还原论者已经提供了大量关于感受性概念的选项，多数是包含感受性概念直接挑选它们的指称的观点，例如，“通过大量的模拟，而不涉及任何的描述”（Paineau，1998）；或“没有使用任何描述，固定指称的中介物”（Tye，1999）。其缺少一个描述成分来解释，为什么物理学家对现实的描述不会产生有关现象的知识。因为如果它是从物理知识预测来的，这样的现象知识必须采用描述的形式。

回应：在笔者看来这些提议面临着两种威胁。第一，他们似乎简单地重新定位了玛丽案例中的神秘性。如果非描述现象概念本质是基于它们的神经物理状态来阻止玛丽了解物体的感受性的话，那么她离开房间的知识处境就不太好了。虽然她能知道哪个感受性与哪些神经物理状态相联系，但是这只是关联的知识，因此，这个案例的分析并没有摆脱“还原论的感受性是受制于非理性的”这种说法。

在最近一篇文章中，利康承认，知识论证的分析使得感受性和物理性间存在一种“解释鸿沟”（explanatory gap）（Levine，1985）。但是他认为，这种来源于现象信息事实的鸿沟是一种“内在的透视”，正如包含在地图上的非指示信息与只通过阅读地图而无法得知“我在这儿”的指示知识之间的鸿沟一样，这个鸿沟是一种“抽象的无害性”（metaphysically harmless）。（Lycan，2003：391，n. 8）这个假设是指，后一个代沟并没有让我们介绍这种新的范畴——透视论，笔者的定位还是遵循非透视论的。

虽然这个论证提出了笔者不能在这里解释的大量问题，笔者只想提出一个反还原论的异议。值得怀疑的是，透视的事实需要意识、想象：如果没有有意识的人类存在于这个世界，那么当有类似“最大的榆树在 x 地”这样的说法[13]时，不会出现具有任何透视的事实。如果合理的事实来源于意识，那么关于意识的反还原论就会为透视和非透视事实之间的鸿沟提供一个优雅的解释。反还原论倾向于从感受性和物理的本体论区别方面来解释感受性概念的具体操作。例如，他们会说感受性是直接获得的，因为在感受性概念与感受性本身之间没有抽象的中介物。如果笔者的上述提议是正确的，那么这个解释同样会令人满意：这个鸿沟是透视论与非透视论间的鸿沟。在任何例子中，透视论似乎最擅长把我们的注意力从一个鸿沟转向另一个鸿沟[14]。

透视面临的第二个威胁是关于感受性概念特征主义的，还原论的解释对我们自己的感受性知识并不公平。因为他们使用以下这个论点：感受性概念对于限制我们的感受性内省知识是非描述性的，其中包括他们描述的物理特征。但是在笔者看来，他们之所以能对感受性概念进行如此经典的讨论，是因为他们对感受性的详尽的内省掌握，正如他们前面对非具身性论证的解释一样。笔者认为，透视论回应无法调解这个事实，这是因为透视论宣称：内省只允许我们通过非穷尽表征模式来获取感受性（按利康的观点，感受性是二阶特征）。

五、表征主义

在结束之前，请允许笔者简要评论一下表征主义，经历的原始特征可以还原为意向特征的观点。诚然，表征主义通过表达“任何现象的不同都会有一个合适的意图差异相伴”这一观点，成了成功阻止表征主义的反例。表征主义仍然面临两大困境：首先，它必须提供原因来让表征主义在诊断感受性与意向特征间的关系时优于其他可能主义的诊断。一个处于竞争地位的诊断，它现在是主要观点中的一部分，并宣称表征主义有些东西退步了：至少意向特征取决于而且可能会还原成感受性（Siewert，1998；Horgan and Tienson，2002；Pitt，2004）。

其次，而且更重要的是，表征主义必须显示出感受性与意图特征间的关系是必需的。考虑利康的表征主义宣称香蕉垂直视觉经验的现象特征，只是香蕉本身的实际颜色。按照循环论证规则，这里的“实际颜色”必须是一个香蕉的客观特征，而不是按正常视角引起的某种特性表述。现在反还原论否认现象的黄色与香蕉任何类似的客观特征都是一样的这一观点，至少看见带有其他特征感受性的现象特征与一些物体相同时的困惑，例如，微观结构、香蕉的特征，诸如以微观结构为基础的光谱反应特征。

再者说，联系似乎只是相互联系，或者至少说某种必然的联系。这个困惑同样需要注意物理与现象间的“解释结构”（Levine，1983）。正如我们不能理解在大脑的感受性和生理（功能、计算）状态或过程怎么会有必要的联系；不能理解现象的经验怎么会有像香蕉的微观结构特征之类的物理客观特征。除非表征主义能解决这个困惑，否则它将被迫去假设非理性何以必要这一问题，这是比笔者之前提到的非还原的感受性更令人害怕的事情。

六、小　结

反还原论不与自然主义相对立，也不与对科学方法的探求方法相对立。在还原论与反还原论之间的选择，取决于人们在需要解释时最需要的数据。反还原论者，也包括笔者自己在内，相信还原论的价值，即去掉它的很多优点——对非理性必要性的无法解释、对直觉和自省概念的缺乏理解，仅仅衡量那些它所包含的优点。

注　释

［1］查尔莫斯（Chalmers，1996）讨论了这个概率。

［2］夏皮罗（Shapiro，2004）认为许多实在性现象并没有通常认为的那样广泛。

［3］笔者称之为非具身性论证的内容与笛卡儿思考论点的不同之处在于：①它具体是以感受性为目标的，而笛卡儿的论点以一般思维为目标；②笛卡儿使用上帝的能力去体现什么是能想象的，而笔者展示了一个不与宗教联系的版本。

［4］某些概念观点认为，概念可能会被修改。笔者自己发现这个引起概念变化的观点有问题；在笔者看来，大多数概念变化的例子无论是与之发生紧密联系的概念，还是一个人误解自身的概念，都是可以得到很好描述的。后者的一个很好例证就是对盖梯尔论点的回应（Gettier，1963），以此反对将“知识”作为“确证的真信念”（“JTB”）。那些之前倾向于接受概念变化观点的人，反而被盖梯尔说服成为反对它的人，就是在改正他们之前的错误概念建构。但是盖梯尔令人信服的论点将可能产生这样的后果，即他所描述的案例虽然符合“确证的真信念”条件，但却无法成为知识。

[5] 如果“想象力”被当作一种叙实性的感觉，那么这个“想象力”术语更恰当的称谓应是“表观想象力”，但笔者会继续在非叙实感觉中使用“想象力”。

[6] 在《沉思录》一书中，笛卡儿讲了非具身性的观点，思考仍然没有排除他的精神状态可以由一个恶毒的真诚的阴谋所产生。

[7] 这是由斯图嘉（Stoljar，2002）称作“基于物理的生理概念”的版本。这个概念指，“一个物理特征或者是指对范例式物理目标的固有本质及其组成加以表述的概念，是对一个抽象的、超越了特征具体解释需求的描述”（Stoijar，2002：313）。

[8] 实际上，像“燃烧的橘子”这一术语将可能低估了笔者所指的特性，因为感受性个人化可能是非常精细的。

[9] 这种反对可能也会使得非具身性论证作出适当的调整：即使可以想象我失去了物理特征并变成一个感受性的非具身性实体，这并不意味着我可能会这么做。

[10] 这个描述表述了查尔莫斯称之为的“基本强度”；杰克逊（Jackson，1998）称其为A-强度。

[11] 有趣的是，他的“抽象的需要必须用概念的需要来解释”的论点值得我们深思，他现在赞同还原论。这标志着从1982年后其观点的一个彻底转变。

[12] 与杰克逊相比，“只有通过概念分析这种方式，我们才能把我们的目标定义为我们希望达成的目标”（Jackson，1998：62）。

[13] 我们可能用指示来描述这个世界，当然这并不意味着这个世界的事实是透视的。

[14] 令人惊奇的是，塞尔（Searle，1992）虽然是一个彻底的物理主义者，但是他宣称在透视与非透视之间有一种本体论的差别，基于这个观点，一些生物特征被称为“本体论主观想象”。

参考文献和延伸阅读

Arnauld，A.（1641/1984）. Fourth set of objections. In J. Cottingham，R. Stoothoff，and D. Murdoch（eds.）. *The Philosophical Writings of Descartes*，vol. 2. Cambridge：Cambridge University Press.

Chatmers，D. J.（1996）. *The Conscious Mind*. Oxford：Oxford University Press.

Chalmers，D. J.（1999）. Materialism and the metaphysics of modality. *Philosophy and Phenomenological Research*，59，473-496.

Chalmers，D. J.（2003）. The content and epistemology of phenomenal belief. In Q. Smith and A. Jokic（eds.），*Consciousness*：*New Philosophical Perspectives*. Oxford：Oxford University Press.

Conee，E.（1994）. Phenomenal knowledge. *Australasian Journal of Philosophy*，72，136-150.

Descartes，R.（1641/1984）. *Meditations on First Philosophy*. In J. Cottingham，R. Stoothoff，an

D. Murdoch (eds.), *The Philosophical Writings of Descartes*, vol. 2. Cambridge: Cambridge University Press.

Gertler, B. (1999). A defense of the knowledge argument. *Philosophical Studies*, 93, 317-336.

Gertler, B. (2001a). Introspecting phenomenal states. *Philosophy and Phenamenological Research*, 63, 305-328.

Gertler, B. (2001b). The explanatory gap is not an illusion. *Mind*, 110, 689-694.

Gettier, E. (1963). Is justified true belief knowledge? *Analysis*, 23, 121-123.

Hill, C. (1991). *Sensations: A Defense of Type Materialism.* Cambridge: Cambridge University Press.

Horgan, T. and Tienson, J. (2002). The intentionality of phenomenology and the phenomenology of intentionality. In D. Chalmers (ed.), *Philosophy of Mind: Classical and Contemporary Readings.* Oxford: Oxford University Press.

Jackson, F. (1982). Epiphenomenal qualia. *The Philosophical Quarterly*, 32, 127-136.

Jackson, F. (1998). *From Metaphysics to Ethics: A Defense of Conceptual Analysis.* Oxford: Oxford University Press.

Kirk, R. (1974). Zombies vs. materialists. *Aristotelian Society Supplement*, 48, 135-152.

Kripke, S. (1980). *Naming and Necessity.* Cambridge, MA: Harvard University Press.

Levine, J. (1983). Materialism and qualia: The explanatory gap. *Pacific Philosophical Quarterly*, 64, 345-361.

Levine, J. (2001). *Purple Haze.* Oxford: Oxford University Press.

Lewis, D. (1988). What experience teaches. *Proceedings of the Russellian Society.* Sydney: University of Sydney. (Reprinted in W. G. Lycan, *Mind and Cognition.* Oxford: Blackwell, 1990.)

Lycan, W. G. (1996). *Consciousness and Experience.* Cambridge, MA: Bradford Books/MIT Press.

Lycan, W. G. (2003). Perspective representation and the knowledge argument. In Q. Smith and A. Jokic (eds.), *Consciousness: New Philosophical Perspectives.* Oxford: Oxford University Press.

Nagel, T. (1974). What is it like to be a bat? *Philosophical Review*, 82, 435-456.

Nemirow, L. (1990). Physicalism and the cognitive role of acquaintance. In W. G. Lycan (ed.), *Mind and Cognition.* Oxford: Blackwell.

Papineau, D. (1998). Mind the gap. *Philosophical Perspectives*, 12, 373-388.

Pitt, D. (2004). The phenomenology of cognition; or what is it like to think that *p*? *Philosophy and Phenomenological Research*, 69, 1-36.

Searle, J. (1992). *The Rediscovery of the Mind.* Cambridge, MA: MIT Press.

Shapiro, L. (2004). *The Mind Incarnate.* Cambridge, MA: MIT Press.

Siewert, C. (1998). *The Significance of Consciousness.* Princeton, NJ: Princeton University Press.

Stoljar, D. (2002). Two conceptions of the physical. In D. J. Chalmers (ed.), *The Philosophy of Mind: Classical and Contemporary Readings.* Oxford: Oxford University Press. (Originally published 2001 in *Philosophy and Phenomenological Research*, 62, 253-281.)

Sturgeon, S. (2000). *Matters of Mind: Consciousness, Reason, and Nature.* London: Routledge.

Tye, M. (1999). Phenomenal consciousness: The explanatory gap as a cognitive illusion. *Mind*, 108, 705-725.

第六部分

认知科学到底需不需要外在内容?

第十三章　在心智中定位意义（意义何在）

雷·杰克道夫（Ray Jackendoff）

一、概念论语义的前提

本章取自于大型课题《语言基础》（*Foundations of Language*）（Jackendoff，2002），其目标是重构语言理论，以实现语言学与心理学、神经科学、进化理论之间，以及语言学各个分支学科之间的结合。需要特别指出的是，这个课题与近年来的主流生成语言学不同，它旨在囊括所有语言，而不仅仅是一个人为规定的核心。读者可参阅本书第九章和第十章获取更详细的资料。

生成语法是笔者所从事的语言学研究领域的传统概念，其最基本的层面表现在：它是心灵主义（mentalistic）的，它认为语言学理论是为了使结构组织在语言使用者的头脑中模型化。正是这一基本法则将语法理论施以有趣的限制：第一，语言必须在头脑中储存加工，所以不管理论上的精确如何得以表征，也并不等同于数学上的精确，而只是“头脑精确”。第二，语言是习得的，因此我们需要一种人类语言能力或称为普遍语法的理论，研究它是通过什么方式与经验相互作用，进而产生成人语言能力的。再者说，自从大约五百万年前猿进化成人类开始，语言能力也一直发展演变至今，这就造成了对一些归因于普遍语法的因素的限制。

标准生成语法和其大多数分支都缺少正确的适应性意义理论，它是相对心灵主义的。以语言学领域就意义方面两大最有影响力的研究方法为例，认知语法（Lakoff，1987；Langacker，1987）是心灵主义的，但其理论的形成大多与生成语法不相适应；而形式语义学（Chierchia and McConnell-Ginet，1990）主要是非心理的（apsychological），因此它与心理语言学和语言习得没有联系。30 年来，笔者一直在努力找出更完善的研究方法。在此，笔者将就其中几个方面进行讨论。有些可追溯至旧一些的作品（Jackendoff，1976，1983，1987），有些来自新作《语言基础》。

笔者认为，心灵主义语义学理论最基本的问题是：我们怎样运用语言把说话者表达或传递的信息、思想、概念特征化？语言是怎样表达或者传递这些信息的？笔者有意把“信息、思想、概念”和“表达、传递”这些词语暂时含糊化。我们的部分职责就是要阐明这些词语的含义。在这里，尤其要提出的问题是：

是什么使得心灵实体能够以按意义、凭直觉的方式发挥作用呢?

遗憾的是，智能政治（intellectual politics）恰好在此出现：并不是所有人都会按这种方式来解释“语义学”这个术语的。笔者不会就术语的无差别性进行探讨，而是要将概念语义学作为这项研究的专业术语［笔者个人的这套提案，曾经称为概念语义学（Jackendoff, 1990），它是这类研究方法的典范，而非唯一可行的方法］。首先，笔者不想深陷于这个问题：这项研究究竟是不是语义学的一种？相关的问题还有：这项研究对意义的研究有价值吗？它能从多大程度上合并来自其他研究方法的直觉和知识？又能从多大程度上提供其他研究方法不能提供的视角？语言传递的信息、思想、概念同样服务于其他目的，这一点至关重要。至少，图 13-1 显示的认知过程就有这些概念。

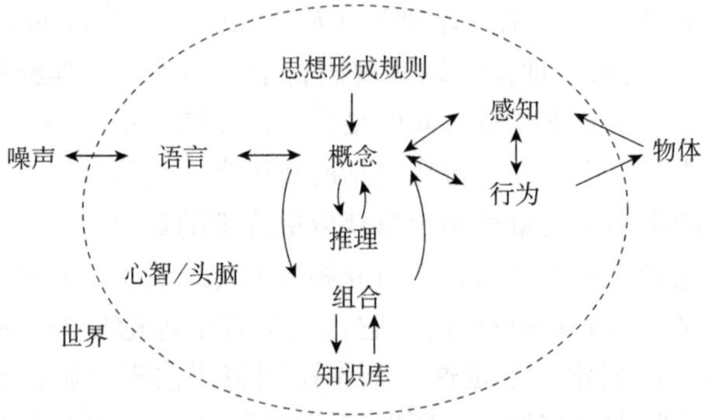

图 13-1　概念语义学在心智结构中的位置

为了对语音和句法的组合作出合理解释，语言学家花了不少时间。但是，据推测（尽管很少明确表述），这些系统是为由同样思想组合系统构成的信息传递服务的。句子传递的是由句子中单词的意义组合而成的意义。这个组合系统体现在图 13-1 中即是“思想形成规则”，它规定了潜在思想或概念结构的类别（同样重要的是：句法这个术语的一种用法适用于任何类型的组合系统。从这个意义上说，语言有句法，音乐有句法，象棋也有句法，当然思想也有句法。然而，语言学家支持的句法特指由名词短语和动词短语构成的组合结构。从这个意义上说，思想绝非句法）。

从《语言基础》这本书的结构可以看出，思想组织结构按照所谓的界面规则（图 13-1 中的双箭头）与句法和语音的纯语言结构相关联。尤其需要指出的是，不同的语言具有不同的界面，因此同一种思想在允许的范围内可以用不同的语言表达出来，要考虑到语言间合理正确翻译的可能性。语言中词的集合是界面规则一个很重要的组成部分。词是语音（词的发音）、句法特征（词性和诸如次范畴化的语境特点）及概念结构（词的意义）之间的长时记忆联系。这样话语中的每个词就形成了其声音、语法、意义对应关系的一部分；其余的对应关系则介于语义学上规定句法结构和组合结构的界面规则之间。

意义的组合系统和语言表达的意义界面是图 13-1 的两个组成部分，即最接近学者们常常谈到的“语言语义学”。现在来考虑一下其他界面。使用思想或概念产生更深层次的思想概念的过程，一般被称为“推论”或者“推理”。鉴于我们只对研究真实的而非理想的人感兴趣，这个界面就不仅包括逻辑推理，还包括制作行动计划、构建行动意图等所谓的“实践推理”（Kahneman et al.，1982；Bratman，1987；Gigerenzer，2000）和“社会推理”（Fiske，1991；Tooby and Cosmides，1992）。

我们还必须对语言与已知知识或观点所传递的思想组合作出解释。已知知识中有一部分是对交际语境的理解，涵盖着对话者的意图。因此，这个界面的作用最接近所谓的“语用学”。

感知系统界面使人在观察世界的基础上形成思想成为可能。这些思想又被用作语言表达的输入信息，使我们得以表达自己的所见所闻及体验和感知。这些界面反过来也一样起作用：我们凭借语言注意到感知领域的某些特殊部分。行为系统界面使人有机会实现意图，包括响应命令或者请求时形成的意图。

为了实现上面列举的各种相互作用关系，所有界面都需要在一个共同的认知结构上聚合。单从语言视角看待思想，就不会对潜在理论产生足够限制。坚持认为思想必须与指称、背景知识、感知及行为相联系，就会出现一组更丰富、更严格的界面条件。

事实上，这种思想观点使我们与进化方面的观点立即产生了联系。假设把语言界面从图 13-1 中抹去，我们就会得到一个组织结构，在某种接近的程度上它同样适合像猿猴一样的非语言有机体。猿猴在生理和社会领域也表现出感知、行为、推理和背景知识的复杂结合（Köhler，1927；Goodall，1971；Byrne and Whiten，1988；Harser，2000）。它们只是不会表达。假设人类思想的根本组成部分是灵长类祖先的遗产，这一点具有进化意义（Hauser et al.，2002；Pinker and Jackendoff，2005）。

我们能联想到进化方面的考虑，就说明思想的某些特性是由基因组决定的。笔者认为，至少有三大具有先天遗传基础的思想领域。第一是对物质世界的认识，即识别物体、它们的空间构造、它们参与并相互作用的事件，以及它们提供的接受和参与某种行为的机遇。第二是对社会世界的认识，即认识人类、他人信仰和动机的特征（所谓的“心智理论”），以及认识自身和他人社会角色的能力，包括亲属关系、社会地位、群体成员资格、义务、权利和道德等（并非作为一个通用体系，而是作为认识社会过程中各种文化差异的基础）（Jackendoff，即将出版）。第三个先天领域是基本的逻辑演算，包括个别化、分类、组合，以及与其他因素一样加强上述两大体系的分解。

简言之，概念语义学的志向是为认知研究的多元传统提供一个共同基础，不仅包括语言语义学，还包括语用学、感性认识、具身认知、推理与规划、社会文化认识、灵长类动物认知及进化心理学等。路漫漫其修远兮，吾将上下而求索。

二、常识观点与心理语言学的结合

对所指和真值依赖语言形式的方式作出解释，是语义理论的重要组成部分。常识告诉我们，语言形式表现世界。当我们说罗素是一名伟大的哲学家时，我们指的是现实世界里一个现实的名叫罗素的人。同样，句子凭借与客观世界联系的方式会直观性地产生真值。雪的是绿色的是错误的，因为雪根本就不是绿色的。

然而，要想把所指和真值的这种常识位置嵌入心理语言理论却并不容易。

首先来考虑一下如何理解“语言”这个概念。弗雷格及其追随者的传统观点认为，语言独立于使用者之外：它直接与世界相联系。将这个观点与所指的常识观点结合就会产生如图 13-2 所示的观点。这个观点（比如，Kripke，1972；Lewis，1972；Montague，1973；Stalnaker，1984）近年来出现了各种变体，用“可能世界”和/或“模型”代替了“世界”这个词，但本质并未改变。语言与心智没有关系。部分正式语言学家对此态度鲜明，如大卫·施特劳斯，而其他研究者或多或少地持有不可知论。

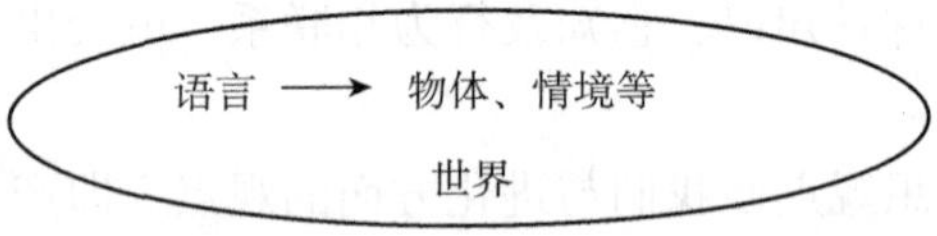

图 13-2 “客观主义”或者“实在论”语言观点

怎样才能使语言的实在论观点和生成语法的心理研究方法趋于统一呢？有一种研究方法主张将生成语言学的心灵主义论抛弃，保留其生成机制，认为“外部世界的语言”是客观的，而这正是生成语法研究的内容。确实有人进行了这项尝试（如 Katz，1981），但是，这项研究却将生成语言学与所有基于处理、习得、基因、脑损伤等各方面的证据来源分割开来，迫使我们放弃了定位普遍语法并探究其特征的根本动机。笔者个人认为，采用这种研究方法付出的代价太大。

还有一种可供选择的研究方法是弗雷格提出的：语言确实在“外部世界”，它所指的是“世界上的事物”；然而，人们使用语言是凭借对语言的掌握，而这里的掌握是显隐喻，比喻心智控制、认识或者联系着世界上的事物。图 13-3 正是这种研究方法的图示。可以说，生成语言学研究的是心智在掌握语言时的活动和过程。这样，我们就可以在保留实在论语义学的同时，将心理学研究方法与语言学统一起来。

但是，我们把“掌握”这个概念看成抽象事物有什么意义呢？我们大体知

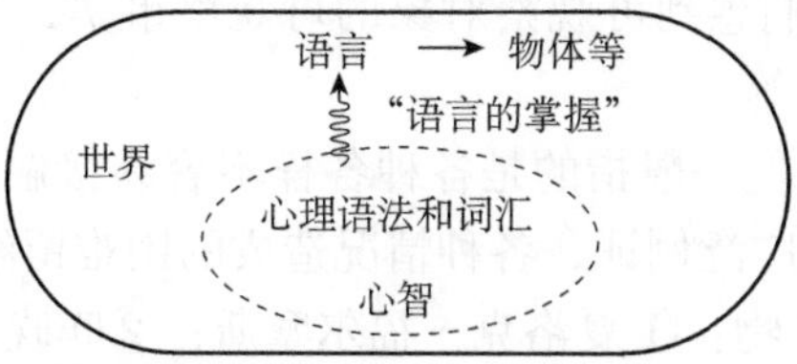

图 13-3　心智对“物质世界语言”的把握

道心智“掌握”具体事物的方式：心智构建认知结构以响应来自感官的输入。这是一个生理过程：感官通过发射神经刺激进入大脑来对反射光、振动和压力等作出反应。但是，是什么输入内容引发抽象事物的“掌握”呢？很明显，抽象事物不具有影响神经系统的物理表现。那么神经系统是怎样“掌握”它们的呢？没有“掌握”这个术语的详细解释（没人提供），我们必然走向对“掌握”的半神秘解释，即科学研究的死胡同。

解决心智是怎样掌握语言这个问题，要求我们效仿生成语法把语言完全置于心智中。这样我们得到如图 13-4 所示的语义学理论。这是福多的观点（Fodor, 1975, 1983, 1990, 1998）。他认为，语言是一种使用组合结构概念（“思想语言”部分的表达）的心理能力。反过来，概念也含有语义，即概念通过“意向”与世界相联系。福多需要解决的问题是，怎样使意向性具有自然主义意义。但是，与图 13-3 中的语言“掌握”一样，意向性遇到了同样的困难，即概念和事物之间没有物理上可实现的随机联系。

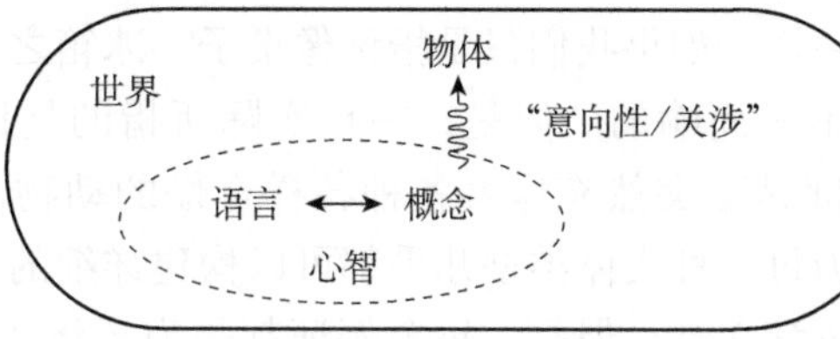

图 13-4　心智中“近似”于世界物体的概念

研究结果表明，如果不能建立心智和世界之间的某种先验联系，似乎不可能把实在论语义学与语言心理观结合起来。笔者认为，解决问题的关键在于研究实在论者对“世界事物”的认识。

三、常识观点上的问题：“客体”

当然，“客体”、“事物状态”、“外部世界的事物”具有完全直观的解释。谈到“客体”，我们就会联想到伯特兰·罗素、乔姆斯基、树、冰箱等。你可以看见摸到它们；你也可以计算它们，可以辨别其中的两个，有时还可以四处移动它们。“事物状态”使我们想到可观察对象的可观察事实，比如，雪是白色的、狗是动物、罗素是哲学家等。

但是要考虑到，我们一般指的是各种各样不容易接触到的“客体”。下面的（1）~（6）就列举出了广泛例证，各种情况造成的困难留给读者自己去发现。

（1）小说和神话人物：①夏洛克·福尔摩斯；②昨晚我梦中的独角兽。

（2）地理对象：①怀俄明州；②密西西比河；③纽约和波士顿之间的距离。

（3）虚构事物：①图 13-5（a）中四个点形成的正方形；②图 13-5（b）中纵向长方形后面的横向长方形。

（4）社会实体：①我的手表的价值；②我赚的第一桶金；③莫里斯·哈勒的博士学位；④你的声誉；⑤通用汽车；⑥明天红袜队的比赛得分。

（5）听觉感知对象：①贝多芬的第七交响乐；②单词banana 和despite。

（6）其他：①所有可能世界的集合；②所有可能世界的最佳状态。

(a) (b)

图 13-5 虚构事物

以上例证的要点在于，所指的常识观点认为我们指称“世界客体”就好像它完全是不证自明的一样。如果我们只是指称像桌子、冰箱之类的中型可感知的有形物，那么这就是不言而喻的。但是，一旦实际所指的是许多各种各样的实体，我们就会发现“世界”突然充斥着各种各样奇怪的动物，本体地位远远不是那么清楚明白。因为每一种实体类型几乎都可以构建详细的故事，而且有些实体确实产生了丰富的哲学文献。但是，每个例证都是为了将所指概念和“世界”与直觉疏离开来。将它们综合考虑的累积效应即“世界”，在这个世界里直觉适用的例证种类是有限的。

四、驱动“世界”进入心智

综上所述，作为语义学标准方法的出发点，所指的常识观点存在两大互补性问题。第一，如果语言是使用者便心智的产物，那么不管是在图 13-3 中的语言层面，还是在图 13-4 中语言表现的概念层面，建立心智和世界的神秘联系都是必不可少的。第二，“世界的客体”这个概念本身就是一个重要问题。

为了解决问题，笔者建议摒弃“世界的客体”这个未经研究的概念，并且以指称理论为目的驱动“世界”与语言一同进入语言使用者的心智。

什么是“驱动世界进入心智”？这个转变在于我们认识所指命题的方式。(7)～(8)提供了两个互相对立的选择。

(7) 实在论常识指称理论：在语境 *C* 中表达的语言 *L* 的短语 *P*，指称世界（或者可能世界）的实体 *E*。

(8) 概念论指称理论：语言 L 的使用者 *S* 评价在语境 *C* 中表达的短语 *P*，以指称（被 *S* 概念化的世界）实体 *E*。

由此可见，在概念论理论中，说话者的判断和概念化起着关键作用。

作为探索概念性位置的初始动机，让我们观测：没有对实体的概念化，语言使用者便无法实现它的指称。考虑（9）这样一个例子。

(9) 我不知道那曾是什么，但它将再次来临！

为了表达（9）（并且解释它），尽管说话者不能掌握相关实体的全面特征但必须将其概念化。换句话说，所指对象的概念化是说话者实现指称的必要条件。然而，处在真实世界并不是必要条件：说话者能够毫无困难地指称夏洛克·福尔摩斯和昨夜梦中的独角兽。此外，实体处在真实世界对实现指称也是不充分的：说话者必须至少在最微小的层面上将它概念化。简言之，实体在真实世界的存在既不是实现指称的必要条件也不是充分条件。相反，关键因素在于将某固有实体概念化。

但是，读者不会因对“语言使用者概念化了的世界”这个表达持怀疑态度而遭到责备。此表达形式含有某种唯我主义甚至是解构主义的意味，仿佛语言使用者可以用心智任意创造世界，仿佛语言使用者所指称的是个人的心理表征，而不是所表征的那些事物。确实，似乎别无选择。图 13-1 的概念性位置表明，概念形式与外部世界之间没有直接联系。从这个图可见，我们的思维似乎被困于自己的大脑中。

无须多言，这个结果遭到了来自各方的猛烈批评，譬如：

> 一种表征对另一种表征的映射是怎样解释表征意义的？……即使我们与世界的相互作用总是以表征体系为中介，理解这些体系就会最终涉及如何定义体系和表征的问题。(Chierchia and McConnell-Ginet, 1990: 47)
>
> ……言语的意义不可能仅仅因为使用者贯彻某些语言学政策而产生；也不能因为任何纯心理现象或者仅仅在“你的头脑中”发生的事情而产生。“约翰”之所以是约翰的名字，名字和人之间就必须存在某种真实关系……必须有事情发生在世界上。(Fodor, 1990: 98-99)
>
> 但是我们可以在不知道其句子意思的情况下了解某个英语句子的标记式翻译（比如，它的概念结构），也就是其真实的前提条件。(Lewis, 1972: 169)

怎么才能避免这些批评？笔者认为，唯一的方法就是要深入心理学，对思维这个概念进行更仔细的论述。从神经心理学的角度思考思维：储存和处理概念结构的神经系统确实被困于大脑中。它们与外部世界没有直接联系。福多认为，“思想语言”是由具有与外部世界相关的意义的符号构成的。而笔者认为，概念结构并非由符号组成——概念结构并不象征任何事物——它们不具有意义。我认为，概念结构本身就是意义：它们的功能与意义相同，诸如支持推理和判断等。语言因其与概念结构相关而具有意义。这个观点对语义学家和哲学家来说无疑是梦魇，更不用说从常识观点来说了。但是，让我们坚持下去，看看我们能走多远。

五、指示语指称的简单行为

考虑运用语言指称一个“中型大小的物体”这个最简单的行为，即指称指示语的使用，例如（10）。

（10）嘿，看那个！（指明）

指示代词“那个”几乎不具有本质描述内容；其语义几乎完全是指示性的。为了理解例句（10），听话者不仅要观察这个句子，而且要判断说话者话语中的“那个”的指示物是什么。这就要求我们绕过语言能力去利用视觉系统。

在视觉系统内，听话者必须经过视觉领域，在视觉领域建立一个个体，即“那个”的指示物。单靠视网膜图像无法建立这样一个个体。视网膜只对像“在视网膜的某某位置明亮环绕的黑点”之类的差异敏感。视网膜的“范畴”不能控制物体或者外部位置。由视网膜直接输送养料的大脑部分的情况也不好：此处我们从各个方向发现了像焦线和边界检测器之类的事物，都是以视网膜的格式出现的（Hubel and Wiesel，1968），但是仍然没有发现物体和外部世界。大脑与外部世界的联系仅限于此；内部活动全部是计算。

然而，这种计算是有效的，它最终要构建一个可以称为“知觉”的认知结构。构建知觉的要素和神经机制是心理学和神经科学深入研究的主题，我们对此的认识还远远不够。而且，结果须是一个在神经上能区别感观环境中的各个个体，并允许个体相互倾听的具体化认知结构。这个引发感观个体的认知结构是非语言学的：人类婴儿和各种动物通过实验展示能够像我们一样认识和跟踪个体，因此，最佳假设就是它们具有几乎与我们一样的知觉。

当然，知觉也是困于大脑中的。世界与知觉之间没有神秘的直接通道，只有借助视网膜和低视区的复杂间接通道。因此，所有违背概念语义学的假设都同样不适用于知觉。这点可能会让部分哲学家苦恼，但大多数心理学家和神经科学家都采用了更实际的方法。他们认为，视觉系统构建一种认知结构，这种认知结构是有机体认识现实的一部分，能促进有机体在自我环境中的行为。如果说感知“掌握”世界这个概念具有任何意义的话，那么它就是极其复杂的计算；而远不只是一项无中介操作。

正是视觉感知通过感知结构与视觉系统的“上端”之间的界面将例句（9）和（10）中的指示代词“那个”连接起来。这样，语言就与外部世界产生了联系，但是这并不是通过某种神秘的意向性思维——世界关系实现的，而是视觉系统进行复杂调和的结果。一切都科学正确。

然而，怀疑论者还是会不满地指出漏洞：“我们感知的并非头脑中的知觉，而是外部世界的事物。”怀疑绝对正确。但是，历代人对视觉感知的研究告诉我们，视觉系统让世界充满各种不具有物理实在的“客体”，诸如例子（3）中的事物：四个点形成的正方形和“变异”的水平长方形。所以我们应该正确认识“感知世界”［考夫卡表述为表象世界（Koffka，1935）］，把它看作是由感知系统构建以反映“真正存在”事物的“实在”，而不是绝对的实在。

当然，感知世界并不是与“实在世界”完全脱节的。感知系统一直在为能使有机体在真实世界中可靠行动而逐步进化着。从逻辑意义上讲，它们与“世界的真实模型”无关，而与“世界模型”相关联，这个世界模型要能够充分支持从长远来看会导致基因繁殖的行为规划。与进化的其他产物相同，感知系统充满了“廉价把戏”，这些把戏在有机体的正常环境中起作用，这正是我们看见视觉事物的原因。它们的虚假性只有在实验室中才能得以发现。

由此可见，感知对我们来说即是实在。除了感觉输入，知觉对象完全被“困于大脑之中”；它们只是神经元具体化的形式结构。但是，感知系统赋予我们对真实存在事物的感观、感知和感觉。我们体验到的是世界上的事物，而不是头脑中的知觉对象。这是由我们的基因决定的（Dennett，1991；Koch，2004）。

简言之，在直觉清楚的情况下指称问题归根结底不是语言学理论的研究对象，而是感知理论的问题：感知机制以何种方式创造了我们对“真实”世界的体验？

有些读者可能发现这一观点令人迷惑。与笔者在很多问题上意见一致的已故朋友麦克纳马拉（John Macnamara）指责笔者不相信真实世界的存在。笔者想，我对他作出的回答是，我们最终关心的应该是：对于我们而言的真实即我们生活的世界，这难道还不够吗？（或者至少对语义学研究还不够吗？）读者若想进一步研究去发现独立于人类认知之外的“终极实在”也未尝不可，但这并不会使我们的研究失去意义。

六、指示特征

让我们继续朝这个方向研究下去看看会有何结果。感知对象的基本特征是，它构成了一个有别于其所在背景和移动范围的形象。如果你听见我说“嘿，看那个！”你盯着图案地毯却什么也没看见；接着突然“蹦出”一只小虫（噢，天啊，在那儿呢！哈哈！)。“物质世界”和你的视网膜图像都没有改变，发生变化的是“困于”大脑中感知对象的组织方式，即小虫这个感知对象被具象化了。我们把这个具象特征称为感知对象的指示特征。它为心智提供了一个感知特征赖以存在的“某物”。例句(9)的说话者(我不知道那曾是什么，但它再次来临)描述的感知对象即是具有指示特征而非最小识别感知特征的物体。

心智在其他事物中构建指示特征，以回应感知输入。但是，一定的指示特征被构建，它们不会随着感知输入的消失而消失：即使事物不在视线内，我们还是本能地感觉到它们继续存在。指示特征还会“分裂”，比如，我们可以把一块黏土一分为二，从而形成两个不同的个体。我们把两块黏土捏成一块无差别的整体时，指示特征可以“合并”。

感知对象的指示特征是语言学所指语义研究的关键。如果感知特征赖以存在的指示特征不存在，那么指示代词或其他语言学表达就无所依托：“那个”也就不存在。

以上观点可适用于先前提及的问题实体。再考虑一下四个点构成的正方形之类的虚拟事物。尽管“真实世界”并无正方形，视觉系统为“真实的正方形”构建了一个具有所有合适特征的知觉形象。由此可见，在感知世界存在某个“真实”物，是可以指称的。

再回到所指语义的标准文献上来：弗雷格(Frege，1892)引用著名例句“晨星即是暮星”对语言表达的意义与所指做了区分。他认为，两个意义属于同一所指。只有在一些发现的基础上记录与各种感知特征相连的指示代词之合并，我们才能理解弗雷格的例子。因此，弗雷格的问题并不是单一的语言学问题，而在于心智跟踪记录个性化实体之方式的一般性理论。

反过来，指示代词分裂的现象也会发生。笔者以前以为名叫 Bloom 的人是一位已故文学或者文化理论家，直到有一天笔者看到一本 Bloom 写的新书后感到非常惊讶，因为笔者以为他已经去世多年。令笔者不安的是，后来突然意识到，原来有“两个”Bloom，Allan Bloom 和 Harold Bloom——这样指示现象发生了分裂。也可试想一下你发现在小区内见过的某个人实际上是双胞胎。

总而言之，在诸如表征理论(Kamp and Reyle，1993)、文档变换语义学(Heim，1989)和动态语义学(Groenendijk et al.，1996)等形式语义学的各种研究方法中，指示特征与话语指涉起着相同的作用。因此，这些研究方法的诸多视角都能适用于此，前提条件是定义指称的“模式”应属心理动力型。

七、超越客体的实体

我们来进一步研究一下心理动力模式的具体内容。首先，指示特征并不总能识别个体对象：它们只是指示代词所识别实体的一种类型。

举例来说，想想对管道排出的污水作出反应时的话语：“嘿，看那个！”此处的预期指涉可能是物质而非其特定指称。而且，不同的指示词可用来指称各种不同的非物质实体，请看例（11）。

（11）a. 天哪！你听见**那**声音了吗？ ［声音］

b. ［牙医：］**那**疼吗？ ［触觉］

c. 代指介词的短语：

请把上衣放在**这儿**［指向］，把帽子放在**那儿**［指向］。 ［方位］

他朝**那个方向**［指向］走了。 ［方向］

d. 代指动词的短语：

你能做**那个**吗？［指向］ ［动作］

你能做**这个**吗？［演示］ ［动作］

e. 那……发生：

如果**那**［指向］再次发生，我就离开。 ［事件/活动］

f. 代指方式的状语：

你这样洗牌**因此/所以/像这样/这样**。［演示］ ［方式］

我以前是**那样/像那样**走路的［指着某个走路方式很有趣的人］。 ［方式］

g. 代指程度的表达：

逃跑的那条鱼有**这么**长［演示］。 ［距离］

乔的聚会上大概也有**这么**多人。［用动作示意聚集人群］ ［数量］

h. 代指时间：

预……备……**开始**！［啪啪声］ ［时间］

在上面的例子中，指示词指称的是概念世界里借助伴随动作可以辨认的实体。但是，受到指称的实体不是事物，而是声音、感觉、方位、方向等。

为了使这些可能性适应指称发生，引入一种“元特征”甚为有效，它把被指称实体归入范畴。每一种范畴——事物、声音、动作、方位等——都具有自身获得个性和特性的特征条件。从逻辑和特征上理解每种类型的感知表现形式是自然语言语义学和认知心理学（神经科学）共同的任务。

例（11）中各种实体都“在世界上”吗？它们当然不像冰箱——不能触摸不能移动。事实上，说它们以冰箱存在（“鱼的长度存在”？）的方式而存在是有些奇怪。然而，例（11）告诉我们，这些实体可以从感知领域分离出来，变成指示语表达的对象。因此，我们必须赋予它们在感知世界的庄严地位，即它们是在语言学所指语义研究中起基础作用的“模式”。

现在注意一下刚刚所讲的内容。直到刚才笔者一直在关注事物的指称，把指称理论建立在感知理论的基础上。而现在笔者突然转变了论点：如果指称以这种方式与感知发生联系，那么感知必能提供比先前遭到的质疑更丰富、更广泛的实体。那么现在要想用感知理论描述感知系统实现以上假设的方式就更具挑战性了。换言之，（11）中的例句为语言语义学和感知研究的成功合作开启了一扇大门。

范畴归纳的这种技能似乎正是认知研究中先天因素的一个很好例证。由于它不仅是语言的中心，也是感知和动作的关键，所以我们不必将它看作人类语言习得专业化即普遍语法的一部分。但是我们必须认识到，它是人类先天认知禀赋的一部分。

迄今为止，我们只谈到了感知实体。感知实体之所以可感知是因为它们具有图 13-1 所示的可连接到各感知界面的特征。现在假设感知结构包含一些其他特征，它们不适应感知形态并且连接到图 13-1 所示的推理系统。这种特征提供通向其他概念的“桥梁”，但不提供与感知的直接联系。也就是说，它们用于推理而非辨认。与感知特征相对应，我们称之为推理特征。

哪些内容可以支持推理特征呢？想想物体的价值。价值当然不可感知，但它影响个体对该物体的推出方式，包括涉及该物体的个体目的和欲望。价值可通过各种渠道建立，且大多数非常间接。由此可见，它似乎是一种推理特征的主要例证。另一个例证就是像自然类或者人造物一样的高层次分类范畴。某一特定物体（叉子、冰箱、书等）被划分为人造物，只能说明这个物体有某种用途。但这个分类并不预示该物品的形状、原理和作用。相反，人造物是超越了具有感知结果本体特征的“物体”，它总体上并不是感知特征的集合；它为通向可能依次进行感知特征活动的各种推理建立了桥梁。

现在假设有一个只具有推理特征的概念。它像手表的价值和单词的意思一样是个抽象概念。从语言视角来看，抽象事物与具体事物没有区别：指称的充分条件是指示特征。语言界面无法“看出”概念的描述特征是感知的还是推理的。因此，从语言方面讲，不管真实世界是否存在物体或者概念化物体，指称均以同样的方式发生。

八、满意度与真理

迄今为止还有很重要的一部分我们没有谈及。孤立的语言表达无法实现指称，它们只是倾向于指称。假设我在和你通电话，我说“嘿，你快看那个！”你知道我意在指称某物；但你无法建立指称，因而也就无法建立话语的语境意义。

如果充当指示物的某个东西符合指称表达的要求，那么听话者才能成功实现指称。记住：在实在论语义学中，满意度是语言学表达和世界实体之间的联系；但是在概念语义学中，实体是在语言使用者概念化了的世界中。我们此处研究的是满意度的后一个概念。

为了理解满意度的概念化观点，我们提出图 13-1 中尚未讨论到的一个要素，即知识库与概念的组合。假设我对你说，我今天在超市和 Henk Verkuyl 说话了。孤立地看，Henk Verkuyl 这个专指名称倾向于指称；你认为我预期到指称真会实现。假如你认识 Henk Verkuyl（即他是你的知识库的一部分），你就能在自我世界构建过程中建立预期指称。假如你不认识他，这个专指名称就没达到你的满意度。

一般来说，会出现以下四种不同情况。

（12）a. 你的知识库或者现成语境中存在我的话语预期指示物，符合指称表达的要求。

b. 你的知识库或者现成语境中不存在我的话语预期指示物，所以你在知识库添加一个新的形象以满足指称表达的要求。如果我预计到你的这种情况，我就不会进行很确定地说明或者说出一个未加修饰的专指名称，而是会专门使用像我的一个朋友或者 Henk Verkuyl 这个朋友之类的不确定表达。

c 预期指示物与你的知识库可能发生冲突，就像罗素的著名例子“法国的现任国王”所描述的一样。或者它与现成语境发生冲突，比如，我说起“桌子上的那个苹果”，而你要么一个苹果也没看见，要么看见两个苹果在桌子上。在这种情况下，你必须借助一些补偿策略：猜测我的意图，要求我解释或者决定对我置之不理，等等。

d 预期指示物含有彼此在本质上相互冲突的特征，导致什么都不能满足指称表达的要求。这种情况就像“方的圆”一样，你会发现表达失常，同样必须借助补偿策略。

名词短语的指称十分清晰易懂。接下来我们谈谈句子的指称。再回到弗雷格，他认为按照形式语义学传统的标准习惯，（陈述的）句子的预期指示物是一个真值。笔者必须承认，笔者从没有理解就此提出的论点（比如，Chierchia and McConnell-Ginet，1990，第二章）。笔者要探讨的是与之相反的观点，即陈述句的预期指示物是一种情境（一个事件或者一种状态）。传统主义者勿要担忧：稍后真值会得到应有的评价。

句子指称情境的观点很大程度上是由名词短语所指称的语言学对应物引发的。尽管这个论据对情境语义学（Barwise and Perry，1984）颇有贡献，但在语言哲学和形式语义学文献中却不常被引用。首先注意一下名词短语和句子在伴随指示语指称的方式上是相同的：

（13）a. 你快看那个！飞船！

b. 你快看那个！婴儿在走路呢！

例（13）中的句 a 让你关注的是环境中的一个物体；而句 b 让你关注的是一个事件而不是真值。其次要注意，话语代词与句子共同实现指称，这与名词短语一样。

（14）a. 一艘飞船在空中出现了。它很大。

b. 突然间那个婴儿开始走路。这让她的父母很吃惊。

例14（b）中的“它”是指前面的整个句子，因此“它”这个词与前面的句子可能有相同的指示物。但“它”当然并不指称一个真值：“这让她的父母很吃惊”并不等于父母对“婴儿开始走路”所表达的命题真理感到吃惊；他们感到吃惊的只是婴儿走路这个“事件”。所以这个事件也必须是前一句的指示物。

接下来还要考虑与名词短语相互转换语境下的嵌入式that从句。

（15）a. 桌子上的苹果使 Max 很惊讶。

b. 今天红袜队赢了这个事实使 Max 很惊讶。

使 Max 惊讶的并不是真值，而是一个事件。

与例（12）中有关名词短语预期指示物的满意度的四种可能情况相对应，我们也为例15（b）“红袜队今天获胜”的指示物找出四种可能情况。

（16）a. 你的知识库里包含红袜队获胜的事件，这满足了从句预期指示物的要求。

b. 你的知识库不包含红袜队获胜的事件，所以你把这个事件当作从句指示物添加进知识库里。

c. 你的知识库里存在与红袜队获胜的预期指示物相冲突的东西（比如说，你认为红袜队没参赛）。这样你就必须借助某些补偿策略。

d. 预期事件的各种特征之间在本质上相互冲突，导致没有潜在指示物。在这种情况下，就像例句That the square is a circle astounded Max.，从句表达意义反常，同样必须诉诸补偿手段。

当然在其他情况下that从句并不以这种方式出现，尤其是在所谓的内涵语境下，比如，“相信”这个词的补语。但是这种观点下的名词短语也受限于同样的所指性扭曲。

（17）a. Max 相信（that）牙仙子是存在的/正方形是圆。

b. Max 相信牙仙子/方圆。

在这两句中，说话者对“牙仙子”或者“方圆”的存在未作出任何保证。

综上所述，从句在指示意义上符合概念化情境的标准。那么真值呢？陈述句的真值判断遵照其满足指示条件的方式。

（18）a. 在16（a）中，句子的预期指示物存在于你的知识库中（或者说可以提取），你判断句子真实。

b. 在16（b）中，句子与你的知识库没有冲突，你通常认为该句子具有信息量，且是真实的。

c. 在16（c）中，你判断句子虚假。

d. 在16（d）中，你判断句子逻辑上虚假。

真值就是这样按照塔斯基（Tarski，1936/1983）的提议从指称和满意度的角度来定义的。

简言之，名词短语和句子的指称对等物体现在概念化物体和概念化情境的对等上。满意度这个概念可适用于两者，但是句子有一个附加评价层次，在这个层次上它们基于其满足指示要求的方式被特征化为真实的或者虚假的。

在这种研究方法中，将判断句子是否真实的各个条件具体化的问题仍然存在。这只不过是将语义学理论的主要问题降级为诸多问题之一罢了。更基本的问题似乎是所指要素的满意度条件，以及这些条件与知识库相互作用的方式。事实上，在这个问题上，“真值条件”语义学领域还可以做大量研究。譬如，句子 S1 是否包含句子 S2 这个问题与其真值无关——句子可以描述完全虚构的或者假设的情境。反过来，如果将句子 S1 所指的情境添加到别的空白知识库能使句子 S2 所指的情境达到满意度，那么句子 S1 包含 S2。其满意度涉及的因素及推理规则的形式，可以在本质上与真值条件研究保持一致。

总之，概念论研究法将语义学的焦点从“什么使句子真实”的问题转向“我们人类怎样理解语言?”在这个生态良性循环的问题上。笔者说“生态良性循环”的意思是，它允许我们把语义学研究与其他人类科学结合起来。笔者认为这迈出了积极的一步。

显然，建立心理语义学尤其是关于指称和真理的心理理论还存在许多需要进一步研究的问题，《语言基础》仅解决了一部分，还有一些尚未涉及。但是，我们目前只能讲到这里。结束时我们并没有如实在论者显然期盼的那样赋予真值以坚如磐石的概念。但是笔者认为，我们已经开始预想到某个东西，它饱含这样的希望，即解释真理和指称的人类意义，以及有关真理和指称的哲学及常识争辩频繁发生的原因。笔者对结束这项研究工作不抱任何错觉，因为这是一条值得探索的道路。

参考文献

Barwise, J. and Perry, J. (1984). *Situations and Attitudes.* Cambridge, MA: MIT Press.

Bratman, M. (1987). *Intention, Plans, and Practical Reason.* Cambridge, MA: Harvard University Press.

Byrne, R. W. and Whiten, A. (eds.) (1988). *Machiavellian Intelligence: Social Expertise and the Evolution of Intellect in Monkeys, Apes, and Humans. Oxford: Clarendon Press.*

Chierchia, G. and McConnell-Ginet, S. (1990). *Meaning and Grammar: An Introduction to Semantics.* Cambridge, MA: MIT Press.

Chomsky, N. (1995). *Tlie Minimalist Program.* Cambridge, MA: MIT Press.

Dennett, D, (1991). *Consciousness Explained.* New York: Little, Brown.

Fiske, A. (1991). *Structures of Social Life.* New York: Free Press.

Fodor, J. A. (1975). *The Language of Thought.* Cambridge, MA: Harvard University Press.

Fodor, J. A. (1983). *The Modularity of Mind.* Cambridge, MA: MIT Press.

Fodor, J. A. (1990). *A Theory of Content and Other Essays.* Cambridge, MA: MIT Press.

Fodor, J. A. (1998). *Concepts: Where Cognitive Science Went Wrong.* Oxford: Oxford University Press.

Frege, G. (1892). Über Sinn und Bedeutuug. *Zeitschrift für Philosophie und Philosophische Kritik*, 100, 25-50. (English translation in P. Geach and M. Black (eds.), *Translations from the Philosophical Writings of Gottlob Frege.* Oxford: Blackwell, 1952.)

Gigerenzer, G. (2000). *Adaptive Thinking: Rationality in the Real World.* New York: Oxford University Press.

Goodall, J. van L. (1971). *In the Shadow of Man.* New York: Dell.

Groenendijk, J., Stokhof, M., and Veltman, F. (1996). Conference and Modality. In S. Lappin (ed.), *The Handbook of Contemporary Semantic Theory.* Oxford: Blackwell.

Hauser, M. D. (2000). *Wild Minds: What Animals Really Think.* New York: Henry Holt.

Hauser, M. D., Chomsky, N., and Fitch, W. T. (2002). The faculty of language: What is it, who has it, and how did it evolve? *Science*, 298, 1569-1579.

Heim, I. (1989). *The Semantics of Definite and Indefinite Noun Phrases in English.* New York: Garland.

Hubel, D. and Wiesel, T. (1968). Receptive fields and functional architecture of monkey striate cortex. *Journal of Physiology* (London), 195, 215-243.

Jackendoff, R. (1972). *Semantic Interpretation in Generative Grammar.* Cambridge, MA: MIT Press.

Jackendoff, R. (1976). Toward an explanatory semantic representation. *Linguistic Inquiry*, 7, 89-150.

Jackendoff, R. (1983). *Semantics and Cognition.* Cambridge, MA: MIT Press.

Jackendoff, R. (1987). *Consciousness and the Computational Mind.* Cambridge, MA: MIT Press.

Jackendoff, R. (1990). *Semantic Structures.* Cambridge, MA: MIT Press.

Jackendoff, R. (2002). *Foundations of Language.* Oxford: Oxford University Press.

Jackendoff, R. (forthcoming). *Language, Culture, Consciousness: Essays on Mental Structure.* Cambridge, MA: MIT Press.

Kahneman, D., Slovic, P., and Tversky, A. (eds.) (1982). *Judgment under Uncertainty: Heuristics and Biases.* Cambridge: Cambridge University Press.

Kamp, H. and Reyle, U. (1993). *From Discourse to Logic.* Dordrecht: Kluwer.

Katz, J. J. (1981). *Language and Other Abstract Objects.* Totowa, NJ: Rowman ft Littlefield.

Koch, C. (2004). *The Quest for Consciousness: A Neurobiological Approach.* Englewood, CO: Roberts and Company.

Koffka, K. (1935). *Principles of Gestalt Psychology.* New York: Harcourt, Brace ft World.

Köhler, W. (1927). *The Mentality of Apes*, London: Routledge ft Kegan Paul.

Kripke, S. (1972). Naming and necessity. In D. Davidson and G. Harman (eds.), *Semantics for Natural Language.* Dordrecht: Reidel.

Lakoff, G. (1987). *Women, Fire, and Dangerous Things.* Chicago: University of Chicago Press.

Langacker, R. (1987). *Foundations of Cognitive Grammar*, vol. I. Stanford, CA: Stanford University Press.

Lewis, D. (1972). General Semantics. In D. Davidson and G. Harman (eds.), *Semantics for Natural Language*. Dordrecht: Reidel.

Marr, D. (1982). *Vision*. San Francisco: Freeman.

Monrague, R. (1973). The proper treatment of quantification in ordinary English. In J. Hintikka, J. Moravcsik, and P. Suppes (eds.), *Approaches to Natural Language*. Dordrecht: Reidel.

Pinker, S. and Jackendoff, R. (2005). The faculty of language: What's special about it? *Cognition*. 95, 201-236.

Stalnaker, R. (1984). *Inquiry*. Cambridge, MA: MIT Press.

Tarski, A. (1936/1983). The establishment of scientific semantics. In A. Tarski, *Logic, Semantics, Metamathcmatics* (J. H. Woodger, trans; 2nd edn., ed. J. Corcoran). Indianapolis: Hackett.

Tooby, J. and Cosmides, L. (1992). The psychological foundations of culture. In J. H. Barkow, Leda Cosmides, and John Tooby (eds.), *The Adapted Mind*. Oxford: Oxford University Press.

第十四章　语言的而非汽车的意向缺失

乔治斯·雷伊（Georges Rey）

在这里，笔者想简单地谈谈语言的真实性问题，即杰克道夫在本书中提到的一般的外部世界［第十三章“在心智中定位意义（意义何在）”］[1]。这也是他在过去20年中一直研究的议题。

人们谈话时，会产生诸如单词、句子、语素、音素、音位的标记，这看似是很常见的。我把这些标记称为“标准语言实体”（standard linguistic entities，SLEs）。在这些普遍性中有一部分可能是一种假设（“物质标志”，简称“物标”），即这些实体可通过一些声学现象被识别，如时空中的声波。正如戴维特和斯蒂尔尼所说[2]：

> ［物标］标志在物质世界是有据可依的，书面形式和声音形式由它们外在的物质特性决定，因此我们将它们称作“物质类型”。（Devitt and Sterelny，1987：59）

然而，多年来这种假设受到语言学家的不断质疑，如索绪尔（Saussure，1916/1966）、萨丕尔（Sapir，1933/1963）、哈勒（Halle，1968）、杰克道夫（Jackendoff，1983/1987）和乔姆斯基（Chomsky，2000）。在莱弗关于语音学的文章中，他写道：

> 在一句话中的声波是一个统一体，其中仅一些点能够自然停顿或体现一种听觉上清晰稳定的状态，这种状态可被短暂保存，因此还能作为将统一体的部分分析成“真正的”声音部分的基础。这种观点大部分是一种勉强的分析，并非是在言语的统一体中自然时段的发现产物，这种观点应受到最有力的支持。(John Laver，1993：101)

这种语言观有时会使这些语言学家否定SLEs的存在，也会因此而否定许多非语言学的观点，这些观点是我们需要发现和讨论的。在很多方面，如乔姆斯基（2000：129ff，180ff）曾建议的，音系学本体论应效仿语义学本体论，他甚至认为“音系可以作为‘创世’的一种而命名，正如乔德曼（Nelson Jondman）所言”，他展示了对17~18世纪理想主义的各种形式的同情。“众所周知，世界是思想的世界”，这句话是乔姆斯基（Chomsky，2000：182）引用约尔顿（Yolton，1994）的观点。

支持这种理想主义最多的语言学家要数杰克道夫。杰克道夫曾充分地论证过："音乐和语言的结构最终必被认为是思想的产物：它们不存在于人类创造者的缺失中。"（Jackendoff, 1983：27-28）但是，他后来又很快归纳了一个相似的理想主义形式：

> 我们仅对设想的世界具有意识——由思维无意识地构成的世界；我们能谈论这些是因为它们已通过这些构成过程形成了一种思维形式。因此，语言传达的信息必须与设想的世界有关。(Jackendoff, 1983：29)

这种观点在本书中一直存在，他建议"放弃未被核实的世界中的物体这一概念，并且以这个相关理论为目的，也会将这个'世界'强制印在语言使用者的思维中"。这也是他非常担心的问题。

> 特定的唯我论甚至是反构建主义的，好像语言使用者想随心所欲地构造世界，好像指代的是人的思维形式而非所指物体。

但是，他称"似乎别无选择……在这方面我们的想法看似被我们的大脑束缚了"。事实上，"感知的世界对我们来说才是真是的世界"（他强调说）。但他认为这样也不差，因为

> 我们最终关注的是真实性，即我们生活的世界的真实性。这样还不够吗？（至少，对语义学来说还不够吗?）如果你想依靠人类知识超越它，并要求一个更终极的真实性，那么可以，但那完全不能体现出我的研究意义。

现在笔者当然认为杰克道夫想描述人的世界观的特性这个研究是有意义的[3]。事实上，笔者对他的尝试是赞同的，因为其是独立于任何一种假设的，不论这些概念是否正确。然而，笔者认为这种尝试并非要包括他所引用的传统理想主义的结论。且不说刚解释的"经验的世界"可能是什么样子（恐龙是由皮肤、血液和我们的想法组成的吗?），或是可以用自然科学来缓解这些观点的难度（和古生物学一样，它们的存在真的是我们所认为的那样吗?）；且不说这个著名的自相矛盾的说法——我们有意识并"只"能传递有关它们的信息，而非真实的存在（杰克道夫是想告诉我们关于真实的人吗？如果不是，为什么我们要关注他?）。在这里笔者想说的是，他或其他语言学家的争论是否真的能使我们明白这些观点。笔者认为，戴维特和斯蒂尔尼（Devitt and Sterelny, 1987）没能做到。然而与他们不同，笔者认为否定 SLEs 存在的语言学家是对的。本章的目的是试着把这些问题整理出来。

在下面第一部分，笔者会提出一些特例来阐明问题。在广泛的意图主义者认可的当代认知科学中，笔者想着重说明在意图词汇中"存在的"和"（纯粹地）有意的"使用，尤其是重要的术语"代表"和"表示"。另外，还有意向内容中

的“内在主义”和“外在主义”在理论上的区别。

在第二部分这些否定物标的区别会激化语言学家的争论。尤其是外在主义为严肃的“存在”提供了一个有用的条件，并且至少不会被典型的 SLEs 所解决——句子和语音。相反，以汽车的结构特征为例，SLEs 的结构特征不会也不需要在空间和时间中被意识到。它们充其量在心理上是真实的，但这种真实性一点也不真实——无论如何，不是那种严肃的、“独立的”真实性，这种真实性可能被内容外在主义所要求。

在第三部分笔者考虑了杰克道夫的理想主义建议，并描述了这些建议如何不会只被 SLEs 所限制，这就引起了一个普遍的理想主义，这种理想主义在很多类似的方面都是有问题的。使用乔姆斯基在这个联系中使用的术语——“轮转”，这些及其他哲学建议对于语言学的理论任务是完全不必要的。与乔姆斯基不同，笔者认为所有的建议都是真的，包括他本人有时也赞成理想主义。因为在笔者看来，这种理智的事情并不能够为 SLEs 找到特别的本体论地位，仅能否定它们完全存在的说法。

但是如何能够理性地否定如单词、句子、诗歌、演讲之类的存在？当人们谈话时，我们应该想什么？至少在音系学的研究中，笔者会把这个假设称为“妄想症”（folie à deux）：人类说自然语言的能力基于特殊能力而存在，这种能力主要包括为 SLEs 恢复和意图产物提供便利的系统。对于相似性指令由说话者的音系体系组成并产生一定的 SLEs，这些指令在发音系统中能引起多样的反应，反过来也会产生各种声波。然而，这些声波在构造上不能依赖于 SLEs，但是当与一位合适听者的听力系统发生冲突时，这个听者的音系系统将能作出极好的猜测，关于说话人指令的意向内容，而非任何实际的 SLEs，那么根据其假定，这一猜测事实上永远都不会被说出来。实际上，这种普遍的猜测很好，进而导致感知的假象如此之生动，这一点在很大程度上未被注意到，说者和听者一样，他们都可以自己说出并听到 SLEs。按这种说法是一种“妄想症”（也可以写为à n，在这里n 代表着普通语言的说话人）：说话者有产生一个 SLEs 的想法，而听者有听的想法，结果是听者通常能够精确地判断说者打算说什么。事实上，SLEs 的标记实际存在可能是一种偶然。对于一般交际的成功及语言学理论的需求，它们的存在是完全不必要的。

但是，我们和语言学家一直在谈论 SLEs 的方式是什么。我们如何理解这些主张，如某个句子是模糊的，可以被不同的人读成不同的发音，如rhyme 和slime 都押 m 韵，又如一个代词和某个名词词组（NP）共同指代什么？笔者意识到为它们提供一种非物质的“心理真实性”是非常有趣的，正如杰克道夫所认为的那样。然而，笔者在第四部分总结出，这种吸引力及其引起的似是而非的问题总会轻易受限，这导致人们完全不把 SLEs 看作是一种存在——不在实际世界或任何可能的世界，或任何一种经验的、现象的或感知的世界。可以肯定的是，一定存在着某些稳定的意向内容，这些内容有助于folie à n在我们的生活中起重要的作用。但是，来自这些folie中的明显的事物最好被看作（在布伦塔诺的1874/1973阶段）是“意向缺失”：我们所想的是，但（我们很了解）那并不存在，如圣诞老人和宙斯。如何系统地理解这些事情是一个有趣的议题。在杰克道夫的话语中，笔者认为这些话语是有用的，可能是不可缺少的，可用于心理学，如“精神形象”、“精神模式”甚至感知或意识（见Rey，1981，1997，第十一章：下面提到的）。

不同于杰克道夫，笔者认为无需为每一件事激发这种话语，尤其是为了我们生活中意向缺失的重要性，笔者同样认为，相比一些抽象的东西，如数字和背景，我们更愿意用真实的事物来举例，如空间、时间、物质、人，更不用说我将作为代表引用的例子——我的汽车，一辆最可靠的本田雅阁。

一、意　向　论

1. 意向内容

笔者同意杰克道夫（令人惊讶具有争议的）的观点，即人们都有思想，他们中的一些状态成为认知科学的主体，我们可以认可认知科学家的观点，他们建议根据内在表象去描述那些状态，因为它们几乎无处不在。所以，语言学家常常讨论SLEs的语言能力表象的特点；视觉理论主义者常在边缘、表层和形态上讨论视觉体系的表象特点；动物心理学家会讨论鸟和蜜蜂的表象特点，如时间、距离和星空（Gallistel，1990）。当然任何人只要对人类所有的精神生活感兴趣，都会关注他们感知、思考和讨论的任何事物的表象。表象与意向性的现象有密切的联系，或是与一个表象所代表的——次数、地域、物体、动物、方位、星空、数字等现象有关——有时甚至是不存在的东西如鬼魂、天使或是福尔摩斯有联系（这些例子我们稍后会简单讨论）。

假设一个意向性的理论，尤其是用来解释来源于物理过程中的意向状态是多么特别，这个理论是哲学和认知科学中最难的问题之一。杰克道夫恰当地考虑了对某些人来说思考或“抓住”的内容是什么。但他错误地认为意向性问题无法解释“抓住”的是具体物体还是抽象物体，事实当然不是这样。

> 原则上我们知道思维如何“抓住”具体物体：它通过感观的输入来构建认知结构。这是一个物质过程。（第十三章，第223页）

毋庸置疑的是物质过程，但它绝不仅是人们所知的物理术语解释，但对属术语的理解也是这部分的难点。认知或感知结构的意向内容，也就是表象，甚至仅决定那个内容是什么，比如，视觉体系特定状态的内容是与边缘、表面、实体、

（欧几里得）线条和距离相关呢，还是它们仅仅是数学中的数字呢[4]。但这种在抽象或具体例子中原因的缺失并非不安的原因。这是因为：

> 没有一个有关这个术语的解释——无人提供——使我们无法逃避地被引领到关于“抓住”半神秘的解释中，这导致了一个科学的终结。

科学史中曾经充满了术语，这些术语以后不得不等待理论的验证。意向性在过去的几百年来已获得大量的哲学关注（见后文），尽管要充分论证它还是非常困难的，但在笔者看来没理由绝望以至于把这种现象看成是“半神秘的”。

2. 存在和纯粹的意向表象

令人惊讶的最热门的测试话题之一是，我们是否能够正确地说出不存在的事物的表象，如鬼魂、天使、福尔摩斯。然而这些测试是以我们对“表示”这一词语使用的歧义为基础的。下面考虑这个句子的多种理解方式：

x 不表示任何事情

这可能意味着表象，x 是无意义的，

就像“Uhurhgr”什么也不表示一样。

或只能意味着 x 不能表示任何实际事物，

如“宙斯”什么也不表示一样。

也就是说，“宙斯”所表示的不是真实的事物——没有宙斯。很明显现在像“宙斯”这样的表述在第一次使用中可以表示一些事物，即“宙斯”不是一个无意义的表述，在第二次使用中不表示任何事物。由于种种原因笔者会将第一次使用称作“（纯粹地）意向”的使用，将第二次叫作“存在”的使用。

然而，假设“宙斯”是有意义的，就会出现一个问题，在有意识的使用中它真正表示了什么。注意这两种使用包含不同的直接物体。如果一个说者正讨论一个事物，这个事物是她和她的听者期待看成顺其自然的存在，她可以说：

（1）单词“Bush”表示布什。

她使用右边的“布什”作为她谈论真人乔治·布什的方法，但如果她正谈论一些存在的事物，她不想她和她的听众看成理所当然的话，那么她一般会这么说。

（2）单词“Zeus”表示宇宙。

但她不会把右边的“宙斯”看成是讨论真神·宙斯的方法。

所以我们如何理解（2）中的某些人（如 Mallikn，2000：175-176）可能会回避它，但在笔者看来完全可以理解；也就是说，我们必须留心我们所说的。很有趣的是，在（2）中，“宙斯是你头脑中的一个概念”（Quine，1953/1980）。但是从字面理解这是不可能成真的。不论你头脑中是什么，都没有一个留胡子的神，宙斯当然不能被认为仅是个想法，然而就算是这样仍可以存在，因为（让我们设想）这个想法确实存在！说起来这个有趣的东西是荒唐的。

但很明显，如果我们无心地说出类似于（2）这类的话语，我们知道其实它并不指任何实际事物，这时我们会有意地使用“表示”，这样便于将我们的注意从事物转移到想法上。也就是说，当我们完全有意地使用“表示”时，我们所使用的更像“感知”而非术语的“指称”？（尽管和弗雷格一样，但我们不指代感知或想法，因为有人会认为宙斯不会思考一个感知或想法）。

就目前的区别来看，我们可以针对“有意地使用”来（暂时地）鉴定一个表象的（有意的）内容，大致如下：

> 当我们使用习语“表示（表象）x”纯粹意向时，一个（有意的）内容是我们所理解的 x。

也就是说，

> 当我们使用习语“表示（表象）x”纯粹意向时，一个（有意的）内容是我们所理解的 x，但是没有真实的 x。

笔者有意使用模糊的“我们所使用的 x 是什么”，是为了尽量在各式不同的理论中保持中立。也就是说，“如何理解有意的使用”是至关重要的（见 Rey，1997，第十章是对最近观点的一项调查）。因此，一个有意的内容是在“那是宙斯的‘表象’中”我们理解的“宙斯”，尽管不存在真的宙斯，但为了将一个有意的内容与被否定存在的实际物体区分开，笔者会将那个内容中的话语放入括号中。因此，宙斯是一个事物、内容，（宙斯）是另一个（首先当前者不存在，后者就能存在）形象。

这些与我们所讨论的 SLEs 有什么关系？笔者想至少先谈谈 SLEs 不真实的可能性，先不讨论笔者（和杰克道夫）推测的。如果纯粹的有意“x 表示”与具体 x 使用没有区别，这种思维的表象理论可能就随之被否定了。事实上，值得注意的是，理论学家们确实以完全有意的方式使用“表示”，至少他们承诺了一些或其他有意内容的原因，正如我们所界定的那样[5]。这种使用是心理学解释的中心（笔者同意杰克道夫的观点），这个领域的核心是有意内容，在那些内部并非任何真实世界中的现实现象都会被提及。因此，笔者相信语言学领域不光包括 SLEs 本身，还包括 SLEs 的有意内容，如名词、名词短语、词组、句子，不仅是名词、名词词组、词组、句子本身（被认为是外在世界的真实现象）——尽管不去谈论那些“事物”，在日常和理论谈话中也是很麻烦的。“表示”的纯粹有意使用具有奇特的特点，将我们的注意力引到了我们纯粹了解的不存在的“事物”上。也就是说，“有意的不存在”。

3. 内在主义和强外在主义及弱外在主义

人们可能会希望“纯粹的语言”问题与更具实质意义的问题有密切联系。

在过去的一个世纪中，有两种方法能区别存在的使用和有意的使用。“（内容）内在主义”认为一个行动者（动物，机器）的有意内容仅依赖于系统内在的事实等，而不表示大脑外部的事实。尽管这是个过去一直流行的观点，但在过去的25年中也受到了很多的批评，尤其来自如克里普克（Kripke，1972）、普特南（Putnam，1975）和本格（Burge，1979）等学者的批判[6]。哲学家认为，“外在主义”理论所依赖的是外部环境的内容（和/或它们的归属）。然而，这种依赖可能说明或无法说明方法的数量。笔者所称的“弱外在主义”，是指一些态度内容按某种或其他方式依赖一些外在事实。笔者在这里不会将重点放在这个弱的完全似是而非的观点上。相反，笔者主要讨论“强外在主义”或这样一种观点，即一个（非逻辑）事物的表征是由外在世界的真实现象所决定的，这个外在世界连接着一些特别的任意关系。如戴维特（Devitt，1996），米利肯（Millikan，2000）等人认为的，任意关系式与真实现象之间都存在着一种真实任意的关系（精神表象真的能够被这一现象引起）；而德雷斯科（Dretske，1988）、福多（Fodor，1990）则认为，表象仅是反真实的共同变化（表象可以与特定反真实环境下的现象共同变化）。在这两种观点中，其中一种存在对现象的实际或反实际真实性的认可，它提供的有意内容指的是主体的一种非逻辑性态度，就是这个笔者会讨论的、被认可的、可以放入SLEs例子中的内容。

有人可能认为，强外在主义中的很多例子的内容都是易受批判的，这些内容至少是不涉及任何实际的外在现象的，如鬼魂、精灵、神、梦中形象和科幻。但外在主义者用了很多方法来解决这些例子，这里主要说明的策略是，纯粹有意地使用“代表”仅在逻辑上包括复杂的表象，而非任何简单的表象——事实上，很多人认为，任何很简单的例子（如“天使”）并没有真实的内容（见Fodor，1990，1998；Millikan，2000：175-176，2004；Taylor，2003：207-212）。使笔者对SLEs的例子感兴趣的是，这些方法在它们的例子中并非好像似是而非的——涉及这些表述的例子是作为一个专门的语言模式成分存在的，这些例子在概念或内容上可能是最小单位的，但能够激起人们对这些例子兴趣的通常都是严肃的理论问题，而不仅仅是普通的日常对话。

实际上，这些内容的不同理论争论，它提供了一个使有关SLEs存在的讨论变得重要的方法。正如杰克道夫（第十三章）和乔姆斯基（Chomsky，2000：177-178）所强调的，“存在”和“物体”的日常谈话是相当广泛的，包括存在的复杂性：我们所指的“事物”如“彩虹”、“天空”、“风”、“人的名誉”，但如果想详细说明这些“事物”是什么，就比较困难了。然而，笔者在这里不会讨论日常谈话。相反，笔者想强调纯粹关于SLEs存在的理论问题，把它作为解释假设：这些真实实体在任何语言学或心理学理论中能够起到必然的解释作用吗？为了证明这个讨论，笔者会在一些有关强外在主义思维内容理论的著作中为否定SLEs的存在而辩护。笔者之所以这样做，一部分原因是笔者认为这一理论并不像它所表现的那么具有说服力，它的作用需要核实；还有一部分原因是这些理论并不能解释许多日常现象，反而会限制人们对其的认识。尤其是如果强外在主义理论为内容提供了一个可解释的充足理由，那么它所表现的外在现象最好能够被独立地划分出来，这也可以为后一个原因提供一些解释，让我们思考无法被SLEs满足的原因，即为什么它们的存在总是显得似是而非。

二、SLEs 和汽车

1. 句子

语言学家对于SLEs不存在的讨论是非常少的。思考一下我们按照正确的拼字法所写出的普通英语句子，例如：

（U1）John seems to Bill to want to help himself.

在标准的生成语法当中，这个句子至少要包含以下分析：

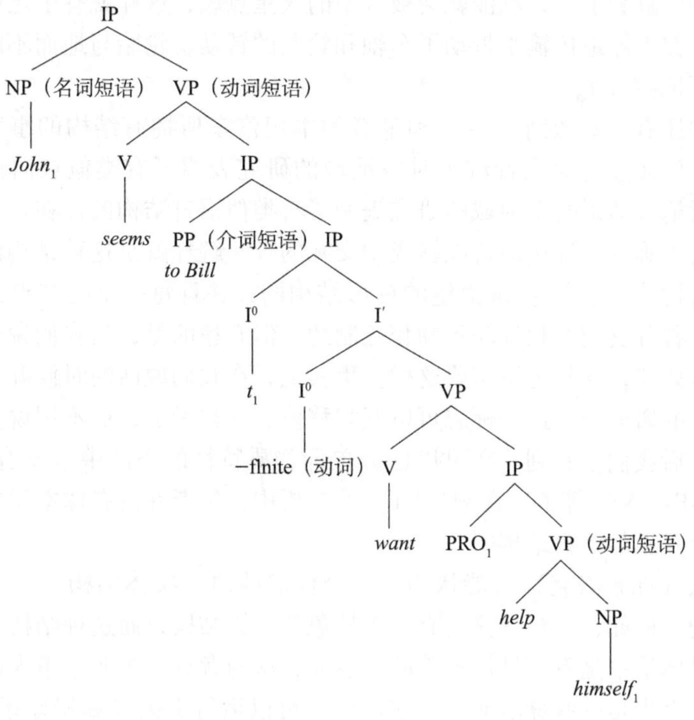

因此，在这个例子中不仅有精确的树形结构图，而且还有一些“空缺项”，例如，标记（t_1）和PRO在树形图中都有明确的节点，但由于种种原因它们没有具体依附的SLEs。因为在句子的转换过程中，每一个SLEs都在向不同的节点

转移，有时需要和其他节点的成分互相索引：在例句中，t_1 就和John、PRO、himself 相索引，竟而得出这一事实：想要和帮助的主体是John，而不是Bill。

现在世界上什么样的真实事物会拥有这一结构呢？例如，以上的例句（U1）就拥有这样的结构吗？那样的语言又会是什么呢？——一个英语句子的标志。根据物体标志理论，就是存在于时间和空间中的一些东西。但是，任何在时空中的物体都有以上的结构吗？笔者认为是没有的。

2. 汽车

正如笔者所说的，笔者的汽车（本田雅阁）是一个非常好的对照。汽车就像语言实体一样是人造物，是人类在特定的目标下所制造的，并且是已论证的类型标志。笔者可以确定地说：如果没有人类，就不会有汽车的存在。当然这并不意味着笔者的本田车不是真实的。例如，当没有人看或想它的时候，它就不在车库了（笔者期望：即使在人类都消失以后，汽车都永远存在）。事实上，笔者承认很有必要去解释一下笔者本田车的可靠性。它由一个特定的因果结构构成：当活塞紧贴到汽缸套上时，汽油就会被塞中的火星点燃，这样就有了足够的动力去转动机轴，在不停地传输中带动了车轴和轮胎的转动，轮胎与地面不断摩擦就使得汽车不断地前行了。

时空中还有一些像例（U1）和笔者的本田汽车所拥有结构的事物吗？看似好像没有。然而通过对笔者汽车时空地域的研究表明了有类似意向性结构的存在，通过对笔者话语时空地域的研究表明了有类似语言结构的存在。如果笔者疯狂的想法是正确的，那么语言能够成功交际的唯一解释就是这种结构的存在。人们能想象去构建一个鲁布-哥德堡的树形结构图，并且每一个终节点都延伸出不同的语素，各分支间都相互联系和相互制约。但有趣的是，当我们说话产生噪声的时候并非如此，并且也不需要这样。事实上，在我们说话的时候并没有去构建一个有标志的树形图，这些标志可以互相移位、互相索引，更不用说空缺项的存在了。在稍后我们会看到：在可以区分单词物质特性的声波中也没有明确界定，更不用说 NPs、VPs 等了。在例（U1）的分析中，笔者并没有像本田的修理工那样给出一个真正的语言结构图。

有些人（如布洛克）可能认为，一个标准的语言实体结构在一定程度上是非常抽象的。例如，一台计算机有一个抽象的计算结构，而这种结构在金属和塑料制成的晶体管中是看不见摸不着的。然而，这两者有一个非常重大的区别：对于计算机或至少是一些算法而言，它们确实可以运行下去（如操作系统）。对于你在网上进行特定资料搜索运算的时候，会有什么情况发生？人们持有各种主张和意向性的反事实看法。如果这些主张和意向性的反事实看法断定为真，那么计算机就确定在执行一项特定运算，反之亦然。如果计算机确实在执行一项运算，那么运算的具体步骤就会清晰地在物质状态机器中显现出来。没有什么类似的事物会比 SLEs 更加真实了，至少它不独立于人类的感知。

3. 语音和声学

虽然 SLEs 可能被认为是一些虚幻的东西，但是许多人可能仍然坚持：基于这一结构的实体对于物质标志而言具有一定的真实性。然而，音素和句子结构一样也是虚幻的，我们将从引用莱文（Laver, 1993）的观点开始说起。在此笔者不想解释语言学和声学之所以不同的原因（可参照 Fodor et al.，1972：279-313；Jackendoff, 1987：57ff）。为了满足笔者疯狂的想法，在此笔者会展示一个独特的有趣现象：线索移位（cue displacement）。思考一下以下的例子：

（U2）Proust was a great writer of prose but a poor rider of horses.

一个典型的讲英语的人在讲这句话的时候会注意到：writer 中的 /t/ 和 rider 中的/d/。然而，在我们观察这两个音的同时，我们会注意到这两个音会产生相同的前声带震动。但是这通常会使人们很惊讶，因为在初次听见（U2）这句话时，人们往往不会注意/t/和/d/的区分，只有认真分析才会发现其中的区别。如何去掌握这种类型的句子呢？writer 中的/t/的音由于前面的元音/i/而缩短了它的发音长度。因此，说者不能成功地发出/t/的音，听者也不能清楚地接收到/t/的音。但是说者和听者都清楚 writer 这一词所产生的标记，正如 latter 和 ladder 的区分一样（可参考 Fodor et al.，1972：292-293；Jackendoff，1987：61-62）。

福多以相同的类推法比较了一个罪犯所留下的线索。听者处于一个侦探的位置，从线索中推断出了罪犯的身份，但不是通过线索就能识别出罪犯的。

> 一个语音中所代表的声波不会像指纹一样，它更像是一堆根本不同的数据，夏洛克从这些数据中排除了罪犯的身份。（Fodor et al.，1972：301；Laver，1993：106）

值得注意的是，由于在特定语篇中说者想要传达给听者的程度不同，说者给听者所提供的线索和标记也大不相同。例如，对待儿童、外国人和吵闹的电话的方式是各不相同的；对于熟悉的朋友和同学的招待也是不同的；拍卖商在高形式化的语言中争取其拍卖空间的表现也是各不相同的。当然，在我们接触专为盲人和聋哑人发明的触知性“泰多码”（Tadoma）语言时，这些线索看似就成了一些规定了（因此，通过感触听者的面颊和脖子，发明了正确率高达 80% 的 SLEs）。根据这一观点 folie a deux 显示，我们人类都是听觉泰多码一族。

4. 心理现实

在前文笔者提到过，人们可能更易于感知，并且认为限定和分类在“心理上都是真实的”。当然，标准语言数据为思维如何代表事物的真实性提供了强有力的依据，且标准语言数据虽基于同类因素却是不易被接受的，并且事物之间是互相指称的［如例（U1）中的 John 和 himself］。

但是，物质的“心理真实”是否能够简单地满足其自身的真实呢？在此笔者以本田车和计算机为例进行说明：主要运用卡尼莎三角理论（Kanizsa figures）。

从标准意义上而言，人们会把上面的图形看作是一个三角形——的确很形象。初学者通常会把他的手指放在顶点上去感知：它是一个错觉。也就是说，尽管这个图在“心理上是真实的”，但实际上并无三角的存在。这些物体的三边结构本来是没有的。确实，卡尼莎三角论仅仅是一个有趣的例子用以说明这个道理。正如柏拉图所说的，严格意义上人是不能看到一个真正的三角形的，因为所有给定的例子都是有缺陷的（这些边都不是完全直线的，并且不是指向单一方向的）。无论如何，心理上的真实应该与嫌疑犯的罪状放在一起来理解。然而，对于“哪些心理上的真实感受才是真实的”观点，人们很难真正地理解。

对于卡尼莎三角论是否有一个真正的三角，还是三维空间中有这样一个三角，三角到底出现在哪里？诸如此类的问题，很多人都给予了答复。但是，从严格意义上说并无真实的三角，可能是因为我们头脑中几何现象的概念源于古希腊的欧几里得几何，并且真实的空间是源于黎曼几何学。但是除去这些困难不说，在这样一个视域下，空间就会像是一个充满了许多方形物、珠宝和三角等连续统一体的物质。人们所看到的每一个地方几乎都感知不到。对于笔者而言，这个绝望的、徒劳的看法对强外在主义者目标的实现是非常不利的，因为如果事实的确如此的话，一个可感知的三角将仅仅是一个被特定描绘产生且自身有诸多限制的物体。

更进一步说，在思想中保持对环状物威胁的意识是非常重要的。如果所描绘的内容和其引起的原因是一体的，那么这些原因可以被确认为是独立于其内容的。也就是说，人们所认知的三角形或是 SLEs，是独立的。但是将其应用到卡尼莎三角形中看似乎有些困难：正如图中显示的那样，由顶点所定义的图类型完全依赖于感知者如何定位，同时也依赖于谁指引将其看成是一个三角形。

正字法 SLEs 至少和卡尼莎三角论一样令人费解，因为卡尼莎的字母表完全由正字法 SLEs 构成（Ninio，1998/2001：90），有时人们可以想象出记录信息和使用它们交流的这样一群人。但有时却更加糟糕，因为没有人能像空间几何学那样有途径去理解它们。通常人们不仅能够使自己听到的视觉界限变得显而易见，而且能够在头脑中形成形象并找出其中的言语漏洞，这足感知者的物质。的确，人们很难将 SLEs 看成是一个 SLEs 所代表的独立于物体所承载的原因。

但是有些人（如路易斯·安东尼）会提醒我们“难道乔姆斯基的观点不重要吗？乔姆斯基认为，事实上儿童所听到的句子与他所提供的信息结构是相关的”。更确切地说，一个人对语言的理解包括其他事物会自动地去遭受一个可说明意向结构的视觉冲击。然而，意向内容的说明是一回事，而对它的立刻反应是另外一回事。正如许多即将成为小说家的人们可以编造事实一样，他们可以将本没有发生的事实通过说明其意图而让其在书中发生。很显然，在此语言的习得确实依赖于语言结构内系统的说明，但是这并不代表听觉冲击能够拥有或显示有那种结构：可能它只是作为意向结构的指示者来提供足够的线索、暗示、警告和笔者所建议的那些疯狂想法罢了[7]。

三、SLE 理想主义

许多哲学家都喜欢对那些似是而非的问题进行分析和研究。因为杰克道夫并不支持这些分析和研究，所以笔者在此也不再提及（但可参考雷伊的著作，即将出版）。笔者将会简单地评论一下他所支持的理想主义的观点，即 SLE 并不存在于真实的世界，所有事情我们都可以感知到，但是要在一个部分由我们的思想所构成的现象的、经验的世界中感知。

当然，关键的问题就是弄清楚这些物体应该是什么样子的，并且我们所认为的那些对于 SLEs 真实的事情如何才能为真。首先，如果它们不存在于真实的时空中，我们很难去看到它们是如何被说出、被听见并且产生的。如果它们仅仅存在于想象的时空中，它们是以一种什么样的方式使得现实中的人们听见的？例如，c-命令结构在它们中有效吗？或者其他的人们也仅是现象的，而非真实的？难道它们到目前为止仅存在于我们的概念和感知中？它们的躯体又是什么样的？……可能我们不久将会受到威胁，SLEs 理想主义将吞没世界，而我们所遗留的仅是前面笔者所提及的矛盾：为什么我们应该认真考虑杰克道夫的看法，因为以它们自己的标准来衡量，这些都不是关于真实世界的。

注意，这里杰克道夫不仅违反了标准的哲学思维，也违背了普通的“我们”，他想说：这不简单是“对我们而言感知世界是真实的”这一事实（他强调），或是“对（我）们来说，我们最终关心的是真实性，在我们引领我们生活的世界”。这个事实至少仅代表我自己（但事实上还有很多人），当笔者将注意力集中于“最终”真实的时候，笔者从自己的感知和认知体系及知识论证的错误中提取出来，这些确实不受卡尼莎特征的影响（实际上，完全不是真实的欧几里得特征）或 SLEs 的影响是很难办到的。笔者不关注事物最终如何——公正地说，在那个时候他的观点还是有说服力的——笔者关注的只是那些在日常说话中自己完全相信其存在或不存在的事物。

无论如何，如果看了 SLEs 在一个理论中的表现的相关论著的话，那么它们实际的存在对于语言学理论来说就完全不必要也无关了。回顾一下语言学是如何讨论 SLEs 的。除了发音清晰的语音学外，语言学家几乎从不讨论发音音素，他们讨论 SLEs 如何进入复杂的序列中：语音进入语素，语素进入词素，词素进入单词和音节，单词进入词组和句子，句子进入文章。关于这些特别的结构、规则、准则和这些结构参数有很多的理论和争论，这些都对笔者尽力保持中立提供了语言学材料。现在笔者关心的唯一问题是什么样的结构或序列能成为基础层次上的结构序列，语音与特别的发音音素无关。这些结构应是没有任何支撑的巨大且复杂的建筑群，或者即使有什么支撑的话，也是完全的巧合。正如乔姆斯基（Chomsky，2000、129）提到的对 SLEs 和发音音位一致的各种观点，它们都是无用的“轮转”[8]。

笔者发现许多人都倾向于使用的一个观念，参考注释 2SLEs 应仅被看作像数字一样“抽象的”物体。为避免笔者一直回避的内部争论（注 2），笔者就只提以下两个例子的两点关键性区别：非心理世界中最好的理论看似是与数字有关的，也就是说，因为像质量和能量的各种参数在其间的重要性，它与人类想象等非理性因素是分离的：月球质量的重要性引起一定的潮汐的重要性，不论人们是否这样认为，但在“心理学的”领域中如语言学，笔者认为实体与我们对它们的表象是无关的。正如卡特莱特将它同对纯粹“错觉的物体”放在一起加以比对：

> 龙不是必须有某种存在模式才能存在于想象世界中的吗？对于这类修辞性的问题，用另一个问题回答就足够了：除去所提及的事实外，当说起某种存在模式或存在于世界环境时，到底是什么意思？这些指称的世界对执行它们的功能太适合了，以至于引用时没受到任何质疑。（Cartwright，1960/1987：30）

这对笔者而言是宝贵的，这种质疑应该包括 SLEs 及其他可能被称作“依赖表象的”实体：唯一令人相信的原因是存在具有一致内容的简单表象。

四、小　结

总之，对于 SLEs 的非存在的语言争论，笔者偏向于注意外在世界中任何事物都没有的特性，这些特性使语言学理论被模棱两可地看成了 SLEs 的特性。那些特性由语言能力说明，而非与世上那些特性随意结合的结果，而是能力本身提供的范畴的结果，也就是说，“强加”在物理输入之上。至少作为哲学家和心理学家如康德一直在提醒我们，我们对这个世界的理解也就是来自于它输入到我们脑中的印象。而且，在一些例子中，如 SLEs 和卡尼莎三角形，都是考察和思维范畴不一致的内容，比如，在外在世界中，被需要范畴的特征是什么。

然而——这是笔者与杰克道夫对康德拓学观点概括首要的不同点——在其他例子中，笔者的车就是个明显的例子，还有其他被需要事物的特性。至少有一个不同的理由来相信这一点，这就是车的这类特性，在解释世界上的事物是如何运作上起到了关键的随意解释的作用，尽管 SLEs 的特性不解释。很清楚，对 SLEs 可能起作用的"妄想症"对汽车不起作用。

笔者认为，杰克道夫的看法之所以不同，是因为他恰恰注意到输入概念思维的相同机制在我们所有的世界范畴中都起着作用。但他却从这里得出一个错误的结论：世界本身依赖于我们的范畴化。人们能够看到在 SLEs 的例子中有这样的观点，下面笔者会深入探究这一观点。当我们努力将范畴化变为现实时，就没有理由放弃这种观点了。我们的概念可能部分被我们思维提供的材料所组成，这一事实并非指由那些概念挑出的事物本身所组成的，一部分原因在于它采用了什么结构。当然，我们思维所强加的与笔者在车的例子中提到的有可能有联系的。但是汽车是由金属和塑料构成的，而非思维。然而，如果汽车存在，那么我们就有权从纯粹地有意的转换到"表示"存在的使用中，我们的表象不仅将我们与汽车的概念相关，更是与汽车本身相关[9]。

然而，笔者与杰克道夫和乔姆斯基不同的第二个观点是，笔者认真考虑了"经验世界"或"世界观"，并把它看成一个世界，即使在非存在的事物如 SLEs 的例子中。当然，这种观点也有正确的地方：尤其是在如 SLEs 和卡尼莎三角理论的例子中，无论是通过时间还是人，错觉都是如此稳定，可以很轻易地进行，"好像"这些事物是存在的，甚至可以复杂地讨论它们，大多数人肯定会自然而然地同意（如他们可能说）"上面出现的那些卡尼莎三角理论非常形象生动，它们往往使其表面看起来较周围环境更加明亮"。但是一个不同世界的想法是过头了，即使这个想法是除了（甚至超越）实际世界另外的其他世界。更好的想法是，就像在一场比赛中，知道我们无法完全地将我们自己与它分开：我们继续"提到波洛尼厄斯"所具有的轰动与成功，即使我们知道"他"是一个想象。如果你没听清我的法语，我的"妄想症"是一种托词（facon de parler），或更精确地说是一个正常式（a facon de penser），因为即使没有加入这种奇怪的非存在物的"预测"，仅仅是想想这种稳定的内容也是很难的。

这里笔者认为布伦塔诺"意向的不存在"言论有可能有用。当存在一个具有内容（x）的表象的足够稳定的系统时，几乎无法逃避谈论 x 的是有用的，甚至当（我们知道）什么也不存在，这种稳定性允许把它们作为"意向的不存在"讨论。因此，哈姆雷特、波洛尼厄斯、宙斯、其他神及卡尼莎的三角和 SLEs，所有都会被限制，如卡特莱特（Cartwright，1960，1987）所称，食肉牛是不存在的，因为（目前）还没有（食肉牛）这样一个足够稳定的系统。这种谈论看似完全正确，如果物体能被解释，谁会对它的哲学定义如此严格？

唯一的错误应该是我们必须给予这些事物一些真实性，然而它与真实存在不同，按照杰克道夫和乔姆斯基建议的方法，它会威胁到我们对现实存在的事物的看法。实际上，笔者会以卡特伦特的话作为结束：“非真实性仅仅是那样：它不是其他的真实性。”（Cartwright，1960/1987：30）

致　谢

笔者非常感谢 Georges Rey 在本书中慷慨地给提供了他文章的手稿，同时在此也感谢那些和我共同商讨的人们，尤其要鸣谢的是 Paul Pietroski 和 Dan Blair，感谢他们和我共同讨论的有关语言材料的相关知识。

注　释

[1] 本章是作品中最长的一部分。雷伊已预见到了意向非存在（intentional inexistence）在认知科学中的作用。应编辑的要求，本章中笔者重点强调的问题与杰克道夫所写的章节有某些重复。因此，除了一些独立涉及的，本章中所有的引用都是源自于杰克道夫所写的章节。

[2] 缩写“PT”（物质标志）是笔者的专利。值得注意的是，除了第三部分中的简要评论之外，笔者不会在此特别地关注一些如抽象观点这类关于类型本身的问题。因为这样会在形而上学、认识论和对于语言学的理解（是否需要详细地讨论语言学）上产生更多的疑问。但可以具体参考一些简要评论（如 Katz，1981；Bromberger and Halle，2000），并且雷伊也进行了全面的讨论。为了方便，笔者主要关注的是口语，而不是标记语和书面语，虽然大部分笔者所提到的东西都要运用这三种语言。

[3] 杰克道夫很担心不能渡过这一难关，但是他认为可以通过发表声明来逃避困难，他已默许这一假设（我们不限于仅仅去谈及所设想的世界）。而这一假设也正是那些万能的观察家所设想的。然而，杰克道夫却认为他所写的东西和所出现的用英语表达的东西等都应该遵从英语中的规定。如果他认为英语不能表达 x，那么他最好就不用英语表达。无论如何，笔者认为在任何语言中的一项规定至少是一个非引用的原则，例如，“tables” is about tables。无论人们如何认为实体的 tables 是什么样子，但人们是不会去想 table 的使用的，而这主要指的是 tables 心理所描绘的东西，而不是 tables 本身所代表的物体。

[4] 杰克道夫要比笔者更加确定对早期想象和内容的理解［可参照 Burge，1986；Segal，1991；Davies，1991；Egan（1992）的有趣的争议］。为了解决各式各样的争议，我们就需要去研究关于神秘思想世界关联的意向性学说。

[5] 典型的代表是乔姆斯基（Chomsky, 2000）。他认为内部的描绘是假定的实体，并且在一个心理旋转立方体形象中成形，无论是旋转立方体还是想象的结果，但不可否认的是，自我的描绘才促使他有了一些意向性。对于杰克道夫的话，笔者也产生了同样的质疑——语言使得人们同外部世界联系，但是是通过复杂的视觉系统调节，并不能达到沟通神秘思想世界关联的意向性。当笔者在2003年和雷伊讨论时，这些质疑和一些语言学家（包括乔姆斯基和杰克道夫）的想法都是不一致的，并且和他们所做的解释也是背道而驰的。

[6] 这些例子是人类身体所反映的真实写照。但是他们的思想内容主要依赖于他们所习惯的环境。例如，两个内在相同的人在他们使用了合适的名字后可能指的是不同的个体，部分原因是由于他们生活的世界不同。但要注意的是，所有的这些例子本身都是微弱的，没有强有力的外在性。

[7] 除了一些偶尔非典型的标准化以外，书面语言呈现出了许多相同的问题。同时，应注意机械的语言识别者在输入中对于 SLEs 的回应是不起作用的，但通过精确统计推断出结果是起作用的。机械语言识别者也通过某些方式探讨了“隐马尔科夫模型”（Hidden Markov Model），并且依靠相关语言未发现的序列规律去推断出被研究的听力事件的最好统计性解释。除了机器所依靠的人类设定参数所取得的成功之外，SLEs 原型已不再像表面那样具有真实性可言，它只是提供了一个识别表层的方法而已。

[8] 乔姆斯基本人至少发现了一些 SLEs 的条目，并且他期望在今后的生物发展当中能够发现其本质。笔者考虑后最终拒绝了这种做法。长话短说，在认知科学中随处可见的假设的思维计算学说的解释力源于图灵的著名策略，目的就是减少物质特性运行中的计算。SLEs 并不具有这些特性，因此语言处理计算学说将在 SLEs 的描绘下通过计算不断前行。

[9] 值得注意的是，杰克道夫有时会惊奇地发现，这一点和他的怀疑不谋而合。他认为我们不会在头脑中感知知觉的对象，而是在一个和现实世界不同步的感知世界中感知物体的存在。本章的主要目的之一就是为杰克道夫提供一种方法，以避免现实世界中使用引用标志的尴尬，并且调节声明和他所拥护的理想主义之间的矛盾。

参考文献和延伸阅读

Brentano, F. (1874/1973). *Psychology from an Empirical Standpoint* (A. Rancurello, D. Terrell, and L. McAlister, trans.). London: Routledge & Kegan Paul.

Bromberger, S. and Halle, M. (2000). The ontology of phonology (revised). In N. Burton-Roberts, P. Carr, and G. Docherty (eds.), *Phonological Knowledge: Conceptual and Empirical Approaches.* Oxford: Oxford University Press.

Burge, T. (1979). Individualism and the mental. *Midwest Studies in Philosophy*, 4, 73-121.

Burge, T. (1986). Individualism and psychology. *Philosophical Review*, 95/1, 3-46.

Cartwright, R. (1960/1987). Negative existentials. In R. Cartwright (ed.), *Philosophical Essays*, Cambridge, MA: MIT Press.

Chomsky, N. (2000). *New Horizons in the Study of Language*. Cambridge: Cambridge University Press.

Chomsky, N. (2003). Reply [to Rey]. In L. Antony and N. Hornstein (eds.), *Chomksy and His Critics*. Oxford; Blackwell.

Chomsky, N. and Halle, M. (1968). *The Sound Pattern of English*. New York: Harper & Row.

Davies, M. (1991). Individualism and perceptual content. *Mind*, 100/4, 461-484.

Devitt, M. (1996). *Coming to Our Senses: A Naturalistic Program for Semantic Localism*. Cambridge: Cambridge University Press.

Devitt, M. and Sterelny, K. (1987). *Language and Reality: An Introduction to the Philosophy of Language*, Cambridge: MIT Press.

Dretske, F. (1988). *Explaining Behavior: Reasons in a World of Causes*. Cambridge, MA: MIT Press.

Egan, F. (1992). Individualism, computation and perceptual content. *Mind*, 101, 445-459.

Evans, G. (1982). *Varieties of Reference*, ed. J. McDowell. Oxford: Oxford University Press.

Fodor, J. (1990). *A Theory of Content and Other Essays*. Cambridge, MA: MIT Press.

Fodor, J. (1998). *Concepts: Where Cognitive Science Went Wrong*. Cambridge: MIT Press.

Fodor, J., Bever, T., and Garrett, M. (1972). *The Psychology of Language*. New York: McGraw Hill.

Frege, G. (1892/1980). On sense and reference. In P. Geach and M. Black (eds.), *Translations-from the Philosophical Writings of Gottlob Frege*. Oxford: Blackwell.

Gallistel, C. (1990). *The Organization of Learning*, Cambridge, MA: MIT Press.

Hardcastle, W. and Laver, J. (1993). *The Handbook of Phonetic Sciences*. Oxford: Blackwell.

Heim, H. (1982). The semantics of definite and indefinite noun phrases. PhD dissertation, University of Massachusetts, Amherst.

Jackendoff, R. (1983). *Semantics and Cognition*. Cambridge, MA: MIT Press.

Jackendoff, R. (1987). *Consciousness and the Computational Mind*. Cambridge, MA: MIT Press.

Katz, J. (1981). *Language and Other Abstract Objects*. Totowa, NJ: Rowman & Littlefield.

Kripke, S. (1972). Naming and necessity. In D. Davidson and G. Harman, *Semantics of Natural Language*. Dordrecht: Reidel.

Laver, J. (1993). *Principles of Phonetics*. Cambridge: Cambridge University Press.

Millikan, R. (2000). *On Clear and Confused Ideas*. Cambridge: Cambridge University Press.

Millikan, R. (2004). Existence proof for a viable extemalism. In R. Schantz (ed.), *The Externalist Challenge: New Studies on Cognition and Intentionality*, New York: de Gruyter.

Ninio, J. (1998/2001). *The Science of Illusions* (F. Philip, trans.). Ithaca, NY: Cornell University Press.

Putnam, H. (1975). The meaning of "meaning." In H. Putnam (ed.), *Philosophical Papers*, vol. 2. Cambridge: Cambridge University Press.

Quine, W. (1953/1980). On what there is. In *From a Logical Point of View and Other Essays* (2nd edn., revised). Cambridge, MA: Harvard University Press.

Rabiner, L. (1989). A tutorial on hidden Markov models. *Proceedings of the IEEE*, 77, 257-286.

Rey, G. (1981). What are mental images? In N, Block (ed.), *Readings in the Philosophy of Psychology*, vol. 2. Cambridge, MA: Harvard University Press.

Rey, G. (1997). *Contemporary Philosophy of Mind: A Contentiously Classical Approach.* Oxford: Blackwell.

Rey, G. (2003), Intentionality and a Chomskyan linguistics. In A. Barber (ed.), *Epistemology of Linguistics*, Oxford: Oxford University Press.

Rey, G. (2004). Millikan's (un?) compromised externalism. In R. Schantz (ed.), *The Externalist Challenge: New Studies on Cognition and Intentionality.* New York: de Gruyter.

Rey, G. (forthcoming). *Representing Nothing: Phones, Feels and Other Intentional Inexistents.* Oxford: Oxford University Press.

Sapir, E. (1933/1963). The psychological reality of the phoneme. In D. Mandelbaum (ed.), *The Selected Writings of Edward Sapir.* Berkeley: University of California Press,

Saussure, F. (1916/1966). *Course in General Linguistics.* New York: McGraw Hill.

Segal, G. (1991). Defense of a Reasonable Individualism. *Mind*, 100/4, 485-493.

Segal, F. (2000). *A Slim Book About Narrow Content.* Cambridge: MIT Press.

Taylor, K. (2003). *Reference and the Rational Mind*, Stanford; CSLI Publications.

Yolton, J. (1994). *Perceptual Acquaintance*, Minneapolis: University of Minnesota Press.

第七部分
感知旨在提供准确的表征吗？

第十五章　感知的目的是提供精确的表征吗?

柯克·路德维希（Kirk Ludwig）

塔楼中的耳朵听见
手在门上轰鸣
山墙里的眼睛看见
弄门锁的手指。
（狄兰·托马斯）

若将标题换种说法，即感知系统的工具性功能或生物功能是否向我们提供感知经验，从而大体精确地展现出我们所处的环境？对于这个问题的答案，笔者认为是“肯定的”。

假定感知生成种种经验已大体精确地展现我们周围的世界，这种认识深深根植于传统的哲学及心理学的感知观，这就是感知的表征理论。基于这种观点，在感知物体时，我们就有了感知经验。正如在典型案例中，视觉经验以不同形式展现一个空间场一样，感知经验则往往在一个场中以不同的方式来展现我们所处的环境。在此基础上，我们形成了感知信仰，正如我们的经验一样，这些信仰也准确无误。因为它们实际上是从经验更为丰富的表征媒介中截取而来的。

基于近年来心理学在“变化盲视”（change blindness）[1]和“无意盲视”（inattentional blindness）[2]等现象的实验工作，以及对视觉神经生理学知识的不断累积，传统观点已经受到挑战。这至少说明我们对眼前世界视觉表征的精确度及完整度的普遍观点过于夸大，也许我们有必要对传统的感知画景进行更为彻底的大检查。这也就是说：

> 这一领域的研究，对我们是否真的享有可以详细展现环境的感知经验这一问题提出异议。如果我们并不享有这种经验，那么我们就需要重新思考这个观点，即感知是以生成这种经验为目的的一个过程。（Noë，2002b，序言）

在最近的研讨会上，大家都提到了“大错觉”概念，当然与会人员对这一短语[3]可能持有不同的看法。

对传统观念的质询，有两种截然不同的口吻。第一种也是更为激进的，它对感知是否含有表征提出质疑。如果没有，那么关于精确及是否以精确为目标，这样的疑问就不会出现。这点在上文已有所暗示。第二种认为感知包含表征，但也承认它们大部分是不真实的或是不精确的。以下我们将讨论这两种观点。

首先，笔者将对受到质疑的观点进行概述，然后草拟一些之前对其持反对意见的证据。接下来笔者将讨论激进观点，受这些实验结果部分的激励，笔者否认感知包含表征。其次，笔者将回过来思考以下问题，即传统观点和时下受到质疑的观点是否一样，我们是否还对“大错觉”感兴趣，以及这些实验结果是否削弱了“感知经验大体精确地展现我们所处环境”这一观点。最后，根据讨论结果，笔者将宣布感知是否以精确表征为目的。

根据许多心理学家及哲学家的感知观，据说即使是普通人，尤其是一些视知觉经验统一的人，也可以详尽地呈现所看到的视觉情景。他们的视觉经验理念被称为“快照经验理念”，根据这一理念，“你睁开眼——快拍——将欣赏一幅丰富详尽的照片，诸如经验世界，它采用了从中心到四周的高端处理，清晰、详尽地展现了这个世界”（Noë，2002a：2）。其关注点涉及现存丰富的细节。作为环境的内部表征，它被存储在某种意识层里。正因为视觉情景丰富详细的内部表征，我们对视域及世界有了完整、丰富且详尽的印象。

尽管如此，经进一步调查，快照经验理念看起来更像个谜。从现象学的观点来看，视域（在视觉经验中，事物是如何主动地向我们展现的）并不是统一详尽的，且从中心到四周也都不是清晰的。要是情景向视域的边缘靠拢，处于四周的表征远不如中心的详细，视觉表征也在我们面前消退。考虑到靠近边缘的视网膜的感觉受体比在中央窝区更稀少，这应该就是我们所期望的。光将信号收集在处于四周的部分视网膜上，这样导致的结果就是我们对其余周围境况所得到的信息会减少[4]。这在一个有名的实验中得到了强有力的论证。在实验中，将被试者置于计算机屏幕前，并要求其朗读一页的文章，在此过程中，其眼球移动受到跟踪。而浅显易懂的文本内容则给他们留下了印象。但在他们的目光聚集区外，大约有 18 个字符的宽度，仅有些垃圾字符显现。也就是说，这篇清晰明了的文本随着眼部运动被转化，且所到之处都有垃圾字符显现。此外，众所周知，人一秒内眼跳 3 ~ 4 次，并且在运动期间，没有信息传入大脑。然而，在视觉经验中，这似乎没有得以展现[5]。同样，当视网膜上视神经所处的位置没有视杆细胞或视锥细胞时，我们也不会注意到视盲点。因此，对我们眼前的大部分情景，大脑所得的信息稀少且断断续续。经验如何变得更好呢？值得确信的是，没有调查我们就不会关注这些事情，这个事实表明我们先前的观点，即经验给周围环境提供了一个更为丰富且精确的表征，实际上是确实可行的。

此外，近来所调查的现象中，变化盲视[6]和无意盲视[7]显示，我们认为经验可展现视域中所进行的一切事物是完全错误的。在进行变化盲视的实验中，如果在眼跳或在视觉干扰物刺激性显现的情况下，有改变发生，那么许多被试者在其所看到的视觉情景中，未能注意到有非常重大的变化（例如，以花和车的颜色或房子的结构或铁路的位置为背景）发生[8]。更特别的是，许多被试者在被问及时，也未能发觉有任何变化。因此，被试者显然没有注意到在诸如此类事件中所发生的变化。无意盲视是一种与之相关联的现象。如果被试者的注意力转向别处，他们就不会注意到视觉情景中看似非常明显的特征。在一项研究中，被试者被要求将注意力集中在计算机屏幕中央随意呈现的一个"十"字图形上，然后将其遮盖，接着再次将其呈现。他们的任务是判断"十"字图形的两臂中哪一条线更长。在第三、第四轮实验中，他们眼前呈现了新的刺激物，即一个有色的方块或是滚动棒。当这个刺激物接近一个固定点时，被试者被问及是否注意到有什么异样，75%的人都没能说出来。在另一个广为讨论的实验中，测试人员将被试者分为两个篮球队并对他们进行录像，一队身穿黑色球服，一队身穿白色球服，且两队互相传球[9]。要求被试者数出某一组队员的传球数，后又问他们是否注意到了不同寻常的事物。在录像开始45秒后，一个闯入者（一位撑着伞的女子或是一个身穿大猩猩服装的人）从运动员身边走过。在一些测试中，闯入者是半透明的，一些则是完全不透明的。在半透明化的测试中，73%的被试者说没有异常，而在完全不透明的测试中，23%的被试者说没有异常。我们从中得出结论：对所不关注的事物，被试者可能看不到或也许视觉上没有呈现它们。

对于传统观念而言，关注这些现象说明的问题及其与延迟问题的关联性，正是笔者所关注的重点。受此启发，笔者首先想到一种可完全替代传统观的观念，即由诺埃和奥里根提出的关于感知的感觉运动观（Noë and O'Regan，2001）。表面上，这一观念认为感知根本不包含表征，但事实上试图以一种与环境的接触模式将其展现出来。我们也将关注这种观点是否站得住脚，或者是否像其本身所暗示的那样是可完全替代的。

感觉运动理论认为"视觉经验（例如）……并不存在于诸如'感质'之类的事物中。相反，它是你与环境间的一种相互适应"（Noë and O'Regan，2001：80）。"当感知者行驶并掌握感觉运动法则时，感觉便以一种特殊的意识情态产生了。且感觉运动法则规约了可能行为与那种意识情态下所输入信息带来的变化之间的关系。"（第82页）"在这个意义上"，它"'适用于'运动影响字符输入的种种方式"（第84页），它是"一种实用的知识形式"（第84页）。根据感知的感觉运动观，人们认为视觉经验根本不会依据表征情形，相反却是依据行为模式，以及与体现"整个神经再生体"的感觉输入的关联（第85页）。此观点在以下段落中表达得清清楚楚：

> 表象主义者和感觉论者对（视觉经验）的认识犯了一个基本错误。每一方都信赖视觉经验观，并且根据这一观念，他们认为经验是在我们经历过后才意识到的内部事物……短暂出现，意识的内部情形……与这一观念相反，笔者已提出感知经验并不是内部的、短暂出现的。笔者赞成将经验看成是一种与环境能动接触的形式。感知经验是一种与环境结合，并受感觉运动偶然性模式所约束的形式。（Noë，2002c：74）

有时论文中提到，实际行为好像是至关重要的——“它是你与环境间的妥协”（Noë and O’Regan，2001：80）；“经验并不是发生在我们身上的某件事，而是我们做了某件事”（第99页）；“感觉是在一个人练习以掌握感觉运动偶然性时发生的”（第99页；着重强调），笔者将其称为活动论。在某种情况下，这种观点表明它所要求的不是实际活动，而是某种意向，笔者将其称为意向论。视觉经验是一种实用知识形式，这就暗指了意向论而非活动论。在某种情况下，练习以掌握感觉运动的偶然性存在于“我们的实际理解中，即如果我们想要移动眼睛或者身体”（第84页），那将有适当变化的发生，诸如从单色杆状的光接收器涌入而取代与之相对的在中央视域出现的三个不同锥状的涌入（第83页）。因此，在视觉经验中，当我们走向一个物体又离开，或向右或左摇头，或闭眼睛，或眨眼睛，在神经涌入中都会有一个典型变化。基于这种观点，所有感觉运动的偶然性，以及与我们习惯相关联的特有感觉，例如，对红色或黄色的特有感觉，就是红色或黄色的视觉经验或感觉。

正如诺埃和奥里根所指，活动论是站不住脚的。一个人要在如此短暂的时间内感知物体的外观，如红色，以至于他可能没有时间移动眼球。事实上，从事这项活动并不是感知的要求。况且，尽管我们在一个特定时间及时记住了诸如视觉或听觉经验的事情，比如，“一个从事探索世界模式的活体动物的所作所为”（Noë，2001：53），但是谈及感知经验，它仍可能是一种类型错误或是“一种与环境能动接触形式”或是“与环境结合，并受感觉运动偶然性模式所约束”（Noë and O’Regan，2001：74）[10]。这一点似乎清晰明了。说到底，感知经验是一种状态，而非事件。当然，感知经验会发生变化，不过是状态上的变化。我们说到红色，它由一种事物所操作，以应对变化中的各种情况。

意向论看似符合诺埃和奥里根的意图，即使他们的言辞往往暗示了活动论。尽管如此，从活动理论退出转向意向论让我们没有理由否决感知经验包含表征情形这一观点，也是让我们失去了可完全替换传统观的不二选择。对于意向观来说，将感知处于某种情形下，可以是意向情形。愿意的话，我们可以回想这些经验，并为之提供正确的标准。如果按照一个人的期望对感觉运动的应用性知识进行总结，以适用于其所处环境，那么这种经验是真实的，反之则不然。精确的标准同样会予以限定。

在感知包含表征这一观点外没有其他可选择性，除此之外，意向论也有很多缺陷。一种意向有一种或更多的显示特性及相应的显示条件。显示特性是在适当的显示条件下表现出来的。盐具有水溶性，其显示条件就是将其置于水中，其显示特性就是溶解。拥有感知经验也处于一种意向情形中吗？有许多理由证明它是站不住脚的。第一，它遗漏了感知经验的现象特征，即是一种现有的显示特征，而非意向特征。第二，此种观点并未清楚地说明它可适用于我们所熟知的错觉。当我们对错觉有所了解，且考虑到可能作出的多种运动时，我们并不期望感觉输入有任何变化。基于多种可能运动，我们也许真的不会期盼感觉输入有着或明或暗的变化。然而，根据感觉运动观，结果却是我们根本不曾有过经验。因为有经验就意味着有实用知识，且如果我们将以某种方式运动，那么就会发生变化。第三，如果我们对人类及动物感知系统的详细情况的相关意向加以符号化，那么感知经验从概念上讲是必要的，这点值得怀疑。对于某种生物来说，其构造与人类截然不同，却有着像我们一样的感知经验，它是没有明显概念障碍的（Clark，2002：193ff）。为了迎接挑战，实用知识所关注的是从实际成果中节选而来。相关意向将是以内容为特征的变化感觉输入的期望意向，但这预示了经验内容的独立个性化。第四，感知经验要求有诸如此类的意向，这一点也不明了。思考一下由加林·斯特劳森提出的涉及天气监测器的思维实验（Strawson，1994，第九章）。天气监管器是固定的。它们不能运动，但我们可以设想它们有感知经验，尤其是视觉经验。它们监管所经过的表象，比如，穿过天空的流云，越过草地的风雨，落叶以及飘雪等。天气监管器初步来看是可能的。如果思想实验是固有的，那将对这一观点是致命的一击，即诺埃和奥里根所支持的意向观对感知经验来说是必要的[11]。

于是，笔者求助于多种考虑方案，以促进传统观外的其他基本选择，并对它们是否给予我们缘由提出疑问。笔者认为尽管感知经验意味着表征，但它们是如此具有误导性或不准确性，以至于我们不得不对此提出异议，即以是否将它们视为以给予我们对所处环境精确表征为目的的行为。

感知经验是否以某种方式包含大错觉，这一问题在文学上有着完全不同的答案。一位作者写道："如果（意识）看似是连续、丰富且详尽的经验，且一个接着另一个发生在一个有意识的人身上，这就是错觉。"（Blackmore，2002：17）另一篇文章的标题为"我们所感知的世界都是错觉"（Ballard，2002）。另一位作者写道："视觉意识是大错觉吗？从某种意义上说，答案必定是'当然'。"（Durgin，2002：88）其他人也自信地写道："从字面上看，对这一问题最简单也最直接的答案就是不，当然，最重要的是，我们也确实看到了。"（Mack，2002：103）。又如，"我得出结论，即一旦我们以第一人称为基准，精确认真地对我们所信赖的一般视觉经验的丰富性进行规划，但所付出的努力被认为是大错特错，从而遭受到很大的打击"（Siewert，2002：140）。另一个人对"大错觉"这一问题的回答则是果断的，并得出结论，即"当（变化盲视）和（无意盲视）提出大量有趣的实验问题时，关注感知的大错觉是普遍的这一观点本身就是某种大错觉"（Cohen，2002：141）。

文学上对大错觉假说有两种不同的解释。第一种解释："世界错觉"（world illusion），即感知经验事实上并不展现所处环境。第二种解释："感知错觉"（perception illusion），不是感知经验与世界间的错觉，而是我们与感知经验间的错觉。也许感知经验确实正确呈现了我们周围所处的世界，但我们将表征的程序及内在性质弄错了。大多数参与讨论的人员支持第二种解释，而一些人至少似乎部分支持第一种解释（Ballard，2002；Bridgeman，2002；Durgin，2002）。

对于世界错觉这一解释，我们提出用超验论来表明感知经验未能正确呈现我们所处环境性质的程度，必定是有限制因素的。我们熟知环境的条件是发现感知系统得以运作的可能性，以及对我们所处环境错误呈现的程度。在许多案例中，我们可以确信，环境表征是真实的，是以熟知我们所处环境的可能性为条件的。从感知表征的内容提取的感知信仰是正确的。从某种程度上讲，感知经验也是真实的。反过来，感知信仰对世界的探究、归纳条例，以及实验理论的形式及检测，奠定了基本框架。对经验未能准确展现世界的任何实验争论，至少对形成科学理论基本框架的那些特征层面，都是自行毁灭的。因为其先决条件将由受异议的感知机制形成。如果完好无损，那么人们就没有理由接受这些条件。

经实验研究，从某种受约束的层面来说，我们至多会认为感知经验不能正确表现我们周围所处世界的本质。就赞成世界预设的任何争论来说，由已给的怀疑论为起点决定，感知经验大部分是真实的。这种受限制的怀疑论，有一个传统例子，即对颜色及所谓的次要特征的事实持怀疑态度。近年来，一些人提出顾虑，认为使诸如此类的怀疑论得以成功实现的必要条件不能得到满足（Stroud，2000，第七章）。要证明关于颜色的错觉，难点在于我们必须同步将颜色相关的经验及信仰归因于人类，并且规定任何事物都是无色的。而意识到将与颜色相关的经验与信仰归因于人类的实践活动，有赖于对人类所信仰的事物的确认，且信仰与人类所处环境的物体客观特征有关。如果我们能意识到将与颜色相关的经验及信仰归因于人类，且只要对于有色物体的经验及信仰以正确的形式反映出来，那么就决不能同步确认与颜色相关的经验及信仰，也不能否认颜色这一事实。此处一系列的思考与联想原则在解释上的应用是相关联的。要说服一个人，需要说服者有一副好口才，使得被说服者相信他所说的话（Davidson，2001；Rawling，2003）。如果这一争论得以维持，那么我们会得出更有力的结论，即如果一个事物所呈现给我们的是它被曲解后的结果，那么我们无法不通过任何东西就将其还原。对于大错觉假说，根据世界错觉，感知经验向我们呈现的世界大部分都是错觉的，或在某些基本层面上是错觉的，可见世界错觉根本就是错误的。

于是，笔者求助于大错觉假说的另一解释，即感知错觉，这一观点认为错觉不是对世界的错误表征，而是对感知经验符号的错误表征。从某种程度上讲，感知错觉与我们总的问题息息相关，所引用的证据对感知表征的精确性提出异议。让我们首先着手应对视觉经验快照模式的挑战。至少如果我们所感兴趣的表征体现在连续的视觉经验中，那快照模式的问题显然就在于其片刻的反映。视觉经验并没有清晰、统一、详细地，也没采用从中心到四周的高端处理技术来展现这个世界。而在视觉经验中显现的细节，并不统一都是从中心到四周的，比如，与一个人相距很近的物体，但却在他的视域中心之外，其所得细节的程度也不会高。

甚至在视域中心，也并不是所有事物都以同样多的细节显现出来。离我们所关注的物体或更近或更远，都不在聚焦范围之内。诸如鼻子的一些物体因太近而根本看不到，一些则太远（笛卡儿以正方形的塔为例，从远处看则像是圆形的）。离我们有一定距离且在聚焦范围内的事物，可能会清楚地看到，而将其移得更近，则构成了限制。

准确地说，快照模式同我们视觉所感知到的感觉状况是相悖的，但普通的观察者好像并没有从这一错觉中受到损失或因此而感到痛苦。我们的行为似乎说明，视觉经验并没有“清晰、统一、详细地，并采用从视域中心到四周的高端处理技术”来展现这个世界。如果我们有兴趣看清某物的样子，我们就会把头转向它并用眼睛聚精会神地看着它，必要的话，我们可能还会靠近它来对其进行更深入地观察。如果我们因为接受“感知快照”观点而遭遇到大错觉，那么这种错觉就会在我们的行为中被体现出来，但它确实没有。这就是说，我们没有遭遇到大错觉，视觉经验是遵循经验感知快照模式的[12]。

视域不是统一详尽的，也不是清晰的，且没有采用高端处理技术展现其全部深度及广度，这个事实显示视觉经验没有精确地展现环境吗?

在讨论表征精确还是不精确的过程中，记住表征的定性主体及程度是重要的。将其与地图作个类比，一张各州间的公路图不会因没有呈现该州的路线图，我们就说它是一张错误的路线图。因为它有一定的标绘标准，并不是每条公路曲线它都要标注，它仅仅对一些重大意义的特征有标注责任。因此，一些次要的或与要求无关的内容将不会以任何特征在地图上有所显现。从这种意义上说，地图未能描绘出现存的某一处，也就并不能称为是错误表征了，因为地图的任务并不是为了展现所有细节。这一点地图在所提供给我们的信息处理上有所显示。我们使用地图的目的不是为了要求其提供过多的解决方案。拿一幅标有以 500 英尺①为单位的地势差异的美国地形图来说，从图中我们看不出佛罗里达州是否有些小山，即使我们从中看到佛罗里达州的地势并不平坦，我们也不能断定它是不精确的或是不真实的。研究继续转向具有类似的特征感知经验上。

设计者决定了地图应显示什么，以及需要解析的程度。而又是什么决定了视觉经验应该展现什么，以及应具有什么样的解析标准呢? 在此，有人可能会诉诸感知经验特征的进化功能。然而，我们会想到，即使进化论是错误的，感知经验也可以展现我们所处的环境。我们对于经验所呈现的内容及其精确度的判断正确与否，并不会对其生物功能的理解构成威胁。经验本身给予我们感知表征的内容。这主要是自主的，比如，尽管我们意识到它们是错觉，但它们可能还会继续显现。一个物体看似其内部装着一扇窗户，其实它只不过是错视画法产生的效果罢了。

① 1 英尺 =30.48 厘米。

以评估其精确度为目的的感知经验的相关解析度，是由在标准条件下我们所用的感知经验来决定的。这就包括当我们有某种视觉经验时，以此为基础我们所形成的信仰，以及我们所认为的，需要我们在眼前寻找更多的情景。为此，笔者想到一个思维实验。假设有些植物的叶子上有斑点，我们偶然发现这些斑点可以用来制作植物的根系统图，那么什么会显示它们的解析度呢？实验结束后，斑点特征与根系统的契合度，对我们来说是有用的。它们具有的解析度会通过在此基础上形成的判断局限，以及它们是否向我们显示植物的根系统来显现。当然我们有许多关于感知经验怎样，以及以何种解析度来展现我们所处的环境的应用型知识时，基于一定的距离，我们会对视觉表征的细节稍有了解，并且经过进一步的观察，我们会得到更多。除此之外，我们将对概念框架进行部署，这些概念告诉我们以最佳条件来实现最大的解析，也就是说，视觉经验有许多我们没注意到的细节。比如，在草场上，如果我们往下看，就会看到脚下有许多根草，但如果我们远望整片田野，这一细节就消失了。随着田野从我们眼前消退，草场就成了有纹理的且光滑的平面，但这一复化过程并没有被呈现出来。如果穿过田野，我们会比刚开始看到更多的细节。我们也不会因没有注意到一根草，而将从远处观看田野的视觉经验看作是一种错误表征，不能说从远处看，视觉经验没有体现解析度。尽管如此，如果我们朝它走近，我们会发现之前我们看到的本不是绿色而是棕褐色，那么我们会得出视觉经验是对其本身的错误表征。我们也明白解析标准适用于我们所关注的，以及视域所涉及的部分。偏离中心视域中不具体、受关注较少的区域，并不是对我们眼前的部分情境的错误表征，而是带有较低分辨率的表征[13]。晚上，由于光线弱，色彩被淹没了或消失了，视觉经验将物体描绘成黑白相间的影子，而在这种光线条件下，分辨不出它们的颜色。对经验而言，解析标准适用于实用型知识，这大体上便得感知表征可以无需解析其细节就知道其看到的事物是什么。

因进入大脑的信号受眼跳影响而中断，视觉经验出现错误表征，但事物断断续续出现，我们也不会在有盲点的视域上看到断点，这个观点表明了什么？

进入大脑的信号受眼跳影响而中断这一事实，并未说明在这种环境下物体的视觉经验是非真实的或者不精确的。而因一部时事电影具有最大化实时影像画面，所以不可能抓住其连续拍摄中的所有变化，这一事实说明它是非真实的或不精确的。视觉经验展示着环境，而非贯彻执行它的机制。像电影一样，它有发生变化的最大敏感度，而重回起点的变化并不会被展示。感知经验限制其暂时解析，实际上是一种日常经验。如果在看电影时，我猛咬指头，就看不到拇指和指头在起始位置和结束位置的移动。即使其比我们看到的移动得更快，也并不意味着所发生的是错误表征。当移动速度超过我们的视觉经验时，我们就不能将其显现，但这也不是错误表征。

就盲点而言，双眼视力也无所谓错误表征的问题，因为对于每一只眼睛，另一只都要将这只的视域遮盖起来使其接收不到信号形式。而就单眼视力而言，是否包含错误表征这一问题，则取决于与视神经相关的部分是否填满了视域。如果是，那至少有时是错误表征；如果不是，那就是表征的缺失[14]。关于视觉经验是否大体提供了视觉情境的精确表征，没有一个案例可以证明其确有其事 。在双眼视力中，因盲点存在而没有表征缺陷。在单眼视力中，顶多会在视觉情景的一小范围内是缺失表征，或有时是错误表征。

为了证明大错觉假说，让我们回到从变化盲视，以及无意盲视的研究中得出的证据中来。笔者认为，这两项都是相当普遍的现象，且对大错觉假说或是感知经验不精确这一论题的任意一方，都不支持。

所谓无意盲视，也就是没有注意或想不起未曾关注的事物，即使它们实际确实明显影响了我们的感觉器官，无论是感觉通道间还是通道外，这与普通经验一样。当我们将注意力集中在视觉任务时——阅读或写作，或在杯子上进行绘图设计，我们往往会忽视环境中非常有意义且重要的事情。同样，当我们听收音机，或在鸡尾酒聚会上倾听搭档的倾诉，我们也许会错过眼前大部分正在进行的事。当一个人从事一项艰难任务或者注意力转向其他地方时，不像扒手保持高度警惕，他往往会忽视身体感觉，甚至没注意到自己割伤或有淤青或与之相连的感觉。同样，从感觉经验来讲，他可能关注于一个人的讲话，但却忽视了其同伴的讲话，尽管双方的音量相同。或者他也许在追踪和关注一个运动员，并没注意到或者想不起靠近他身边的那个赛跑者所穿毛绒衫的颜色，又或者是别的视域情景。变化盲视在日常生活中也随处可见。我们往往会忽视眼前情境中的所有变化，即使我们看到了它们。比如，一些笔者所认识的电影观众也没有注意到，在路易斯·布努埃尔执导的影片《朦胧的欲望》中，女主角是由两个女演员扮演的。许多纸牌游戏也是基于我们不能详细地回想起所看到的牌的情况而来的。准备一副牌，并将 7 个方块和 8 个桃心置于牌面顶部，将 7 个桃心和 8 个方块置于牌面底部。然后在没有将上下牌面弄乱的情况下，在被试者前洗牌。接着叫被试者从顶部抽取两张牌，扫视并记忆，接着将其置于牌面中部的任意地方。然后在没有将上下牌面弄乱的情况下，多次洗牌。将牌面置于桌子上，并轻拍两下，接着将牌面底部的两张牌面朝上。结果显示，被试者取出的那两张牌正是他所记过的那两张牌。在此种情况下，显然并不是说没有注意到这些牌，而这也就解释了为什么人们没有发现这两张牌并不是刚开始看到的牌。关注这些事情，并不意味着笔者要贬低无意盲视和变化盲视现象的系统研究，而仅仅是指出它对我们所熟悉现象的价值所在。如果有例子可证明涉及无意盲视或者变化盲视的大错觉，该例可能被单独地进行心理研究。

首先，对于经验易受到完整性错觉影响的案例，这些现象从某种程度上表明了什么？其次，对感知的真实度及精确度而言，它们又表明了什么？

就无意盲视而言，据称有证据显示，“在注意缺失的条件下，根本没有意识感知，也因此在前注意阶段，没有感知物体存在”（Mack and Rock，1998：227）。若是真的，那么受错觉的影响，我们过后不能详细讲出在视听域中意识到的事物，这是可理解的。但这是真的吗？视觉注意力都集中在如管状视力的事物上了吗？其他视域都消失还是退缩了，除非你眼前所关注的情境正是脑袋后面的情境。这是一个不用实验室就可操作的实验，在笔者看来它并不仅仅如此。此刻笔者正关注于在计算机屏幕上敲打的字。但笔者没有经历过视域的突然缩退，即使笔者不能告诉你们关于注意力之外的视觉情境的许多细节[15]。对于感觉经验亦然。在关注单词的过程中，笔者身体没有突然变麻，也没有突然变聋，等等。如果视觉集中在某事上，而他自然地停止身体或本体感觉性或听觉经验，那么很容易猜出其整个经验都将是不同的。汇报他所不关注的事这种受限行为能力并不驳斥这一观点，即如果它们以某种方式影响了感觉器官，从而往往也对视觉或听觉经验等的异常特征产生影响，那么它们将对视域或听域适当部分的异常特征也产生相似的影响，即使他对此并不关注。我们有能力回想起或说出曾处于某种复杂的异常情形，以及在那种情形下的事物与现在是不同的，而且比起我们不关注的，我们对正关注的包含事物，以及经验记得更清楚，这点不足为奇。

为什么会有人认为注意力对意识来说是必要的呢？麦克和洛克通过确认人们可以过后回想或者说出已关注过的事情来得出结论：“感知是……意识如果被试者能回想起或指出它。”（Mack and Rock 1998：233）然而，尽管这貌似是关注它的充分条件，但却不是必要条件，至少意味着意识或现象经验。人们可以通过引进“意识”的一种操作定义来捍卫麦克和洛克的结论，根据实验结果，其目的不是为了掌握字面含义。当我们用“无意识感知”来作为“无行为能力或限制行为能力的人来回想实验情形”的缩写时，主体原来带有的高兴情绪也就消失了。

这一观点也适用于变化盲视。变化盲视并不直接表明我们在时间 t 和时间 $t+\varepsilon$ 的已变化的特征，最多显现的是受限行为能力的人通过表征的延伸来注意情境中的变化[16]。通过经验所展现的相应变化也在经验中得以显现。如果一个物体一度是蓝色，接着是红色，如果变化前物体以蓝色显现，变化后物体以红色显现，那么其经验就会展现出过程。注意到经验呈现了一种变化，且这一变化要求记录一种表征与另一种表征之间的差异。变化盲视实验的结果并没有表明，变化前后经验能够表现变化。所以，它们也没有暗示经验不能表现变化。实验结果只表明，当我们眼跳、眨眼睛，或是在某情境中同时有干扰事情时，我们就不会注意到经验的变化。基于此，有人假定，人们认为他们会注意到这些变化，且这些变化显示了它们易受与经验真实性及精确度相关的错觉的影响[17]。相反，他们高估了致力于经验变化的程度，并且记得过后经验的特征。

为什么我们能够使自己更好地注意到可能引起变化盲视的特殊情境中的变化呢？这点很容易解释。正如约翰逊·科恩所说：“对感知者来说，所有证据都证明了他们关注周围事件的一般能力。”（Cohen，2002：152）当我们未能注意到一些变化，且这些变化事后看来似乎是十分明显的时，这就是行为能力受限制的原因，对此我们会感到惊讶，但这其实是自然的[18]。但是正如科恩所说，不应该再让我们说易受大错觉的影响，而是让我们接受这一事实，即令我们惊讶的是，我们误解了缪勒-莱尔错觉或庞氏（Ponzo）错觉或艾宾浩斯（Ebbinghaus）错觉，而所谓的“大错觉”（grand illusion），

> 是一个具有普遍现象的例子：普通被试者忽视了其在认知以及感知能力的限制，而当受控的实验条件将限制因素变得明朗化时，他们（和我们）会学到新东西。（Cohen，2002：155）

考虑到感知经验大体上给予环境以精确的表征，这也正是感知的目的。经验具有提供精确表征的工具性功能，如果这样做的话，会帮助我们实现目标。认识我们所处的环境对于实现许多目标是非常重要的。这就要求对环境要有正确的感知信仰。既然这些都节选于感知经验，这就要求感知经验要具有精确性。精确的感知经验也因此帮助我们实现目标。对于感知经验的生物功能是否提供精确的表征这一问题的答案，要进一步研究，既然它是一个实验性问题，那么它就只能依赖于我们仅有的间接证据。然而，貌似可信的是，根据某些测验结果，环境的精确表征需要提供的是一个可供选择的有利条件。基于此，我们也许可以放心地得出结论，即感知经验的生物功能也能够提供精确表征。

注　释

［1］见 O’Regan 等（1996，1999），Simmons（2000），Simmons 和 Levine（1997）。

［2］见 Mack 和 Rock（1998）。

［3］在 2000 年出版的诺埃等人的著作中，这一短语被引入到文学方面。《意识研究杂志》（*The Journal of Consciousness Studies*）（Noë，2002b）一直致力于对它的研究。

［4］对“信息”来说，有一种危险的模糊性。在文本中，笔者使用“信息”一词，从实践层面来看，是将适当法则与背景条件相结合，以使人们了解法则、背景、条件及信号以推断出其缘由。从这种意义上来讲，树桩的环数代表其年轮，但这并不意味着报纸也携带这样的信息。从符号层面上讲，报纸上的信息有两种含义。其中一种代表已发生事情的信息，也就是它包含意向性内容的表征，有真假之分。而树轮则不具有意向性，也没有真假之分。

［5］见 O’Regan（1990）。

［6］见 Simmons 于 2000 年的最新综论。

［7］见 Mack 和 Rock（1998）。

[8] 见 O'Regan (1992), O'Regan 等 (1990)。

[9] Neisser (1979), Simons 和 Chabris (1999)。

[10] 同阅读一样，“经验”也存在这样的状态。尽管如此，阅读所争议的问题，即感觉运动观是否给感知经验提供充分的分析，还是能够使我们在特定的时刻开始谈论我们的视听感受。

[11] 同样的观点由缸中之脑的更为传统的思想实验而得，即缸中之脑可能是由恶魔来决定的。

[12] 从这一层面来考虑，在丹尼尔·丹尼特的例子中，走入一间房，看到的墙纸都是同样的玛丽莲·梦露的画像。丹尼特说道：“不到一秒，你会看到‘许许多多的同样的、详尽的、清晰的玛丽莲·梦露的画像’”，既然“你的眼睛每一秒顶多跳4或5次，也就是说即使你面前有成百上千张玛丽莲·梦露的画像，你也只能看到一两个玛丽莲·梦露的画像”(Dennett, 1991: 354)。丹尼特说得对，我们不能比实际呈现得更详细。但他又继续说道：“当然，这种方式在你身上并不能奏效。对你来说，你好像正盯着成百上千的玛丽莲·梦露看。”(Dennett, 1991: 355) 但这需要仔细考量，你确实看到一堵墙，且粘贴有成百上千的玛丽莲·梦露的画像，好像确实是你所经历的。但它对你来说是这样吗？你的视觉经验体现所有的细节了吗？笔者不认为任何人都处于这一错觉下。我们了解墙纸包含了重复模式，而且如果我们看这个模式，我们知道自己正在看这堵墙，且墙上详细地重复了这一模式。没有错觉，就没有惊奇。

[13] 空间制约了凯恩林·埃金斯的那个有趣论证，即外围感热体系统没有提供真实的表征 (Akins, 1996)。论证基于一个观察和一个假设。观察反映气温的冷暖点，以及在皮肤上不均匀地反映的气温变化，且双方的静动态反映呈非线性。假设感应强度反映了皮肤表层的气温（笔者将对这一假设提出疑问）。我们将冷暖感应器看作是向远端物体及与我们相连的物体提供信息。对视觉经验而言，经验的主观性特征和环境上不断变化的客观特征的表征之间的关系可能很复杂。靠向视网膜的对角并不直接与其所显现的大小或者形状有关，它还依赖于距离及视角。我们可能寻找所展现出的及各种不同信息的相互影响，包括跨时空信息及冷暖感应。例如，当进入热气腾腾的澡堂时，我们知道热感应强度过一会儿逐渐消退，但我们不将其称为是洗澡水冷却的表征——这只是双脚逐渐适应以至于传递到身体其他部位的现象而已。

[14] 丹尼特承认在其1991年出版的书中没有补充，但可参看佩索阿 (Pessoa, 1998) 等人于1998年出版的研讨会文集，以及一些相关的论证。

[15] 幸运的是，司机在同他们电话交谈时不会变成盲人，尽管他们并不适于对眼前的视觉情境进行汇报总结。

[16] 西蒙 (Simons et al., 2002) 等人最近的一些实验工作表明，在进行探索客体的过程中，经常会发现起先不被关注的情境信息。这也就将变化盲视看成

是这些实验中的重要步骤，这与能回想起及对变化进行汇报的总结相符。

[17] 参见莱文（Levine，2002）的著作，以进一步研究人们过高估计探测变化的能力。

[18] 见布莱克莫尔（Blackmore，1995）等人书中的两张照片。在一次非正式的调查中，当被试者同时看这两张照片时，只有在被告知时才能够比较容易地发现其中的差异。当眼球随着一个接一个的画面移动时，被试者未能注意到变化，这也不足为奇。

参考文献

Akins, K. (1996). Of sensory systems and the "aboutness" of mental states. *Journal of Philosophy*, 937, 337-372.

Ballard, D. H. (2002). Our perception of the world has to be an illusion. *Journal of Consciousness Studies*, 9/5-6, 54-71.

Blackmore, S. J. (2002). There is no stream of consciousness. *Journal of Consciousness Studies*, 9/5-6, 17-28.

Blackmore, S. J., Brelstaff, G., Nelson, K., and Troscianko, T. (1995). Is the richness of our visual world an illusion? Transsaccadic memory for complex scenes. *Perception*, 24, 1075-1081.

Bridgeman, B. (2002). The grand illusion and petit illusions: interactions of perception and sensory coding. *Journal of Consciousness Studies*, 9/5-6, 29-34.

Clark, A. (2002). Is seeing all it seems? Action, reason and the grand illusion. *Journal of Consciousness Studies*, 9/5-6, 181-202.

Cohen, J. (2002). The grand grand illusion illusion. *Journal of Consciousness Studies*, 9/5-6, 141-157.

Davidson, D. (2001). Radical Interpretation. In D. Davidson, *Inquiries into Truth and Interpretation* (2nd edn.). New York: Clarendon Press.

Dennett, D. (1991). *Consciousness Explained.* Boston: Little, Brown.

Durgin, F. H. (2002). The Tinkerbell effect: Motion perception and illusion. *Journal of Consciousness Studies*, 9/5-6, 88-101.

Levine, D. T. (2002). Change blindness as visual metacognition. *Journal of Consciousness Studies*, 9/5-6, 111-130.

Mack, A. (2002). Is the visual world a grand illusion? *Journal of Consciousness Studies*, 9/5-6, 102-110.

Mack, A. and Rock, I. (1998). *Inattentional Blindness*, Cambridge, MA: MIT Press.

Neisser, U. (1979). The control of information pickup in selective looking. In A. Pick (ed.), *Perception and its Development.* Hillfield, NJ: Erlbaum.

Noë, A. (2001). Experience and the active mind. *Synthese*, 129/1, 41-60.

Noë, A. (2002a). Is the visual world a grand illusion? *Journal of Consciousness Studies*, 9/5-6, 1-12.

Noë, A. (ed.) (2002b). *Is the Visual World a Grand Illusion?* Special issue of *Journal of Consciousness Studies*, 9/5-6. Charlottesville, VA: Imprint Academic.

Noë, A. (2002c). On what we see. *Pacific Philosophical Quarterly*, 83/1, 57-80.

Noë, A. and O'Regan, J. K. (2001). What it is like to see: A sensorimotor theory of perceptual experience. *Synthese*, 129/1, 79-103.

Noë, A., Thompson, E., and Pessoa, L. (2000). Beyond the grand illusion: What change blindness really teaches us about vision. *Visual Cognition*, 7/1-3, 93-106.

O'Regan, J. K. (1990). Eye movements and reading. In E. Kowler (ed.), *Eye Movements and Their Role in Visual and Cognitive Processes.* Amsterdam: Elsevier.

O'Regan, J. K. (1992). Solving the "real" mysteries of visual perception: The world as an outside memory. *Canadian Journal of Psychology*, 3/46, 461-488.

O'Regan, J. K., Rensink, J. A., and Clark, J. J. (1996). "Mud splashes" render picture changes invisible. *Investigative Ophthalmology and Visual Science*, 37, 213.

O'Regan, J. K., Rensink, J. A., and Clark, J. J. (1999). Change-blindness as a Result of "Mud splashes." *Nature*, 398, 34.

Pessoa, L., Thompson, E., and Noë, A. (1998). Finding out about filling in: A guide to perceptual completion for visual science and the philosophy of perception. *Behavioral and Brain Sciences*, 216, 723-802.

Rawling, P. (2003). Radical interpretation. In K. Ludwig (ed.), *Donald Davidson.* New York: Cambridge University Press.

Siewert, C. (2002). Is visual experience rich or poor? *Journal of Consciousness Studies*, 9/5-6, 131-140.

Simmons, D. J. (2000). Current approaches to change blindness. *Visual Cognition*, 7/1-3, 1-15.

Simons, D. and Chabris, C. (1999). Gorillas in our midst: Sustained inattentional blindness for dynamic events. *Perception*, 28, 1059-1074.

Simmons, D. J. and Levine, D. T. (1997). Change blindness. *Trends in Cognitive Sciences*, 1/7, 261-267.

Simons, D., Chabris, C, Schnur, T., and Levine, D. T. (2002). Evidence for preserved representations in change blindness. *Consciousness and Cognition*, 11/1, 78-97.

Strawson, G. (1994). *Mental Reality.* Cambridge, MA: MIT Press.

Stroud, B. (2000). *The Quest for Reality: Subjectivism and the Metaphysics of Colour.* New York: Oxford University Press.

第十六章　感知旨在提供准确的表征吗？——一个反例证

克里斯托弗·瓦伊格（Christopher Viger）

一、引　言

感知的目的是为了提供准确的表征吗？笔者的观点是感知的方法和其引导人类行为的作用是多种多样的，因而对这个问题而言，并没有一个意义明确的答案。感知的目的是通过对某个动态的并往往是恶劣环境的直接回应来引导我们的行为。环境有时要求我们提供准确的表征，但笔者要强调的是，它有时并不要求我们这么做。所以在很多情况下，对此问题的回答是“不”，并且对那些不需要感知提供准确表征的环境进行理解是认知科学的一项重大发展。

首先，笔者会列举一些范例，在这些范例中我们的感知系统不提供准确的表征，而且笔者会强调这些范例之所以有用，是因为它们的不准确性。在上述的这些范例中，我们把世界描述成为与它实际不同的样子，来使得重要的环境差异更加显著。接下来，笔者会说明“表征”这个概念本身的意义含糊性并强调在某些范例中感知的目的根本不是提供准确的表征。不仅如此，刚刚提到的意义含糊性并不源自于对语言的随意使用，而是源自于感知本身的结构，这一点在古德尔（Melvyn Goodale）和米尔纳（David Milner）的双重路径模式中得到了演示。这个在实证上被广泛支持的模式为我们展示了另外一种范例，在这些范例中感知性的表征并不准确，这些表征的目的也不是为了准确。最后，笔者讨论了本章的标题问题和它与另外一个极其相似但又不相同的问题之间的联系。这个问题就是：视觉的世界是一个大错觉吗？

二、不准确表征的范例

如果说感知不提供准确的表征，那么这意味着什么？可能性之一是我们把世界感知成了与其实际很不相同的样子，正如我们所说的错觉。感知为我们提供的表征并不是事物本身的表征，最起码不是通过我们直观的感觉感知到的。如果此类感知较为罕见（如错觉），那么我们就不会以此作为依据而声称感知为我们提供的表征是不准确的，我们无疑会承认不准确的感知是偶然的。为了能给我们的标题问题提供一个否定的答案，我们应当提供较多的错误并且这些错误会立刻引起我们对自身的系统性错误感知理解能力的担忧。路德维希（Kirk Ludwi，第十五章）的辩称很有说服力。他认为，我们认为感知具有根本性错误的原因至少有一部分来自于感知本身，所以如果我们接受这种原因作出的结论，我们不就得不反对导出此结论的前提。与其他的多种怀疑论相比，这个观点具有自我辩驳性。极端的怀疑论并不能够否定感知旨在提供准确的表征。

另外一种可以说明感知不提供准确表征的范例是，我们所感知到的事物属性的构造和这些属性的实际构造并不相同。这个范例和极端怀疑论的区别是它并不能保证我们产生一些不实的陈述。我们被提供有确定某种属性构造的感知方法，尤其是为感知的目的而制造的某种工具，这一事实和我们对于这种属性的一般性感知并不相关。也就是说，我们所要求的是我们的感知要足够精确到可以对运用某个可信的、独立的标准，来对感知事物的特定方法作出可能性评价。对色彩的感知就是一个范例。在这个例子中，色彩本身的真实性并不能被定义为某种极端的解释。感知可能出现错误，是因为我们已经拥有了确定光的波长的方法，正是这种方法产生了我们对于色彩的视觉，而这种视觉和色彩本身的视觉并不相关。除此之外，我们也已经了解了许多和色彩视觉相关的哲学知识。把我们对于色彩视觉的了解和它所引发的刺激放在一起，我们就会得出一个结论：色彩的感知不能提供准确的表征。让我们仔细分析一下这个范例。

我们必须拥有至少两种具有不同光谱敏感性的光感受器才能辨别颜色。在这个范例中我们拥有三种这样的光感受器，或者可以优先回应在400～700nm的不同幅度的可视电磁辐射波段的圆锥体。有些圆锥体对蓝色光的回应效果最好，另外一些对于绿色光的回应效果最好，还有一些对于红色光的回应效果最好。这些对于特定的光的波长的回应仅仅是优先的而不是唯一的。这是因为一个圆锥体的活性化是由其内部的色素和光度之间的量子交互影响而产生的。在统计学上，这种交互影响发生的概率极小，所以有可能这些圆锥体对于它们最敏感的光也不会产生回应，并且任意种类的圆锥体可以对任意波长的光作出回应，因而色彩是由人脑根据不同种类的圆锥体之间不同的优先回应确定的。影响上述过程的脑细胞的构造不在本章的讨论范围，但是我们构建了一套办法来最大化红／绿和蓝／黄色彩刺激之间的区别（Kandel et al.，1995：453-468）。我们讨论的结果是：从表面现象角度，我们确实看到了二者之间最显著的区别，但我们的发现实际上是由我们生理组织引起的并与之相符合[1]。然而这并不是我们可以看到的电磁辐射的实际构造。例如，我们看到的光的波长，虽然对于我们而言红色和蓝色更加类似，但实际上红色光的波长和绿色光而不是蓝色光更加相近。事实上，我们使用的红色和绿色的圆锥体已经被人为最大化地对相隔波长小于30nm的光产生敏感了（Kandel et al.，1995：456）。

我们对色彩的感知不仅不能提供精确的表征，而且有时候它与事实正如相反的。克拉克（Clark，2000）和莫尼瓦（Gonzalo Munevar）均声称对色彩的感知就像是在卫星遥测中用到的“假颜色”那样，仅仅因为用相同的方式影响了某些卫星探测器，任意两个物理区域就会被描述为具有相同的颜色。从卫星遥测的观点看，我们不会像其描述的那样感知这个场景，但是其表征显著地体现了真实的物理差异。

> 笔者认为，以这个观点看，所有的颜色都是假颜色。颜色的相似性也许不能代表任何物理属性的相似性，也不能代表影响我们光感受器的不同种类的物体的倾向性。不过，颜色的差异和界线可以告知我们此场景下真实的物理学差异。（Clark，2000：245）

通常而言，貌似真实的色彩感知度只不过是针对差异的强化性敏感而已。为了影响这种敏感度，颜色系统强调差异，因而错误地呈现了可视的电磁辐射群。“有用的反差，而不是如实的相似性，是感知成功的关键。”

克拉克把色彩感知的收获应用到了研究更加普遍的感知系统上。

> 从总体上看，神经系统对于空间和时间的变化和中断的重要性大于空间和时间方面的相似性。每个神经模型都会经历接触、适应和发展阶段，每个阶段发展到极限都会变化成新阶段。每个模型中的空间与时间边缘都会有所增长。（Clark，2000：238）

在我们的环境中，运动是带来变化的典型方法，而且我们敏感地适应着各种变化。甚至我们对运动太过于敏感，以至于我们在有些没有运动的情境下感知到了运动。这样做的好处很简单：一个虚假的但是具有积极性的识别远远好于一个虚假的但是消极的识别，因为对运动的忽视是致命的。一个简单的实验为我们演示了当相似的物体被快速且连续地看到时，对运动的虚假感知是如何产生的。如果计算机的显示屏上有一个圆且在圆心位置有一个绿色光点在不断闪烁，且同时有一个红色光点在这个圆边缘的任意位置不断地短暂闪烁，那么我们看到的画面就是红色的光点在向圆心移动的同时，它的颜色轨迹将会由红色变为绿色。这就是我们所熟知的颜色映射现象（Kolers and Von Grunau，1976，1991 年被报道）。广告牌的设计者们可以通过灯光构成的花样和图案制作运动的错觉来创造类似的效应[2]。与色彩的感知不同，这样的效应仅仅发生在运动检测的极限附近，但是它有助于突出显示有用的往往不是准确地感知，并且我们的感知系统往往促成这种有用性的产生。

虚假运动探测的一个不可视的范例是某个影响皮肤的兔子实验。在该实验中，机械轻击锤被放置在实验兔的腕关节、肘关节和上臂等处。当我们仅仅敲击实验兔腕关节部位的轻击锤时，它并没有错觉产生。然而，当快速地敲击实验兔腕关节部位的轻击锤几下之后，继续敲击肘部和上臂部的轻击锤，这时兔子就会在沿着手臂的等距中间位置感觉到敲击，但实际上此处并没有被敲击。这样的经历就如同一只兔子跳过某人的手臂，实验的名称也由此得来。在这个实验中，在没有运动的地方同样探测到了运动的存在（Geldard and Sherrick，1972，1991 年被报道）。

音韵学为我们提供了一个听觉感知通过提供不准确的表征而夸大差异的范例。和色彩感知的范例相同，我们已经设计出了特殊的工具来揭示听觉型刺激的构造，通过这种方式我们可以比较听觉感知。我们的发现是我们会产生许多音韵学的错觉，体现在我们会听到原本并没有发出的一些辅音或者好像相同但其实不同的一些辅音。我们知道，在美国英语的方言中，writer 和rider 这两个词由于内侧辅音t 和d 的缘故，被认为在发音方面有一定的区别。

> writer 和rider 这两个词的发音事实上是并不相同的。但是语音学的研究发现，牙齿内侧辅音事实上是以相同的方式发出的。而 writer 和 rider 这两个词的发音差异源自于元音：rider 的发音比 writer 稍长一些。然而，某个人只有接受过语音学的训练他才不会忽视这种元音长度的差异，因为这种长度的差异超出了我们的意识（感觉）层面。（Kenstowicz，1994：6）

在这个范例中，实际的差异在于元音的长度，但是这种差异在听觉感知中由于我们听到了不同的辅音而被夸大，这一错觉在这两个词的拼写中也有所体现。此类音韵学错觉的奇妙的特征之一是，它们是依据于具体的语言的。这意味着在习得词汇的过程中，我们的听觉系统被训练成用于改变我们听到的东西，因而使得差异性更加显著并使得口译更加容易。同样，在这个范例中感知的目的不在于其提供表征的准确性而在于其本身的辨别性[3]。

在本部分笔者列举的最后一个范例是我们对于温度的感知。我们所生活的世界具有一些真实存在的固有属性，例如，分子的动能，我们可以通过使用温度计来使我们的感知系统确定它的存在。同色彩感知和听力感知相似，我们对温度感知也有足够的了解，并且也知道如何利用我们的温度感受器来作出它并没有提供准确表征的结论。温度感受器对温度较低的物体比较敏感，也就是说，某个冷点的加热速度作为温度的函数是一个多对一的函数。为了给不同的刺激提供几乎相同的表征，这样的表征定然难以准确。热点温度感受器对较高的温度较为敏感，即使它在响应速率方面不是多对一的函数。虽然如此，热点温度感受器不会对温度的某一线性方式的线性变化产生回应。所以，没有任何一种温度感受器可以保留着外部刺激的结构。除此之外，温度感受器如何回应变化是依据于起始温度的。与在适度范围内温度的固定变化相比，临近温度可耐受度的变化和我们对于温度的要求有更高的相关性。热点仅仅对于增加的温度给予动态回应，而冷点仅仅对于消减的温度给予动态回应。在以上的两个范例中，回应的强度均是由起始温度确定的。源自于适度起始温度的变化可能会产生较小的反应，而高起始温度的增加和低起始温度的消减会产生强烈的反应，因而会满足我们的温度需求。我们也许会轻易地感觉到左手逐渐变得很烫，而不是感觉到我们的外部温度增加了10度。也就是说，温度感受器并不是温度计[4]。

我们刚才描述的感知的几种范例并不是详尽的，也不是用来当作获得对感知属性结论的一般性范例。它们仅仅是被当作例证来说明有时候感知提供的并不是准确的表征。如果我们仔细观察的话就会发现，在这些范例中，感知没能提供准确的表征并不仅仅被看作是一种失败。对于我们而言，用这些范例中的方式来曲解我们的感知也许是有益处的。所以，在这样的范例中，感知的目的并不是提供准确的表征，因为准确的表征反而并不如“系统性”的被曲解的表征有用。“物竞天择依赖的是有用的认知功能，而这里的‘有用’不一定代表着真实”（Bermudez，1999）。当真实性和有用性被拆开时，正如上述的范例所体现的那样，感知的作用就不是提供准确的表征了。

从以上范例中获得的知识和教训就是，简单地询问感知的作用是不是提供准确表征的做法是不明智的。即使是局限到一个简单的模式，这样的问题也是不准确的。有的时候感知是准确的，但是如果当感知的有用性是依靠被感知物扭曲的结构来体现时，正如刚刚提到的色彩感知和听觉感知，那么感知是不准确的。“感知是旨在提供准确的表征吗?”要回答这个问题，我们必须具体问题具体分析，并在充分了解世界的同时，利用专门研发的感知工具理解事物的内在属性，并弄清事物属性和感知工具的联系。除此之外，还要对我们的感知系统有充分的了解，并且理解感知系统是如何体现上述联系的。在很多情况下，这个问题的答案都会是否定的，因为在那些情况下我们的感知系统都没有提供准确的表征。

在讲述下面的内容之前，我们先总结一下目前的收获。笔者已经列举了一些范例来说明对我们的感知系统的了解情况，并通过这些范例对我们感知到的用来作出感知不准确结论的属性有了足够的了解。在这些范例中，感知的不准确性并不是偶然的。在很多情况下，感知系统的不准确性突出地显示了环境的差异，因此这些范例实质上是用感知的准确性换得了感知的实用性。既然我们已经明白没有一个统一性的答案可以回答我们的标题问题，那么回答我们的标题问题就必须以具体问题具体分析作为基础了。我们的标题问题的相关因素太过复杂，以至于不能用一个单一的答案来对其进行回答。

这个问题的提出是基于我们目前考虑到的一些复杂因素，因而回答这个问题对我们而言更加复杂，因为它本身就具有一定的意义含糊性。对于表征目前有两种解释，这两种解释会给出两种答案来回答我们的标题问题。在下一部分，笔者将要表述这两种对于表征的解释，并强调在一些情况下感知的目的根本不是提供准确的表征。除此之外，标题问题的意义含糊性并不仅仅是简单的术语误用。先前提到的双重路径模式预测我们的视觉系统会产生两种独特的表征，大量的实证性例证可以证明这一点。所以，我们不能规定某种语言的使用来回答这个问题。

相反，这个问题可能会更加复杂，因为此双重路径感知模式揭示了另外一个种类的范例群，这些范例中的感知并不精确，感知的目的也不是为了表征的精确性。下面笔者会具体说明以上内容。

三、表征的两种解释

说到底，拥有表征仅仅是能够对存在于环境中的事物进行回应。如果这么理解，那么恒温器显示室内温度并凭借它们的表征性形态来体现这一点。在我们的例证中，这样的表征在许多本能性反应（如急速的低头、被惊吓）中，表现得十分明显。我们可以通过急速的低头来闪避某物，但我们也许并不知道闪避的到底是什么东西。派利夏恩（Pylyshyn，2001，2003）的可视色指数理论解释了这类极小的表征存在的可能性。根据派利夏恩的看法，我们有少量的（4～6）的可视色指数用于抓住环境中事物的显著性特征。这些可视色指数像是视觉系统的非概念性指标，也就是视觉版本的“这”和“那”。这些可视色指数在视觉系统中快而早地起作用。在极端情况下，也就是在感知时间极端的情境中，我们仍然可以在没有获得物体任何特征的情况下追踪这个物体。这一点体现在刚刚提到的急速低头闪避某物但并不知道闪避的是何物的事例中。在我们的有真实时间限制的世界里，这种类型的表征一般被动力系统利用，所以笔者把它们称为感知运动型表征。

感知运动型表征通常不会产生被意识到的经历。与此不同，另外一种类型的表征往往求助于我们脑中的表征性理论，以及心理性细节（如词汇、图片、符号等），这些往往象征着我们的思维和想法。正是这个类型的表征使我们在自省自我经历的时候，能够对我们所感知的事物产生意识。因为此类表征被认知系统使用，所以笔者把它们称为概念性表征。

现在我们可以在没有具体规定的情况下，用以上提到的任意一种表征的解释来回答我们的标题问题。但是笔者认为把表征解释为有意义的概念性表征更加自然并且合理。毕竟，是概念性表征确定并使我们意识到了自己的经历。除此之外，根据可视色指数理论，在一些情境中询问感觉运动型表征是否准确是没有意义的，因为在这些情境中不存在任何固有属性，它仅仅是一个指标性的表征。而且在这些情境如急速低头、阻挡或接球中，当我们需要迅速地产生及时反应时，我们感知的目的不但不是提供准确的表征，而且这些感知的产出对于感知行为本身而言是有害的。在这些情境中，概念性感知会显得太缓慢以至于它不能够作出实时的回应。在需要作出及时的实时性回应的情境中，我们的标题问题仅仅在被解释为询问概念性感知时才会有意义，而这时问题的答案往往是在这些情境中，感知的目的根本就不是为了提供概念性表征。

如笔者上文所述，表征概念的模糊性并不仅仅是术语误用的结果。有许多有意义的实证支持米尔纳和古德尔（Milner and Goodale，1995，1998）提出的感知双重路径模式。此模式揭露了表征概念模糊性的缘由，并给我们讲述了两个和感知截然不同的过程相关性术语。现在让我们来仔细分析双重路径模式。

四、行动视觉，感知视觉：感知双重路径模式

通过总结对脑损伤的猕猴和人类行为的相关研究，米尔纳和古德尔提出了人脑内从初级视觉皮层到颞叶和顶叶的视觉投影包含两种和猕猴类似的视皮层通路，即背部通路和腹部通路（Milner and Goodnale，1998）。他们假设的这两种通路各自具有不同的功能。背部通路负责引导及时的回应行为，也就是视觉任务能力，而腹部通路负责视觉识别。例如，背部通路有损伤的人类个体可能会出现视觉性共济失调：一种视觉眼肌运动性紊乱，表现为患者很难靠近并捡起某个物体。但令人惊讶的是，这些患者可以精确地报告他们所不能捡起的物体的位置和朝向。而在其他的一些例子中，腹部通路受到损伤的患者可能会出现视觉失认症。虽然他们可以轻易地捡起一些物体，但是不能确认物体之间的相对大小和尺寸。他们也不能以适当的尺度握住相应大小的物体。其中一位患者，不能准确报告某一个窄缝的位置，但是她能够把她的手或者手持一张卡片塞入此窄缝中。米尔纳和古德尔总结出背部通路负责进行快速的视觉任务能力反应，而腹部通路则是负责物体识别。

> 总之，大量的精神物理方面的实证与具体情境较为一致，尤其是要求对可视目标作出快速回应的情境。视觉任务能力控制过程涉及了一系列的机械过程，而这一过程和引起我们有意识的视觉性经历的过程又大不相同。（Goodale and Westwood，2004：5）

如果双重路径模式是正确的、相关的，以及来自影像学实验，并且人类神经心理学、猴子的神经生理学及人类心理物理学的证据均支持这种模式，那么以上提到的视觉过程的两种通路就是表征的两种不同解释的来源。根据此双重路径模式，背部通路和腹部通路均对物体结构及其空间位置信息进行加工处理，但是二者的加工和处理结果是截然不同的（Goodnale and Westwood，2004：2）。也就是说，两种通路产生的表征是各不相同的。背部通路产生的表征是来自于及时回应的感觉运动性表征，而腹部通路产生的表征是用于识别物体的概念性表征。

这两种通路在功能上的区别对于确定它们产生的表征的精确性而言极为重要。背部通路产生的表征一定是要被动力系统使用，它产生的表征往往是利己的[5]，它的利己性体现在，它为我们提供我们的感受效应器是如何摆放的和目标物体相关等关联信息，而且此类表征精确到了可以看穿所谓的“视觉性错觉”。例如，在“铁钦纳圆环”的错觉中，我们会认为一个被许多小圆环环绕的圆盘比一个被许多大圆环环绕的同样直径的圆盘要大。然而，当我们想要抓住这两个

圆盘时，我们手掌的开合度却是一致的，这就意味着背部通路对错觉较为敏感（Goodnale and Westwood，2004：3）。另外，腹部通路是错觉的来源，因为它并不要求产生绝对度量标准体系或者利己性的编码[6]。事实上，物体的识别是依赖于我们从某个特定的视觉场景中提取绝对[7]度量标准的能力。例如，人类能够在不掌握物体的大小、瞬间方向和位置的情况下对其进行识别（Goodale and Westwood，2004：3）。物体的识别要求我们从我们的感知环境中抽象出那些利己性的个别项目，所以如同多种错觉所证明的那样，它经常是不准确的。但是放弃表征的精确性可以使得这些表征适用于更高级别（更中心层次）的认知系统。放弃腹部通路感知的精确性的回报是"我们可以有意识地在真实世界中表现"（Clark，2002：201）。我们又一次发现了不准确的概念性感知有用处的例证。

在下结论之前，把我们的标题问题和另一个和标题紧密相关的问题进行区分是十分有必要的，这个问题就是：视觉世界是一个大错觉吗？

五、大错觉假设

最近，变化盲试和无意盲视这两种现象使人们认为视觉世界就是一个大错觉。关于这两种现象的问题有以下几点。变化盲试又称无意盲视，指当我们同时经历着多样事物发生时，仅仅关注其中一样而忽视了其他事物的发生，甚至不知道它们的发生。而无意盲视是指我们常常会忽略视域范围内的巨大显著的变化。在极端情况下，许多被要求给正在热身的篮球运动员传球次数计数任务的人会忽略身着黑白间条衫走入其视域中央的人（Simons and Chabris，1999）。

路德维希（本书第十五章）对大错觉假设作了两种解释："世界错觉"和"感知错觉"[8]。根据"世界错觉"的解释，我们感知的世界和真实的世界有所不同。这个观点认为，世界之所以是一个错觉归因于视觉的不准确性。因为在第二部分笔者已经仔细讨论过这一点，此处就不详述了。感知错觉的解释声称我们的感知经历和我们对这些经历的鉴别或判断并不匹配[9]。我们要注意到这一点和标题问题并不相同，因为即使我们的感知是准确的，我们也可能把它们判断为不准确的。

对于感知错觉的争论是以一个称为"经验快照感知"（the snapshot conception of experience）的假设为依据的。所谓"经验快照感知"，是把我们的视觉体验类比为一张包含诸多细节的，从中央到边缘都具有同等高分辨率的相片。这些争论通过提供可以削弱"体验快照"概念的证据来反对这个观点。变化盲视和无意盲视的现象被作为证据来证明我们对自身的视觉体验存在误解。体验是脱节的，色彩和分辨率从中央窝视觉以外逐渐削减。我们眼睛的位置在一秒钟之内可以变化三次，每次眼的跳动都不会传递信息。我们看似具有的丰富的包含很多细节和色彩的体验其实就是一个错觉。刚刚提到的"经验快照感知"概念错得很离谱。

为了回应以上的推论，许多学者包括诺埃和路德维希对如下假设持有异议，这个假设就是普通观察者持有“经验快照感知”的观点。

> 我们会很自然地仔细看某物，或者仅仅瞥某物一眼，或者为了看到某物调整光线或戴上眼镜。我们可以平静地接受自己缺乏对细节性或及时性环境信息的了解，这一事实说明我们不会有意识地使自己突然拥有这些信息。(Noë，2002a：7)
>
> 准确地说，快照模式同我们视觉所感知到的感觉状况是相悖的，但普通的观察者好像并没有从这一错觉中受到损失或因此而感到痛苦。……如果我们有兴趣看清某物的样子，我们就会把头转向它并用眼睛聚精会神地看着它，必要的话，我们可能还会靠近它来对其进行更深入地观察。如果我们因为接受“感知快照”观点而遭遇到大错觉，那么这种错觉就会在我们的行为中被体现出来，但它确实没有。(第十五章，第266页)

事实上，传统观点好像并不支持经验快照感知模式。正如有谚语所说：转眼即逝。

虽然反对“经验快照感知”这一观点，但诺埃和路德维希同意我们对仅仅由适度的变化盲试和无意盲视所展示的有意识的视觉体验感到困惑不解。事实证明，人们对发生在自己眼前但自己又没有注意到的变化感到很惊讶。虽然这种惊讶感从反方向表明了他们的期望，但是对诺埃和路德维希而言，我们的注意力实际上比我们表现出的注意力更加有限，这一事实几乎不能满足“大错觉”这个说法。毕竟，仅仅凭借一个瞬间的反应，我们不能够意识到我们没有注意的东西。所以，在一般情况下，我们不会注意到错过了什么东西。因而，指出我们错过的东西是令人感到惊讶的，但是“大错觉被看作为一种乏味的惊讶是更加适宜的”(Cohen，2002：15)。

虽然由注意不到我们所处环境中显著的特征而产生的惊讶感比较无聊乏味，可我们还是感到惊讶。这种惊讶的源泉就是现象学上的一种对立。事实上，我们对于自己没有注意到的事物也有一定感觉的。例如，我们可能由于习惯于钟表的滴答声而感觉不到钟表发出的声响，因而也注意不到它是否停止。与之类似，即使缺少了很多细节，但是某个视觉景色的边缘部分仍然是可视的。当我们阅读面前的报纸时，仍然可以看到报纸后边的墙壁。说来也奇怪，虽然我们不能通过丰富的细节瞬间感知世界，但是我们体验到的世界仍然是包含丰富细节的[10]。“奥里根和诺埃认为看上去人类的脑海中不需要含有世界详细的图像，但事实上这一点是非常需要的。”(Dennett，2002：16) 设想一下，如果我们感知到的世界和我们移动到更好的视角感知到的世界一样详尽会怎么样？诺埃把这种对立称为感知缺失。

拥有双重路径模式，解决感知缺失的手段就很清楚了。不同通路的不同功能产生了不同的表征。背部通路运行的结果就是我们可以作调整（移动）以获得一个更好的视角来增加感知输入。我们的感知运动方面的知识就蕴含在背部通路中。另外，腹部通路的运行产生了物体的识别，所以即使我们只是快速地对一面墙瞥了一眼，我们也会认识到那是一堵墙，而不是奶油做的什么东西，我们也不能步行穿过它。需要强调的是，在识别这面墙的同时我们把它看成了一个包含诸多细节的物体，而且这些细节中有很多都被我们所熟知，因而即使我们并没有瞬间看到这些细节，上述的体验还是可以被产生出。

诺埃采用了一种不同的方法来解决感知缺失的问题。这种方法是一种关于感知的有趣理论，它的重要性在于：如果可以被证明是正确的，它可以强制性地为我们的标题问题给出否定答案，因为感知本身并不包含概念性的表征。以奥里根和诺埃的技巧理论（O'Regan and Noë, 2001）为基础，诺埃（Noë, 2002a, 2004）提出用感知的动作模式替代其快照模式，并将感知的动作模式作为解决感知缺失的办法。这个观点认为，“感知这个举动是一种行为方式。感知的产出并不发生在我们身上，也不存在于我们之间，而是我们做的事情。设想一个场景：一个盲人拄拐走在一个杂乱的地方，通过接触而不是视力来感知周围的空间，然后很有技巧地前进和移动，就像是在探索。这才是或者说这才应该是感知的典范”（Noë, 2004：1）。根据诺埃的观点，感知者拥有感知这个世界丰富的细节，但是因为他们拥有感觉运动方面的知识，所以他们可以获得这些细节。例如，如果我们看到一只部分身体被篱笆挡住的猫，我们好像并不能够看到整只猫，因为其中一部分被挡住了。但是，我们看到的好像也不是分成部分的猫的图像片段。恰恰相反，我们看到的好像是整只猫，就好像是部分被遮挡的整只猫的图像。我们可以做到这一点是因为只要我们稍微一动，被隐藏的猫的部分图像就会进入我们的视域而其余的部分将不会被看到。

路德维希看到了诺埃的观点中存在的难以克服的困难。首先，他声称假设实际活动中包含感知行为是一种范畴性的错误，因为感知体验是一种状态，而不是一个事件。路德维希的结论认为诺埃的假设需要倾向性的解读。按照这种解释，拥有运动感知能力和实际的知识是一个感知者的必备条件。但是路德维希列举了一系列的理由，来说明为什么拥有感知体验不能算作是一种具有特质性的状态，其中的两个理由和我们的标题问题相关。其次，他认为诺埃的说法没有考虑感知体验的现象性特征，这个特征是偶发性的而不是特质性的。最后，他指出这种观点不能确认我们产生的错觉是真正的错觉。这两个论点产生的原因是，在这种情况下，我们不会对自身行动如何改变感觉输入的相关知识，抱有通常情况下的期望。知道某物是错觉之后，我们不会期望感觉运动方面的知识与之相关。但是如果没有这样的期望，我们就不会产生感知的体验[11]。

我们所感兴趣的是在这些纯特质性的解释中少了一些东西。一些偶发性的东西必须和特质性的状态一起来解释，我们进行体验时为什么会对正在被体验的东西产生感知。简而言之，缺少的东西就是概念性的表征[12]。诺埃的模式没有考虑到腹部通路。就像是因为感知的种类繁多而且复杂，所以不能简单正面回答我们的标题问题一样，但是从诺埃的模式可以看出，简单的给予否定的答案也是不可取的。然而，当构建我们对于感觉运动性表征的理解时，诺埃的模式可能会产生新的范例来证明，感知的目的根本不是为了提供准确的表征。

六、结　论

笔者已经说明过在一些具有局限性的范例中，我们的感觉系统并没有提供准确的表征，而这些表征正是因为它们的不准确性而有用，其用处就是可以突出强调微小但显著且重要的、我们所处环境的差异。笔者也指出了表征这一概念的意义模糊性，而且也说明了我们把它解释为概念性的表征更加自然，更加自然的原因是，既然这些表征都是我们意识到的，那么有些情况下感知的目的就根本不是为了提供准确的表征。最后，至少在一些情况下，我们可以通过抽象某个特定的感知环境来产出可以供更高级别的认知过程使用的概念性表征，这样的行为产生了不准确的表征。所以，在很多情境中，感知的目的都不是为了提供准确的表征。总而言之，感知太过复杂且种类繁多，因而我们的标题问题没有一个统一性的答案。

致　谢

感谢 Dan Blair，Kirk，Ludwig，Gonzalo Muneva，John Nicholas，Robert Stainton 和 Catherine Wearing 对于本章的讨论给予的宝贵反馈意见。

注　释

[1] 我们关于颜色相似性的现象在彩色立方体中可以被呈现。帕玛（Palmer，1999）对彩色立方体曾进行过清晰明了的描述。

[2] 德金（Durgin，2002）给出了另外一个不存在的可感知的视觉性运动的例子。

[3] 笔者对布莱尔（Dan Blair）使笔者注意到这些现象学的例子表示感谢。

[4] 此处关于温度感受器讨论的内容是根据埃金斯的研究作出的（Akins，1996）。

[5] 感觉运动性表征不精确的范例，正如那些由温度感受器产生的表征在第二部分出现。

[6] 并不一定是由抽象概念引起的不准确性，因为这个进程可能会产生精

确的但是并不具有细节性的表征。然而，错觉的实证性结果如铁钦纳环路或穆勒莱尔线证明的，在许多情况下，表征事实上是不准确的。

[7] 参见福多的非模块化感知，它反对小人感知理论，这也是丹尼特（Dennett, 1991）所反对的。

[8] 史威兹贝尔（Schwitzgebel, 2002：35）进行了相同的区分。

[9] 诺埃（Noë, 2002b）的许多文章都提到了这个问题。

[10] 丹尼特（Dennett, 1991：354）让我们想象，假如我们进入某个贴满玛丽莲·梦露海报的房间，我们会感觉到身处于满是玛丽莲·梦露的房间，但其实我们能看到的只是其中很小一部分海报而已。

[11] 笔者的观点是诺埃可以通过主张他自己的观点和那些在克拉克（Clark, 2002）的书中的思想来回应路德维希的反对观点。路德维希也反对“倾向性在概念上对于感知的体验不是必要的”观点，但这一点肯定不是诺埃的主张，他希望趋于实践而非仅仅停留在概念上，这一点产生了自然科学的相关概念，这也摆脱了路德维希对感觉运动模型的“致命一击”。对这些问题的深入讨论不在本章的范围。

[12] 我们需注意，路德维希（第十五章感知的目的是提供准确的表征吗?）致力于将我们的问题看作是和概念性表征相关的，但诺埃的观点却被描述为是和表征无关的。

参考文献和延伸阅读

Aglioti, S., DeSouza, J. F., and Goodale, M. (1995). Size-contrast illusions deceive the eye but not the hand. *Current Biology*, 5/6, 679-685.

Akins, K. (1996). Of sensory systems and the “aboutness” of mental states. *Journal of Philosophy*, 93/7, 337-372.

Ballard, D. H. (2002). Our perception of the world has to be an illusion. *Journal of Consciousness Studies*, 9/5-6, 54-71.

Bridgeman, B. (2002). The grand illusion and petit illusions: Interactions of perception and sensory coding. *Journal of Consciousness Studies*, 9/5-6, 29-34.

Bermudez, J. L. (1999). Naturalism and conceptual norms. *Philosophical Quarterly*, 49/194, 77-85.

Clark, Andy (1997). *Being There: Putting Brain, Body, and World Together Again.* Cambridge, MA: Bradford/MIT Press.

Clark and Andy (2002). Is seeing all it seems? Action, reason and the grand illusion. *Journal of Consciousness Studies*, 9/5-6, 181-202.

Clark and Austen (2000). *A Theory of Sentience.* New York: Oxford University Press.

Cohen, J. (2002). The grand grand illusion illusion. *Journal of Consciousness Studies*, 9/5-6, 141-157.

Dennett, D. (1991). *Consciousness Explained.* Boston: Little, Brown.

Dennett, D. (2002). How could I be wrong? How wrong could I be? *Journal of Consciousness Studies*, 9/5-6, 13-16.

Durgin, F. H. (2002). The Tinkerbell effect: Motion perception and illusion. *Journal of Consciousness Studies*, 9/5-6, 88-101.

Geldard, F. A. and Sherrick, C. E. (1972). The cutaneous "rabbit": a perceptual illusion. *Science*, 178, 178-179.

Goodale, M. and Westwood, D. (2004). An evolving view of duplex vision: Separate but interacting cortical pathways for perception and action. *Current Opinion in Neurobiology*, 14, 1-9.

Kandel, E., Schwartz, J., and Jessell, T. (1995). *Essentials of Neural Science and Behavior.* Stamford, CT: Appleton & Lange.

Kenstowicz, M. (1994). *Phonology in Generative Grammar.* Maiden, MA: Blackwell.

Kolers, P. A. and von Grünau, M. (1976). Shape and color in apparent motion. *Vision Research*, 16, 329-335.

Levine, D. T. (2002). Change blindness as visual metacognition. *Journal of Consciousness Studies*, 9/5-6, 111-130.

Mack, A. (2002). Is the visual world a grand illusion? A response. *Journal of Consciousness Studies*, 9/5-6, 102-110.

Mack, A. and Rock, I. (1998). *Inattentional Blindness.* Cambridge, MA: MIT Press.

Milner, A. D. and Goodale, M. (1995). *The Visual Brain in Action.* Oxford: Oxford University Press.

Milner, A. D. and Rock, I. (1998). The visual brain in action (precis). *Psyche*, 4, 1-12.

Munevar, G. (forthcoming). *A Theory of Wonder.*

Noë, A. (2001). Experience and the active mind. *Synthese*, 129/1, 41-60.

Noë, A. (2002a). Is the visual world a grand illusion? *Journal of Consciousness Studies*, 9/5-6, 1-12.

Noë, A. (ed.) (2002b). *Is the Visual World a Grand Illusion?* Special issue of *Journal of Consciousness Studies*, 9/5-6. Charlottesville, VA: Imprint Academic.

Noë, A. (2002c). On what we see. *Pacific Philosophical Quarterly*, 83/1, 57-80.

Noë, A. (2004). *Action in Perception.* Cambridge, MA: MIT Press.

Noë, A., Thompson, E., and Pessoa, L. (2000). Beyond the grand illusion: What change blindness really teaches us about vision. *Visual Cognition*, 7/1-3, 93-106.

O'Regan, J. K. and Noë, A. (2001). What it is like to see: A sensorimotor theory of perceptual experience. *Synthese*, 129/1, 79-103.

Palmer, S. (1999). Color, consciousness, and the isomorphism constraint. *Behavioral and Brain Sciences*, 22/6, 923-943.

Pylyshyn, Z. (2001). Visual indexes, preconceptual objects, and situated vision. *Cognition*, 80/1-2, 127-158.

Pylyshyn, Z. (2003). *Seeing and Visualizing: It's not What You Think.* Cambridge, MA: MIT Press.

Schwitzgebel, E. (2002). How well do we know our own conscious experience? The case of visual imagery, *Journal of Consciousness Studies*, 9/5-6, 35-53.

Siewert, C. (2002). Is visual experience rich or poor? *Journal of Consciousness Studies*, 9/5-6, 131-140.

Simons, D. and Chabris, C. (1999). Gorillas in our midst: Sustained inattentional blindness for dynamic events. *Perception*, 28, 1059-1074.

第八部分

心理行为和特殊知识可以被分为窄成分和宽成分吗？

第十七章　认知能够被分解为内成分和外成分吗?

蒂莫西·威廉姆森（Timothy Williamson）

人们普遍认为，认知科学就是研究认知的科学，通常把认知定义为获取、积淀和运用知识的过程。另一种类似的说法是，认知科学是和知识或知道有关的科学，知道是已知和认识者之间的关系。通常情况下，已知会涉及认识者的外部环境，因此，知道通常会涉及行动者和外部环境的关系。对于行动者而言，它不是内部的，因为不论与构成知道的外部因素是否相关，内部都是相同的。认知使行动者通过适当调整来适应外部环境，从而实现他们的目标，这种调整要求行动者在内部和外部具有某种一致性，这种一致或匹配依赖于内部和外部的条件。因此，如果认知科学仅限于研究行动者的内部，那么它就会失去研究的最原始目标。

既然认知依赖于其内部和外部条件，我们可以试着来分析它的内部和外部因素。某个状态 S 是狭义状态是指：当且仅当“某行为者在时间 t 内是否处于 S 状态仅仅取决于此行为者在时间 t 的内部总定性状态；如果某个行为者在某个情境下是在另外一个情景下的另一个行为者的准确复制，那么当且仅当第二个行为者在第二个情境下是 S 状态时，第一个行为者在第一个情境下才是 S 状态”[1]。当且仅当状态 S 不是“狭义的”时，我们才能将其称为广义 S。当某个状态仅仅依赖于行动者的外部总体状态时，那么它就是环境状态。因素分析法试图将认知看作是狭义状态和环境状态的组合状态（同样的认知流程），如果这个说法成立的话，那么仅仅就认知研究的目的而言，它就能把在此分析中的狭义状态当成是一种心理状态；如果这个说法行不通，那么我们就可以把一些广义的认知状态当作是认知科学的目的。“内在主义”（internalism）（仅仅针对认知科学）主张所有心理状态都是狭义的，“外在主义”（externalism）和“内在主义”正好完全相反。当然，重要的是，我们如何使用“心理”与此说法是否成功关系不大。

就当前的目标来看，我们不用急着去了解“究竟什么才算得上是内部”（是内部到大脑或只是身体上的内部，以及是哪种意义上的“内部”）。一个激进的看法是，内部和外部之间并没有自然边界：它们以某种方式流入对方。这一点对于内在主义而言是一个坏消息，因为内在主义只有在思想的内-外边界存在时才有意义[2]。为了反对内在主义，我们假设内-外自然边界是合法的，考虑到合理的假设，内在主义似乎具有很明显的吸引力，甚至是令人信服的观点。认知科学的目的不正是找出内部机制对思维的贡献，并了解二者的关系如何与外部环境相互作用而产生知识的吗?

本章的目的是概括一个观点，即因素分解“内在主义”方案基于一个浅显的观点来了解并审视认知在引导行为方面的作用。以适当的方式解释行为的认知状态并不仅仅是广义的。

近几十年来，内在主义和外在主义在许多方面的争论非常激烈，在这里调查所有支持内在主义的观点是毫无希望的，相反，外在主义思想的中间线路将被推广，它可以给予读者足够的线索来判断内在主义到底错在了哪里[3]。

第一部分把两种主要的民俗心理状态看作是广义的。内在主义可能会否认这些民俗心理状态在严格意义上的广义性，并把它们分解成狭义的和环境性的成分；第二部分通过考虑抽象结构性，来解释因素分析策略在理论上有问题的原因；第三部分用具体例子说明了上述观点；第四部分提出了一个更加一般化的道德认知。

一、广义态度和广义内容

知道（knowing）是认知科学研究的主题，也是广义意向状态的主要来源。例如，当我们研究一种某人手持一杯水的状态时，且只有这个人知道他正拿着一杯水时，我们才可以说他处于这个状态。在不同的情境下，两个行动者被迫拥有了相同的内部状态，即其中一人知道他手里拿着一杯水，而另一个就会错误地认为他手里也拿着一杯水（其实是杜松子酒）。虽然这个行动者可以错误地相信他知道某物，但是他不能够明白“他的这种知道”是错误的。因此，某人拿着一杯水的“知道状态”是广义的。

知道是一个事实性的态度，从这个意义上说，一个人只对真理有这种态度，其他事实性态度包括视觉和记忆（在这些方面通常是感官的)。除非杯子里有水，否则你看不到它包含的水；如果你是误感知，那么你仅仅会认为你看到了杯子里有水；除非你喝了水，否则你不会记得昨天你喝了水；如果你记忆错误，你只会是记得你昨天喝了水。相比之下，相信的态度不是事实性的，错误信念是可能的、真实的而且广泛的。可以说，知道是最普遍的事实性态度，也就是那个包括所有其他的事实性态度：任何事实性态度都是知道的形式。

在一些不利的情境下（如被哄骗时)，某行动者会错误地相信 P，而且相信他知道 P（而事实上是在他不知道 P 的情境下)，因此行动者并不都知道他们所处的状态，这些状态缺乏第一人称的透明度。如果第一人称的透明度是构成心理状态的必要条件，那么知道的状态将不会是心理状态。但是我们为什么要施加这样的条件？假设某个人实际上有邪恶的欲望，但他自己并不知道这一点，这两者并不矛盾，因为并没有让邪恶生效的机会。认知科学的普遍常识是，行动者的信念和它们的心理状态有时是被严重误解的。这并不是否认我们常常不通过观察就知道我们是否处在某一已知的心理状态或某一已知的知识状态。知道的部分透明度和它作为一种心理状态是一致的。

非事实性的态度会产生狭义的心理状态吗？不管杯子里放着什么，我们都可以相信里面装的是水。然而，著名的外在主义的论点表明，即使对此内容的态度是非事实性的，意向性状态的内容也可以产生某个广义的心理状态。事实上，现在的内在主义和外在主义在哲学方面的争辩起初是关于态度的内容，而不是态度本身。

我们可以采用普特南的典型例子来讨论即使相信某人处于拿着一杯水的状态，那它也是广义的心理状态[4]。我们设想存在一个和地球完全一样的星球，我们称其为孪生地球，它们仅有一点不同，那就是孪生地球的河流和海洋里的液体并不是 H_2O，而是 XZY，一种和 H_2O 拥有相同属性但是在化学构成上有明显不同的物质，因此 ZXY 并不是水。然而，这个实验是在 1750 年进行的，那个时候人们还不知道水的化学成分。地球上的奥斯卡和孪生地球上的孪生奥斯卡是彼此的内部复制品，二者都处在相同的狭义状态中。奥斯卡拿着一杯水，而孪生地球上的孪生奥斯卡则拿着一杯 ZXY。因为 H_2O 是水而 ZXY 不是，所以

（1）奥斯卡拿着一杯水。

（2）孪生奥斯卡拿着的不是一杯水。

这两个人都相信自己拿着一杯水。因为奥斯卡用“水”来代表水，我们可以把他的信仰认为是

（3）奥斯卡相信自己拿着的是一杯水。

反证法（reductio ad absurdum）：我们假设相信某人拿着一杯水的状态是狭义的，通过论点（3）我们可以知道奥斯卡就是处在此狭义状态中。通过假设，我们得知奥斯卡和孪生奥斯卡处在几乎相同的狭义状态中，因此孪生奥斯卡也处在以下状态中：

（4）孪生奥斯卡相信孪生奥斯卡（自己）拿着一杯水。

现在我们考虑这两种信仰中的基本架构，

（真）如果 *S* 相信 *P*，那么 *S* 真正地相信且仅仅相信 *P*；

（假）如果 *S* 相信 *P*，那么 *S* 错误地相信且仅仅相信非 *P*

下面是某个真命题的例证

（5）如果奥斯卡相信奥斯卡（自己）拿着一杯水，那么如果且仅如果奥斯卡拿着一杯水时，他会真正相信自己拿着一杯水。

下面是某个假命题的例证：

（6）如果孪生奥斯卡相信孪生奥斯卡（自己）拿着一杯水，那么如果且仅如果孪生奥斯卡拿着的不是一杯水，他会错误地相信自己拿着的是一杯水。

从命题（1）、（3）和（5），我们可以很容易地得出：

（7）奥斯卡真的相信自己拿着的是一杯水。

同理，在命题（2）、（4）和（6）中，我们可以得出：

（8）孪生奥斯卡错误地认为自己拿着的是一杯水。

通过命题（7）和（8），我们没有理由把错误归咎于孪生奥斯卡，而不是奥斯卡。因为命题（1）、（2）、（3）、（5）和（6）肯定是正确的，因此，错误的来源肯定是命题（4）。但是又因为命题（4）是根据命题（3）和“相信某人拿着一杯水的状态是狭义的”的假设得来的，所以我们可以得出相信某人拿着一杯水的心理状态是广义的，而不是狭义的。

普特南的观点概括了相信和其他所有倾向性的态度，如欲望、意图和怀疑等。它也使得一些自然物的概念，如水，取决于行动者的自然或社会环境，或行动者本身。例如，同卵双胞胎叮当兄（Tweedledee）和叮当弟（Tweedledum）都说真话，当他们同时说出“只有我相信我赢了”时，他们都正确地说出了彼此缺乏的信任；当他们彼此指向对方说“只有他相信他赢了”时，他们说的是真话。在意向性的内容中，如自然语言取决于其对照物，而对照物又依据于行动者的内部品质和其他的一些关系。对照物的广度延伸到了一些民俗心理学的相对状态中，例如，看到维也纳、思考维也纳、爱维也纳或者恨维也纳，等等。如果意向是心理的标志，而且我们的思想大多和外部环境相关，那么我们的心理状态就会是广义的。

因此，无论是民俗心理学中意向性的内容还是对其的态度，都使得这些内容是广义的状态。当然，这并不妨碍内在主义者对认知科学的狭义心理状态假设，他们甚至试图通过更多的理论方法来辨别它们。但这样的一个假设并不是明显存在的。当然，当某个行动者处在某个意向性状态中时，他们也处在一些潜藏的狭义心理状态中，但是这并不能说明后者的有用性。我们可以通过认知性状态在解释行为的因果性方面来对这些因素进行分类。

二、解释并锁定有意义的概述

假设我们想要用状态解释某个行动者在时间 T 内的行为，内在主义的假设要求我们首先掌握这个行动者在时间 T 的内部心理状态。如果动作的起因是局部的，那么它将决定行动者的动作。

内在主义的假说提出了有关个性化行动的问题。假设行动者的动作是在小溪边饮水，这个动作不完全是由她的内部状态引起的，即使她看到了许多不同的溪流或者出现了附近没有小溪的错觉，她都早已经处在这个状态了。在前一种状态中，她的内部状态就不会驱使她去这条溪边饮水，而后一个状态则不会引导她去任何的溪边饮水。因此，许多的个体性行为并不是由先前的狭义心理状态所决定的（Evans, 1982：203）。当然，内在主义者现在会关注于用狭义的心理状态来解释这种个性化的行为，例如，把饮水的行为看作是一种量化的表现。在此处出现了一个危险的对立，内在主义和外在主义者“就个性化行为能否被狭义的心理状态所解释”而互相地指责。外在主义者指出，行动者意向性状态的内容和它涉及的外部的广义行为相对应，如果我们想要解释某一个意向性的行为，难道我们不需要解释和此意向相关的具体行为吗？内在主义者主张因素分析策略也可以用在行动者的意图中，或者内在主义者的解释可能被局限于一种基本的，比“去溪边饮水”或“把饮水的行为看作是一种量化的表现”这样的行为更加原始的行为。

即使行为在狭义上是个体化的，但是用行动者的内部状态解释它们还是导致了其他问题的产生。行动通常不是瞬间的，这不仅仅是因为没有“行动者瞬间回溯行为”前的一刻，一个人如果想要喝到水，是需要花费时间来弯下腰的，在完成这个行为之前有足够的时间探查水中是否有食人鲳。因此，在 T 时间内，行动者都不能确定，他是否经过了与喝水这个行为相对应的内部心理状态的序列；同样，内在主义者可以将延伸的行动，如弯腰、喝水等作为基本行为的序列，其中行动者的每一个先前内在状态都能用术语“瞬间发生”（immediately）加以解释。

如果我们局限于串联我们对基本行为的解释，那将会大幅削减我们对其进行解释的积极性。假设在一个陌生的城镇，相机和护照刚刚被偷走的游客，我们也许可以解释为什么他在不知道自己所处具体位置的情况下可以找到当地的警察局（假设他并不知道这个城镇的具体布局，也不知道警察局的位置）。相反，如果使用串联我们基本行为的解释，那么虽然我们也能分析出他为何会一步一步地找到警察局的位置（根据刚才提到的“瞬间发生”的术语），但我们需要调用对他的心理状态序列的详细假设分析（例如，他对周围街景的感知，以及对他“去最近的警察局怎么走”等问题的回答）就会远远超出了一般的需要解释的假设。因此，通过关注基本行为的层面，我们也许失去的是在较高层面的概括能力。如果城市的布局和他的具体位置，以及对他所问问题的应答均不相同，那么他的基本行为的序列将会是不同的，但是最终他还是能够找到警察局。要想在一般性的适当水平上理解认知，我们需要了解的是行为者的意图，而不仅仅是在特定场合实现基本行为的序列。由于非基本行为的表现依赖于行动者本身及其所处的环境，所以我们仅仅用其内部心理状态考虑这个问题是不周到的。

诉诸局部的因果关系的做法并不能够使“行动者在时间 T 的狭义心理状态和 T 时间后的因果效果具有相关性”，因为 T 时间的环境因素也和其产生的效果相关。问题是，T 时间的因果性的相关状态是否可以被因素分解为狭义的心理状态和环境状态。

因此，我们应当假设，当我们想要用 T 时间内的环境状态解释行动者的行为时，行动者在时间 T 的心理状态和环境状态其实是存在关联性的。然而，因素分析的策略也许是成功的，因为行动者总的狭义心理状态和其所处的总的环境状态一同确定了在时间 T 的总体性状态，而它反过来又可以确定行动者的行为。尽管它在原则上是有争议的，但全局性的状态并不是由局部的行动者和环境状态所决定的。即使是这样，当我们想要解释某个行为时，我们并没有假设在 T 时刻的某个特别的最大化的世界状态，因为我们并不知道在时间 T，具体的世界状态是什么。即便我们知道这一点，在说明我们对行为的解释中构建知识也是不可取的，因为我们最大化的假设意味着对解释的最低程度的简化。它也不能应用于可以引起我们相同行为的任意的世界性的可选择状态。一个很重要的概括将会又一次被忽视掉。我们来比较一下普特南的例子：

> 一个陀螺（1 平方英寸①），它可以通过一个 1 英寸的方孔，而不是 1 英寸的圆形孔。这个陀螺的构成是按照网格排列的一些基本的粒子。通过计算所有的轨迹，我们利用力学研究这个陀螺（受到约束的力量不能大到使其扭曲或挂孔），在著名的拉普拉斯超级思维（super-mind）中，我们确定一些轨迹使陀螺通过了方形孔，而没有轨迹使它通过圆形孔。(Putnam, 1987：42)

在我们所感兴趣的事例中，主要的问题是：在 T 时间内，某个非具体的世界状态是否可以被分解为某个行动者在 T 时间上的狭义心理状态和环境状态，而两者不全是最大程度具体化的[5]。

不是所有的世界状态都能按照内在主义者所提出的那样来分析。为了理解这一点，让我们来分析一个非常简单的模型，在这个模型中包含某行动者可能产生的三个最大化的狭义心理状态，分别是 I_1、I_2 和 I_3，以及相应的具体环境状态 E_1、E_2 和 E_3。任何一个狭义心理状态都可以和任何一个环境状态兼容，那么就可能会有 9 个世界性的具体状态，如 $I_i \& E_j$。例如，当且仅当世界处于具体状态 $I_1 \& E_1$、$I_1 \& E_2$、$I_2 \& E_1$ 和 $I_2 \& E_2$ 时，我们可以说世界处于连接狭义和环境状态的非具体性的析取性状态 $(I_1 \& E_1) \vee (I_1 \& E_2) \vee (I_2 \& E_1) \vee (I_2 \& E_2)$ 中，这个非具体性的状态就和 $(I_1 \vee I_2) \& (E_1 \vee E_2)$ 的状态是等同的，仅仅当行动者处于非具体的狭义心理状态 $I_1 \vee I_2$ 而外部的环境状态则是 $E_1 \vee E_2$ 时，世界才处于刚提到的非具体性状态。把它和另一个非具体的世界状态 $(I_1 \& E_1) \vee (I_2 \& E_2) \vee (I_3 \& E_3)$ 相比较，后者并不等同于任何一个 $I \& E$ 的结合，因为在这里 I 是某个狭义心理状态，而 E 是某种环境状态。因此，如果我们假设这种等同成立，那么 I 就是 I_1、I_2 和 I_3 的子集，当我把 I_1 排除出这个子集时，$I \& E$ 就排除了 I_1，这并不是因为 $I_1 \& E_1$ 的状态是可能的。I_1 处于这个析取性的状态中时，I_1 暗含了 I，通过某个与之类似的观点，我们可以得出 E_2 暗含了 E 的结论，

① 1 英寸 =2.54 厘米。

因此，(I_1 & E_1) ∨ (I_2 & E_2) ∨ (I_3 & E_3) 并不等同于狭义的心理状态和环境状态的集合。某个世界状态是否与某个假设的心理状态和环境状态等同，取决于世界状态是否呈现出 (I_1 & E_1) ∨ (I_1 & E_2) ∨ (I_2 & E_1) ∨ (I_2 & E_2) 或 (I_1 & E_1) ∨ (I_2 & E_2) ∨ (I_3 & E_3) 的样子。

当某个状态等同于狭义心理状态和环境状态的集合时，我们把它称为综合性状态。所有的狭义心理状态都算得上是综合性的，因为它和自己及其所处的环境状态是等同的。但是，并不是所有的综合性状态都是狭义的。例如，I_1 & E_1的状态是综合性的，但并不是狭义的。如果某个状态不是综合的，那么我们把它称为"初始的"。一般而言，所有的初始状态都是广义的，但并不是所有的广义状态都是初始的，I_1 & E_1的状态就是广义的但不是初始的。总而言之，一共存在 512 种状态，其中 8 种是狭义的，504 种是广义的，50 种是综合的，462 种是初始的[6]。

我们已经有理由相信，许多认知性状态都是初始的，因为我们已经了解到，认知是通过与其所处环境的更成功地融合来帮助行动者达到其目标，而这一点正要求行动者的狭义心理状态在一定程度上和其所处的环境状态相一致。这个想法是较为模糊的，但是它至少意味着一些东西：在相关的领域，一个具体的狭义心理状态 I_1可能和某个具体的环境状态 E_1相一致，但是和另一个环境状态 E_2则并不一致，而 E_2则和相应的狭义心理状态 I_2相一致而不和 I_1相一致。现在我们想象某个行动者处于认知状态 C，在此状态中，他的心理状态和他所处的环境状态以一种既定的方式保持着一致，因此 I_1 & E_1和 I_1 & E_2的状态暗含着 C，而 I_1 & E_2和 I_2 & E_1的状态则排除了 C。就如同两个段落之前提到的观点一样，状态 C 必定是初始的。纯粹出于结构性原因的考虑，以某种既定的方式使某种狭义的心理状态和环境状态相一致，并不等同于某个狭义的心理状态和某个非具体的环境状态相关联。我们稍后将会讨论如何将这个抽象的观点运用到具体的实例当中。

即使某个状态如 (I_1 & E_1) ∨ (I_2 & E_2) ∨ (I_3 & E_3) 是初始的，它仍旧可以被分解为某个狭义的心理状态和环境状态关联的析取态，所以因素分析的策略仍然可用吗？反对观点对因素解析的很多方面都提出了质疑。

首先，相关的析取态在实际操作中都会比我们列出的更为庞大，它们并不像是认知科学研究使用的分析模式。

其次，这种解析的可能性并不是来自于内外特征的区别，而仅仅是来源于"世界状态是由两种与内外状态边界相关的总状态组成"的观点。它支持的是全然临时、全然武断、全然反常的边界。因此，这种解析可能性是无法提供信息的。一种认知状态等同于一种为适应任何一种不公正或不相关边界而进行调整的状态关联的析取，这种等同性表现出的是对隐含本质的一种无动于衷。

最后，也是最重要的，如果某个认知状态 C 等同于某个狭义心理状态和环境状态关联的析取态，那么 C 可以被分解为某个狭义的心理状态和某个环境状态的解释就说不通了，而这里 C 是综合性的状态，与我们的假设正好相反。当然，状态 C 的具体场景可能包含一些具体的关联 I_i & E_j，而且这个关联暗含着 C，而此处的 I_i 是狭义的心理状态，而 E_j 则是环境状态，但是我们把真正的解释看作是和 I_i & E_j 有关而不是和 C 有关是错误的。因为与 I_i & E_j 有关的解释在很大程度上失去了概括性，它只能应用到一些具体种类的事例当中，而与 C 相关的解释推广性则很强，可以运用到多种事例当中。正如我们所说的那样，推广性对于科学性的解释而言，是一个具有重大意义的特征。当出现某个假设初始状态的解释时，不需要有一对狭义的心理状态和相应的环境状态来作出同样的解释。

一些解释包含着一种混合性状态，它们能通过牺牲内-外边界一边的普遍性来获得另一边的普遍性。例如，假设 I 是所有的狭义心理状态的析取态，它和 E_j（总环境状态）一起产出了我们想要解释的一种生成物，其中 I 就具有一定的推广性（概括性），因为在此环境中的许多不同内部状态也可以有相同的产出。因为 I 本身也是狭义的，所以 I_i & E_j 的状态是综合性的并具有我们想要解释的产出。即使这种解释失去了一定程度的推广性：它与环境和行动者本身都相关，因为 I 排除了可以产生结果的内部状态，该状态只有在与环境状态而非 E_j 相结合时才会产生结果（如果路是空空如也，那么行人想要搭乘公交车去警察局的意愿将会成为需要）。与之类似，假设 E 是所有的环境状态的析取态，它和 I_i（总内部状态）一起产出了我们想要解释的一种生成物，E 具有一定的推广性，许多不同的环境状态如 I_i 也可以有相同的产出。综合性状态 I_i & E 也产出了需要解释的结果，但是这个解释同样失去了一定程度的推广性，但仍旧和环境状态相关。

不管我们采用哪种解释方法，如果行动者所处的状态是初始的，那么我们在解释行为方面就要维持一定的推广性。

三、初始状态的例子

判断某个认知状态是否是综合性的，我们只需要找到某个狭义心理状态和某个环境状态的关联性。但是我们如何说明某个认知状态是初始的呢？我们可以通过浏览所有的狭义心理状态和环境状态的关联性，并按照例证来说明二者的不等同性。更有用的一个准则如下所述：

> 当且仅当某个狭义状态 I 和某个环境状态 E 分别和状态 S 兼容，但 I & E 并不和 S 兼容时，那么我们就可以说状态 S 是初始的[7]。

如果我们发现狭义状态 I_1、I_2 和环境状态 E_1 或 E_2 的结合（I_1 & E_1 或 I_2 & E_2）暗含着某认知性状态 C（I_1 & E_2 排除 C），那么 I_1 和 E_2 都和 C 兼容，但是 I_1 & E_2 和 C 并不兼容。因此，根据初始状态的定义，C 就是初始的。不仅如此，我们还可以确定：每一个初始状态都包含一对状态，就如 C 中的 I_1 和 E_2。

我们举一个简单的例子来说明，我们假设 C 是某个非具体的“知道家的方向”的状态。我们设想两种情景：在情景1中，你知道家的方向，因为你清楚你家就在你的正前方，直走就可以到达，所以家就在你的正前方，而且你也相信这一点。所以你的总的狭义状态就是 I_1，而你的总的环境状态就是 E_1；在情景2中，你知道家的方向，知道家在你的正后方。因此，家就在你的正后方而且你也相信这一点。所以你的总的狭义状态就是 I_2，你的总的环境状态就是 E_2。总的心理状态 I_1 和 C 是兼容的，这是因为你在场景1中是具有自发性的。而 E_2 和 C 也是兼容的，因为你也具有同样的自发性。但是 I_1 和 E_2 的关联却和 C 是不兼容的，这是因为如果 I_1 & E_2 包含了你不知道家的方向的内容，因为你确信家就位于你的正前方，但是实际上你的家是位于你的正后方的，所以你就会对你家的方向产生一种错误的理解。所以，根据初始状态的定义，C 是初始的。“知道家的方向”的状态并不等同于某个狭义状态和某个环境状态的关联。

我们来看另外一个例子。我们把 C^* 的状态看作是某个有意识的对一条狗Rover思考的状态。同样，我们试想两个场景：在第一个场景中，你可以看到相似的两条狗，其中Rover在你的右边而Mover在你的左边，而你正在有意识地思考着Rover，从视觉意义上呈现的就是“这条狗在我的右边”，而你根本没有有意识地思考Mover。这时你的总的狭义状态就是 $I_1{}^*$，而总的环境状态就是 $E_1{}^*$。而在情景2中，你看到Rover在你的左边而Mover在你的右边，而你在有意识地思考Rover，在视觉上的呈现就是“这条狗在我的左边”，而你也根本没有有意识地思考Mover。这时你的总的狭义状态就是 $I_2{}^*$，而你的总的环境状态是 $E_2{}^*$。狭义的状态 $I_1{}^*$ 和 C^* 是兼容的，这是因为你在可能的情景1中是具有自发性的。而环境性的状态 $E_2{}^*$ 和 C 也是兼容的，因为你在可能的情景2中也是具有自发性的。但是 $I_1{}^*$ 和 $E_2{}^*$ 的关联和 C^* 并不是兼容的，因为这个状态包含了你并没有有意识地思考Rover的状态，而是包含了你有意识地思考Mover的状态，在视觉上的呈现就是“这条狗在我的右边”。结果，根据初始的定义，状态 C^* 是初始的。有意识地思考Rover的狭义状态，并不等同于某个狭义状态和环境状态的关联。

由此我们不难总结这些例子。一般来说，民俗心理学中的意向性状态被自然的语言预测物所个体化，从而表现出像是初始的状态，但是这些状态与认知研究的目的是有关系的吗？

这个问题的答案更多地依赖于我们对长期效应或短期效应的兴趣，“相信家在我的正前方”的短期效应也许和“知道家在我的正前方”的短期效应是一样的。例如，如果你想要回家，你会往前迈一步。因此，内在主义者感知到的是：你“相信家在你前方”的狭义状态和你“知道你家就在你前方”的广义状态相比，二者更加具有相关性。但是长期效应和短期效应有很大的不同，如果你误认为家就在你的前方，那么你向前迈步是不可能到家的。当你到家时，长期效应与短期效应之间的差异并不局限于广义的状态，如果你到不了家的话，你的内部状态也会有所不同。这可能是一个生与死的问题。

当然，内在主义者也可以求助于综合性状态，那就是真的相信家就在你的正前方，而我们所假设的狭义的关联就是你相信家在正前方和家确实在你正前方的环境性的关联。如果你真的相信家就在你的正前方，但是你却并不知道这一点，例如，你真正的想法是建立在你错误的理解上的，而家远比你想象得要远得多，之后你就会认真找出使你产生现在想法的错误认知，然后将它抛弃掉[8]。因此，长期效应（确实相信，但并不知道的状态）一般和知道的状态是并不相同的，如果我们对行动者实际上是否到家感兴趣，那么“知道家的方向”的状态就有一个不可以被“相信家的方向”的状态所替代的重大意义。当然，如果行动者在他回家的途中始终是保持着正确的想法，那么他最后肯定能回到家。但是，这种真实的想法将不能证明我们开始提出的挑战——理解行动者在固定时间 T 的认知状态的长期效应。行动者在时间 T 的真实想法是否在时间 T 后仍然被保持，也是我们理解 T 时间的认知状态的一部分，我们仅仅通过假设它能够被保持并不能帮助我们回答这个问题。

外在主义者可以为我们提供一个更加简化的解释，他们的做法是通过调用“知道家的方向”的状态，而不是更加具体的“知道家就在正前方”的状态。真正“相信家的方向”的状态，并不能帮助内在主义者匹配推广性。因为真正“相信家的方向”的状态本身就是初始的，如情景 1 和情景 2 所示的那样，调用初始的状态并不能产生出减少狭义状态和环境状态的解释，初始状态本身就做了解释。不仅如此，我们已经看到对真实想法（信仰）的替换涉及了解释的缺失。

相似的解释也用到了“有意识地思考 Rover”的状态。有意识地思考（狗在我的右边）的短期效应也许与有意识地思考 Rover 或者 Mover，或者什么也没有思考的状态相同。例如，你可能会向右侧移动，这一点和你如果仔细观察 Mover 之后选择的做法（你会意识到其实狗是在你的左边）会有所不同。所以，内在主义者感知出的狭义心理状态（通过视觉呈现的）也许和短期效应更相关，而与有意识地观察 Rover 的广义心理状态不那么相关。但是有意识的视觉呈现出的长期效应会依赖于你是否有意识地思考了 Rover，一种情况是你买下了 Rover，而另一种情况是你买下了 Mover（一只在视觉方面和 Rover 极其相像，但是在个体属性方面又非常不同的狗），或者是你发现这其实是一个错觉。从那时起，就开始进行更深入的对狭义状态进行研究。与之类似，有意识地思考 Rover 的长期效应也许和你把它认为是“我右边的狗”或“我左边的狗”相同，不管怎样你都想要把它买下。

显然，与行动者的其他心理状态（例如欲望）相比，我们所讨论的长期效应是高度敏感的。我们考虑短期效应考虑的越多，相关的解释性的狭义心理状态就越多，当我们考虑长期效应的时候，狭义的心理状态好像就失去了它们在民俗心理学中意向性状态的解释力。这些状态基本都不是广义的，而是初始的。我们已经看到，如果忽视长期效应，我们就不能掌握认知模式的要点，因此初始的认知状态对于民俗心理学更加重要，它们对理解认知的长期效应具有关键的意义和作用。

当我们依据复杂环境连续不断的反馈为基础对认知效应进行调查时，我们不能指定一些具体的条条框框，但可以找到概率性的倾向，或者可以与那些进化生物学者的水平媲美。例如，我们想要调查：识字是作为一种大众的传播手段而不是私人笔记的认知影响，在调查的同时，我们试图去总结跨文字和跨笔迹的共同特征，但是“识字”本身就是一种初始的认知状态，因为它包含个体特征和书写笔迹之间的一种搭配性，而这一点在社会生活中极其常见。在今天的英语国家，掌握书面通信的状态和掌握3000年前的巴比伦语的书面通信并不一样。会阅读并不是狭义的甚至也不是综合的，它是初始的、广义的[9]。近来认知科学的一些发展，尤其是那些依赖于连续反馈圈的认知研究，可以用初始的认知状态的调查研究来解释[10]。

四、成功导向和成功中立的解释策略

民俗心理学的意向性状态的两种广义性来源：事实性的态度和由环境决定的内容，它们都是状态初始性的来源，它们使得这些状态更适合去解释适当层次的长期效应[11]，尤其是知道、看到或记住等类似的状态发挥了关键的解释性作用。对这些状态的呼吁和利用可以使认知产生与其相关的新的理论性问题，比如，一些“知道，看到，记得，所指”等词汇都可以算得上是成功的术语，它们描述了当认知进行顺利时所发生的事情。我们把这些语言中的术语替换成了认知研究中更加理论性的术语，正如前面章节所提到的，这些更理论化的术语也需要相似的章节来对其进行说明。在我们的认知理论中，成功术语的中心作用就是理解它们之间的相关性，这并不意味着我们要忽略失败，相反，我们把它们理解为失败，或者说是对成功的偏离。例如，对于某个命题 P 而言，我们可以把它理解为某个行动者在某个状态的内容，当然也可以理解为在某个状态中看到的、错误记忆的或者不能和别的东西区分的物体、事件或状态[12]。同理，我们也可能把指称失败的事例理解为行动者不能辨别指称的事例，也就是说我们要采取一种技术性的手段来理解认知，而内在主义者则采取了完全相反的策略，他们从研究成功和失败之间中立的策略开始，之后通过增加环境性条件来区分和辨别这两种事例。

外在主义者的观点并不是要否认成功和失败之间的共同之处。事实上，行动者都将失败描述为不能辨别的成功，因为任何一个东西对于它本身而言都是不能够被区分的，因此不管成功还是失败，行动者都可以从成功中进行辨别。这个观点其实是说，失败和它们内部蕴藏的东西并不相同，我们用成功把二者串成一种理论性的范畴，用来表明它们和成功之间的相关性。例如，许多不同的内部总状态和行动者（他面前有食物）的感知都是兼容的，从这个观点看，二者共有的是"行动者感知到前方有食物这个事例"，以及它们的关联性。

我们来看一个传统的类比：考虑一下真钱和假钞之间的关系。从严格意义上看，一张假钞可以是一张真钞内部意义的精确复制品。内在主义者的应对策略是把理论上仅仅包括真钞的范畴扩大到也包括假钞，那么他们就不得不进一步地限制真钞了[13]。但这个策略看上去是较为反常的，因为作为真钞，其内在属性不能被有效地加以分析，而且它还满足一些进一步的限制，这些进一步的限制都是理论性的。事实上，作为钱的属性是初始的，因为在这个意义上，初始的标准并不是纯粹的内外属性的结合体，因为作为钱和作为金子这两个状态是兼容的，它和作为社会环境中的用于计数的金钱也是兼容的，但它和这两个属性的结合并不兼容。抱怨真钱和假钞具有内部一致的属性（后者是前者的精确复制）是没有用的，因为对于经济理论的目的而言，真钱的范畴是主要的，而假钞被看作是真钞的寄生，而所有的内部复制品的范畴对真钱而言是都没有意义的[14]。

当然，这个类比并不是决定性的，但是它却在一定程度上告诉我们：因素分析的策略并不都是没有异议的，对它的应用必须依据事例的不同特点。本章的论点是，对于认知科学的研究，因素分析的方法通常是不恰当的。有时，我们需要采用如"知道"或"指称"的概念来进行解释，而且我们无法在价值概述无损的情况下，仅通过纯内部和纯外部成分的合取来取代它们。

致　谢

感谢 Rob Stainton 对笔者早期的初稿给出的宝贵意见。

注　释

[1] 对于一些可选择的定义而言，当且仅当 S 在主体之外没有存在物时［普特南"方法论的唯我主义（methodological solipsism）"假设：没有心理状态可以不依附于此状态的主体就预先假设任何个体的存在，1975，第 220 页］，某个状态 S 才是狭义的。即便我们要澄清这种观点，这些定义也很难（借由这种状态形成的自我封闭域）剥夺此类封闭式属性的"狭义"状态。尤其是它们允许两个狭义心理状态的关联可以不是狭义的。如果 N_1 和 N_2 是两种不兼容的狭义状态，而 B 是一种非狭义的状态，那么根据这类定义，N_1 和 B 或者 N_2 和 B 的析取态也会是狭义的，而（$N_1 \vee B$）&（$N_2 \vee B$）不是狭义的，因为它是和 B 等同的。通过比较可以得出：所谓的狭义是自动伴随着内部心理状态的关联而产生的。

[2] 本着同样的精神，本章将狭义的心理状态和环境状态当作是同步发生的，它是一个简单的概括，某人是否处于一个既定的民俗心理学意向性状态，对

于其因果来源是很敏感的。虽然指称不能用常规的术语来定义，但是环境中特定物体的指称通常用与它们相关的、通过感知和记忆的因果联系来表现。与之类似，虽然不能用常规的术语来定义，了解和仅仅相信之间的区别是由某个适当因果联系的存在或者缺失构成的。在区分这个内外部时，我们必须决定如何对行动者过去的内部历史进行分类。因为得出这种区别的理论基础是假设局部的因果关系，而这种因果关系既是时间上的也是空间上的，那么，自然法则就应当是行动者和环境的过往历史，而对于区别狭义和广义状态的目的而言，自然法则应当算作是外部的。这一点使得内部和外部作为独立维度的概念更加难以保持，因为外部包括了内部所有的因果前提。这种复杂性和本章得出的结论是一致的。

[3] 威廉姆森（Williamson, 2000）在他的文章中，讲到了很多与认识论相关的细节，而且回应了一些内在主义者的挑战。

[4] 此处普特南的论点只是直接反对和语言学意义相关的内在主义，并把和心理状态相关的内在主义看作是理所当然的。本格（Burge, 1979）对心理学状态进行了总结和概括，普特南接受了这种概括。详见于佩辛的书籍（Pessin et. al. , 1996）。

[5] 注释"对于发生行为充分和必要"事实上是非常粗略的，因为我们并不期盼用这个结果的解释来概括因完全不同的原因所发生的同样结果。令人满意的解释具有一定的统一度和自然性，它们不会把不具有比拟性的例子放在一起。然而，因为受限于这些含糊的限制性条件，代表概括的观点是一种解释方面的优点。在相关的属性中，更多和一般性有关的重要性，以及在一般性和自然性之间的"公平交易"，详见亚巴洛的书籍（Yablo, 1992, 1997, 2005）。

[6] 更具有一般意义的是，如果存在某个 m 是最大限度具体化的狭义状态，而 n 是最大限度具体化的环境状态，而且最大化的世界性的具体状态和前者、后者的事例都是相应的，那么就会存在 2^m 个狭义状态，2^n 个环境状态及 2^{mn} 个世界状态。简单地说，这个计算包括了宇宙的状态（总是能获得的）及无效的状态（从来不能获得的），它们是仅有的既是狭义又是环境性的状态。无效的状态是复合的，每个非无效性的复合状态都和某个唯一的非无效性狭义状态和非无效性的环境状态的结合有关，所以一共存在 $1+(2^m-1)(2^n-1)$ 个复合状态，在本章中的简单模式中，$m=n=3$。

[7] 为了建立初始性的概念，我们采用"自由重结合"也就是任意的狭义状态和任意的环境状态都是兼容的原则。虽然这个原则是容易引起争论的，但是对于内在主义者而言，这样的假设是很自然的，它反映了内在主义者对世界的分析，他们把世界分成了两个具有独立逻辑性的维度：行动者的内部状态和环境性的外部状态。因此，对于内在主义者而言，假设"自由重结合"是很自然的。不仅如此，"自由重结合"持有一个近似物是独立的。我们现在来讨论"初始"，假设某个狭义的状态 I 和某个环境状态 E 分别和 S 都兼容，但是和 $I\,\&\,E$ 并不兼

容，而 S 和 $I^* \& E^*$ 是等同的。因为 I 是和 $I^* \& E^*$ 兼容的，所以 $I \& I^*$ 是某种可能的狭义状态。与之类似，因为 E 是与 $I^* \& E^*$ 兼容的，因此 $E \& E^*$ 是某种可能的环境状态。因此，根据“自由重结合”的概念，$I \& I^*$ 和 $E \& E^*$ 是兼容的，和 S 也是兼容的，那么这就和我们的假设相反了（假设每个狭义的状态 I 和环境状态 E，如果 I 和 E 都分别和 S 兼容，那么 $I \& E$ 也和 S 兼容）。我们来考虑所有的包含 S 的 $I \& E$ 形式的关联，I 和 E 都是最大限度的可能的具体性的狭义状态和环境状态。我们假设 I^* 是第一关联的析取态，而 E^* 是第二关联的析取态，I^* 是狭义的而 E^* 是环境性的，而 S 则暗含了 $I^* \& E^*$，因为如果 S 可以获得，那么一些暗含 S 的 $I \& E$ 的关联同样也可以获得，而此处 I 和 E 分别是可能的最大限度的狭义状态和环境性的状态。笔者暗示过 I^* 和 E 含有 E^*，所以 $I \& E$ 包含着 $I^* \& E^*$，那么 $I^* \& E^*$ 是可以获得的。相反，如果 $I^* \& E^*$ 包含着 S，因为如果 $I^* \& E^*$ 是可以获得的，那么一些可能的最大限度具体化的狭义状态 I 和 I^{**}、环境状态 E 和 E^{**}、$I \& E$ 也是可以获得的，而且 $I \& E^{**}$ 和 $I^{**} \& E$ 就会包含 S。而 $I \& E^{**}$ 和 $I^{**} \& E$ 根据“自由重结合”概念都是可能的，所以 I 和 E 都是和 S 兼容的。因此，通过假设，我们得知 $I \& E$ 和 S 是兼容的，因为 I 和 E 都是最大限度具体化的，$I \& E$ 蕴含着 S，所以 S 也是可以获得的，因此 S 和 $I^* \& E^*$ 是等同的，所以它也不是初始的。

[8] 盖梯尔（Gettier, 1963）提出了一些关于不能构成知识的真实信仰的经典范例，因为这些信仰的依据都是错误的。

[9] 见斯坦利和威廉姆森（Stanley and Williamson, 2001）对于“‘知道’心理是何以发生的”一般性论证。这也就是说，命题性知识如何运用知识是认知科学的一个重要论题。

[10] 见克拉克（Clark, 1997）、赫尔利（Hurley, 1998）、吉仁泽等（Gigerenzer et al., 1999）的书籍。例如，“智能”在吉仁泽的书中被看作是人类的一种主要状态，但它也是主体从自然界获得的启示而得到的。

[11] 事实性与关联性是要从大量资料中挖掘的，而知识选取则在关联知识选择中扮演着重要的角色。

[12] 这一思想是知觉析取理论（disjunctive theory of perception）的核心理念。最新的讨论见马丁（Martin, 2004）和本书的其他卷，见威廉姆森（Williamson, 2000：45-48）的必要条件。

[13] 内在主义范畴已经不仅仅被局限在真钞或假钞范围内了，例如，如果另外一个社会是用我的纸夹复印品作为钱币来使用的话，那么我的纸夹就属于内在主义范畴了，就无所谓我们所说的真钞还是假钞了。

[14] 即使假钞的内在范畴和真钞一模一样，我们也不可能通过这个就检测出它就是假钞，能检测出它的只能是外在的某些属性，如质地等。

参考文献和延伸阅读

Burge, T. (1979). Individualism and the mental. *Midwest Studies in Philosophy*, 4, 73-121.

Clark, A. (1997). *Being There: Putting Brain, Body, and World Together Again.* Cambridge, MA: MIT Press.

Evans, G. (1982). *The Varieties of Reference.* Oxford: Clarendon Press.

Gettier, E. (1963). Is justified true belief knowledge? *Analysis*, 23, 121-123.

Gigerenzer, G., Todd, P., and the ABC Research Group. (1999). *Simple Heuristics that Make Us Smart.* Oxford: Oxford University Press.

Hurley, S. (1998). *Consciousness in Action.* Cambridge, MA: Harvard University Press.

Martin, M. G. F. (2004). The limits of self-awareness. *Philosophical Studies*, 120, 37-89.

McDowell, J. (1977). On the sense and reference of a proper name. *Mind*, 86, 159-185.

Pessin, A., Goldberg, S., and Putnam, H. (1996). *The Twin Earth Chronicles: Twenty Years of Reflection on Hilary Putnam's "The Meaning of 'Meaning'".* Armonk, NY: M. E. Sharpe.

Putnam, H. (1975). The meaning of "meaning." *In Mind, Language and Reality.* Cambridge: Cambridge University Press.

Putnam, H. (1978). *Meaning and the Moral Sciences.* London: Routledge & Kegan Paul.

Stanley, J. and Williamson, T. (2001). Knowing how. *Journal of Philosophy*, 98, 411-444.

Williamson, T. (2000). *Knowledge and its Limits.* Oxford: Oxford University Press.

Williamson, T. (2004). Philosophical "intuitions" and scepticism about judgement. *Dialectica*, 58, 109-153.

Yablo, S. (1992). Mental causation. *Philosophical Review*, 101, 245-280.

Yablo, S. (1997). Wide causation. *Philosophical Perspectives*, 11, 251-281.

Yablo, S. (2005). Prime causation. *Philosophy and Phenomenological Research*, 70, 459-467.

第十八章　认知的内成分和外成分

拉尔夫 · 韦奇伍德（Ralph Wedgwood）

在上一章中，威廉姆森驳斥了“认知可以被因素化为内成分和外成分”这样的观点。在本章的第一部分，笔者对这些论点进行了重新评述，并得出结论：尽管威廉姆森提出了一些非常重要的观点，但是它们还是没能够推翻“认知科学主要涉及心理过程”，以及“认知可以通过存在于外成分和内成分之间的适当关联来分析”这两个观点。

在本章的第二和第三部分，笔者将会得出结论：认知过程是包含整个内部因果关系的过程，在这个过程中，某些纯内在状态或事件会引起另外的纯内在状态或事件。认知科学的很大一部分都涵盖在对这些纯内在因果关系过程的研究中。

一、对威廉姆森论点的评述

威廉姆森的论点是基于这样一个假设，即行为者的“内部”状态和环境状态之间有一定的区别（环境状态是指完全独立于行为者的固有状态，且仅仅依赖于行为者外部环境的状态）。对于威廉姆森而言，如何得出这个区别可能并不重要，也许只能得出一些这样的区别（笔者不得不回到这个观点，因为如何得到这个区别对于笔者来说意义重大）。

基于“内部”状态的概念，威廉姆森定义了“广义状态”和“狭义状态”。某个状态 S 是狭义状态是指：当且仅当“某行为者在时间 t 内是否处于 S 状态仅仅取决于此行为者在时间 t 的内部总定性状态；如果某个行为者在某个情境下是在另外一个情景下的另一个行为者的准确复制，那么当且仅当第二个行为者在第二个情境下是 S 状态时，第一个行为者在第一个情境下才是 S 状态”。如果一个状态不是“狭义的”（不符合以上的描述），那么它就是“广义”的。

在上一章的第一部分，威廉姆森复审了一些常见的论点而得出结论：几乎所有的从日常的民俗心理学语篇中归结的心理状态都是广义的。在笔者看来，这些论点是合情合理的，如果有哲学家想要挑战威廉姆森的这一论点，那他无疑是鲁莽、轻率的。

正如威廉姆森指出的那样，这些心理状态的所谓“广义性”主要有两个来源。许多心理状态都对特定的内容拥有特定的态度，因此，某个心理状态可能对

"塔什干是乌兹别克斯坦的首都"这一内容抱有某种态度或者相信这个内容；另外一个心理状态可能对"土耳其会在2015年以前加入欧盟"这一内容抱有某种态度或者希望。还有许多诸如此类的心理状态。

在有些范例中，这些心理状态的广义性被它们持有的态度所保证，这一态度被称为事实性的态度，正如对知道的态度。除非塔什干真的是乌兹别克斯坦的首都，否则人们不会知道塔什干是乌兹别克斯坦的首都："知识的态度"的内容往往都是真实的（这就是哲学家声称知识的客体是事实，而不仅仅是一个主张的原因）。如果假设在另外一个情境中的某个人是我的复制品，但是在那个情境中乌兹别克斯坦的首都不是塔什干，而是撒马尔罕，在该情境下，即使事实上我算是知道塔什干是乌兹别克斯坦的首都，但是另外一个情境下的那个我并不能算是知道这一点。因此，"知道塔什干是乌兹别克斯坦的状态"是一个广义的，而并不是狭义的。

这些状态是广义的而不是狭义的另外一个原因和这些状态所包含的内容或事由有关。这一点可以用如下的例子来解释：假设"孪生地球"是远离地球的但在所有方面都和地球具有高相似度的星球，再来回想一下我认为塔什干是乌兹别克斯坦首都的事实，在"孪生地球"上，当然有可能存在一个我的复制品，而在这个人（我的复制品）看来，"塔什干"这个东西并不是指我认为的塔什干，而是"孪生塔什干"（塔什干在"孪生地球"的对应城市），所以这个人在话语中所表达的"塔什干"和我用"塔什干"这个词汇所表示的内容是不相同的。即使我们是彼此的复制品，但是我相信的事情是和塔什干相关，他相信的事情是和"孪生塔什干"相关。因此，"认为塔什干是乌兹别克斯坦首都"是一个广义的状态，而不是狭义的状态。得出这个结论的考量因素，可以概括为我们从平常的民俗语篇中归结出的所有心理状态，因此可以说，所有普通的心理状态都是广义的。

在上一章的第二和第三部分，威廉姆森概括了一些他在一本具有奠基性的书中提到的初始性论点（Williamson，2000）。他的论点主要包含两个观点：第一，广义的心理状态具有重要的解释性功能（尤其是用于解释心理状态的长期效应）；第二，许多具有解释性功能的心理状态不仅仅是广义的，而且是初始的[1]。也就是说，它们并不等同于任何狭义状态和环境状态的结合[2]。

正如笔者将要说的那样，威廉姆森支持此观点的论点是完全合理的，他得出的结论也是正确而且重要的。尽管如此，从这些论点得出的结论事实上并不能回答我们的初始问题。这些结论和认知科学的"内在主义"或者"唯我的方法论"，以及"广义的心理状态可以通过存在于内成分和外成分之间的某种适当的联系来分析"的观点都可以兼容。认知科学的"内在主义"或者"唯我方法论"可以接受威廉姆森的所有论点。

笔者将会着重关注威廉姆森的一些论点，比如，事实性的态度（就像是我们对“知道”所抱有的态度）在解释某些因果关系时有决定性的作用。如果该论点是合理的，那么我们就可以较为直接地把这些论点改为：另外一些其他种类的广义心理状态在解释某些因果关系时起决定作用。要证明这个论点，再明显不过的范例就是解释一些持续时间长并且涉及行动者和环境的交互关系的一些行为。在这里笔者举一个威廉姆森曾用过的例子（Williamson，1995），假设一个小偷花费整个晚上的时间在某个房间里四处搜寻，而且他还冒着被抓住的危险。我们可以把此小偷的行为解释为：他事先得知这个房子中藏有某个价值连城的珠宝，所以才采取行动[3]。

正如威廉姆森指出的那样，仅仅通过假设小偷是因为相信房子里有珠宝才去搜寻来解释他的行为是远远不够的，这是因为在知道和相信之间有一个决定性的区别，这个区别就涉及和真相相关的知识。如果已知命题 p，你不仅仅是因为 p 是真而相信它，也许是因为你没有找到不相信 p 的证据，因此，如果小偷事先只是相信房间里藏有珠宝，那么他也许已经在房中找到了使他抛弃“相信房中有珠宝”这个想法的证据。例如，他也许已经相信房中有珠宝，原因如下：①如果珠宝并没有落到自己夙敌的手中，那么它只可能在这间房中的某个糖罐中；②如果珠宝已经落在自己夙敌的手中，那么他就根本不会在房中仔细搜寻，一发现珠宝不在糖罐中他就会马上逃离。因此，在知道房中有珠宝的前提下，小偷花费整个晚上在房中搜寻的可能性会大于在他仅仅是相信房主有珠宝的前提下进房搜寻的可能性。

另一种可以选用的分析小偷行为的解释可能不仅仅是关注小偷“房中有珠宝”的信念，而是关注小偷所有的背景信念，以及他在房间搜寻过程中的所有感性体验。也许在知道房中有珠宝的前提下，小偷花费整个晚上的时间在房中搜寻的可能性小于在他拥有所有的背景信念和感性体验的前提下在房中搜寻的可能性。但正如威廉姆森指出的那样，这种解释是有缺陷的，它的普遍性不如第一种解释。即使这个小偷已经有了不同的背景信念或者不同次序的感性体验，只要他已经得知房中藏有珠宝，他还是会跑去房中搜寻的。第二种解释包含的细节太多了，这些细节对于解释为什么小偷会搜寻这个房子其实是无用的。因此，小偷已经知道房中藏有珠宝的第一种解释，看上去比第二种解释更加可取。

对笔者而言，这个观点能够被推广到绝大多数的我们想要解释行为的情境中。根据米尔（Mele，2000）对于行为的哲学解释，典型的行为往往是行为者对自己做事情的感知和他为了达到自己的目的之间采取移动四肢的方式，目的和行为之间存在一个因果反馈循环。行动者在感知上监测他的行为及此行为产生的环境效应，并不断地调整他的行为，从而保证其行为的效应和目标的一致性。不仅如此，几乎所有我们感兴趣、想要对其进行解释的行为都不是瞬间完成的（例如，做一顿饭、洗衣服、写电子邮件、付款等行为）。所以，行动者完成这些动作的行为就反映了行动者的期望和他的感知，以及行动者的身体运动和他所处环境之间的一种相互影响。我们只能够预测：如果某种效应或待解释的事项涉及了刚刚提到的相互影响，那么这种效应的起因或解释要素也会涉及行动者与其所处环境之间的关系。因此，广义的心理状态（如行动者对其所处的即时环境的感性体验）可以用来解释大部分的行为。

基于上述原因，威廉姆森的观点看似是正确的：某行动者的事实性态度，如小偷知道房中藏有珠宝，可能在解释行动者行为的因果联系上会起到决定性的作用。如上文所述，好像没有理由可以解释为什么这个观点不应该包含其他广义的心理状态，例如，我相信我的玻璃杯中有水或者塔什干是乌兹别克斯坦的首都等。广义的心理状态有决定性的解释作用。

虽然这个中心论点看似正确，但是它并不能推导出威廉姆森想要追寻的结论，这个结论只是用于证明“被称为‘内在主义’的主张，也就是指那些对于认知科学的目的而言很重要的心理状态都是狭义的”这样的说法是错误的。我们一度接受了广义的心理状态在解释行为方面起决定性作用的说法，于是，这些心理状态似乎可以在某些心理学或社会理论的分支学科中发挥重要的作用。社会心理学和一些社会科学（包括形式多样的人类学、社会学、经济学及政治科学）可能会用到这些广义的心理状态，这是很有可能发生的。历史学家也会不可避免地调用这些广义的心理状态来解释一些历史事件，但是，它们是否可以像通常被理解的那样用于认知科学则还不明确。

威廉姆森在上一章的开头部分就说：认知科学是“关于认知的科学”，而且他主张认知是“获得、保留并使用知识的过程”，但是认知科学探究的东西太具体、太烦琐，以至于我们不能公平对待认知科学所探究的浩如烟海的内容。对于认知科学的目的，一个更准确的描述就是：它的目的是理解思维是如何工作的。

许多方法都把认知科学的目的解释为“理解思维是如何工作的”，但认知科学家感兴趣的一种理解其实只是在进行一个类比：如果某人可以鉴别出一个钟表的所有功能部分（如发条，齿轮，钟摆等），并了解这些部分如何互相作用来使钟表可以准确报时，那么我们就可以说这个人拥有了一个钟表。就像霍布斯说的那样：

> 如果每个部件产生结果的基本原因都能被掌握，那么我们就对它们获得了最好的理解。例如，在一块手表或某个小型的机械当中，除非可以把它们拆分为部分进行研究，否则我们不能清楚地了解其齿轮的材料、外形和运动方式。所以，为了对个体的功能或国家权力进行更深层次的研究，我们有必要把它们视为被分解的部分以便于研究。(Hobbes，1651，前言，第三部分)

对钟表如何工作的理解与在研究了钟表对人类社会影响、钟表生产的经济学或者钟表的装饰风格特征之后对它的理解大不相同。另一个与之类似的关于计算机如何工作的理解会涉及对于计算机内部电路结构的理解和它所使用程序的逻辑结构的理解，如果这样的理解是认知科学特别感兴趣的，那么我们就可以解释为什么认知科学对制造出可以代替人类思维的机器人特别关注了。

因此，认知科学的目的之一是解释构成我们思维特征的微观层面的进程。在这些进程中，某个心理状态或心理事件是由另外一个先于它的心理状态或心理事件引起的，以此类推，状态或事件之间联系紧密。威廉姆森所关注的任一心理学解释的例证，都不是对这些微观层面进程的解释，这些微观层面的进程并不是那些通过思考者及其所处环境之间的复杂交互影响由心理状态引起的“长期效应”进程。因此，我们并不能确定威廉姆森的论点是否对“认知科学感兴趣的心理状态通常会是狭义状态”的观点产生了足够的质疑。

但仍然会有许多人认为威廉姆森的“这些有着重要解释性的广义心理状态是典型的初始状态”（也就是说，它们不等同于狭义状态和环境状态之间的任何关联），论点证实了广义的状态不能通过狭义心理状态和其他的非心理因素之间的任何关系来进行分析[4]（威廉姆森本人并没有声称广义的状态不能够用这种方法分析，但是他的一些读者认为他的论点已经说明了这一点）。如果广义的心理状态不能被这么分析，那么鉴于广义状态在解释行为方面的重要性，任何忽视这些广义状态的思维科学就会像威廉姆森说的那样“失去其主要的研究对象”。

然而，就算广义的状态是初始的，它仍然可以通过狭义状态和非心理因素之间的一些关联来进行分析。这是因为某个状态只有在当它不等同于狭义状态和环境状态之间的任何关联的情况下，才能被称为是初始状态。但是很明显，存在某个可以不采用上述关联来对广义心理状态进行的分析。

事实上，许多哲学家作出的对知识的分析（只举“哲学家想要分析的最突出的广义心理状态”的例证）根本没有用到上文提到的关联。相反，他们使用的是存在定量。

因此，乍一看，诺兹克（Nozick，1981）的关于行动者想要了解的事物 p 的分析仅仅是大量条件的关联，也就是说，诺兹克的分析看上去是如下的形式。

某行动者了解某个命题 p 的条件是当且仅当

（1）p 为真；

（2）这个行动者相信 p；

（3）如果 p 不为真，此行动者就不会相信 p；

（4）如果条件稍微改变，但 p 仍为真，那么此行动者仍然会相信 p；

条件（3）和（4）可以总结为此行动者对 p 的信任，可以称为“真相追踪”（tracks the truth）。

如果仔细观察我们可以发现，当诺兹克想要给我们呈现他最精巧、最合理的分析时，上述的四个条件却都局限在了某个存在的量词范围内。在他 1981 年对此的最终解释中，诺兹克首先分析了某个行动者通过方法 M（或者获得信任的方式）了解 p 到底是指什么。

某个行动者将会通过方法 M 了解命题 p，当且仅当

（1）p 为真；

（2）此行动者通过方法 M 而相信 p；

（3）如果 p 不为真，此行动者仍然通过 M 判断 p 是否为真，那么此行动者就不会通过方法 M 而相信命题 p；

（4）如果情况稍有不同，但是 p 仍然为真，而此行动者仍然通过 M 来判断 p 是否为真，那么此行动者仍然是通过 M 而相信 p 是真的。

之后，诺兹克运用了这个概念来定义某个行动者无条件地了解 p 的含义：

某个行动者当且仅当存在某个方法 M 的情况下，他可以通过 M 了解 p，如果存在其他的方法如 M_1，而通过 M_1 此行动者会相信 p 但并不了解 p。那么这些方法是优于 M 的。

如果忽视一些上述的复杂性，我们也许可以说根据诺兹克的分析，某个行动者通过方法 M 了解命题 p 仅仅是指存在某种方法 M，而这种方法可以产生"真相追踪"的效果，因而这个行动者通过 M 而相信了命题 p。

这个观点和威廉姆森"了解 p 是一种初始状态"的声称的相关之处在哪里呢？让我们来假设，仅仅就此论点而言，通过特定的方法 M 而相信命题 p 是一个狭义的状态。我们也可以假设存在可以追踪真相的方法 M 的状态是一个环境性的状态。此时，诺兹克的分析仍然可以保证了解 p 的状态并不等同于任何环境状态和狭义状态之间的关联。这样说的原因是通常情况下会有许多可以作出 p 是真或假的判断的方法，而对于这些方法中的大多数，在许多可能的情境下它们都可以做到追踪真相，而在另外一些情境中它们却不能够追踪真相。

让我们设想一个包含两种彼此具有相关性的方法 M_1 和 M_2，以及具有相关性的两个情境 S_1 和 S_2。假设在 S_1 和 S_2 这两种情境中，方法 M_1 和 M_2 都可以引导某个行动者相信 p。然而，在情境 S_1 中，方法 M_1 可以追踪真相，但方法 M_2 并不能。而在情境 S_2 中，方法 M_2 可以追踪真相和方法，M_1 则做不到这一点。

根据诺兹克的分析，了解 p 并不等同于通过 M_1 了解 p 和 M_1 追踪真相之间相关，因为如果他是在情境 S_2 中通过方法 M_2 了解 p，而在这个情境中 M_2 可以追踪真相的情况下，他即使不处在这种关联性状态之中也能够做到了解 p。同理，了解 p 并不等于通过 M_2 了解 p 和 M_1 追踪真相之间的相关。不仅如此，了解 p 也并不等同于它和在某个 M_1 和 M_2 都可以追踪真相的情境中通过 M_1 或 M_2 相信 p 的关联，因为即使行动者并不了解 p，他也可能处在此种关联性状态当中，这种状态就是他是在 S_2 中通过 M_1 而了解 p 的，但是在 S_2 中，M_1 并不能够追踪真相。最终我们可以得出，了解 p 的状态很明显不等同于以下情况：①它与在某个 M_1 和 M_2 都可以追踪真相的情境中通过 M_1 或 M_2 了解 p 的关联。②它与在某个 M_1 和 M_2 都可以追踪真相的情境中通过 M_1 和 M_2 了解 p 的关联。

所以，看上去诺兹克的分析暗示了解 p 的状态根本不等同于任意的一种以上

提到的关联。它可能等同于一种开放式的剥离——当 M_1 追踪真相的时候通过 M_1 相信 p，或者在 M_2 追踪真相的时候通过 M_2 相信 p。但我们假设通过特定的方法 M 而相信命题 p 是一个狭义的状态，且有可以追踪真相的方法 M 的状态是一个环境性的状态。根据诺兹克的分析，这时这类的状态可以决定某个行动者是否可以了解 p。所以，如果按照诺兹克的分析，了解 p 是一种“复合的”状态，那么了解 p 会很自然地等同于一种狭义状态和环境状态之间的关联。但是既然根据诺兹克的分析，了解 p 的状态根本不等同于任意的一种以上提到的关联，所以我们可以说根据这种分析，了解 p 的状态是初始的而不是“复合”的。但是如果诺兹克关于知识的分析是正确的[5]，那么知识可以用诸如“追踪真相”和“通过 M 了解 p”这样的概念来分析。

因此，威廉姆森的看似正确的“许多广义的心理状态是初始的而不是复合的”的主张，本身就不能够证明了解 p 的广义状态不能够用诺兹克的方法分析（在即使我们假设通过 M 了解 p 是一个狭义状态的情况下）。所以，这个主张并不能证明这些广义的状态不能够通过某种适当的方式和一些非环境因素相关的某些种类的确定存在的狭义状态来分析。如果广义的心理状态应该被这样分析，那么抱怨某种没有提到这些广义状态的认知科学的研究方法“忽视了认知科学研究的主要目标”就是不合理的。因此，“广义状态是初始的”这种主张并不能支持这种抱怨。

二、来自于错觉的论点

即使威廉姆森论点的运用局限于笔者在前几部分提到的几种方法，但这种论点也不能够支持任何种类的“内在主义”，尤其是它还没有证实存在任何种类的狭义心理状态。

鉴于威廉姆森认为的和笔者承认的那样，几乎所有的从我们日常的民俗心理学中提取的心理状态基本全部都是广义的心理状态，一些读者也许会怀疑是否存在狭义的心理状态。在本部分中，笔者将会主张确实存在狭义的状态。笔者将会通过分析一个众所周知的、约翰斯顿（Johnston, 2004）的来自错觉论点的广义版本来加以对比和证实。

如笔者所主张的那样，来自于错觉的观点在效果上是一个概括的论点。有许多具体性的论点可以作为此概括论点的例证。在本部分中，笔者稍后会给出这样的两个例证。这些例证的主要特点如下：首先，每一个例证都描述了一对范例，这两个范例在外部非常不一致，但具有高度的内在相似性。例如，这样的一对范例也许如下：①某个真实的感知者感知到了即时环境；②某个感知者抱有一种“他不能够从他的所处环境区分出真实的感知”的错觉。其次，这个例证会试图说明看似在每个范例中一定都存在一个心理状态。尽管两个范例在外部极端不同，但是因为这些心理状态存在于这两个范例之中，所以这种心理状态看似是狭义的。

许多哲学家已经尝试着对来自错觉的此类观点给予批评[6]。但对笔者而言，这类批评只是对这些观点中的一些轻率说法有所质疑而已。例如，一些轻率说法试着去承认两个范例中不仅仅存在着一个心理状态，还存在着一个特殊种类的心理状态，包含某个特殊的事物（如“感觉基准”），或者一种特殊的内容（如一种特别的和普通的心理状态包含内容不相同的“狭义内容”）。正如笔者想要规定说明的那样，来自于错觉的论点本身并不能产生任何的主张或命题。它们的结论只是在一对范例中都存在某种心理状态，仅仅如此，不多也不少。

当然，如果真的存在这样的心理状态，那么对其提出更深入的问题也是很自然的。这个状态是什么种类的？一对范例都具有的这种心理状态和只是在其中一个范例中具有的某种心理状态之间的关系是什么？我们可以给予这些问题许多答案。如果对于这个问题没有看似正确的答案，那么对这个来自错觉的论点的态度则一定是反对的。而此论点本身也并没有局限在某个对这些问题的具体性的答案之中。

笔者想要引用的这个论点的最先列举的两个例子是由一对范例开始的。这对范例是：①某个真实的感知；②某个错觉。这对范例的区别之一是感知是一种事实性的状态：如果一个人感知到 p 是一个事件，那么 p 就是一个事件。例如，如果你看到窗户坏了，那么窗户一定是真的坏了。让我们一起来看约翰斯顿（Johnston，2004）的陈述中有关错觉的观点。你正在经历一个脑部手术，但是你在局部麻醉的情况下保持着清醒状态。这个手术

> 运用了电子刺激物来刺激你某个精心挑选的视神经。结果，你朦胧地感觉在你上方的天花板上产生了有照亮的聚光灯光点的错觉。当这个错觉产生时，在天花板上你产生错觉的位置确实出现了聚光灯照射的光点。

然后，医生停止刺激你的大脑。现在你清楚地在天花板上看到了聚光灯照射出的光点。从你所处的手术台的制高点处，你区分不出因为错觉产生的聚光灯光点和避眩灯发出的朦胧灯光。从错觉到真实感知的直接轻度被设计得天衣无缝。即使你尝试着去寻找，也不会发现任何区别（Johnston，2004：122）[7]。

上文提到的“从制高点角度”看，你在天花板上看到的聚光灯光点和你因为错觉所产生的朦胧光是不可区分的，这句话是什么意思呢？这句话好像是说，你缺乏可靠的、通过形成从对真实的感知回应时所产生的信仰和判断中形成的不同的信仰和判断来回应错觉的能力。对于错觉和真实的感知，你会甘愿地产生几乎相同的信仰和判断。也就是说，产生相同的关于你所处环境正在发生的事、或者你自身心理状态或信仰（相同的怀疑或相同的不确定性）[8]。

我们如何解释这两种情境和你甘愿在这两种情境中作出的判断和信任如此反

常的相似这样一个不寻常的事实呢？一个看似正确的解释是，在两种情境中都存在一个心理状态，而正是由于这二者都具有的心理状态使你甘愿作出上述的判断和信任。如笔者在上文提到的那样，我们并不需要明确地定义这种状态，也不需要回答这种状态是什么诸如此类的问题。对于这个问题而言，有很多答案可以回答它。例如，某一个可能的答案会是在上述的这一对情境中，二者共有的心理状态就是你可能有过在天花板上产生朦胧灯光错觉这样的经历。

一些哲学家并不认为存在这样共有的心理状态。根据他们的说法，这两种情境所包含的心理状态是基本完全不相同的，其中之一是错觉，而另外一个是真实的感知。而这两种情境共有的东西，其中包括两种精神状态的关联，其实是二者都涉及了这两种心理状态的“剥离”或“分裂”，也就是说，二者都包含“在天花板上产生光点的错觉”或是“在天花板上看到了光点”的分裂析取态[9]。然而，这种析取物并不能够解释那些急需被解释的东西，那就是为什么这两种情境和甘愿在这两种情境中作出的判断和信任如此反常的相似。毕竟行动者心理世界中的任意两个情境，不管它们二者是如何不相似，都会包含第一个情境或者第二个情境涉及的一些心理状态的剥离。例如，设想一个情境，在这个情境中我极端痛苦，而在另外一个情境中我正欣赏着优美的音乐。这两个情境的共同点是它们都涉及了“经历极端痛苦”或“欣赏美好音乐”的“分列式”的状态。但是这两个情境的共同点并不能够解释二者其余可能的相似之处（例如，行动者在这两个情境中作出的信任和判断的突出的相似点）。错觉的论点所产生的需要被解释的问题和析取物并没有太大的关系。

来自错觉的论点也可以推广到其他的情境之中。尤其是它也可以被应用到在心理状态的内容上有区别的两个情境中。关于某些术语的具体所指（如“水”）和它表达的意义有很多的理论。根据大多数的理论，这些术语是指可以使思考者（或者是此思考者所处环境的一员）在其所处环境使用它们的自然类术语。现在我们假设你被从地球的水里转移到了孪生地球的水里，之后你在孪生地球上度过自己的余生。那么就是孪生地球而不是地球给予了你真实的生存环境。同理，是孪生地球上的，而不是地球上的社会给予了你真实的社会环境。那么从这一点看，你所拥有的那些本来指称是地球上物体的概念和术语，将会变为指称是孪生地球上的物体的术语。但令人感到惊讶的是，你完全没有意识到你思想内容中的任何变化。这一变化似乎使你心理状态之外的任何东西都没有发生改变。你思想中的内容如何彻底改变才能仍旧保持着完整？你也许会在地球和孪生地球之间来回移动好几次，在这种情景下你的思想内容也会来回移动好几次。那么这种反复的认知方面的剧烈变革，如何能从你的注意力中逃脱呢？

对这个现象最好的解释就是，对我而言好像存在着一种地球和孪生地球共有的心理状态。强调在两种情境中都存在着一种“心理状态”，我只是想说明你在这两种情境当中都拥有一种心理属性。我并不要求这种心理属性来代替和某一具体内容相关的心理关联。同理，我也不需要非常清楚地了解这种心理属性并回答它到底是什么及类似的问题。但是其中一个看似正确的答案，也许是这种共有的心理状态是一种相信某个类别的内容。即便所谓的“狭义的内容”真的不存在，也就是说，即使所有的意向内容均依赖于思考者和他所处环境之间的关联，仍旧会存在几种狭义的内容。也就是说，某个纯内部事实是，某个思想者在不能够精确明了他相信的是哪个种类的内容的情况下，就可能在事实上对此内容足够地信任（例如，一种狭义种类的内容也许会是包含从某种概念而得来的某种方法，而此种概念包含某种基本的概念角色。但是研究这些种类的内容是如何精确定义的并不是笔者的目的，我们只知道确实存在一些这样种类的内容就可以了）。

笔者之后将会假设来自于错觉的论点，可以成功地证明在每对范例的两种情境中都存在一种共有的心理状态。但是它可以真正地证明这些共有的心理状态就是狭义的吗？如笔者在第一部分开头提到的那样，我们早先就不清楚如何划分出内部状态和外部状态之间的界限。笔者的主张是我们可以利用这些来自于错觉的成对范例，例如，其中一对（其中一个范例包含错觉和真实感知两种情境，另外一对范例则包含在地球上的和在孪生地球上的情境）。我们可以利用这样的范例来确定应当如何划分出内部状态和外部状态的界限。诚然，我并没有给出一个清楚的理由来解释这些成对的范例共有的东西是什么。如果可以给出这样的解释的话，那么对笔者而言，就好像需要更多的调查（也许包括实证性的心理学研究和调查），在这里笔者也不会试图去预测这些调查研究的结果。但是为了灌输概念，笔者有一个看似可行的建议，最起码在首次检验时，在每一个这些成对范例当中，每对范例之间的广义心理状态都是毫无争议地具有区别性。但是如果某个思想者从其中一个范例转移到了另外一个然后再回到这个范例，他就不会意识到变化的存在了。而意识不到变化这个现象看似要归因于思考者的心理倾向性没有受到两个范例间差异的影响（当然，思考者和与两个范例不同的广义心理状态相关的心理倾向性则要除外）。

无论如何，一旦我们掌握了这些成对范例之间共有的东西，我们就能够规定在所有范例对中的所有情境都出现的心理状态都可以算作是“内部状态”[10]。如果某个状态在所有的此类范例中都出现，那么尽管环境状态和这类范例有很大的不同，把这类状态称为“内部状态”仍然是合理的。而伴随着这些内部状态产生的某个状态就是笔者称为的“狭义状态”。

当“狭义状态”的概念被以上的方式理解时，至少对笔者而言，来自于错觉的论点看似确实给出了一个具有较强说服力的理由来支持狭义的心理状态确实存在的结论。如上文所述，此结论不依赖于任何关于“这种狭义心理状态到底是什么种类”问题的具体答案，也不依赖于这些答案与在这类事例中也出现的广义心理状态之间的关系。但是为了理解概念，也许提出一些可以回答这些问题的可能性答案对笔者而言是有帮助的。为了回答问题中的第一个，笔者已经主张此类的心理状态存在于"代表对于某些狭义种类的内容而言是非事实性的心理关系"的情境中。例如，这样的狭义状态也许会包括拥有和某个种类的内容相关的经历，信任某个种类的内容，等等。

那么对于第二个问题如何回答呢？广义心理状态和狭义心理状态有什么联系？例如，了解 p 这一广义心理状态和相信某个种类的内容（用 p 来代表这个种类的内容）之间有什么联系？看似二者的关系是一种单向的含义（暗示）：如果某人处在了解 p 的广义心理状态中，那么他就处在相信某个种类内容的狭义心理状态之中，但是前者只是后者的充分条件。这一点使得狭义和广义心理状态之间的关系看似是有定值与可决定之间的关系，正如深红色这一属性对于可确定的红色属性而言是有定值的。同理，作为一个等边三角形的属性对于作为三角形的可确定属性而言也是有定值的。因此，知道这个心理状态对于相信这个可确定的心理状态而言就是有定值的，内容 p 在可确定的狭义种类的内容当中也是有定值的，而知道 p 的心理状态对于相信某个狭义种类的内容的可确定的属性而言也是有定值的。

三、内部因果过程

即使像笔者前文提到的那样，狭义的心理状态确实存在。我们也许还是不能期盼这种狭义心理状态的因果性解释。也许广义心理状态往往在解释狭义心理状态时会被用到。如果是这样的话，那么认知科学的前景就不需要仅仅关注于狭义心理状态了。在本部分中，笔者会主张这个前提（广义心理状态往往在解释狭义心理状态时会被用到）是不存在的。有许多种类的狭义心理状态，以及对这些狭义状态的某种因果性解释，这种因果性解释会仅仅以其他的狭义心理状态为基础来解释一些狭义的心理状态。这种因果性解释所描述的因果过程就是笔者将要说明的所谓"内部因果过程"

首先，笔者所关注的因果性解释是指对"某个人因为某种原因而形成或修改了某种态度"这样的情境的解释。例如，这些解释可能会包括某个行动者在某个场景下因为某种原因形成了一种新的信仰或意图，或者改变了他旧的信仰或意图，我们需要做的是对他的这种做法给予解释。一般来说，这些解释都属于推理过程。这种推理过程（可能存在疑问之处）也许是理论上的推理（行动者形成了什么信任或把以前的信任改成了什么），也许是实际操作中的推理（行动者形成了什么新的意图或者把以前的意图改成了什么），也许是其他种类的一些推理。这类解释并不包括那些针对行动者并不是因为某个原因而拥有了某种心理状态这样的情境给出的解释，这样的情境如某个行动者会感觉到口渴，或者有某种感官上的体验（前提是假设这些感官体验并不是行动者因为某个原因产生的心理状态）。

其次，笔者所关注的因果性解释是那些试图把某个推理过程分解成基本步骤的解释（如霍布斯所说的那样，我们试着理解心理过程的“本质起因”）。这样的基本步骤是指根据相关心理学层面的解释，某个自身不能够被分析为任何一种次级心理过程的这样一种心理过程。因此，我们假设存在某个可以引导行动者由拥有 p 的感官体验到相信 p 的基本步骤。那么行动者拥有这种感官体验就最可能解释，他为什么相信 p 的行为（是他可以相信 p 的近因）这种想法。在体验和相信这一行为之间，没有可以被相关层面的心理学解释的中介步骤。

在本部分中，笔者将会主张在这样的情境中，如果待解释物包含行动者获得或拥有某个狭义心理状态的事实，那么对其近似的解释往往也会包含某个和行动者狭义心理状态相关的事实[11]。笔者会分两个阶段来解释这一现象：首先，笔者会主张在任意一个此类的情境中，对行动者获得某个心理状态的近似心理解释都会是和行动者的心理状态相关的事实。之后笔者会主张当被质疑的心理状态是狭义状态时，对行动者获得某个心理状态的近似心理解释往往是此行动者的狭义心理状态。

在强调上一段的第一个论点时，笔者并没有否认解释“行动者没有把自己的事实性心理状态作为基础，而是根据其他东西作出推理而获得了某种心理状态”这样的事实曾经是正确的。例如，我相信费马大定理为真的事实，当然可以被“我已经获得了可信度很高的关于费马大定理是真的信息”这样的事实所解释，即使“我已经获得了可信度很高的关于费马大定理是真的信息”这个事实并不是和我的心理状态相关的事实。这种解释也许是正确的。它只是没有鉴别出我相信费马大定理的近似心理解释是真的而已。

直觉告诉我，如果这个解释是正确的，那么一定也存在一个更加细节性的正确解释，而根据这个解释，我相信费马大定理是真的事实并不是直接由“我已经获得了可信度很高的关于费马大定理是真的信息”所解释，而是被一些和我的心理状态相关的中介性事实所解释。例如，也许我认为费马大定理是真的事实可以被“我相信我已经获得了可信度很高的费马大定理是真的信息”这样的事实所解释。而我相信这一点（我已经被告知了可信度很高的费马大定理是真的信息）的事实本身又可以被我有别人（给我费马大定理是真信息的人）告诉我这个定理是真的经历这样的事实所解释。

假设我声称某个行动者获得某个信仰的事实可以被和这个行动者心理状态无关的某个外部事实所解释，还假设当时的情境与是否会有一个细节性的“把外部事实和行动者获得心理状态的联系归因于和行动者相关的心理状态”这样的解释毫不相关。例如，假设我说“我曾经在爱丁堡住过，所以布什会相信我曾经在爱丁堡住过”。你会很自然地回答：布什怎么会了解你的情况呢？你见过他并和他谈论过你的生活吗？他通过中央情报局调查过你吗？或者是通过别的途径？在问这些问题的同时，你的表现似乎说明你不能接受这种解释，除非我在爱丁堡住过的事实和布什相信我在爱丁堡住过的事实之间的联系被和布什心理状态相关的中介性事实所调和。

一般情况下，如果某个行动者通过推理获得了某个心理状态，那么他在这个场合获得的这种心理状态的近似心理解释就会是与他心理状态相关的事实。事实上，这看似是推理的区别性特征之一，因为某种原因而形成或修改某种心理状态的过程和别的种类的心理过程不同：推理的过程涉及了思考者的信仰、意图或者态度的变化，而对这种变化的近似心理解释是和思考者的另外一些心理状态相关的事实。

到目前为止，笔者仅仅是主张某个行动者通过推理而获得某种心理状态的近似的心理解释，一定会涉及和这个行动者心理状态相关的某些事实。笔者还没有主张如果待解释物包含行动者通过推理获得某个狭义心理状态的事实，那么对其的解释说明必须也包含和行动者的狭义心理状态相关的事实。具有讽刺意味的是，笔者论点的理论基础将会与威廉姆森依据的用来定义了解 p 这个状态的因果效应原则完全相同。这个原则就是：如果待解释物包含行动者获得某个狭义心理状态这样的事实，那么我们就会通过运用与此行动者的狭义心理状态而不是广义心理状态相关的事实，来得到一个更具有概括性的解释。

在本部分陈述这个论点的第二阶段，笔者会依据在上一部分末尾的主张，即某个广义的心理状态和其相对应的狭义心理状态之间的关系是有定值与可决定之间的关系。因此，理解 p 的广义心理状态对于相信某个种类内容的狭义心理状态而言是有定值的（p 是相关种类的内容）。

如果狭义状态和广义状态之间的相关性类似于“有定值的”和“可决定、可确定的”之间的关系，那么“当某个行动者处于狭义状态时，他也会处在某个更加有定值的广义状态中”的说法就看似是正确的了。例如，当某人相信某狭义种类 T 的内容时，他可能也知道 p 或误信 q（p 和 q 都是种类 T 的内容）或者与此种类内容相关的其余广义状态。假设某人实际上了解 p，那么也相信种类 T 的内容的事件在时间和空间上和他理解 p 的事件在时间和空间上是完全相等的了。一些哲学家想要总结出这些事件事实上都是相同的。但是笔者已经假设那些解释性的关系中包含的实体，不论是想要被解释的待解释物，还是作出解释的解释说明都是事实而不是事件。即使某个行动者相信种类 T 的内容的事件在时间和空间上和他理解 p 的事件在时间和空间上是完全相等是看似正确的，但是此行动者相信种类 T 的内容的事实和她理解 p 的事实其实并不相同。毕竟即使这两个事实均被核实，也很有可能第一个事实（相信种类 T 的内容）被核实，而第二个事实（并不能被算作是了解 p）并没有被核实。因为这两个事实是不同的，所以笔者会主张二者各自有不同的区别性解释。

所以，让我们试想一个范例，在这个范例中，待解释物，也就是我们想要解释说明的事实，是某个行动者通过推理获得的某种狭义的心理状态。在这里，我们具体地把待解释物假设为此行动者对某个狭义种类 T_1 的内容获得了信任。现在我们考虑两个对这个事实互相矛盾的解释。根据这些解释中的第一种，此行动者获得了某种狭义的心理状态，因为他是处于某个前提性的广义状态之中的，也就是说，了解某个命题内容 p 的状态。而根据第二种解释，他获得了这种狭义的心理状态，是因为他处在某个先前的狭义状态中，此处这个狭义状态其实是第一种解释中引用的有定值的广义状态的可确定的狭义状态。因此，如果第一种解释引用的广义状态是“了解 p”，那么第二种解释中引用的狭义状态也许就是相信种类 T_2 的内容，此处命题内容 p 是种类 T_2 的内容，而了解也是相信的一个种类。

现在，此行动者处于第二种解释引用的狭义状态的事实中，看上去接近于在因果关系上对于待解释物（行动者处于第一种解释引用的广义状态中）是充分的。如果处在先前的相信 T_2 种类内容的狭义状态之中的话，此行动者将要信任种类 T_1 内容的可能性，将会和他在处于先前的了解 p 的广义状态的前提下获得这种信任的可能性一样高。

然而，第二种解释会明显比第一种解释更具概括性。试想一个范例，在这个范例中你并不处在第一种解释引用的广义状态中，但是你仍然处于第二种解释引用的狭义状态中（这个狭义状态其实是第一种解释中引用的有定值的广义状态的可确定的狭义状态）。如果是这种情况，那么你当然会仍旧获得某个狭义的心理状态（比如，信任种类 T_1 的内容），这个事实是以上两种解释都试图说明的。毕竟，以狭义状态为出发点的论点，也就是来自错觉的论点，它与某些范例对中短期的心理效应需要被解释的某种狭义状态具有相似之处。因此，笔者已经主张在错觉和真实感知之间一定存在某个狭义的心理状态，这是因为错觉和真实感知都有相似的短期的心理效应（所以，某个行动者可以在没有意识到变化的情况下，从某个错觉的情境移动到真实感知的情境）。与之类似，笔者已经主张在地球和孪生地球的范例中，一定存在某个狭义的心理状态来解释这两种情境在心理效应方面的相似之处（也是为了解释为什么行动者会在没有注意到他所想内容变化的情况下，在其睡眠中从地球和孪生地球之间来回移动）。

看似其他的解释也差别不大，我们应当选取这两种解释中更具概括性的一种，它可以被视为产生相同效果的良好解释。如果用某个概括性更强的解释引用的事实，来对某个概括性稍弱的有定值的解释引用的事实来进行分析，那么这个说法似乎更为准确些。对于这个观点，有一个简单的证明。假设我们想要解释某个密码门锁会被某个女英雄打开。其中一种解释可能是这个女英雄用她的食指画了一个边长 3 英尺的等边三角形。第二种可能的解释是她画了一个三角形。现在我们假设事实上在密码板上画任意的三角形都可以成功地打开密码锁。如果是这样的话，第二种解释会更好，因为它比第一种的概括性强[12]。

由于以上这些原因，对那些某个行动者通过推理获得了某个狭义的心理状态范例的近似心理解释，本身就是一个和行动者的狭义心理状态相关的事实。这并不是说广义的心理状态从来不在心理解释中起作用。当笔者在第一部分认可威廉姆森的论点时，也就承认了知识看上去确实在某些行为的心理解释方面起到了很大的作用。然而，此处的待解释物，如小偷在有珠宝的房子中搜寻，包含行动者以某种方式与他所处环境的互动。我们仅仅可以期盼这些解释，比如，小偷知道房中有珠宝，也会包含行动者和他所处环境的某种联系。这点并没有证明这类广义的心理状态会形成对行动者获得狭义心理状态事实的解释（例如，思考者在时间 t 相信种类 T 的内容）。某个狭义的心理事实当然会更有可能拥有相应的狭义心理解释。一般而言，笔者呼吁采用的解释原则的效应，是任何正确的解释必须包含某个种类的待解释物和解释说明之间的均衡性。解释说明在某个环境下对于待解释物而言必须是充分的，但是它一定不能含有任何与产出待解释物不相关的成分。这种均衡性原则使得狭义心理状态看似对于解释其他的狭义状态尤其有用，而广义的状态对于解释其他的广义状态（也包括行为，像广义的心理状态依据的、行动者和其所处环境之间的关系）而言也尤其有用。

鉴于这些原因，对笔者而言存在一些正确的解释。在这些解释中，待解释物和对它的解释说明都是和行动者狭义心理状态有关的事实。至少认知科学的某一个分支就是致力于研究以上的哪种解释是最具正确性的。这个认知科学的分支将会是此种内部心理过程的理论说明，它与行动者及其所处的大环境基本没有关联。

不仅如此，正如我们所看到的，在考量诺兹克对知识的定义时，威廉姆森的论点并没有证明广义的心理状态，像了解 p 的状态不能够被狭义状态和非心理因素、属性或行动者所处的环境种类之间适当的联系所分析一样。也许我们可以对所有的广义心理状态都用这种方法分析[13]。如果这样的话，那么某个介于狭义状态和非心理因素、属性或行动者所处的环境种类之间的所有因果联系的，或事实性正确的解释将会综合所有的事实。如果是这样的话，某种仅仅关注于用其余的狭义的（当被某种狭义状态和多种行动者所处环境的非心理特征的因果联系所补充时）状态解释狭义状态的认知科学，将会能够涵盖所有广义状态所陈述的东西。这个种类的认知科学并不能用“忽视了认知科学研究的主要目标”这样的话语来评价。

笔者不能保证一定能够解决“是否所有的广义心理状态都可以被这些方法分析”这样的问题。即使广义的心理状态不能被这样分析，某种形式的局限在仅仅研究内部认知过程的认知科学也仍旧会研究和调查广泛存在的真实的认知现象。但是如果广义的心理状态可以被这样分析的话，那么这种形式的认知科学就可以主张追寻“思维是如何工作的”这个问题的答案了。

致　谢

本章的撰写得到了英国艺术和人文研究理事会的大力帮助，在此深表感激。此外，还应该感谢 Alex Byrne，Timothy Williamson，以及本卷书的编辑 Rob Stainton 等对本章的写作提出的宝贵意见。

注 释

[1] 从威廉姆森的书籍（Williamson，2000：60-64，75-88）中也能看到此内容。当然，如果我们可以用其他的民俗心理学的概念来对知识给予一个非广义的定义，例如，如果知识可以被定义为某种理性的相信，也就是说，笔者认为的某种所谓的“可信度”，那么，知识就不会在这些解释说明中起不可缺少的作用了，笔者会在下一个部分中说明这个问题。

[2] 这个观点是根据哈曼（Harman，1973：143-144）的观点提出的，更加深入的讨论见于韦奇伍德（Wedgwood，2002a）。

[3] 我们即使通过求助于这个窃贼真的知道房中有珠宝的事实，也不会获得对此窃贼行为的合理解释。即使珠宝确实在房中（比如，藏在钢琴中），而窃贼虽然觉得这个房间中有珠宝，但他却认为珠宝是在糖罐中的，那么在这种情况下，他也不会花费一整夜的时间来搜寻这个房间。

[4] 例如，见戴蒙德（Diamond，1997：143）。科学的所有领域，被称为人种生物学，主要研究人类对于野生动物和它们环境中动物的了解。

[5] 当然，此处存在一个大方向上的“如果”。几乎没有人认为诺兹克的分析是十分正确的。但是事实上笔者认为至少某个和诺兹克的分析有点相像的分析确实是成功的，见于韦奇伍德（Wedgwood，2002a）。

[6] 这类的批评见于麦道威尔（McDowell，1994）和丹西（Dancy，1995）。

[7] 事实上，约翰斯顿关注的是三种情况：第一，一个错觉的内容是假的；第二，一个不真实的错觉；第三，一个真实的感知。对笔者而言，诡辩对于这个论证并非必需的。

[8] 笔者说“信念和判断几乎是差不多的”是有限制条件的，从严格意义上讲，令人信服的判断在两种情况中会有不同的真实条件，例如，“那些光线是昏暗、朦胧的”的判断就会随条件的变化而变化。

[9] 这是某个将思维（思想）看作是“析取论”的观点。某些析取论者的权威观点见于辛顿（Hinton，1976）、斯诺登（Snowdon，1981）、麦道威尔（McDowell，1994）。一些批判析取论的观点见于米勒（Millar，1996）。

[10] 某个要求深入调查的问题是：是否这些所谓的内部状态是伴随着行动者大脑的固有特征发生的，或者它们的偶然性一定包括一些和范围更广的环境相关的内容。例如，也许某个在正常环境内可以行动的，且从来没有和身体相连接的缸中之脑根本不可能拥有任何的心理状态。如果是这样的话，那么这些“内部的”状态将不是伴随行动者大脑的固有属性发生的。然而，这些内部状态的偶然性基础将会比威廉姆森关注的广义状态更加狭窄一些。

[11] 笔者此处给出的观点是对已经在别处给出观点的概括（Wedgwood，

2002b)。

[12] 笔者把这个例子给予了本书。对于我们"为何在某些情况下倾向于选择更加概括的因果关系的解释"更深入的讨论见亚巴洛(Yablo, 1992a: 413-423, 1992b, 1997)。

[13] 事实上,笔者相信如果广义的心理状态不能够用这样的方式分析的话,那么在这里可以认为广义心理状态中是存在神秘、无法解释的事物的。受篇幅所限,这里就无法展开了。

参考文献和延伸阅读

Dancy, J. (1995). Arguments from illusion, *Philosophical Quarterly*, 45, 421-438.

Diamond, J. (1997). *Guns, Germs and Steel: The Fates of Human Societies.* New York: Norton.

Fodor, J. (1980). Methodological solipsism considered as a research strategy in cognitive science. *Behavioral and Brain Sciences*, 3, 63-109.

Harman, G. (1973). *Thought.* Princeton, NJ: Princeton University Press.

Hinton, J. M. (1973). *Experiences.* Oxford: Clarendon Press.

Hobbes, T. (1651). *De Cive*, (English edn., *Philosophical Rudiments concerning Government and Society*). London: R. Royston.

Johnston, M. (2004). The obscure object of hallucination. *Philosophical Studies*, 120, 113-183.

McDowell, J. (1994). *Mind and World.* Cambridge, MA: Harvard University Press.

McDowell, J. (1995). Knowledge and the internal. *Philosophy and Phenomenological Research*, 55, 877-893.

Mele, A. (2000). Goal-directed action: Teleological explanations, causal theories, and deviance. *Philosophical Perspectives*, 14, 279-300.

Millar, A. (1996). The idea of experience. *Proceedings of the Aristotelian Society*, 96, 75-90.

Nozick, R. (1981). *Philosophical Explanations.* Cambridge, MA: Harvard University Press.

Putnam, H. (1975). The meaning of "meaning." In H. Putnam, *Mind, Language and Reality: Philosophical Papers*, vol. 2. Cambridge: Cambridge University Press.

Snowdon, P. F. (1981). Perception, vision and causation. *Proceedings of the Aristotelian Society*, 81, 175-192.

Wedgwood, R. (2002a). The aim of belief. *Philosophical Perspectives*, 16, 267-297.

Wedgwood, R. (2002b). Internalism explained. *Philosophy and Phenomenological Research*, 65, 349-369.

Williamson, T. (1995). Is knowing a state of mind? *Mind*, 104, 533-565.

Williamson, T. (2000). *Knowledge and Its Limits.* Oxford: Clarendon Press.

Yablo, S. (1992a). Cause and essence. *Synthese*, 93, 403-449.

Yablo, S. (1992b). Mental causation. *Philosophical Review*, 101, 245-280.

Yablo, S. (1997). Wide causation. *Philosophical Perspectives*, 11, 251-281.